装配式建筑技术手册

（钢结构分册）

制作安装篇

江苏省住房和城乡建设厅
江苏省住房和城乡建设厅科技发展中心　编著

U0234376

中国建筑工业出版社

图书在版编目（CIP）数据

装配式建筑技术手册. 钢结构分册. 制作安装篇 /
江苏省住房和城乡建设厅，江苏省住房和城乡建设厅科技
发展中心编著. — 北京：中国建筑工业出版社，
2022.10

ISBN 978-7-112-27817-6

Ⅰ. ①装… Ⅱ. ①江… ②江… Ⅲ. ①装配式构件—
技术手册 ②装配式构件—钢结构—建筑施工—技术手册
Ⅳ. ① TU3-62 ② TU758.11-62

中国版本图书馆 CIP 数据核字（2022）第 157260 号

责任编辑：张　磊　宋　凯　万　李　张智芊
责任校对：董　楠

装配式建筑技术手册（钢结构分册）制作安装篇

江苏省住房和城乡建设厅
江苏省住房和城乡建设厅科技发展中心　编著

*

中国建筑工业出版社出版、发行（北京海淀三里河路 9 号）
各地新华书店、建筑书店经销
北京建筑工业印刷厂制版
北京市密东印刷有限公司印刷

*

开本：787 毫米×1092 毫米　1/16　印张：33¼　字数：682 千字
2023 年 2 月第一版　　2023 年 2 月第一次印刷
定价：128.00 元
ISBN 978-7-112-27817-6
（39696）

版权所有　翻印必究
如有印装质量问题，可寄本社图书出版中心退换
（邮政编码 100037）

《装配式建筑技术手册（钢结构分册）》
编写委员会

主　　任：周　岚　费少云
副 主 任：刘大威　陈　晨
编　　委：蔡雨亭　张跃峰　韦伯军　赵　欣　俞　锋
　　　　　胡　浩
主　　编：刘大威
副 主 编：孙雪梅　舒赣平　曹平周　杨律磊
参编人员：徐以扬　朱文运　庄　玮　韦　笑　丁惠敏

审查委员会

岳清瑞　王立军　曾　滨　王玉卿　肖　瑾
黄文胜　汪　凯　杨学林　顾　强

设计篇

主要编写人员： 舒赣平　张　宏　夏军武　范圣刚　董　军

　　　　　　　　孙　逊　赵宏康　沈志明　谈丽华　江　韩

参编人员（按姓氏笔画排列）：

　　　　　　王海亮　卞光华　朱灿银　庄　玮　宋　敏

　　　　　　张　萌　张军军　罗　申　罗佳宁　周军红

　　　　　　周海涛　赵学斐　郭　健　曹　石

制作安装篇

主要编写人员： 曹平周　陈　韬　杨文侠　厉广永　吴聚龙

参编人员（按姓氏笔画排列）：

　　　　　　丁惠敏　万家福　王　伟　石承龙　孙国华

　　　　　　李　乐　李大壮　李国建　宋　敏　张　萌

　　　　　　陈　龙　陈　江　陈　瑞　陈　磊　陈晓蓉

　　　　　　周军红　费新华　贺敬轩　顾　超　徐以扬

　　　　　　徐进贤　徐艳红　高如国　董　凯

BIM 应用篇

主要编写人员： 杨律磊　张　宏　卞光华　谢　超　吴大江

参编人员（按姓氏笔画排列）：

　　　　　　马少亭　韦　笑　叶红雨　刘　沛　许盈辰

　　　　　　汪　深　沈　超　宋　敏　罗佳宁　陶星宇

　　　　　　黑赏罡

序

  装配式钢结构建筑具有工业化程度高、建造周期短、自重轻、抗震性能好、材料可循环利用等优点，是典型的绿色环保型建筑，符合我国循环经济和可持续发展的要求。加快推进装配式钢结构建筑的应用与发展，对促进我国城乡建设绿色高质量发展和建筑业转型升级具有重要的推动作用。同时能做到藏钢于民，藏钢于建筑，加强国家对钢铁资源的战略储备，意义十分重大。近年来得益于国家和相关部门推动及经济发展的需求，我国钢结构行业取得了蓬勃发展，市场规模远超世界其他国家，行业发展前景非常广阔。尤其在全球高度重视温室气体排放的背景下，钢结构迎来了更好的发展机会。

  尽管取得了较大的发展成绩，但与世界先进水平相比，我国钢结构行业仍然大而不强，在自主创新能力、资源利用效率、产业结构水平、信息化程度、质量效益等方面还存在差距。装配式钢结构建筑应用和发展过程中，仍然存在一些问题需要进一步解决，如钢结构主体与围护系统的协调变形差、高性能与高效能钢材使用率低、钢结构一次性建造成本较高、从业人员技术水平有待提高等。

  江苏省是建筑业大省，建筑业规模持续位居全国第一，长期以来在推动装配式建筑的政策引导、技术提升、标准完善等方面做了大量基础性工作，取得了显著成效。为推动装配式钢结构建筑应用，江苏省住房和城乡建设厅及厅科技发展中心针对目前推广应用中存在的问题，在总结提炼大量装配式钢结构建筑研发成果与工程实践的基础上，组织编写了《装配式建筑技术手册（钢结构分册）》。全书系统反映了当前多高层装配式钢结构建筑的成熟技术体系、设计方法、构造措施和工艺工法，具有较强的实操性和指导性，可作为装配式钢结构建筑全行业从业人员的工具书，对于相关专业的高校师生也有很好的借鉴、参考和学习价值。相信本书的出版，将对装配式钢结构建筑应用与发展起到积极的促进作用。

中国工程院院士

2023 年 1 月

前　言

　　江苏省作为首批国家建筑产业现代化试点省份，自 2014 年以来，通过建立工作机制、完善保障措施、健全技术体系、建立评价体系、强化重点示范、加强质量监管等举措，推动全省装配式建筑高质量发展。装配式建筑的项目数量多、类型丰富。截至 2021 年底，江苏累计新开工装配式建筑面积约 1.249 亿平方米，占当年新建建筑比例从 2015 年 3% 上升至 2021 年的 33.1%。

　　装配式钢结构建筑是装配式建筑的重要组成部分，目前装配式钢结构建筑数量仍相对较少，钢结构住宅技术体系也不够完善。为提升装配式钢结构建筑从业人员技术水平，保障装配式钢结构建筑高质量发展，江苏省住房和城乡建设厅、江苏省住房和城乡建设厅科技发展中心组织编著了《装配式建筑技术手册（钢结构分册）》。手册在总结提炼大量装配式钢结构建筑研发成果与工程创新实践的基础上，从全产业链的角度，分设计篇、制作安装篇、BIM 应用篇进行编写，系统反映了当前多高层装配式钢结构建筑的成熟技术体系、构造措施和工艺工法等，在现行国家标准的基础上细化了相关技术内容。为了引导新一代信息技术与装配式钢结构技术的融合发展，手册围绕结构、外围护、设备管线和内装四大系统，在装配式钢结构全寿命周期系统地提供了 BIM 应用解决方案。手册选取近年来江苏有代表的工程案例汇编成章，编者力争手册具有实操性和指导性，便于技术人员学习和查阅。

　　"设计篇"主要由东南大学、中国矿业大学、南京工业大学、东南大学建筑设计研究有限公司、启迪设计集团股份有限公司、江苏丰彩建筑科技发展有限公司、中衡设计集团股份有限公司、南京长江都市建筑设计股份有限公司、江苏省建筑设计研究院股份有限公司、宝胜系统集成股份有限公司、中建钢构江苏有限公司、中通服咨询设计研究院有限公司编写。

　　"制作安装篇"主要由河海大学、中建钢构江苏有限公司、江苏沪宁钢机股份有限公司、江苏恒久钢构有限公司、中建安装集团有限公司、中亿丰建设集团股份有限公司、宝胜系统集成股份有限公司、江苏丰彩建筑科技发展有限公司、中铁工程装备集团钢结构有限公司、江苏新蓝天钢结构有限公司编写。

　　"BIM 应用篇"主要由中衡设计集团股份有限公司、东南大学、江苏省建筑设计研究院股份有限公司、中亿丰建设集团股份有限公司、中通服咨询设计研究院有限公司编写。

　　本手册以图表、算例、案例等表达形式，提供便于相关专业技术人员查阅的技术资料，引导从业人员在产品思维下，以设计、生产、施工建造等全产业链协同模式，通过技术系统集成，实现装配式建筑技术合理、成本可控、品质优越。

本手册的编写凝聚了所有参编人员和专家的集体智慧，是共同努力的成果。限于时间和水平，手册虽几经修改，疏漏和错误仍在所难免，敬请同行专家和广大读者朋友不吝赐教、斧正批评。

目　　录

第一章　施工组织设计与施工详图

施工组织设计是对建设项目的通盘规划，是建设项目施工的全局性指导文件。本章介绍施工组织设计的作用、分类及基本规定；按照施工组织总设计、单位工程施工组织设计、专项安全施工方案、分部分项工程施工方案及钢结构制造方案的顺序，施工组织设计的编制步骤、基本结构和内容要求；论述装配式钢结构建筑施工详图、施工技术交底、施工管理、施工安全与应急预案、绿色施工等内容。

1.1　施工组织设计编制标准

1.1.1　施工组织设计作用与分类

施工组织设计是指导施工的纲领性文件，用于指导施工项目的质量控制、进度控制、成本控制、安全管理、合同管理、信息化管理工作和施工现场内外部协调工作，以实现装配式钢结构建筑工程的安全、快速、质优、经济、环保等施工目标。

施工组织设计是对施工活动实行科学管理的重要手段，它具有战略部署和战术安排的双重作用。装配式钢结构建筑需坚持标准化设计，其施工组织设计要体现出实现工厂化生产、装配化施工、一体化装修、信息化管理、智能化应用等内容所采取的技术措施和管理措施。施工组织设计内容要重点阐述工程概况、施工部署、施工总进度计划、施工总平面布置、资源配置、施工技术方案、施工保证措施等。

施工组织设计根据编制对象，可分为施工组织总设计、单位工程施工组织设计、分部分项工程施工方案、专项安全施工方案、钢结构制造方案。

1.1.2　基本规定

1. 施工组织设计的编制必须遵循工程建设程序，并应符合下列原则：

（1）符合施工合同或招标文件中有关工程进度、质量、安全、环境保护、造价等方面的要求；

（2）积极开发、使用新技术和新工艺，推广应用新材料和新设备；

（3）坚持科学的施工程序和合理的施工顺序，采用流水施工和网络计划等方法，科学配置资源，合理布置现场，采取季节性施工措施，实现均衡施工，达到合理的经济技术指标；

（4）采取技术和管理措施，推广装配式建筑施工；

（5）与质量、环境和职业健康安全三个管理体系有效结合。

2. 施工组织设计应以下列内容作为编制依据：

（1）与工程建设有关的法律、法规和文件；

（2）国家有关标准和技术经济指标；

（3）工程所在地区行政主管部门的批准文件，建设单位对施工的要求；

（4）工程施工合同或招标投标文件；

（5）工程设计文件；

（6）工程施工范围内的现场条件，工程地质及水文地质、气象等自然条件；

（7）与工程有关的资源供应情况；

（8）施工企业的生产能力、机具设备状况、技术水平等。

3. 施工组织设计应包括编制依据、工程概况、施工部署、施工进度计划、施工准备与资源配置计划、主要施工方法、施工现场平面布置及主要施工管理计划等基本内容。

4. 施工组织设计的编制和审批。

（1）施工组织设计应由项目负责人主持编制，可根据需要分阶段编制和审批。

（2）施工组织总设计应由总承包单位技术负责人审批；单位工程施工组织设计应由施工单位技术负责人或技术负责人授权的技术人员审批，施工方案应由项目技术负责人审批；重点、难点分部（分项）工程和专项工程施工方案应由施工单位技术部门组织相关专家评审，施工单位技术负责人批准。

（3）由专业承包单位施工的分部（分项）工程或专项工程的施工方案，应由专业承包单位技术负责人或技术负责人授权的技术人员审批；有总承包单位时，应由总承包单位项目技术负责人核准备案。

（4）规模较大的分部（分项）工程和专项工程的施工方案应按单位工程施工组织设计进行编制和审批。

5. 施工组织设计应实行动态管理，并符合下列规定：

（1）项目施工过程中，发生以下情况之一时，施工组织设计应及时进行修改或补充：

1）工程设计有重大修改；

2）有关法律、法规、规范和标准实施、修订和废止；

3）主要施工方法有重大调整；

4）主要施工资源配置有重大调整；

5）施工环境有重大改变。

（2）经修改或补充的施工组织设计应重新审批后实施。

（3）项目施工前应进行施工组织设计逐级交底；项目施工过程中，应对施工组织设计的执行情况进行检查、分析并适时调整。

6. 危大工程专项施工方案应依据《危险性较大的分部分项工程安全管理规定》和《住房城乡建设部办公厅关于实施〈危险性较大的分部分项工程安全管理规定〉有关问题的通知》等有关规定组织编制和审核，超过一定规模的危大工程专项施工方案应组织专家论证。专项施工方案因规划调整、设计变更等原因确需调整的，修改后的专项施工方案应当按照《危险性较大的分部分项工程安全管理规定》重新审核和论证。

1.2 编制步骤

1.2.1 施工组织总设计编制步骤（图1-1）

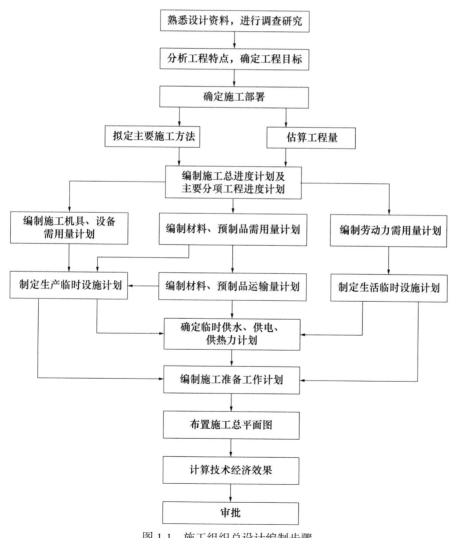

图 1-1　施工组织总设计编制步骤

1.2.2　单位工程施工组织设计编制步骤（图1-2）

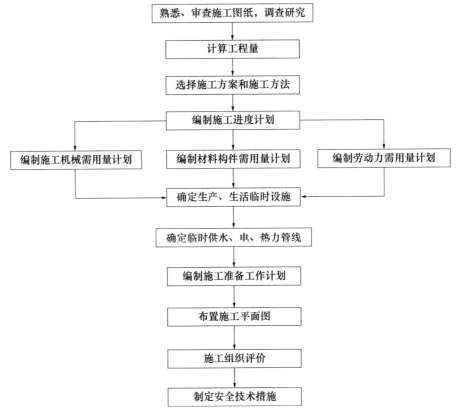

图 1-2　单位工程施工组织设计编制步骤

编制单位工程施工组织设计的一般程序如下。

1. 熟悉施工图、会审施工图，到现场进行实地调查并收集有关施工资料。

2. 计算工程量，注意必须要按分部分项和分层分段分别计算。

3. 拟定施工方案，进行技术经济比较并选择最优施工方案。

4. 编制施工进度计划，同样要进行方案比较，选择最优进度路线。

5. 根据施工进度计划和实际条件编制下列计划：

（1）预制构件、门窗的需用量计划，提送加工厂制造；

（2）施工机械及机具设备需用量计划；

（3）总劳动力及各专业劳动力需用量计划。

6. 计算施工及生活用临时建筑的数量和面积，如材料仓库及堆场面积，办公室、工具室、临时加工棚面积。

7. 计算和设计施工临时用水、用电、用气的量；选择管径及管线布置；选用变压器、加压泵等的规格和型号。

8. 拟定材料运输方案和制定供应计划。

9. 布置施工平面图同样要进行方案比较，选择最优施工平面方案。

10. 拟定保证工程质量、降低工程成本和确保施工安全的措施和防火措施。

1.2.3　分部分项工程施工方案编制步骤（图 1-3）

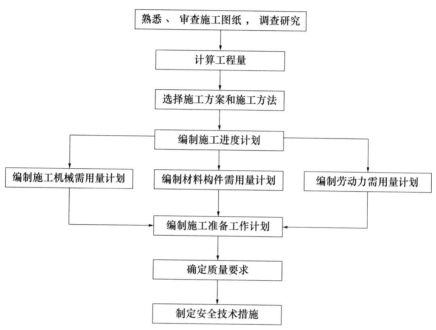

图 1-3　分部分项工程施工方案编制步骤

分部分项工程施工方案是指除危大工程外，以其他分部（分项）工程或专项工程为主要对象编制的施工技术与组织方案，用以具体指导其施工过程。施工方案在某些时候也被称为分部（分项）工程或专项工程施工组织设计，但考虑到通常情况下施工方案是施工组织设计的进一步细化，是施工组织设计的补充，施工组织设计的某些内容在施工方案中不需赘述。

施工方案编写前，必须熟悉并详细查阅施工图纸，熟悉了解工程现场，根据具体施工条件和有关因素，确定施工流水段和工艺程序，工艺程序的确定一方面是根据经验，另外还应采取研究讨论的方法。

编制时宜先写初步方案，再组织讨论，按汇集的意见补充、修改，形成较正式的施工方案，报请上级有关部门审核，审核通过后，则成为正式实施的施工方案。

1.2.4　专项安全施工方案编制步骤（图 1-4）

危险性较大的分部分项工程（以下简称危大工程），是指房屋建筑和市政基础设施工程在施工过程中，容易导致人员群死群伤或者造成重大经济损失的分部分项工程。危大工程及超过一定规模的危大工程范围由国务院住房城乡建设主管部门制定。

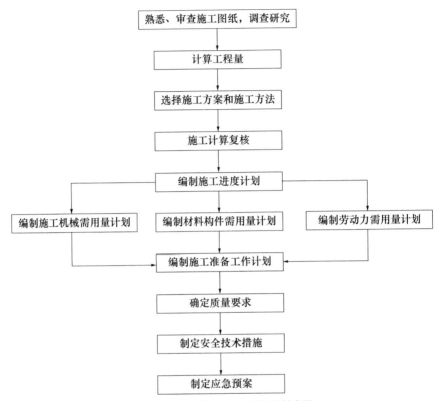

图 1-4　专项安全施工方案编制步骤

关于危大工程专项施工方案的编制、审核、论证等要求，应满足下列规定。

1. 施工单位应当在危大工程施工前组织工程技术人员编制专项施工方案。

实行施工总承包的，专项施工方案应当由施工总承包单位组织编制。危大工程实行分包的，专项施工方案可以由相关专业分包单位组织编制。

2. 专项施工方案应当由施工单位技术负责人审核签字、加盖单位公章，并由总监理工程师审查签字、加盖执业印章后方可实施。

危大工程实行分包并由分包单位编制专项施工方案的，专项施工方案应当由总承包单位技术负责人及分包单位技术负责人共同审核签字并加盖单位公章。

3. 对于超过一定规模的危大工程，施工单位应当组织召开专家论证会对专项施工方案进行论证。实行施工总承包的，由施工总承包单位组织召开专家论证会。专家论证前专项施工方案应当通过施工单位审核和总监理工程师审查。

专家应当从地方人民政府住房城乡建设主管部门建立的专家库中选取，符合专业要求且人数不得少于 5 名。与本工程有利害关系的人员不得以专家身份参加专家论证会。

4. 专家论证会后，应当形成论证报告，对专项施工方案提出通过、修改后通过或者不通过的一致意见。专家对论证报告负责并签字确认。

专项施工方案经论证需修改后通过的，施工单位应当根据论证报告修改完善后，重新履行上述第 2 条程序。

专项施工方案经论证不通过的，施工单位修改后应当按照规定要求重新组织专家论证。

1.2.5 钢结构制造方案编制步骤（图 1-5）

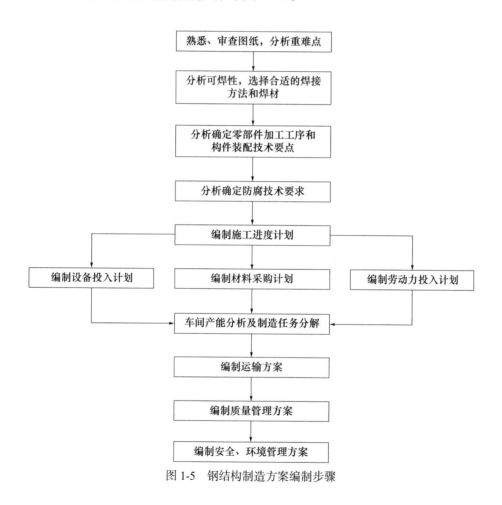

图 1-5 钢结构制造方案编制步骤

1.3 施工组织设计基本结构与内容要求

1.3.1 施工组织总设计基本结构与内容要求

施工组织总设计即以若干单位工程组成的群体工程或特大型项目为主要对象编

制的施工组织设计，对整个项目的施工过程起统筹规划、重点控制的作用。在我国，大型房屋建筑工程标准一般指：

（1）25层以上的房屋建筑工程；

（2）高度100m及以上的构筑物或建筑物工程；

（3）单体建筑面积3万m²及以上的房屋建筑工程；

（4）跨度30m及以上的房屋建筑工程；

（5）建筑面积10万m²及以上的住宅小区或建筑群体工程；

（6）单项建安合同额1亿元及以上的房屋建筑工程。

但在实际操作中，具备上述规模的单项建筑工程很多只需编制单位工程施工组织设计，需要编制施工组织总设计的建筑工程，其规模应当超过上述大型建筑工程的标准，通常需要分期分批建设，可称为特大型项目。

施工组织总设计的基本结构如下。

1. 编制依据

（1）工程合同及勘察设计文件；

（2）工程建设相关法律法规；

（3）工程建设技术标准。

2. 工程概况

（1）建筑工程基本信息；

（2）工程结构设计概况；

（3）周边环境概况；

（4）机电与设备概况；

（5）工程承包范围；

（6）主要施工条件。

3. 总体施工部署

（1）工程目标；

（2）重难点分析及对策；

（3）项目管理组织结构；

（4）现场施工部署；

（5）大型垂直运输设备选择；

（6）新技术应用；

（7）总体施工流程。

4. 施工总进度计划

（1）进度计划编制说明；

（2）里程碑节点计划；

（3）进度计划横道图；

（4）进度计划网络图。

5. 施工总平面布置

（1）施工总平面布置原则；

（2）施工现场总平面布置；

（3）临时设施平面布置。

6. 总体施工准备与主要资源配置计划

（1）总体施工准备；

（2）主要资源配置计划。

7. 施工技术方法

（1）工程测量施工方案；

（2）基坑支护施工方案；

（3）土石方工程施工方案；

（4）降排水工程施工方案；

（5）基础工程施工方案；

（6）混凝土结构工程施工方案；

（7）钢结构工程施工方案；

（8）围护结构工程施工方案；

（9）防水工程施工方案；

（10）脚手架工程施工方案；

（11）装饰装修工程施工方案；

（12）机电安装工程施工方案；

（13）室外工程施工方案；

（14）其他工程施工方案；

（15）季节性施工方案。

8. 主要施工保证措施

（1）总承包管理措施；

（2）进度保证措施；

（3）质量保证措施；

（4）安全与文明施工管理措施；

（5）应急救援管理措施。

9. 绿色施工管理

（1）绿色施工管理体系；

（2）绿色施工措施。

10. BIM 技术应用与管理

11. 附图、附表

（1）附图；

（2）附表。

施工组织总设计基本内容要求如下。

1. 编制依据

为了切合实际编制好单位工程施工组织设计，在编制时，应尽可能收集相关资料，保证施工组织设计的可行性。

（1）工程合同及勘察设计文件（表1-1）

工程合同及勘察设计文件　　　　　　　　　　　　表1-1

序号	文件名称	版次／时间
1	×××项目施工合同	××××年××月××日签订
2	×××项目岩土工程勘察报告	××××年××月××日版
3	单位工程基坑支护、人防、建筑、结构、机电等施工图纸	V1.0版
……	……	……

（2）工程建设相关法律法规（表1-2）

工程建设相关法律法规　　　　　　　　　　　　表1-2

序号	类别	名称	编号
1	国家法律法规		
2	地方法律法规		

（3）工程建设技术标准（表1-3）

工程建设技术标准　　　　　　　　　　　　表1-3

序号	类别	名称	编号
1	通用标准	《建筑工程施工质量验收统一标准》	GB 50300
2	地基与基础	《建筑地基基础工程施工质量验收标准》	GB 50202
3	主体结构		
4	建筑装饰装修		
5	安全文明施工管理		
……	……		

2. 工程概况

施工组织总设计中的工程概况是对工程及所在地区特征的一个总的说明部分。一般应描述项目建筑工程基本信息、工程设计概况、周边环境概况、机电与设备概况、工程承包范围及主要施工条件。建筑工程基本信息介绍时应简明扼要、重点突出、层次清晰，有时为了补充文字介绍的不足，还可以辅以图表说明。

（1）建筑工程基本信息

应包括工程名称、工程地质、五方责任主体、审计单位、承包模式、功能与用途等内容。

（2）工程结构设计概况

应包括装配式项目建筑、结构、机电、装饰装修、室外工程等设计概况。

（3）周边环境概况

简述装配式项目周边环境概况，简明介绍项目位于×××以西，×××以北，×××以东，×××以南（标注特殊的环境特征）。

（4）机电与设备概况

应包括建筑给水排水及供暖、建筑电气、通风与空调、智能建筑、电梯、消防系统等的设备情况。

（5）工程承包范围

应包括装配式项目的承包模式、合同承包范围、指定分包情况、独立分包情况、甲供材等情况。

（6）主要施工条件

应包括场地现状、气候条件、地质条件、水文条件等内容。

3. 总体施工部署

施工部署因建设项目的性质、规模和施工条件等不同而不同，其主要内容包括：明确工程目标、进行项目重难点分析及确定对策、构建项目管理框架、拟定现场施工部署、明确项目新技术的应用、确定总体施工流程等。

（1）工程目标

明确装配式项目总施工目标，并包含各单位工程工期目标，表明各单位工程的施工顺序；明确各单位工程的质量目标、安全目标、其他目标等。

（2）重难点分析及对策

1）管理重难点分析及对策见表1-4。

管理重难点分析及对策　　　　　　　　　　　　　　　　表1-4

工程重难点	重难点分析	应对措施

2）技术重难点分析及对策见表1-5。

技术重难点分析及对策　　　　　　　　　　　　　　　　表1-5

工程重难点	重难点分析	应对措施

简述工程特点、难点，如高、大（体量、跨度等）、新（结构、技术等）、特（有特殊工艺要求）、重（国家或地方的重点工程）、深（基坑）、近（与周边建筑或道路）、短（工期）等，并拟定相应的应对措施。

（3）项目管理组织结构

1）项目管理部组织架构图

架构应明确总承包管理部的项目经理、项目技术负责人、设计负责人、商务经理、安全总监、质量总监等人员，并对分包人员架构提出岗位设置要求，重点强调装配式部分分包组织结构情况及要求等。

2）主要人员岗位职责

列明总承包项目与分包项目等主要项目管理人员的岗位职责。

（4）现场施工部署

1）总体思路

装配式项目分阶段简要分析施工现场平面分区、各单位工程的施工流水、竖向分段施工组织的思路，确定施工顺序、穿插条件等，具体阶段划分应根据工程实际情况确定，明确各个分区的大型垂直运输设备使用情况。

2）基坑支护与桩基施工阶段施工部署

描述基坑支护与桩基工程的概况及工程量、施工分区计划、资源投入思路，绘制分区流水图，注明施工起点位置、流水线路条数、流水方向。

3）土方开挖阶段施工部署

描述土方开挖的深度及工程量、土方与其他工序的穿插安排，绘制分区流水图，注明坡道位置、土方开挖起点位置、流水线路条数、流水方向。

4）基础与底板阶段施工部署

描述基础与底板阶段的概况及工程量、施工分区计划、资源投入思路，绘制分区流水图，注明施工起点位置、流水线路条数、流水方向。

5）地下室结构阶段施工部署

描述地下室层数、层高、单层面积、施工分区计划及资源投入安排，说明地下结构与土方及其他工序的穿插关系，绘制分区流水图，注明流水顺序，对于场地狭小项目，需重点说明在基坑内预留坡道和材料场地的布置计划，以及后期的堆场、加工场地的位置转换方案。

6）地上结构阶段施工部署

描述地上结构的层数、高度、单层面积、施工分区计划及资源投入安排，明确土方回填、钢结构、围护结构、机电及装饰装修等工作的穿插节点、装配式材料堆放场地及临时道路的转换及构件等材料的垂直运输方案选择等，绘制分区施工图，注明各区的施工顺序和搭接关系。

7）装饰装修与机电安装施工阶段施工部署

描述装饰装修及机电工程施工内容、各专业施工穿插安排，主要材料场地及临时道路的布置与转换等。

8）室外工程阶段施工部署

描述室外管线、室外附属设施、室外景观绿化的分布情况，对场内分区与资源投入安排进行部署，依据分区情况明确沟槽开挖、管线埋设、道路施工、场地铺装等穿插节点，明确室外工程材料进场计划及场内堆放分区情况，绘制施工分区，注明各区施工顺序。

（5）大型垂直运输设备选择

需对各个分区内各阶段大型垂直运输设备投入使用情况进行阐述（应根据项目施工情况添加或删减部分施工部署）。

（6）新技术应用

1）新技术应用计划详见表1-6。

新技术应用计划　　　　　　　　　　　　　　　　表1-6

序号	新技术应用名称	应用部位
1		
……		

2）新产品应用计划详见表1-7。

新产品应用计划　　　　　　　　　　　　　　　　表1-7

序号	新产品应用名称	应用部位
1		
……		

3）新工艺应用计划详见表1-8。

新工艺应用计划　　　　　　　　　　　　　　　　表1-8

序号	新工艺应用名称	应用部位
1		
……		

4）新材料应用计划详见表1-9。

新材料应用计划　　　　　　　　　　　　　　　　表1-9

序号	新材料应用名称	应用部位
1		
……		

应根据项目施工情况添加或删减。

（7）总体施工流程

根据总体施工部署，结合项目实际施工流程和进度计划绘制流程图。

4. 施工总进度计划

施工总进度计划是以拟建项目交付使用时间为目标确定的控制性施工进度计划，是控制每个独立交工系统及单项（位）工程施工工期及相互搭接关系的依据，是总体部署在时间上的反映。

（1）进度计划编制说明

简述项目工期目标及进度计划编制依据，注明该进度计划的前提条件。

（2）里程碑节点计划

里程碑节点完成时间应与施工合同要求一致，除合同约定的节点外，里程碑节点计划中应体现项目开工时间、桩基完成、底板完成、地下室封顶、地上结构封顶、内外围护结构插入、外脚手架拆除、设备房移交、塔式起重机电梯拆除、联合调试、室外工程完成、专项验收、竣工验收等关键节点时间。

（3）进度计划横道图和网络图

横道图与网络图应分别采用 Project 及网络图软件编制，颗粒度划分以主要分项工程／子分部工程为主，根据项目实际情况按"层"或"区"进行适当扩大，高层建筑竖向可按段进行扩大。进度计划应体现施工部署中确定的分区安排、流水方向及工序穿插，横道图与网络图中的工期安排应一致。

5. 施工总平面布置

施工总平面图解决建筑群施工所需各项生产生活设施与永久建筑（拟建和已有的）相互间的合理布局。它是根据施工部署、施工方案、施工总进度计划，将施工现场的各项生产生活设施按照不同施工阶段要求进行合理布置，以图纸形式反映出来，从而正确处理全工地施工期间所需各项设施和拟建工程之间的空间关系，以指导现场有组织有计划地文明施工。

（1）施工总平面布置原则

简述施工总平面布置的原则，拟定针对性的总平面布置对策。

1）平面布置科学合理，施工场地占用面积少；

2）合理组织运输，减少二次搬运；

3）施工区域的划分和场地的临时占用应符合总体施工部署和施工流程的要求，减少相互干扰；

4）充分利用既有建（构）筑物和既有设施为项目施工服务，降低临时设施的建造费用；

5）临时设施应方便生产和生活，办公区、生活区和生产区宜分离设置；

6）符合节能、环保、安全和消防等要求；

7）遵守当地主管部门和建设单位关于施工现场安全文明施工的相关规定。

（2）施工现场总平面布置

施工现场总平面按施工阶段布置，可划分基坑支护与土方开挖、基础与底板结构施工、地上结构施工、装饰装修与机电安装等施工阶段。总平面布置图应注明现场出入口及临时道路、现场临时建筑、下基坑或进楼座通道、材料场地、塔式起重机、施工电梯、起重机及混凝土泵车等大型机械设备的布置等，并符合消防及安全文明施工管理要求。

（3）临时设施平面布置

主要包括办公区、生活区平面布置、生产区内临建设施布置、临时用水和用电布置、消防设施布置。

6. 总体施工准备与主要资源配置计划

工程施工前及时做好施工准备是保障工程顺利施工的前提，施工准备主要包括技术准备与现场准备两部分。

各项资源需要量计划是做好劳动力及物资供应、平衡、调度、落实的依据，其内容主要包括劳动力配置计划、主要材料设备配置计划、施工机械设备配置计划及计量检测器具配置计划。

（1）总体施工准备

1）技术准备

① 技术资料准备

收集和学习招标投标文件、施工合同、岩土勘察报告，熟悉每个单位工程的图纸，在设计交底的基础上进行图纸会审，并准备好每个单位工程需用的主要规范标准和图集。

② 施工方案编制计划（表 1-10）

施工方案编制计划 表 1-10

序号	方案名称	方案级别	编制人	计划完成时间	备注
1					
……					

③ 深化设计出图计划（表 1-11）

深化设计出图计划 表 1-11

序号	图纸类别	拟施工时间	深化图完成时间	责任单位
1				
……				

2）现场准备

①场地准备：施工场地移交手续、标高梳理及三通一平条件。

②机械设备进场准备：根据施工机具的需用量计划，按施工平面布置图的要求，组织施工机械设备进场，机械设备进场后按规定地点和方式布置，并进行相应的保养和试运转等工作。

③材料和构配件的进场准备：根据建筑材料、构配件的需用量计划组织其进场，按规定地点和方式存放或堆放，并做好组织和保护措施。

④临建设施准备（表1-12）

临建设施准备计划　　　　　　　　表 1-12

序号	临时设施	开始时间	完成时间	备注
1	办公、生活临建			
2	装配式构件堆场			
3	临时用水、用电设施			
4	临时道路			
……	……			

（2）主要资源配置计划

1）劳动力配置计划

劳动力配置计划应按照单位工程工程量，依据施工总进度计划，参照预算定额或企业定额等有关资料确定，并绘制劳动力计划配置表，劳动力计划表应根据专业分别确认，如土建专业、钢结构专业、装饰装修等，单位工程劳动力配置计划详见表1-13。

××单位工程劳动力配置计划表　　　　　　　　表 1-13

工种		20××年		20××年			……	……
		11月	12月	1月	2月	3月	……	……
土建专业	土方							
	钢筋工							
	……							
钢结构专业	起重工							
	安装工							
	……							
……	……							
合计								

劳动力配置计划柱状图如图 1-6 所示。

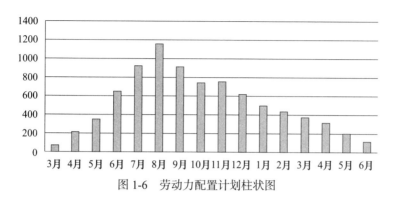

图 1-6 劳动力配置计划柱状图

2）主要材料设备配置计划

根据施工图纸及施工进度计划确定单位工程材料、周转材料的计划用量及分批进场时间。

① 主要工程材料设备配置计划（表 1-14）

××单位工程主要材料设备配置计划表　表 1-14

序号	材料名称	规格	计划用量	计划进场时间	备注
1	钢筋				
2	钢结构				
3	混凝土				
……	……				

② 主要周转材料配置计划（表 1-15）

××单位工程主要周转材料配置计划表　表 1-15

序号	名称	规格	数量	计划进出场时间	备注
1	模板				
2	木枋				
3	钢管				
4	扣件				
5	顶托				
……	……				

③ 施工机械设备配置计划

分阶段列述单位工程主要施工机械设备的配置计划及进 / 退场时间，一般可分为地基与基础施工阶段、主体结构施工阶段、装修与机电施工阶段等。

a. 地基与基础施工阶段（表 1-16）

地基与基础 ×× 单位工程施工机械设备配置计划表　　　表 1-16

序号	名称	规格型号	数量	使用部位	计划进出场时间
1					
……					

b. 主体结构施工阶段（表 1-17）

主体结构 ×× 单位工程施工机械设备配置计划表　　　表 1-17

序号	名称	规格型号	数量	使用部位	计划进出场时间
1					
……					

c. 装修与机电施工阶段（表 1-18）

装修与机电 ×× 单位工程施工机械设备配置计划表　　　表 1-18

序号	名称	规格型号	数量	使用部位	计划进出场时间
1					
……					

④ 计量检测器具配置计划（表 1-19）

主要说明单位工程施工所需的主要计量、检测器具配置数量、规格、用途。

×× 单位工程计量检测器具配置计划表　　　表 1-19

序号	计量检测器具名称	型号规格	单位	数量	计划进场时间
1	全站仪				
2	水准仪				
3	游标卡尺				
4	漆膜测厚仪				
……	……				

7. 施工技术方法

（1）工程测量施工方案

根据测量控制点，建立二级测量控制网及楼层内测量控制网。简述测量仪器要求、工程测量方法、测量精度要求、沉降及变形观测要求等。

（2）基坑支护施工方案

需简述基坑支护工程施工分区、施工流水方向、施工机械设备选择及投入计划、材料场地布设、泥浆池等临时设施布设、施工进度安排等，并要明确基坑监测方式、点位等情况。

（3）土石方工程施工方案

简述土方开挖施工分区、施工流水方向、每层土方开挖厚度、土方开挖与支护及降水的穿插安排、出土坡道设置、施工机械设备投入计划、土方运输路线、弃土场地选择及运距等。

（4）降排水工程施工方案

简述降排水工作的施工顺序、时间要求、水位观测井布设等施工作业安排，并注明场内、场外、基坑内、基坑外等各部位的排水方式、排水坡向、雨水及地下水利用等。

（5）基础工程施工方法

需简述基础工程施工分区、施工流水方向、施工机械设备选择及投入计划、材料场地布设等临时设施布设、施工进度安排等。

（6）混凝土结构工程施工方案

简述混凝土工程的概况、主要构件尺寸，估算混凝土结构工程量，并注明其施工管理重点。

（7）钢结构工程施工方案

简述钢结构工程的分布位置、工程体量、构件类型、主要构件截面、吊装幅度、高度及重量等特征，注明钢结构施工管理重点。

（8）围护结构工程施工方案

简述围护结构的概况、材料选型、内外围护体系的分布位置、主要构件截面尺寸及重量等特征，注明内外围护体系施工管理重点。

（9）防水工程施工方案

根据装配式建筑结构类型，明确按其防水构造做法，按建筑工程不同的部位，明确地下防水、屋面防水、室内防水等方式。

（10）脚手架工程施工方案

简述需要搭设的脚手架的类型、位置、用途、搭设高度。

（11）装饰装修工程施工方案

简述合同承包范围内的地面、抹灰、墙面、吊顶、门窗、轻质隔墙等装饰装修工程的设计概况，分类介绍各部位装修作业与机电工程的穿插施工顺序安排，并注明与精装修分包单位的界面划分。

（12）机电安装工程施工方案

简要概括机电安装工程的组成及特点，机电安装工程可由专业分包单位报送专项方案，施工组织设计中需分类简述各机电专业的施工要点和工艺穿插要点、土建机房移交时间和条件、大型设备吊运方法、与精装修相配合的工艺流程、防雷施工等。

（13）室外工程施工方案

简述室外工程的内容、特点、相应的工艺流程及施工要求。

（14）其他工程施工方案

根据实际情况，在施工组织设计中简述其他重要分部分项工程如危大工程（幕墙、拆除、暗挖、四新技术应用）的施工方案，以及大型机械设备的总体安拆施工部署及施工方法。

（15）季节性施工方案

主要介绍冬期、雨期及高温暑期等极端气候条件下的施工方法及特殊气候下的施工管理措施，包含冬期、雨期及暑期施工管理，土方、钢筋、混凝土、钢结构、砌筑、屋面、装饰等工程施工内容。

8. 主要施工保证措施

（1）总承包管理措施

1）总承包管理体系

描述总承包管理体系组成、绘制总承包管理组织结构图（含专业分包），注明相应的管理职责及权限，介绍各项总承包管理制度。

2）工作界面划分

描述总承包方、专业分包方、业主指定分包方的工作界面划分情况。

3）总承包管理要求

描述总承包管理在设计、深化、技术、生产、进度、质量、安全文明、资料及工程协调方面的要求。

（2）进度保证措施

1）管理措施

①进度保证体系

描述分级进度管理要求及管理制度，明确各方进度管理职责及权限。

②资源保证措施

列表简述劳动力、机械设备、材料设施、资金等资源方面的针对性进度保证措施。

③沟通协调措施

列表简述沟通协调等方面的主要工作内容及针对性进度保证措施。

2）技术措施

①关键线路控制

描述施工总进度计划关键线路、进度管理管控要点及相应的管理措施。

②动态调整措施

描述出现不同类型的进度偏差时，项目拟采取的工期纠偏应急措施。

（3）质量保证措施

施工单位应按照现行国家标准《质量管理体系　要求》GB/T 19001 建立本单位的质量管理体系文件。质量管理应按照 PDCA 循环模式，加强过程控制，通过管理措施与技术措施持续改进提高工程质量。

1）管理措施

① 质量管理体系

简述项目质量管理体系的组成、绘制项目质量管理组织结构图（含专业分包），列明主要质量管理制度，如质量三检制、取样送检制度、样板引路制度、实测实量制度等，明确质量管理职责及权限。

② 质量目标分解

根据合同要求，列明项目质量管理目标，有创优要求如鲁班奖等的，需将总的质量管理目标分解到具体步骤及质量控制指标。

③ 过程质量管理

描述各类材料、设备供应商及分包商的质量管理要求，注明各过程质量控制要点，如设计交底、图纸会审、技术交底等。

2）技术措施

① 施工测量误差控制措施

列表简述针对本工程的施工测量误差控制措施。

② 原材料及设备检验要求

列表简述装配式构件及各类主材检测指标、检验复验要求。

③ 质量通病防治措施

列表简述各分部分项工程，尤其是装配式工程可能发生的质量通病及相应的防治措施。

④ 成品保护措施

列表简述各类装配式材料、设备及已完工半成品和成品的保护措施。

（4）安全与文明施工管理措施

目前大多数施工单位基于现行国家标准《职业健康安全管理体系　要求及使用指南》GB/T 45001 通过了职业健康安全管理体系的认证，建立了企业内部的安全管理体系。项目安全管理应通过建立安全保证体系、进行安全目标分解、进行危险源辨识及管理、编制安全专项施工方案、配置安全施工管理资源、明确安全施工管理要求等方面使安全生产得到有效的保障。

1）安全与文明施工保证体系

附图/表简述安全与文明施工管理组织机构及安全管理制度，列明主要安全与文明施工管理制度，如安全责任制、三级进场教育、安全技术交底、安全检查等，明确安全与文明管理职责及权限。

2）安全与文明目标分解

根据合同要求，列明项目安全管理目标，有创优要求如当地安全文明示范工地的，需将总的安全管理目标分解到具体步骤。

3）危险源辨识及管理

附表列述工程潜在的危险源，评价其风险等级，并拟定针对性的预防及控制措施。

4）安全专项施工方案清单

根据工程特点，附表列述应编制的安全专项施工方案清单，并注明需要专家论证的超规模危大工程安全专项施工方案。

5）环境保护措施

根据工程具体情况，拟定针对性的环境保护措施：

①扬尘、烟尘防治措施；

②噪声防治措施；

③生活、生产污水排放控制措施；

④固体废弃物管理措施。

6）文明施工管理措施

针对工程具体情况，拟定针对性的文明施工管理措施：

①封闭管理措施；

②办公、生活、生产、辅助设施等临时设施管理措施；

③施工机具管理措施；

④建筑材料、构配件及设备管理措施；

⑤卫生管理措施。

7）安全与文明施工管理资源配置计划（表1-20）

简述为确保施工安全，拟投入的安全防护设施、防护用品、临时措施、检测工具等资源的数量、规格及分批投入时间。

安全与文明施工管理资源配置计划 表1-20

序号	资源名称	规格	数量	计划进场时间
1	安全网			
2	喷雾降尘车			
……	……			

（5）应急救援管理措施

1）应急管理体系

附图／表简述应急机构组成、应急队伍组建，明确应急管理职责及权限。

2）应急情况分析及管理

① 潜在事故分析及评价

逐项分析潜在事故的可能发生地点及事故后果，评定事故风险等级。

② 应急处置程序

简述应急响应、应急处理、应急终止等应急程序的流程及要求。

③ 应急处理及演练

简述各类事故对应的应急处理措施，注明应急演练的组织要求和频率。

3）应急保障

① 应急物资（表 1-21）

应急物资配置计划 表 1-21

序号	应急资源名称	规格	数量	计划进场时间
1	担架			
2	药箱			
……	……			

② 应急医院

附图简述应急医院位置、与施工现场的距离、车程路线及时间、联系电话、联系人等。

9. 绿色施工管理

有绿色管理目标或创优要求的项目应编写绿色施工管理内容。

（1）绿色施工管理体系

附图／表简述绿色施工管理组织机构及相关管理制度，明确绿色施工管理职责及权限。

（2）绿色施工措施

简述项目拟采用的绿色施工措施，按"四节一环保"分类介绍。

10. BIM 技术应用与管理

（1）BIM 组织体系

明确装配式项目 BIM 管理小组组织架构；明确小组内各专业工程师职责情况；明确 BIM 文件交互标准，具体阐明交互标准软件标准、文件命名规则、构件／族库命名规则、工作集命名规则、模型色彩规定等要求；明确 BIM 小组软硬件配置及相应使用平台。

（2）BIM 执行计划

明确团队组建，执行计划书，模型创建时间，协调要求，具体构件统计情况，预制构件数字化加工模拟等情况。

（3）BIM 的工作流程

对于项目实施过程中软硬件使用情况进行简要介绍。

（4）BIM 的应用

明确 BIM 在图纸会审方面的应用，BIM 在碰撞检查方面的应用，BIM 在空间调整方面的应用，BIM 在深化设计方面的应用，BIM 在施工模拟方面的应用，BIM 在构件加工、制作方面的应用，BIM 在施工过程管理及商务合约方面的应用等。

（5）竣工 BIM 交付标准

明确模型精度标准、包含信息等内容。

（6）BIM 实施保证措施

建立 BIM 运行保证体系，建立 BIM 运行例会制度，确保 BIM 技术支持。

11. 附图、附表

列述前述章节涉及的无法完整体现的图表内容，如进度计划横道图、网络图、劳动力计划、施工平面布置图等。

1.3.2　单位工程施工组织设计基本结构与内容要求

单位工程施工组织设计即以单位（子单位）工程为主要对象编制的施工组织设计，对单位（子单位）工程的施工过程起指导和制约作用。单位工程和子单位工程的划分原则在现行国家标准《建筑工程施工质量验收统一标准》GB 50300 中已经明确。需要说明的是，对于已经编制了施工组织总设计的项目，单位工程施工组织设计应是施工组织总设计的进一步具体化，直接指导单位工程的施工管理和技术经济活动。

单位工程施工组织设计的基本结构如下。

1. 编制依据

（1）工程合同及勘察设计文件

（2）工程建设相关法律法规

（3）工程建设技术标准

2. 工程概况

（1）建筑工程基本信息

（2）工程结构设计概况

（3）周边环境概况

（4）机电与设备概况

（5）工程承包范围

（6）主要施工条件

3. 施工部署

（1）工程目标

（2）重难点分析及对策

（3）项目管理组织结构

（4）现场施工部署

（5）大型垂直运输设备选择

（6）新技术应用

（7）施工流程

4. 施工进度计划

（1）进度计划编制说明

（2）里程碑节点计划

（3）进度计划横道图

（4）进度计划网络图

5. 施工平面布置

（1）施工平面布置图包括的内容

（2）现场场地安排

6. 施工准备与资源配置计划

（1）施工准备

（2）资源配置计划

7. 施工技术方案

（1）工程测量施工方案

（2）基坑支护施工方案

（3）土石方工程施工方案

（4）降排水工程施工方案

（5）基础工程施工方案

（6）混凝土结构工程施工方案

（7）钢结构工程施工方案

（8）围护结构工程施工方案

（9）防水工程施工方案

（10）脚手架工程施工方案

（11）装饰装修工程施工方案

（12）机电安装工程施工方案

（13）室外工程施工方案

（14）其他施工方案

（15）季节性施工方案

8. 主要施工保证措施

（1）总承包管理措施

（2）进度保证措施

（3）质量保证措施

（4）安全与文明施工管理措施

（5）应急救援管理措施

9. 绿色施工管理（当项目已编制施工总组织设计时，本部分可不写）

（1）绿色施工管理体系

（2）绿色施工措施

10. BIM 技术应用与管理（当项目已编制施工总组织设计时，本部分可不写）

11. 附图、附表

（1）附图

（2）附表

单位工程施工组织设计基本内容要求如下。

1. 编制依据

单位工程施工组织设计的编制依据参考 1.3.1 小节中 1. 编制依据部分内容。

2. 工程概况

单位工程施工组织设计中的工程概况是对单位工程及所在地区特征的一个总的说明部分。一般应描述单位工程的建筑工程基本信息、工程结构设计概况、周边环境概况、机电与设备概况、工程承包范围及主要施工条件。建筑工程基本信息介绍时应简明扼要、重点突出、层次清晰，有时为了补充文字介绍的不足，还可以辅以图表说明。

（1）建筑工程基本信息（表 1-22）

建筑工程基本信息   表 1-22

单位工程名称	按施工合同注明的项目名称填写
工程地址	按施工合同注明的项目地址填写
单位工程承包范围	
建设单位	
勘察单位	
设计单位	
监理单位	
审计单位	
总包单位	
主要功能或用途	如学校、酒店、住宅
工程承包模式	如 EPC、施工总承包
单位工程效果图	

（2）工程结构设计概况（表1-23）

工程设计概况　　　　　　　　　　　　表 1-23

地基与基础	基坑深度	××m		支护形式	
	止水方式	旋喷桩／搅拌桩／其他		基础等级	××级
	基础形式	预制管桩基础／筏板基础／其他		持力层	
	底板厚度	××m		承台厚度	××m
	桩数	××根	桩长	××m	桩径	××m
主体结构	抗震等级	××级		设防烈度	××度
	结构形式	地下部分			
		地上部分			
	混凝土结构	混凝土强度等级	基础		
			墙柱		
			梁板		
		钢筋型号规格	如HPB300、HRB400，直径：6～12mm，8～32mm		
	钢结构	材质规格			
		截面形式			
		连接方式			
		防腐做法			
		防火做法			
	砌体结构	地下部分			
		地上外墙			
		地上内墙			

（3）周边环境概况（表1-24）

周边环境概况　　　　　　　　　　　　表 1-24

西侧	项目地理位置概况图	北侧
南侧		东侧
项目周边环境概况		
位于×××以西，×××以北，×××以东，×××以南（标注特殊的环境特征）		

（4）机电与设备概况（表 1-25）

机电与设备概况 表 1-25

建筑给水排水及供暖	简述系统组成、设计特点，注明相关的主要设备名称、型号规格及数量，下同			
建筑电气				
通风与空调				
智能建筑				
电梯	客梯：××台	货梯：××台	消防梯：××台	自动扶梯：××部
消防系统				

（5）工程承包范围（表 1-26）

工程承包范围 表 1-26

类别	具体内容
单位工程承包范围	（按施工合同注明的本单位工程承包范围填写）
指定分包工程	（合同范围内业主指定的且与我方有总分包合同的分包工程）
独立分包工程	（甲方直接分包，与我方无合同关系的分包工程）
甲供材料设备	（按施工合同注明的甲供材料、设备范围填写）

（6）主要施工条件

1）场地现状

附图描述场地目前的三通一平情况，施工状态（如甲指分包正在施工），地下管网分布情况，水电，通信及测量接驳点情况，场内外交通情况，周边建、构筑物情况。

2）气候条件

描述项目当地的气候条件，绘制年度气温分布图、全年降水量分布图等气候信息图表。

3）地质条件

根据岩土工程勘察报告，总结工程岩土层的分布情况及地质特点，存在不良地质条件或地下障碍物的，应详细说明。

4）水文条件

根据岩土工程勘察报告，总结地下水的类型、水位、水量、流向，地下水对现场施工和结构的影响，如腐蚀性等。

3. 施工部署

（1）工程目标（表 1-27）

（2）重难点分析及对策

单位工程施工组织设计的重难点分析及对策，参考 1.3.1 小节中 3. 总体施工部署（2）重难点分析及对策部分内容。

工程目标 表 1-27

工期目标	计划开工时间	年　月　日	具体以开工通知书为准	
	计划竣工时间	年　月　日	总工期	
质量目标	......			
	......			
安全目标	......			
其他目标	......			

（3）项目管理组织结构

单位工程施工组织设计的项目组织结构，参考 1.3.1 小节中 3. 总体施工部署（3）项目管理组织结构部分内容。

（4）现场施工部署

单位工程施工组织设计的现场施工部署，参考 1.3.1 小节中 3. 总体施工部署（4）现场施工部署部分内容。

（5）大型垂直运输设备选择

阐述大型垂直运输设备投入使用情况，需根据项目施工情况添加或删减部分施工部署。

（6）新技术应用

单位工程施工组织设计的新技术应用，参考 1.3.1 小节中 3. 总体施工部署（6）新技术应用部分内容。

（7）施工流程

根据施工部署，结合单位工程实际施工流程和进度计划绘制流程图。

4. 施工进度计划

（1）进度计划编制说明

编制单体施工总进度计划说明，简述该单位工程工期目标及进度计划编制依据，注明该进度计划的前提条件，考虑其正式并入整体工程运作的时间；施工进度计划是施工部署在时间上的体现，要贯彻空间占满、时间连续、均衡协调、有节奏、力所能及、留有余地的原则，组织好土建、钢结构与各专业工程的插入，施工机械进退场材料，设备进场与各专业工序的关系。

（2）里程碑节点计划

制定里程碑节点计划，其时间应与项目施工总进度计划要求一致，在里程碑节点计划中应体现项目开工时间、桩基完成、地下室封顶、主体结构封顶、内外围护体系、塔式起重机电梯拆除、联合调试、专项验收、竣工验收等关键节点时间（表 1-28）。

项目关键节点工期   表 1-28

	工作项	时间节点	
编号	工作内容	开始时间节点	完成时间节点
1	土方施工		
2	基础施工		
3	主体施工		
4	机电围护结构施工		
5	室外工程施工		
6	竣工验收		

备注：具体时间以业主下达开工令为准

（3）进度计划横道图

绘制进度计划横道图。

（4）进度计划网络图

绘制进度计划网络图，颗粒度划分以主要分项工程／子分部工程为主，根据单位工程实际情况按"层"或"区"进行适当综合扩大。

5. 施工平面布置

施工平面图解决单位工程施工所需各项生产生活设施与永久建筑（拟建和已有的）相互间的合理布局。它是根据施工部署、施工方案、施工总进度计划，将施工现场的各项生产生活设施按照不同施工阶段要求进行合理布置，以图纸形式反映出来，从而正确处理单位工程施工期间所需各项设施和拟建工程之间的空间关系，以指导现场有组织有计划地文明施工。

（1）施工平面布置图包括的内容（表 1-29）

施工平面布置图包括的内容   表 1-29

序号	项目	内容
1	建筑总平面图内容	包括单位工程施工区域范围内的已建和拟建的地上、地下建筑物和构筑物，周边道路、河流等，平面图的指北针、风向玫瑰图、图例等
2	大型施工机械	包括垂直运输设备（塔式起重机、井架、施工电梯等）、混凝土浇筑设备（地泵、汽车泵等）、其他大型机械布置等
3	施工道路	道路的布置、临时便桥、现场出入口位置等
4	材料及构件堆场	包括大宗施工材料的堆场（如钢筋堆场、钢构件堆场）、预制构件和成品构件堆场、周转材料堆场、现场弃土点等
5	生产性及生活性临时设施	包括钢筋加工棚、木工棚、机修棚、混凝土拌合楼（站）、仓库、工具房、办公用房、宿舍、食堂、浴室、文化服务房、现场安全设施及防火设施等
6	临水、临电	包括水源位置及供水和消防管线布置、电源位置及管线布置、现场排水沟等

（2）现场场地安排（表 1-30）

现场场地安排　　　　　　　　　　　　　　表 1-30

序号	场地类型	场地安排
1	场地宽敞	遵循"节地、紧凑、经济、方便生产"的布置原则
2	场地狭窄	施工安排应优先考虑缓解场地压力问题，如做好基坑的及时回填，利用不影响关键线路的施工区域作为材料的临时堆场，底板大体积混凝土划分小区域浇筑、结构施工时装修滞后插入等。 分析各阶段施工特点，做好场地平面的动态布置，临建房屋应优先采用装配式房屋。生产和办公用临时设施设置应注意节地和提高用地效率，如提高临建房屋的层数、架设物料平台。现场应尽可能设置环形道路或最大限度的延伸道路，并设置进出口大门。做好材料、设备进场的计划控制，做到材料、设备根据工程进度随用随进。选择先进的施工方法，减少周转材料的落地。多利用现场外区域作为现场施工的辅助区域，如场外租赁场地设置生活区和钢筋加工区，与环境管理部门协商占用辅道作为泵车、混凝土罐车临时使用场地等。 狭窄场地的临时设施布置和场地安排时，应尽可能减少对周边环境的不利影响和危害

6. 施工准备与资源配置计划

施工组织总设计已编制时本部分可不写，如无施工组织总设计，则参考 1.3.1 小节中 6. 总体施工准备与资源配置计划部分内容。

7. 施工技术方案

单位工程应按照现行国家标准《建筑工程施工质量验收统一标准》GB 50300 中分部、分项工程的划分原则，对主要分部、分项工程制定施工方案。

主要施工方案包括以下内容。

（1）工程测量施工方案

1）根据测量控制点，建立二级测量控制网及楼层内测量控制网。简述测量仪器要求、工程测量方法、测量精度要求、沉降及变形观测要求等。

2）施工测量方案编制提纲内容主要包括：工程概况、任务要求、施工测量技术依据、施工测量方法、施工测量技术要求、起始依据点的检测、施工控制测量、建筑场地测量、基础施工测量、结构施工测量、装饰测量、设备安装测量、竣工测量、变形监测、安全和质量保证与具体措施、成果资料整理与提交等。

（2）基坑支护施工方案

1）采用文字结合配图说明现场建筑单体工程周边情况、基坑支护做法、注明基坑支护工程量、施工难易程度以及拟采用的施工方式。

2）需简述基坑支护工程施工分区、施工流水方向、施工机械设备选择及投入计划、材料场地布设、泥浆池等临时设施布设、施工进度安排等。

（3）土石方工程施工方案

1）采用文字结合配图说明土方工程概况、场地现地面标高、基坑开挖深度、开挖面积、开挖工程量、开挖难易程度、开挖方式等。

2）简述土方开挖施工分区、施工流水方向、每层土方开挖厚度、土方开挖与支护及降水的穿插安排、出土坡道设置、施工机械设备投入计划、土方运输路线、弃土场地选择及运距等，还需注明单体工程土方开挖对基底地层的保护要求，以及软弱地层换填地基做法。

（4）降排水工程施工方案

1）根据设计文件及地勘报告，简述单体工程的地质水文情况，降排水做法，降水时长，降水节点处理方式等。

2）简述降排水工作的施工顺序、时间要求、水位观测井布设等施工作业安排，并注明场内、场外、基坑内、基坑外等各部位的排水方式、排水坡向、雨水及地下水利用等。

（5）基础工程施工方案

1）采用文字结合配图说明现场建筑单体基础情况、注明基础工程量、施工难易程度以及拟采用的施工方式。

2）需简述基础工程施工分区、施工流水方向、施工机械设备选择及投入计划、材料场地布设等临时设施布设、施工进度安排等。

（6）混凝土结构工程施工方案

描述混凝土工程的概况、主要构件尺寸，估算混凝土结构工程量，并注明单体施工管理重点及难点、劳动力投入情况等。

1）钢筋工程

描述钢筋规格型号、钢筋的连接方式、保护层控制措施，介绍钢筋加工及安装工艺流程、施工要求及注意要点，并说明复杂节点处钢筋的施工方法。

2）模板工程

描述模板及支撑系统选型、周转材料的配置（根据周转次数而定）、模板及支撑系统搭拆要求，并注明高大模板的主要部位，相关技术参数和技术要求可详见具体安全专项施工方案。

3）混凝土工程

描述混凝土的配合比管理、坍落度及入模温度要求、布料方式、浇筑顺序、分层厚度控制、振捣及收面要求、养护方式及养护时长等，并注明施工缝的允许留设位置，以及施工缝处止水钢板／收口网的设置要求。

（7）钢结构工程施工方案

1）描述钢结构工程的分布位置、工程体量、构件类型、主要构件截面、吊装幅度、高度及重量等特征，注明钢结构施工管理重点。

2）描述钢结构制作厂家选择、构件分段分节、制造运输计划、现场拼装方式、吊装方式等内容，介绍钢结构与混凝土结构、压型钢板铺设、混凝土浇筑等工序的插入衔接安排等。

（8）围护结构工程施工方案

1）描述围护结构的概况、材料选型、内外围护体系的分布位置、主要构件截面尺寸及重量等特征，注明内外围护体系施工管理重点。

2）描述围护结构制作厂家选择、排板深化、制造运输、现场吊装方式、施工工艺流程等内容。

（9）防水工程施工方案

描述地下、屋面、室内防水工程等级、防水层道数、防水材料种类等。

1）施工安排

描述各部位防水施工插入的前提条件、分区施工情况、流水方向、防水层施工前后的检测要求等。

2）施工方法

描述防水工程的施工方法、工艺流程、构造措施、施工要求及注意要点，并说明特殊部位的做法。

（10）脚手架工程施工方案

描述单体需要搭设脚手架的位置、脚手架用途、搭设高度。

1）施工安排

描述单体各部位采用的脚手架类型、使用时间、脚手架基础形式、设计荷载、搭设参数及特殊部位处理等。

2）施工方法

描述单体脚手架的施工工艺流程、构造措施及施工要求，注明脚手架的验收、检查、监测要点，并附脚手架的主要平、立、剖面图和构造大样图。

（11）装饰装修工程施工方案

描述单体合同承包范围内的地面、抹灰、墙面、吊顶、门窗、轻质隔墙等装饰装修工程的设计概况，分类介绍各部位装修作业与机电工程的穿插施工顺序安排，并注明与精装修分包单位的界面划分。

1）地面工程

描述单体地面工程的设计做法、工艺流程、施工要求及注意要点。

2）抹灰工程

描述单体抹灰工程的设计做法、工艺流程、施工要求及注意要点。

3）门窗工程

描述单体门窗工程的设计做法、工艺流程、施工要求及注意要点。

4）其他主要装修工程

描述单体其他主要装修工程的设计做法、施工方法选择、工艺流程、施工要求及要点。

（12）机电安装工程施工方案

简述机电工程的组成及特点，机电工程可由专业分包单位报送专项方案，施工组织设计中需分类简述各机电专业的施工要点和工艺穿插要点、土建机房移交时间和条件、大型设备吊运方法、与精装修相配合的工艺流程、防雷施工等。

1）建筑给水排水及供暖

描述建筑给水排水及供暖的设计做法、工艺流程、施工要求及注意要点。

2）建筑电气

描述建筑电气工程的设计做法、工艺流程、施工要求及注意要点。

3）空调与通风

描述通风与空调工程的设计做法、工艺流程、施工要求及注意要点。

4）智能建筑

描述智能建筑工程的设计做法、工艺流程、施工要求及注意要点。

5）电梯

描述电梯工程的设计做法、工艺流程、施工要求及注意要点。

（13）室外工程施工方案

描述单体室外工程的内容、特点、相应的工艺流程及施工要求。

（14）其他施工方案

描述单体其他重要分部分项工程如危大工程（幕墙、拆除、暗挖、四新技术应用）的施工方案，以及大型机械设备的总体安拆施工部署及施工方法。

（15）季节性施工方案

介绍冬期、雨期及高温暑期等极端气候条件下的施工方法及特殊气候下的施工管理措施，包含冬期、雨期及暑期施工管理，土方、钢筋、混凝土、钢结构、砌筑、屋面、装饰等工程施工内容。

8. 主要施工保证措施

施工组织总设计已编制时本部分可不写，如无施工组织总设计，则参考 1.3.1 小节中 8. 主要施工保证措施部分内容。

9. 绿色施工管理

单位工程有绿色管理目标或创优要求的应编写绿色施工管理内容，但施工组织总设计已编制时本部分内容可不写，如无施工组织总设计，则参考 1.4.1 小节中 9. 绿色施工管理部分内容。

10. BIM 技术应用与管理

施工组织总设计已编制时本章节可不写，如无施工组织总设计，则参考 1.3.1 小节中 10. BIM 技术应用与管理部分内容。

11. 附图、附表

列述前述章节涉及的 A4 篇幅无法完整体现的图表内容，如进度计划横道图、网络图、劳动力计划、施工平面布置图等。

1.3.3 分部分项工程施工方案基本结构与内容要求

分部分项工程施工方案的基本结构如下。

1. 编制依据

（1）编制说明

（2）主要法律、法规

（3）主要技术标准、规范

（4）合同、图纸及其他文件

2. 工程概况

（1）工程总体概况

（2）专业设计概况

（3）周边环境概况

（4）施工主要重难点及应对措施

3. 施工安排

（1）施工顺序

（2）施工平面布置

（3）工程施工目标

（4）施工进度安排

（5）施工用电安排

4. 施工准备与资源配置

（1）施工准备

（2）劳动力计划

（3）主要材料计划

（4）主要机械设备计划

（5）主要计量和检验工具计划

5. 施工工艺技术和施工方法

（1）工艺设计和技术参数

（2）工艺流程

（3）施工方法

6. 安全质量应急措施

（1）施工安全组织保障措施

（2）施工安全技术措施

（3）监测监控

7. 附图与计算

（1）简单计算

（2）相关施工图纸

分部分项工程施工方案基本内容要求如下。

1. 编制依据

编制依据中是施工方案编制时依据的文件，一般包括主要的法律、法规，主要技术标准、规范，合同、图纸及其他文件，同时还需对编制本方案的原因及目的进行说明，即编制说明。

2. 工程概况

施工方案的工程概况针对分部（分项）工程或专项工程内容进行介绍，可以从工程总体概况、专业设计概况、周边环境概况和施工主要重难点及应对措施等方面进行描述，对施工方案的概况分析要简明扼要，宜用图表表示。工程总体概况介绍主要建设信息；专业设计概况应为钢结构、围护体系、装饰装修以及机电与设备等分部分项工程概况，结合所介绍的分部分项工程具体阐述；周边环境概况应包括工程邻近建（构）筑物、周边道路及地下管线、基坑、高压线路、场地内施工条件，水文地质条件和气象条件等。应根据各自工程情况选择性、针对性地简述；施工主要重难点及应对措施应对分部（分项）工程所涉及的工程重点、难点以及关键节点分别进行阐述。

3. 施工安排

施工安排应包含工程施工顺序、施工平面布置、工程施工目标、施工进度安排、施工用电安排等内容；施工顺序是对单位工程施工流水组织的细化。应包括施工区域划分、流水段划分和流水顺序；分部分项工程施工现场总平面应在施工组织设计各阶段施工现场总平面基础上进行细化和补充。总平面布置图应注明现场出入口及临时道路、现场临时建筑、下基坑或进楼座通道、材料场地、塔式起重机、施工电梯、起重机及混凝土泵车等大型机械设备的布置等，并符合消防及安全文明施工管理要求；工程施工目标宜包括进度质量、安全、环境和工期等目标，各项目标应满足施工合同、招标文件对工程施工的要求；施工进度计划是将该分部分项工程各施工部位的开始时间、结束时间和工期描述清楚。工期的确定是根据项目编制的总进度计划确定，在确定时应根据流水段的划分及资源配置核实进度计划的工期安排，对于不合适的地方进行调整。施工进度计划可采用网络图或横道图表示，并附必要说明；施工用电安排为对分部分项工程施工过程中的临时用电布置进行说明，须包括电箱的布设、电缆电线规格选择和布设、夜间施工照明等内容。

4. 施工准备与资源配置

施工准备应包括技术准备、现场准备和资金准备等内容，技术准备宜包括施工所需技术资料的准备、图纸深化和技术交底的要求、试验检验和测试工作计划、样板制作计划以及与相关单位的技术交接计划等；现场准备宜包括生产、生活等临时设施的准备以及与相关单位进行现场交接的计划等；资金准备宜为编制资金使用计划等；资源配置计划应包括劳动力配置计划和物资配置计划，劳动力配置计划为确定工程用工量并编制专业种劳动力计划表；物资配置计划包括主要材料计划、主要机械设备计划、主要计量和检验工具计划等。

5. 施工工艺技术和施工方法

须明确分部（分项）工程或专项工程施工方法并进行必要的技术核算，对主要分部（分项）工程（工序）明确施工工艺要求，例如针对围护体系中不同类型的预制条板，合理选择安装机具，重点阐述施工工艺流程及过程控制要点。对易发生质量通病、易出现安全问题、施工难度大、技术含量高的分项工程（工序）等应作出重点说明，例如对于露梁露柱、隔声保温、抗裂防渗、防腐防火等方面的处理措施的阐述。对开发和使用的新技术、新工艺以及采用的新材料、新设备应经过必要的试验或论证并制定计划。对季节性施工应提出具体要求。

6. 安全质量应急措施

安全应急措施应包括安全事故风险分析、应急指挥机构及分工、应急措施、处置流程、应急物资准备和应急救援路线几项内容。其中，应急措施应针对施工可能产生的设备安全、高处坠落、起重伤害、机械伤害、触电伤害、物体打击、消防事故等安全事故，制定对应处理措施；处置流程应明确预案触发条件，例如规定应急和救援预案触发启动条件、危险信息的反馈流程，规定信息的第一接收人及第二接收人、预案启动命令人。应急物资准备宜列表说明项目应配备的应急物资种类、数量、配备时间及维护要求。应急救援路线应简要介绍应急救援医院、地点、距离、联系方式等。质量应急措施应强调质量问题突发后的应急措施，如外墙渗漏、内外墙开裂等质量问题的应急处置措施。

7. 附图与计算

应包括本方案所涉及的计算书和相关施工图纸。

1.3.4 专项安全施工方案基本结构与内容要求

根据住房城乡建设部令第37号《危险性较大的分部分项工程安全管理规定》，危险性较大的分部分项工程是指房屋建筑和市政基础设施工程在施工过程中，容易导致人员群死群伤或者造成重大经济损失的分部分项工程。

根据《住房城乡建设部办公厅关于实施〈危险性较大的分部分项工程安全管理规定〉有关问题的通知》，危大工程专项施工方案的基本结构如下。

1. 工程概况

（1）危大工程概况和特点

（2）施工平面布置

（3）施工要求和技术保证条件

2. 编制依据

（1）主要法律、法规

（2）主要技术标准、规范

（3）合同、图纸、施工组织设计及其他文件

3. 施工计划

（1）施工进度计划

（2）材料与设备计划

4. 施工工艺技术

（1）技术参数

（2）工艺流程

（3）施工方法

（4）操作要求

（5）检查要点

5. 施工安全保证措施

（1）组织保障措施

（2）技术措施

（3）监测监控措施

6. 施工管理及作业人员配备和分工

（1）施工管理人员

（2）专职安全生产管理人员

（3）特种作业人员

（4）其他作业人员

7. 验收要求

（1）验收标准

（2）验收程序

（3）验收内容

（4）验收人员

8. 应急处置措施

（1）危险源风险和分析

（2）应急指挥机构及分工

（3）应急处理措施

（4）应急处理流程

（5）应急物资准备

（6）应急救援路线

9. 计算书及相关施工图纸

（1）计算书

（2）相关施工图纸

危大工程专项施工方案的基本内容要求如下。

1. 工程概况

应包括危大工程概况和特点、施工平面布置以及施工要求和技术保证条件。危大工程概况和特点应涉及危大工程范围的平面尺寸、结构布置、标高、构件几何尺寸、最大重量及其他设计条件；施工平面布置图应注明现场出入口及临时道路、现场临时建筑、下基坑或进楼座通道、材料场地、塔式起重机、施工电梯、起重机及混凝土泵车等大型机械设备的布置等，并符合消防及安全文明施工管理要求；施工要求和技术保证条件则应针对危大工程提出针对性的施工要求和技术保证条件。

2. 编制依据

编制依据是施工方案编制时依据的文件，一般包括主要的法律、法规，主要技术标准、规范，合同、图纸及其他文件。

3. 施工计划

宜从施工进度计划和材料与设备计划两个方面进行阐述。施工进度计划是将危大工程各施工部位的开始时间、结束时间和工期描述清楚。工期的确定是根据项目编制的总进度计划确定，在确定时应根据流水段的划分及资源配置核实进度计划的工期安排，对于不合适的地方进行调整。施工进度计划可采用网络图或横道图表示，并附必要说明；材料与设备计划包括工程材料和设备配置计划、周转材料和施工机具配置计划以及计量、测量和检验仪器配置计划等。

4. 施工工艺技术

说明危大工程所涉及的技术参数、工艺流程、施工方法、操作要求和检查要点。

5. 施工安全保证措施

应从组织保障措施、技术措施和监测监控措施三个方面进行阐述。组织保障措施应明确项目的安全管理体系，明确项目关键岗位管理人员的主要安全生产责任；技术措施则应根据对施工场地有影响的保护措施，针对性地设置安全警戒和安全警戒标志等，危大工程施工期间施工告示牌的内容和安放位置规定，对于危大工程施工的安全风险制定有针对性的安全技术措施，如临边洞口防护、登高防护、水平与垂直通道防护、安全绳拉设等，要求有详细的布置图和详细节点，要根据施工内容具体特点有针对性地表达。

6. 施工管理及作业人员配备和分工

应分别介绍施工管理人员、专职安全生产管理人员、特种作业人员和其他作业人员的配备和分工情况。

7. 验收要求

应从验收标准、验收程序、验收内容和验收人员等四个方面进行阐述。验收标准根据施工采用的技术标准、安全施工检查标准、相关内容施工图、机械设备规定的检查验收标准、技术交底等进行列举；工程本身划分检验批，分部分项检验按照现行国家标准《建筑工程施工质量验收统一标准》GB 50300 的规定程序执行，危大工程措施内容须在投入使用之前进行验收，验收合格，须在现场明显位置设置验收合格牌；验收内容是根据危大工程施工中涉及的分项工程内容及安全技术措施内容确定，具体可参照各验收标准中的检查／验收项；按照项目工程管理相关岗位明确分部分项验收的参加人员名单（实名）。

8. 应急处置措施

应从危险源风险和分析、应急指挥机构及分工、应急处理措施、应急处理流程、应急物资准备和应急救援路线六个方面进行阐述。按项目类型，针对各危大工程中可能发生的事故风险，分析事故发生的可能性以及严重程度、影响范围等；应急指挥机构及分工方面，应列表介绍结构名称、岗位、职务、姓名、联系电话及主要职务等信息；针对危大工程可能发生的安全事故制定对应的措施，如应对物体打击、高处坠落、脚手架坍塌、基坑变形和坍塌、触电、火灾等；应急处理流程应包括预案的触发条件和处置流程；应列表说明项目应配备的应急物资种类、数量、配备时间及维护要求；简要介绍应急救援医院名称、地点、距离、联系方式等。

9. 计算书及相关施工图纸

应包括危大工程方案所涉及的计算书和相关施工图纸。

1.3.5 钢结构制造方案基本结构与内容要求

制造方案是确保钢结构构件制造质量的指导性文件。钢结构的加工制造是一个复杂而特殊的过程，主要在于钢结构产品是由许多零部件组合而成的非标构件，构件形式不一、重量不一、质量要求不一、加工工艺过程不一，钢结构整体要求高、允许偏差较小，有的复杂结构还需经预拼装检验整体制造质量精度，钢构件的制造当前还是以手工操作为主，不稳定性较多，因此，钢结构制造方案的先进水平直接影响钢结构产品的质量。

总结钢结构行业制造方案编制经验，钢结构制造方案基本结构如下。

1. 编制依据

（1）编制说明

（2）主要法律、法规

（3）主要技术标准、规范

（4）合同、图纸及其他文件

2. 制造概况

（1）工程概况

（2）加工任务分析

（3）材料要求

3. 加工重、难点分析及对策

4. 组织管理架构与项目管理团队

（1）组织管理架构

（2）项目管理团队人员组成

（3）管理团队职责

（4）工作流程

5. 计划管理

（1）图纸供应计划

（2）钢材采购计划

（3）构件生产计划

6. 资源配置

（1）产能分析

（2）劳动力投入计划

（3）加工设备投入计划

（4）检测单位的选定

7. 深化设计方案

（1）深化设计组织管理

（2）深化设计与各相关专业的技术配合

（3）分段分节方案

8. 制造工艺

（1）制造工艺准备

（2）材料进场验收与检测

（3）典型构件制造工艺

（4）复杂构件制造工艺

（5）预拼装工艺

（6）焊接通用工艺

（7）典型构件的焊接工艺

（8）钢结构焊接质量检验

（9）涂装防腐工艺

（10）标识与成品保护

9. 运输方案

（1）运输方法与路线

（2）构件包装与运输成品保护

（3）运输安全管理

10. 质量保证措施

（1）质量控制体系

（2）质量控制措施

（3）质量关键控制点

（4）质量过程检验资料及合格证书管理

11. 安全职业健康与环境管理

（1）安全管理体系

（2）安全保障措施

（3）环境管理与节能减排

12. 与各方配合协调

（1）对安装现场的服务

（2）与建设各方的协调配合

钢结构制造方案的基本内容要求如下。

1. 编制依据

编制说明介绍方案的编制背景及适用范围等，编制依据一般包括工程合同、招标文件、设计文件、法律法规和技术标准等。

2. 制造概况

宜从工程概况和制造任务分析等方面进行介绍。工程概况除介绍项目建筑概况、钢结构概况外，应对典型构件和典型钢结构节点进行介绍；制造任务分析应分析项目应用的材料情况、加工范围等。

3. 加工重、难点分析及对策

应从技术和管理两方面进行重、难点分析。技术方面应从多专业深化设计协调配合、原材料采购和质量保证、大型复杂构件加工、复杂结构工厂预拼装、焊接、防腐、成品保护、超限运输等多方面进行分析，管理方面应从资源组织、进度保障等方面进行阐述分析。

4. 组织管理架构与项目管理团队

主要介绍项目管理组织架构、团队职责及项目运行管理工作流程等。

5. 计划管理

为保证项目制造顺利履约，根据项目总进度计划倒推制定制造工期计划，并从图纸供应、材料采购、构件制造生产等多方面分析各制造工序应达成的计划，为项目制造履约奠定基础并指明方向。

6. 资源配置

首先，应根据项目构件加工任务特点分析制造厂产能情况，结合项目工期进度计划进行合理的产能分配；其次，分析为实现制造任务目标需投入的劳动力及设备情况；最后，应介绍为保障制造质量，选定合适的检测单位情况。

7. 深化设计方案

深化设计方案首先应介绍深化设计流程、组织、进度和质量管理要求；其次，介绍深化设计与各相关专业的技术配合内容；最后，宜介绍钢结构分段分节方案和原则。

8. 制造工艺

制造工艺是制造方案的核心章节，主要介绍钢结构制造全流程工序的工艺方法。材料验收与管理方面应介绍材料的验收和复验标准、材料入库及追溯管理等；典型构件制造工艺方面应首先介绍下料、校平、制孔、成形、端铣等通用制造工艺，再根据项目情况介绍H形、箱形、圆管和十字形等常规典型构件制造工艺；复杂构件制造工艺主要根据项目情况介绍除常规典型构件形式外的异形构件和复杂节点构件制造工艺；项目如有大型桁架、网架等复杂结构，应介绍实体预拼装或三维扫描计算机模拟预拼装工艺方法；焊接工艺方面应介绍焊接通用工艺、典型构件焊接工艺（如焊接顺序）、焊接质量检验标准等内容；构件防腐应根据项目要求介绍构件表面处理、油漆防腐、热浸镀锌防腐或金属热喷涂防腐工艺；标识与成品保护方面应介绍各类型构件的半成品与成品标识方案和成品保护方案。

9. 运输方案

构件运输方案宜分别介绍构件运输方法和路线、典型构件的包装工艺、构件运输过程成品保护方法、构件运输安全管理、运输安全与应急保障措施等方面内容。

10. 质量保证措施

宜从工厂质量管理体系、工序质量控制措施、质量关键控制点和工程资料管理等方面介绍质量管理和保证措施。

11. 安全职业健康与环境管理

宜从安全管理体系、安全保障措施和环境管理体系等方面进行介绍。

12. 与各方配合协调

钢结构制造和安装紧密联系，良好的制造管理为现场安装奠定坚实基础，为更好地服务项目履约，应从制造角度阐述对安装现场的配合和服务。在此基础之上，还应当在钢结构范围内，配合业主、设计、监理、总承包等建设各方进行能够有效服务项目建设的各项协调工作。

1.4 施 工 详 图

1.4.1 施工详图设计概述

施工详图设计（又称深化设计）是对原设计施工图的构造、细部做法、连接节点的细化和完善，形成可以直接用于工厂制作和现场安装的图纸。施工详图设计是以设计院的施工图、计算书及其他相关资料（包括招标文件、答疑补充文件、技术要求、工厂制作工艺、运输条件，现场施工方案等）为依据，通过运用BIM技术，建立三维实体模型，生成构部件定位图、构件图、零部件下料图和报表清单等内容的过程。施工详图设计立足于协调配合各相关专业，对实现设计意图和保证项目顺利施工具有重要作用。

装配式建筑钢结构施工详图设计主要包括钢结构施工详图设计、二次结构施工详图设计、机电管线设备施工详图设计、装饰装修施工详图设计四个方面，除此之外，还包括其他专业施工详图设计，如园林施工详图设计、智能化工程施工详图设计等。本手册主要介绍四个方面的施工详图设计。

1.4.2 施工详图设计的目的

施工详图设计对施工工期、质量、成本起至关重要的作用。从施工工期角度分析，施工详图内容详尽程度符合施工要求，可有效减少施工现场的重复劳动，材料可提前卜单生产。从施工质量角度分析，图纸内容明确、标注清晰，可有效指导施工一次成型，质量有所保证。从施工成本角度分析，图纸深化到位，减少拆改返工，可有效加快工期，减少损耗。

钢结构施工详图设计是以满足设计要求和指导施工，达到利于工厂制造、方便模块化运输、减少现场连接，实现高效装配为目的，施工详图设计过程中需考虑各种因素以及与各专业之间的配合，如与土建、机电、幕墙、装饰、三板体系等的连接要求。

装配式建筑的二次结构通常有两种及以上的组合方式，通过提前排板布置，能够提升材料利用率，进一步控制施工成本。二次结构施工详图设计时对门窗洞口等部位的加固措施依照图集或规范进行明确，参考瓷砖尺寸、窗台高度、收口及门窗框占用空间对洞口尺寸进行详细明确，提高后续工作的施工效率和质量。

机电管线设备施工详图设计主要是结合项目特点，将机电工程综合管线通过施工详图设计进行合理的布置，以达到管线优化、布局紧凑、节约空间、降低成本的目的。

装饰装修施工详图设计是为了更好地实现建筑使用功能、建筑美学要求和建筑结构保护，通过核实相关专业的契合程度，及时发现问题、解决问题、完善设计、优化工艺，顺利实现建筑设计创意效果。

1.4.3 施工详图设计的原则

1. 钢结构施工详图设计的原则

钢结构施工详图设计需严格满足设计图纸以及国家相关规范、行业标准、规程的要求，并依据合理的计算规则进行相关验算。主要原则详见表1-31。

<table>
<tr><td colspan="2" align="center">钢结构施工详图设计的原则</td><td align="right">表 1-31</td></tr>
<tr><th>序号</th><th colspan="2">钢结构施工详图设计的原则</th></tr>
<tr><td>1</td><td colspan="2">钢结构施工详图设计应严格依据结构施工图、设计变更单等设计文件开展施工详图设计</td></tr>
<tr><td>2</td><td colspan="2">钢结构施工详图设计应严格按遵守国家设计规范、施工及验收规范等的要求</td></tr>
<tr><td>3</td><td colspan="2">钢结构施工详图设计不得改变原结构设计的设计原则，如需改变，必须经过设计单位同意</td></tr>
<tr><td>4</td><td colspan="2">钢结构施工详图须经业主及设计单位认可确认后，才能用于正式施工，并严格遵照执行</td></tr>
<tr><td>5</td><td colspan="2">钢结构施工详图设计应遵循协调性原则，处理好与土建、幕墙、装饰、机电等专业间的配合问题。在施工详图设计工程中，要保持与各专业承包单位以及监理、设计、业主等单位的沟通</td></tr>
<tr><td>6</td><td colspan="2">钢结构施工详图设计需制定合理的施工详图设计流程和合理适用的零部件编号规则</td></tr>
<tr><td>7</td><td colspan="2">通过施工详图设计，提高施工项目的科学管理水平，优化施工图纸和施工方案，提高生产效率；减少施工中可能发生的浪费，降低施工成本</td></tr>
</table>

2. 二次结构施工详图设计的原则

二次结构施工详图设计主要原则详见表 1-32。

<table>
<tr><td colspan="2" align="center">二次结构施工详图设计的原则</td><td align="right">表 1-32</td></tr>
<tr><th>序号</th><th colspan="2">二次结构施工详图设计的原则</th></tr>
<tr><td>1</td><td colspan="2">二次结构施工详图设计应严格依照图纸或设计变更要求，国家或地方专业施工及验收规范、设计规范和图集等文件的要求</td></tr>
<tr><td>2</td><td colspan="2">二次结构施工详图设计不得改变立面造型、不得随意修改门窗洞口尺寸</td></tr>
<tr><td>3</td><td colspan="2">二次结构施工详图设计图纸必须经由监理、业主及设计单位认可确认后，才能用于正式施工，并严格遵照执行</td></tr>
<tr><td>4</td><td colspan="2">二次结构施工详图设计应结合各专业的需求，在满足各专业使用功能的前提下，进行整体综合深化，主要考虑开槽、点位布置、穿管布线、施工洞口预留、是否涉水等问题</td></tr>
<tr><td>5</td><td colspan="2">二次结构施工详图设计图纸要切实可行，便于现场施工，尤其对细部问题处理要结合专业经验和现场实际进行明确</td></tr>
<tr><td>6</td><td colspan="2">二次结构施工详图设计要求在保证安全及围护功能完整性的前提下进行合理的优化，减少人、材、机的消耗，提高现场施工效率和质量，做到过程经济，质量可靠，降低施工及维修成本</td></tr>
</table>

3. 机电管线设备施工详图设计的原则

机电管线设备施工详图设计应遵循设计图纸、标准规范的要求，便于施工、经济、满足使用功能等。主要原则详见表 1-33。

<table>
<tr><td colspan="2" align="center">机电管线设备施工详图设计的原则</td><td align="right">表 1-33</td></tr>
<tr><th>序号</th><th colspan="2">机电管线设备施工详图设计的原则</th></tr>
<tr><td>1</td><td colspan="2">不得改变原设计的设计要求</td></tr>
<tr><td>2</td><td colspan="2">应严格按遵守国家专业施工及验收规范及设计规范等的要求</td></tr>
<tr><td>3</td><td colspan="2">必须满足功能、舒适性需求，特别是送风量、风速等功能参数</td></tr>
<tr><td>4</td><td colspan="2">机电管线设备施工详图设计图纸必须经由监理、机电设计顾问公司、业主及设计单位认可确认后，才能用于正式施工，并严格遵照执行</td></tr>
</table>

序号	机电管线设备施工详图设计的原则
5	应结合各专业的特点进行合理的综合深化，充分考虑水、电、通风、供暖等专业之间的交叉，在满足各专业的功能的前提下，进行整体综合深化
6	设计效果要安全、保证功能的完整性、方便施工及检修、节省空间、布置美观。对同一部位的各种管道进行布局要考虑其相互间的影响，必须保证安全间距。检修阀门、检查口的设置位置要满足方便检修的要求。管道布局要紧凑，减少管道占用的空间，管道布置要均衡合理，满足装饰美观要求
7	设计时先找出管线密集的部位及空间要求较紧的部位，按照有压让无压、小管让大管、电让水、水让风，空间上横向从上到下、竖向从里到外进行设计

4. 装饰装修施工详图设计的原则

装饰装修施工详图设计应遵循原建筑设计、不改变原设计效果，以确保安全、功能完整性的实现为前提，兼顾美观、施工的可实施性与方便性。主要原则详见表 1-34。

装饰装修施工详图设计的原则 表 1-34

序号	装饰装修施工详图设计的原则
1	应遵循原建筑设计、设计效果图
2	应满足国家专业施工及验收规范及设计规范等要求
3	不得对原结构设计进行改变。如需改变，必须经过原建筑设计单位同意
4	在保证安全、功能完整性的基础上，再进行优化，兼顾施工、美观等因素
5	需要兼顾施工的可实施性与方便性
6	应结合现场实际情况，协同考虑其他专业，对详图设计进行调整、完善
7	装饰装修施工详图设计图纸需经原建筑设计单位、建设方、监理方等各方认可，盖章确认后，方可交付施工

1.4.4 施工详图设计 BIM 的运用

通过建立 BIM 模型，在模型创建过程中发现图纸问题，对各专业模型（建筑、结构、暖通、电气、给水排水、弱电等）进行整合和深化设计，实现各专业碰撞校核；通过可视化展示，使每个项目参与人员可直观地理解设计方案和意图；把各施工段模型与施工进度计划进行关联，可以进行各施工段的施工进度模拟，并可以从时间、流水段等多维度方便快速查询工程量；基于 BIM "目标设定—模拟优化—跟踪展现—分析调整" 完整进度管控流程，给生产人员带来全新管理思路，大大节省日常进度管理作业时间。

1. 钢结构施工详图设计 BIM 运用

钢结构施工详图设计宜应用 BIM 技术，BIM 模型应在设计模型基础上逐步细化完成，BIM 模型的建立应符合以下要求。

（1）施工详图设计建模软件应有与工程 BIM 平台软件进行数据交换的接口。

（2）施工详图设计建模前应建立统一的编码体系（构件编号、零件编号），施工详图设计模型应按构件的结构属性进行信息编码。

（3）应根据国家钢材标准建立统一的材质和截面命名规则，模型零件的截面、材质标识应与国家标准中的截面代号、钢材牌号统一。

施工详图设计 BIM 模型信息与物联网信息技术相结合，可极大地提高物联网信息采集的效率，为钢结构项目全生命周期的材料采购、生产管理、质量管理、成本管理等业务的工作提供数据支撑。

2. 二次结构施工详图设计 BIM 运用

二次结构施工详图设计过程中运用 BIM 软件生成二次结构相关模型可以解决以下问题。

（1）运用 BIM 技术可以综合各个相关专业需求，对洞口留置进行优化和可视化表达，将大尺寸的消防、暖通、门窗洞口定位定尺进行预留，避免后期开槽造成的诸多质量问题，节约工期。

（2）运用 BIM 技术可以对排砖、排板方式进行细致表述，材料按图下料，减少不必要的浪费，做到精细管理，更好地控制成本。

（3）运用 BIM 技术制作深化模型进行逐层的计量统计，掌握各种材料在不同时间段的需求，提前对照进行采购，更合理地节约场地空间，同时也能避免过量采购或采购不足、缺项。同时，以模型为依据，也极大地方便了后期结算工作。

3. 机电管线设备施工详图设计 BIM 运用

机电管线设备施工详图设计宜应用 BIM 技术，机电管线设备施工详图设计 BIM 模型应在结构模型基础上进一步分专业建立。

（1）合理布置各专业管线，最大限度地增加建筑使用空间，减少由于管线冲突造成的二次拆改，从而节约成本。

（2）综合协调机房及各楼层平面区域或吊顶内各专业路由，确保在有效的空间内合理布置各专业管线，以保证吊顶的高度，同时保证机电各专业的有序施工。

（3）综合排布机房及各楼层平面区域内机电各专业管线，协调机电与土建、装修等专业的施工冲突，确定管线和预留洞的精确定位，减少对结构施工的影响，大大降低各专业的施工时间。

（4）合理布置各专业机房的设备位置，保证设备的正常运行、维修和保养等工作有充分的空间和条件，增加施工效益和后期运营效益。

4. 装饰装修施工详图设计 BIM 运用

在施工过程中结合 BIM 技术，以及 3D 扫描仪等高精度设备。使装饰工程实施过程中复杂问题的解决不再局限于平面图纸的线条，而是在三维模式下进行设计方案的推敲、设计意图的快速表达，并以模型为基础，更快速、更便捷地展示施工详图设计中各部位的节点构造、安装顺序。最终形成可覆盖装饰装修施工各分项工程从创新设计到材料加工，再到现场安装的方案。

利用 BIM 进行碰撞检测并不断对设计进行优化，在设计阶段尽量减少因"错、漏、碰、缺"而造成相关延误和损失。

1.4.5 各专业施工详图设计

1. 钢结构施工详图设计

钢结构施工详图设计是钢结构工程的基础和指导，它直接影响着钢结构工程的质量与进度。建筑钢结构工程在施工前，必须进行钢结构施工详图设计工作，施工详图设计是钢结构工程施工能否顺利开展的关键。钢结构施工详图设计是钢结构工程施工的第一道工序，施工详图设计与整个工程的进度控制、质量控制、成本控制、安全与信息管理都息息相关。

（1）钢结构施工详图的主要内容

钢结构施工详图应包括图纸封面、图纸目录、施工详图总说明、现场安装详图、构件详图、零部件图、工厂预拼装图、设计清单等。

1）图纸封面应按册编制，即每册图纸应有一个图纸封面，当一批图纸按多册装订时应有多个图纸封面。

2）图纸目录应与图纸相一致，包括序号、图纸编号、构件号、构件数量、单重、总重、版本号、出图时间等内容。

3）施工详图总说明除包括结构施工详图设计的技术说明外，还应包括施工详图设计所采用的软件及版本、构件和零部件编号原则、图纸视图方向原则、图例和符号说明等。施工详图设计总说明应在施工详图设计建模之前完成，并随第一批图纸发放。

4）现场安装详图用于指导现场安装，包括构件布置图、现场连接节点图等，空间结构宜采用三维坐标辅助标注，并在图中附加安装节点图、构件表和说明等内容。

5）构件详图应清晰表达构件的详细信息，包括零件号、尺寸标注、焊缝标注、制孔标注、标高标注等，空间复杂构件宜采用三维坐标辅助定位和三维轴测图表示。

6）零部件图用于工艺放样与排板使用，应包括零件编号与规格、零件尺寸、开孔标注等基本信息，折弯、弯扭等复杂零件还应包括展开图。零件图原则上应采用统一的比例绘制。

7）如有预拼装要求，应绘制工厂预拼装图，分段制作的大型复杂构件、空间结构构件宜进行预拼装，预拼装图宜按照实际拼装的状态进行绘制。

8）施工详图设计清单包含材料清单、构件清单、零件清单、螺栓（栓钉）清单等。

（2）钢结构施工详图设计流程

钢结构施工详图设计流程应包括输入文件收集、输入文件评审、设计问题协调、结构施工详图设计、设计单位确认、施工详图设计、图纸发放及交底等环节，应按图1-7所示流程开展。

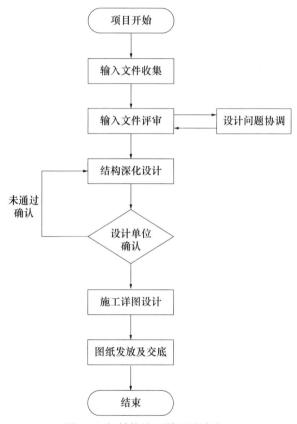

图 1-7   钢结构施工详图设计流程

（3）钢结构施工详图设计依据与考虑因素

1）施工详图设计依据

① 设计文件（设计施工图、设计技术要求、设计变更文件等）和工程合同文件。

② 相关专业的技术文件，包括：

a. 构件分段划分、起重设备方案、安装临时措施、吊装方案等；

b. 制作工艺技术要求；

c. 混凝土工程钢筋预留开孔、套筒和搭筋板等技术要求，混凝土浇筑孔、流淌孔等技术要求；

d. 机电设备的预留孔洞技术要求；

e. 幕墙及擦窗机的连接技术要求；

f. 其他专业的相关技术要求。

③ 相关规范、标准的规定，如现行国家标准《钢结构设计标准》GB 50017、《钢结构工程施工质量验收标准》GB 50205、《钢结构焊接规范》GB 50661、《钢结构工程施工规范》GB 50755；中国工程建设标准化协会标准《钢结构工程深化设计标准》T/CECS 606 等。钢结构施工详图设计图编制采用的图线、字体、比例、符号、定位轴线、图样画法、尺寸标注及常用建筑材料图例等应符合现行国家标准《房屋建筑制图统一标准》GB/T 50001、《建筑制图标准》GB/T 50104 和《建筑结构制图标准》GB/T 50105 的规定。

2）施工详图设计考虑的因素

钢结构施工详图设计应充分考虑施工工艺，包括材料采购、构件制作、运输和安装等技术要求。施工详图设计前，施工单位应组织相关人员进行工艺评审，对设计施工图进行核查，从项目实施的可行性角度提出合理化建议，并形成书面记录。

① 施工详图设计对制作工艺、运输和安装的考虑，及应符合的原则：

a. 构件的长度和宽度应符合运输车辆或船舶的要求，构件的高度应符合运输线路上的桥涵、高架等的限高要求；

b. 构件的单体重量应满足车间及现场的起重能力、运输限重的要求；

c. 分段分节位置宜选在杆件内力较小处；

d. 应充分考虑现场的焊接，包括尽量减少现场的焊接工作量、尽量避免仰焊、确保现场有足够的施焊空间。

e. 钢板墙、桁架、多腔体巨型柱、网架等构件应考虑分段后的构件具有足够的刚度，利于制作、运输、堆放、吊装过程中的变形控制。

② 施工详图设计对焊接工艺的考虑，包括：

a. 应考虑现场焊接位置的衬垫板，衬垫板的加设应符合现行国家标准《钢结构焊接规范》GB 50661 中的相关规定；

b. 在焊缝交叉、衬垫板通过处应合理开设过焊孔，封闭空间外侧壁板的过焊孔应在焊接完成后进行封堵；

c. 焊接连接构造的要求应符合现行国家标准《钢结构设计标准》GB 50017 中的相关规定；

d. 当厚钢板向薄钢板 T 形或角形全熔透焊接时，薄钢板与厚钢板的厚度比不宜小于 0.7，且宜采用双面 K 形坡口。

③ 施工详图设计对安装工艺措施的考虑，包括：

a. 现场高空操作平台连接件、安全网挂钩、临时爬梯、防护栏杆等安全防护措施；

b. 钢柱宜在现场拼接处设置临时固定耳板兼作吊耳，钢梁根据翼缘板厚度、翼缘板宽度及钢梁重量设置吊装孔或吊耳，异形构件及超重构件的吊装措施及翻身措施应进行专项设计，吊耳应在构件重心两侧对称设置；

c. 对于封闭钢构件，需要作业人员在构件内部进行操作时，应预留临时人孔或手孔，作业完成后进行等强嵌补。

④ 施工详图设计对土建专业的考虑，包括：

a. 十字形钢柱、箱形钢柱、圆管柱及巨型钢柱浇灌混凝土时，其内隔板应开设混凝土浇筑孔，混凝土浇筑孔直径不应小于200mm，当浇筑孔开设在柱壁上时，开孔尺寸及位置应与设计单位共同确定，混凝土浇筑完成后应对浇筑孔进行等强嵌补；

b. 钢板混凝土剪力墙、封闭多腔体组合构件、劲性箱形组合构件等浇筑混凝土时，构件内部壁板应设置混凝土流淌孔，流淌孔的设置原则应与设计单位、土建施工单位共同确定，如有需要应对流淌孔进行补强；

c. 封闭腔体钢构件内灌混凝土时，应在柱壁和内隔板上开设排气孔；

d. 应根据土建施工单位的提供的钢筋放样图对钢筋与型钢构件连接处进行放样，充分考虑钢筋与型钢构件的连接，通常采用型钢穿孔、钢筋搭接板、钢筋套筒3种连接形式。

⑤ 钢结构施工详图设计除考虑上述因素外，尚应考虑机电、幕墙等专业的预留孔洞、预设埋件等相关技术要求。

（4）钢结构施工详图绘制要求

施工详图应满足现场安装和工厂制作的要求，满足工厂工艺、放样、排板等相关要求，能够指导现场构件安装、定位测量等，能够满足材料采购、商务算量等要求。

施工详图表达包括图幅及图标、图纸线型、图纸语言和文字、图样比例、定位轴线、尺寸标注、焊缝标注、符号等。

1）同一项目宜采用同一图幅的图纸，并采用相同的图签栏。正式蓝图宜优先选用 A2 图幅、白图宜优先选用 A3 图幅、设计联系单宜采用 A4 图幅。

2）图纸上的文字、数字和符号等，均应清晰、端正、排列整齐；标点符号应使用正确，汉字的简化字书写应符合国务院公布的汉字简化方案和有关规定，汉字、英文字母、阿拉伯数字与罗马数字的书写排列、图纸线型选用应遵照现行国家标准《房屋建筑制图统一标准》GB/T 50001 的相关规定。

3）图样比例，应为图形与实物相对应的线性尺寸之比，可根据图样类别及复杂程度选用适当的比例。

4）定位轴线应严格按照原结构施工图绘制。模型空间坐标系应与原结构施工图坐标系一致。

5）尺寸标注应包括尺寸界线、尺寸线、尺寸起止符号和尺寸数字，尺寸界线和尺寸线应以细实线绘制，尺寸数字的注写，应靠近尺寸线的上方中部，标注的尺寸单位，除标高以米为单位外，其余均以毫米为单位。

6）完整的焊缝符号包括基本符号、指引线、补充符号、尺寸符号及数据等。为了简化，在图样上标注焊缝时通常只采用基本符号和指引线。基本符号表示焊缝横截面的基本形式或特征，具体按照现行国家标准《焊缝符号表示法》GB/T 324执行。

2. 二次结构施工详图设计

二次结构施工详图设计是以施工图纸为依据，遵照相关规范图集或地方标准，结合现场实际情况，二次结构施工的界面划分、材料排板、构造措施等进行合理的布置及优化，在保证安全、满足立面效果、工程质量合格的前提下，精细指导现场施工，提高工作效率，方便后续专业施工的同时节约人材机的损耗，做到降本增效。

（1）二次结构施工详图的主要内容

二次结构是指在框架、剪力墙、框架＋剪力墙工程中的非承重的砌体、构造柱、过梁等一些在装饰前需要完成的部分。二次结构是在一次结构施工完成以后才施工的，是相对于承重结构而言的非承重结构，围护结构，比如构造柱、圈梁、止水反梁、女儿墙、压顶、填充墙、隔墙、砖基础等。

二次结构施工详图应包括图纸、目录及清单、施工详图总说明、门窗洞口节点图、墙体排板图、导墙或反坎布置图、墙面开槽布置图、工厂预拼装图、各类节点大样详图等。

1）图纸封面应按册编制，即每册图纸应有一个图纸封面，当一批图纸按多册装订时应有多个图纸封面。

2）图纸目录应与图纸相一致，包括序号、图纸编号、节点编号、用料规格尺寸及排布方式、版本号、出图时间等内容。

3）施工详图总说明除包括结构施工图设计的技术说明外，还应包括施工详图设计所采用的软件及版本、图纸视图方向原则、图例和符号说明等。施工详图设计总说明应在施工详图设计之前完成，并随第一批图纸发放。

4）各类施工详图用于指导现场施工，包括门窗洞口节点图、墙体排板图、导墙或反坎布置图、墙面开槽布置图等，这类图纸要在各节点及排板图中明确具体做法及使用材料类别，对空间位置信息做到统一标注。

（2）二次结构施工详图设计流程

二次结构施工详图设计流程应包括施工详图设计指引、人员准备、最终用户需求调查、计算书编制、施工详图设计展开、材料设备选择、业主设计监理审批、图纸下发及交底等环节，应按图1-8所示流程开展。

（3）二次结构施工详图设计依据与考虑因素

1）二次结构施工详图设计依据

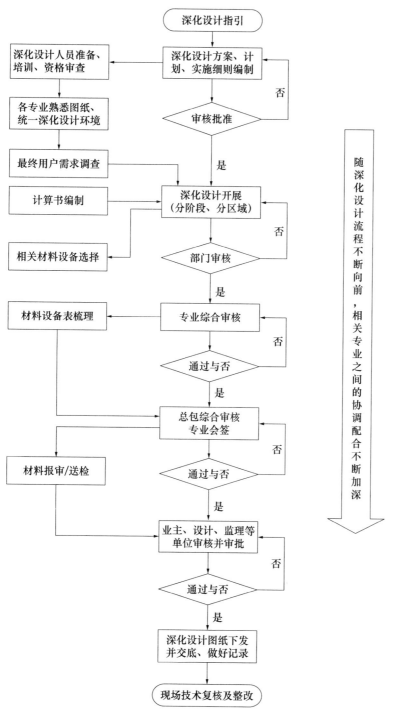

图 1-8　二次结构施工详图设计流程

① 设计文件（设计施工图、设计技术要求、设计变更文件等）和工程合同文件。

② 相关专业配合的技术文件，包括：

a. 机电、暖通、消防等设备开孔开洞的技术要求；

b. 门窗洞口加固的技术要求；

c. 钢梁钢柱植筋、鹰嘴或倒坡等构造方面的技术要求；

d. 其他专业的相关技术要求。

③ 二次结构各类体系中国家或地方规范、标准的规定，相关专业图集要求等。

④ 二次结构施工详图编制采用的图线、字体、比例、符号、定位轴线、图样画法、尺寸标注及常用建筑材料图例等应符合现行国家标准《房屋建筑制图统一标准》GB/T 50001、《建筑制图标准》GB/T 50104 和《建筑结构制图标准》GB/T 50105 的相关规定。

⑤ 二次结构施工详图设计应满足设计构造、施工、构件运输及与相关专业协同等技术要求，并以便于施工和降低工程成本为原则。

2）二次结构施工详图设计考虑的因素

二次结构施工详图设计应充分考虑施工工艺，要以便于现场施工为出发点，合并"同类项"，尽可能精简优化不同类型的节点数量，考虑好各专业间的协作与影响，包括构造措施以及墙体排布、其他工作的交互、施工技术要求等，施工详图设计前，施工单位应组织相关人员进行工艺评审，对设计施工图进行核查，从项目实施的可行性角度提出合理化建议。

① 施工详图设计对构造措施和墙体排布进行考虑时应包含下列方面：

a. 施工详图设计初始阶段，应依照设计总说明及相关建筑图纸，确定墙板布置位置，在满足装配式"三板"比例的前提下，合理设置板材类墙体的应用区域，该区域应避开装配式钢结构中的斜撑等特殊构件，最好布置在大开间，墙面通长筋的位置；

b. 确定好位置后，开始对板材和砌体墙进行排板设计，确定材料的尺寸，依照相应模数进行排板图绘制，过程中也要考虑构造措施的布置位置，比如要注意涉水房间反坎或导墙的高度对后续洞口预留及门窗安装的影响；

c. 把握细节，考虑门洞口开设位置、窗台高度、门窗洞口在墙内的位置（居中还是齐外口）、钢结构建筑露梁露柱位置与墙面交界处的错层等情况；

d. 对各类构造措施的布置，要结合图纸及相关规范图集要求进行，确定其间隔、空间位置，考虑房间特殊性（是否涉水）等。

② 施工详图设计对与其他工作的交互进行考虑时应包含下列方面：

a. 管线桥架穿墙洞口、墙面处消防箱等设备洞口、门窗洞口等是否预留到位，尺寸是否满足要求；

b. 考虑反坎、导墙、门槛或过梁等二次结构构件，在标高方面对空间布局的影响以及对其他专业穿线布管的影响；

c. 考虑施工临时洞口是否需要设置，以及相关的位置确定和构造要求；

d. 考虑等电位端子箱等装置的预埋预留工作，尤其是钢结构建筑，要求在各金属管线、架体以及有水房间均需要进行等电位施工，需要提前考虑如何布置。

③施工详图设计对施工技术要求进行考虑时应包含下列方面：

a. 在内装方面，要考虑应用新材料新技术后，可能产生的对后续工作的影响，也应考虑到钢结构建筑漏梁漏柱问题的处理和覆盖；

b. 在门窗方面，要考虑相应的加固措施、缝隙填塞措施、窗台高度及找坡等问题的处理；

c. 在开槽方面，使用板材墙体时要考虑相关图集的要求，使用要求的嵌缝剂并盖玻纤网；

d. 在细部问题处理方面，要考虑好预植钢筋与钢框架结构的连接措施，对板材墙体的固定方式进行确定（注意考虑免抹灰墙板后期裸露加固件的情况）。

（4）二次结构施工详图绘制要求

施工详图应满足现场施工和工厂制作（板材墙体）的要求，能够指导现场构件安装、定位测量等，能够满足材料采购、商务算量等要求。

施工详图表达包括图幅及图标、图纸线型、图纸语言和文字、图样比例、定位轴线、尺寸标注、各类符号等。

1）同一项目宜采用同一图幅的图纸，并采用相同的图签栏。正式蓝图宜优先选用 A2 图幅、白图宜优先选用 A3 图幅、设计联系单宜采用 A4 图幅。

2）图纸上的文字、数字和符号等，均应清晰、端正、排列整齐；标点符号应使用正确，汉字的简化字书写应符合国务院公布的汉字简化方案和有关规定，汉字、英文字母、阿拉伯数字与罗马数字的书写排列，图纸线型选用应遵照现行国家标准《房屋建筑制图统一标准》GB/T 50001 的相关规定。

3）图样比例，应为图形与实物相对应的线性尺寸之比，可根据图样类别及复杂程度选用适当的比例。

4）定位轴线应严格按照原结构施工图绘制。模型空间坐标系应与原结构施工图坐标系一致。

5）尺寸标注应包括尺寸界线、尺寸线、尺寸起止符号和尺寸数字，尺寸界线和尺寸线应以细实线绘制，尺寸数字的注写，应靠近尺寸线的上方中部，标注的尺寸单位，除标高以米为单位外，其余均以毫米为单位。

6）排板布置图要依照砌体等材料的尺寸，对整面墙体进行排板绘制，标注出钢筋直径，间距及所在位置。

7）构造柱、加强框、圈梁、反坎等构造措施要有明确的布置图及节点大样图，标注出它们的空间位置信息，具体做法要求，绘制出钢筋绑扎方式。

8）针对墙顶斜砌、管线预留洞口的加固处、钢梁钢柱预留钢筋等特殊位置的措施进行节点大样设计并说明，进一步指导现场施工。

（5）其他

二次结构除上述结构分项外，还包括屋面、门窗等。在屋面工程施工详图设计方面，主要是结合建筑图及结构图中对屋面工程的设计，对其结构施工、防水施工、保护层施工以及屋面瓦体系进行细致地深化。

结构施工方面要考虑不同屋面体系（轻钢屋面、混凝土屋面、种植屋面等）现场施工情况，有针对性地对复杂节点、现浇天沟及可能存在的立面线条布置进行深化，绘制相关施工大样图，经设计、监理及业主单位审核后，对现场施工进行指导。

在防水施工方面，主要也是结合现场实际情况，对细节部位的处理进行优化设计，包括但不限于檐口、檐沟和天沟、女儿墙和山墙、水落口、变形缝、伸出屋面管道、屋面出入口、反梁过水孔、设施基座、屋脊、屋顶窗等部位。对这些细部位置要做到多道设防、复合用材、连续密封、局部增强，并应满足使用功能、温差变形、施工环境条件和可操作性等要求。

在保护层施工过程中要注意对分隔缝布置进行深化，尤其注意以下部位：

1）屋面结构变形敏感部位；

2）屋脊及屋面排水方向变化处；

3）防水层与凸出屋面结构的交接处；

4）一般情况下，每个开间承重墙处宜设置分格缝。

5）防水层与承重或非承重女儿墙或山墙之间应设置分格缝，并在节点构造上作适当处理。

而对于屋面瓦体系，主要是各种类型瓦（正脊瓦、斜脊瓦等）的排板布置，挂瓦条和顺水条的排板布置以及节点的固定、防锈措施等内容的深化设计，绘图以及相关说明。

当屋面上安装太阳能热水器、天线、防雷装置等特殊设备时，也应要求相关专业厂家提供相关的施工详图，由总承包单位、设计单位、监理及业主单位审核后，按图施工。

3. 机电管线设备施工详图设计

（1）机电施工详图的主要内容

机电管线设备施工详图设计应包括图纸封面、图纸目录、施工详图总说明、涉及主要管道及设备的复核，机房和管井内设备及管道的布置，平面管线布置，根据控制标高调整管道的综合排布及重点部位的剖面详图，根据管道的综合布置调整管线的预留预埋、各专业的管线布置、组合支架的设置、风口灯具等与精装修配合的吊顶布置等。主要内容要点如下。

1）图纸封面应按册编制，即每册图纸应有一个图纸封面，当一批图纸按多册装订时应有多个图纸封面。

2）图纸目录应与图纸相一致，包括序号、图纸编号、版本号、出图时间等内容。

3）施工详图总说明应分专业分系统单独明确，标注清楚施工部位、图纸版本、出图日期、深化设计依据等重要信息。

4）机电综合平面图应包括空间内主要的、较大的各专业管线，科学合理地排布，以达到空间优化、时间优化、成本优化等作用。

5）综合管线支架布置平面图应清晰表达支架上各专业管线的详细信息，包括支架规格型号、尺寸、标高标注及管线专业、尺寸等。

6）机房大样图应包括设备就位形式、空间定位尺寸、管道接驳形式及规格型号、管件阀门等规格型号及定位尺寸。

（2）机电管线设备施工详图设计流程

机电管线设备施工详图设计流程应包括原始设计资料收集、各专业设计参数计算校核、机电各专业管线综合、机电各施工详图设计、图纸发放及交底等环节，应按图1-9所示流程开展。

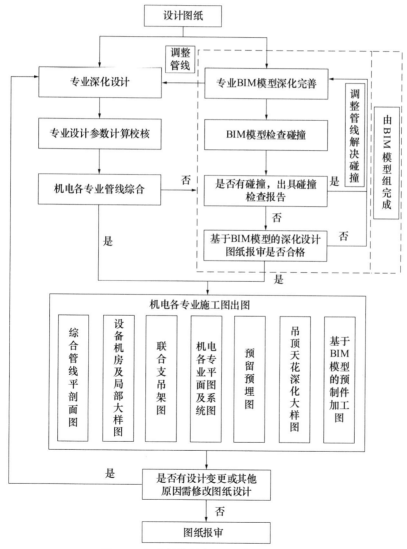

图1-9　机电管线设备施工详图设计流程

（3）机电管线设备施工详图设计依据与考虑因素

1）机电管线设备施工详图设计依据

① 设计文件（设计施工图、设计技术要求、设计变更文件等）和工程合同文件。

② 相关专业配合的技术文件，包括：

a. 给水排水、暖通、消防、强弱电等设备用水用电用气用能等的技术参数要求；

b. 建筑预留设备孔洞的位置及荷载等技术要求；

c. 强弱电管线桥架、防排烟管道、空调管道、给水排水管道、消防管道等的位置、管径及标高、管线间净距要求等相关参数要求；

d. 建筑结构基础形式、屋面结构形式，建筑钢筋金属屋面等建筑金属体的技术参数；

e. 其他专业的相关技术要求。

③ 机电设计各类体系中国家或地方规范、标准的规定，相关专业图集要求等。

④ 机电管线设备施工详图设计图纸编制采用的图线、字体、比例、符号、定位轴线、图样画法、尺寸标注及常用机电设备图例等应符合现行国家标准《暖通空调制图标准》GB/T 50114、《建筑给水排水制图标准》GB/T 50106、《电气技术用文件的编制　第 1 部分：规则》GB/T 6988.1、《建筑电气制图标准》GB/T 50786 的相关规定。

⑤ 机电管线设备施工详图设计应满足设计构造、施工、构件运输及与相关专业协同等技术要求，并以便于施工和降低工程成本为原则。

2）机电管线设备施工详图设计考虑的因素

① 充分做好深化设计的准备工作，对影响深化设计工作的前提条件进行分析、寻求建设单位的协助，主动积极地促使建设单位、精装单位提供最新的建筑图纸、精装图纸。

② 充分了解业主（顾问、咨询）的技术要求。明确及统一各专业的绘图标准和图层、颜色及深化程度。

③ 认真熟悉和审查招标图纸、明确设计方向，熟悉并理解各专业的工艺流程，对基本的设计参数进行复核检查，如风量、流量、流速、扬程、容积、容量、热量、换气次数等；对比国家设计及施工规范标准，不违背国家强制性标准，对重要的部位进行复核，如消防水箱的容积、不利点的压力、风量平衡、配电柜所有出线容量分配及电缆规格的核对等。

④ 施工详图设计的专业人员应对各专业的深化设计图纸进行会审，协调各专业综合布局；关键部位和重要节点要绘制剖面图和详图；综合图需要通过各专业的审查，并在与精装公司沟通或与精装图纸核对无误后按照深化设计的要求签字确

认；提交给建设单位（顾问）进行审批。

⑤ 机电管线设备施工详图设计人员必须领会及熟悉精装图纸，第一时间与精装公司（顾问）沟通吊顶的机电设施的布置：如风口、喷淋、灯具、烟感等的合理位置。如在绘制过程中发现吊顶机电设施的布置存在问题或标高与精装有冲突，由机电深化设计人员与精装公司（顾问）再次进行磋商，找到相互能接受的最佳方案。对机电管线复杂、交叉较多的部位应绘制详细的剖面图。机电综合图设计完成后由项目总工程师组织进行内部核对，如仍有问题且调整无法解决时，再与精装公司（顾问）协商解决，最终的机电综合图送业主（顾问）审批。

⑥ 局部复杂部位或者关键安装部位需要专门绘制详图或者大样图指导施工。深化后的机电安装管线综合图纸相当复杂，为了清楚表示管线和设备的布置，对部分区域需要绘制详图或者剖面图以方便施工人员正确理解图纸。尤其是管廊和管井，基本每层每个共用支架处均需绘制剖面图指导现场的施工。

⑦ 施工前做好深化图纸的设计交底工作，将深化设计的意图、原理、施工时的注意事项等传达给施工员和作业班组长。施工过程中出现问题应及时反馈给深化设计人员，深化设计人员应对出现的问题进行相应调整。

⑧ 必须有切实可行的施工组织设计或施工方案、严格的工艺纪律支撑，对易出现问题、较重要的部位，通过深化—实施—发现问题—再深化，持续改进深化设计的工作质量以确保工程质量全过程控制处于受控状态。

（4）机电施工详图绘制要求

机电管线设备施工详图设计主要包括机电综合平面图及剖面详图、预留预埋图、综合管线支架布置平面图、管井等专业深化大样详图、设备（基础）定位图、吊顶天花配合图等，具体要求详见表1-35。

机电管线设备施工详图设计的内容深度　　　　　　　　表1-35

序号	主要图纸类型	具体要求
1	机电综合平面图及剖面详图	协调各专业的管线布置及标高，对确实无法满足要求的，及时与业主及设计单位沟通解决。经济合理地布置综合支架，施工详图设计时考虑综合支架的规格及形式，管道排布要考虑支架的空间。合理安排出图时间，充分考虑图纸往返及修改调整的时间，确保后期的施工不受影响。管线之间空间的布置要充分考虑管线上配件的空间、施工的操作空间和后期的维护空间。重点部位或管线较多的部位应绘制剖面详图
2	预留预埋图	在综合机电平面图完成获批后调整各专业的预埋管线和预留孔洞、套管。重点标注预留预埋的定位尺寸
3	综合管线支架布置平面图	根据综合平面图的布置，合理调整各专业系统管线的走向和布置。保证各专业的完整性。合理美观地设置联合支架，解决复杂密集管线支架的有效布置
4	管井等专业深化大样详图	熟悉每根管线的连接形式，根据其连接形式的不同布置合理的操作空间。管线的排布要充分考虑管井内阀门等配件的安装空间和操作空间，预留管井的维修操作空间。保证管线的完整性

序号	主要图纸类型	具体要求
5	设备（基础）定位图	要求对每个设备的规格尺寸，运行重量等都有详细的数据，重点协调了解其他分包和指定分包的设备的规格尺寸。对有基础预埋件或减震措施的要标注其预埋件的种类、规格型号和定位尺寸
6	吊顶天花配合图	加强和精装修等专业的协调，了解吊顶板、幕墙等的安装尺寸，合理调整末端的风口、灯具、喷头等的布置

4. 装饰装修施工详图设计

（1）装饰装修施工详图的主要内容

装饰装修施工详图应包含封面、目录、施工图设计说明、装饰材料构造做法表、图例说明、材料表，平面系统图、立面系统图、节点图、门表等。

装饰施工详图设计主要内容包括以下五个部分：

1）封面，目录，施工图设计说明，装饰材料构造做法表，图例说明，材料表等；

2）平面系统图，主要包括平面布置图，顶面布置图，灯具尺寸图，地纹图等；

3）立面系统图，主要包括各功能区立面图，块料面层排板图等；

4）节点系统，主要包括细部节点、大样图，剖面图等；

5）门表系统。

（2）装饰装修施工详图设计流程

装饰装修施工详图深化设计流程应包括资料的收集准备、图纸综合会审、装修完成面确认、综合布置图绘制，细部节点剖面图绘制、图纸送审、图纸交底等内容应按图1-10所示流程展开。

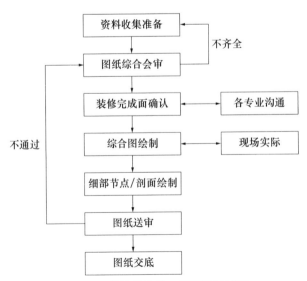

图 1-10　装饰装修施工详图设计流程

（3）装饰装修施工详图设计依据与考虑因素

1）装饰装修施工详图设计的依据

① 相关标准及规范，如现行国家标准《建筑设计防火规范》GB 50016、《建筑内部装修设计防火规范》GB 50222、《建筑内部装修防火施工及验收规范》GB 50354、《建筑装饰装修工程质量验收标准》GB 50210、《民用建筑工程室内环境污染控制标准》GB 50325、《无障碍设计规范》GB 50763，项目工程所在地的有关设计规范与规定等。

② 设计文件、设计效果图。包括设计施工图、图纸会审、技术核定单、设计变更单、施工合同等。

③ 相关制图标准。装饰装修施工详图设计采用的图线、字体、比例、符号、定位轴线、图样画法、尺寸标准及常用建筑材料图例应符合现行国家标准《房屋建筑制图统一标准》GB/T 50001。

2）装饰装修施工详图设计考虑的因素

装饰装修施工详图设计应充分考虑施工的可实施性与方便性、材料采购、其他专业协调等的因素。主要包含以下内容。

① 契合现场。施工详图设计，应契合现场实际尺寸，在施工详图阶段，解决部分前期土建施工误差。

② 优化施工。施工详图设计需要兼顾施工的可实施性与方便性。

③ 材料采购。材料采购周期是否满足工期要求，材料规格是否属于市场常规规格。

④ 协同考虑各专业。协同考虑土建、钢结构、给水排水、建筑电气、空调、智能化、舞台灯光、声学等与装饰装修的交叉施工部分，确保施工可行，装饰完成面美观。

⑤ 施工详图设计图纸应得到建筑装饰装修设计单位、建设方认可与核准。

⑥ 既有建筑装饰装修工程设计涉及主体和承重结构变动时，必须在施工前委托原结构设计单位或者具有相应资质条件的设计单位提出设计方案，或由检测鉴定单位对建筑结构的安全性进行鉴定。

（4）装饰装修施工详图绘制要求

装饰装修施工详图中主要包括封面、目录、设计说明，平面布置图，立面系统图，节点系统，门表系统等，施工详图图框中含有工程项目名称，建设单位名称，建筑设计单位名称，工程编号，图别，图纸名称，图号，图纸修改版次，以及相应人员的签字，设计单位盖章，出图日期等信息，制图要求采用统一字体，字体统一高度，统一尺寸标注样式，具体绘制要求详见表1-36。

（5）其他

在门窗详图设计方面，通过施工详图设计使铝合金门窗的性能符合建筑功能的要求，保证铝合金门窗工程的质量，满足建筑工程的需要。

序号	名称		深化深度要求
1	封面、目录、设计说明等	封面	工程名称、出图日期、设计公司名称等
2		目录	按图纸的种类划分大项，在大项下按图纸编号、名称等顺序排列，图纸页数应连续编码
3		设计说明	本次设计范围描述，设计依据和采用的规范和标准，施工说明，施工质量标准要求等
4		装饰材料构造做法	按照楼地面、踢脚、墙面、天花等划分不同大项，再按照面层材料以及做法细分，项目特征描述清楚，做法明确
5		图例说明	图例表述明确，无歧义，标号连续编码
6		材料表	材料规格、型号、颜色明确。带有彩色可供参考的图片
7	平面布置图	平面布置图	功能区域划分明确，家私布置明确，门符号表达清晰，索引符号表述明确，并连续
8		顶面布置图	各区域天花材质表达清晰，各区域天花完成面标注详尽，造型尺寸标注详尽
9		灯具尺寸图	灯具型号表述明确，灯具的具体定位尺寸标准详尽
10		地面地纹图	各区域地面材质表述清晰，各区域地面完成面标注详尽，造型尺寸标注详尽
11	立面系统图	立面系统图	立面门洞、开关、插座等位置尺寸标准详尽；墙面材质表达清晰明确；洁具、洗漱台等安装位置表述清晰明确
12		立面排板	立面材质表述清晰明确，各分格尺寸标注详尽，排板美观
13	节点系统		复杂节点的尺寸标注详尽，材质表述清晰，施工做法明确
14	门表系统		门的设计编号、形式、规格、数量、材质等信息齐全

1）首先要根据洞口的大小设计开窗的窗型、位置、大小（依照相关建筑图纸），考虑使用时的人性化及便利性，确定相关开启方向、使用材质、开关高度、中挺位置等。相关材料、配件要求可以依照规范图集要求以及图纸中给出的明确指示进行确定，同时要做好各类物品的封样确认工作。在确认过后，将门窗尺寸、材质、样式等信息录入门窗表，表达在图纸当中，再依照相关标准图集对固定措施进行设计确认，同样在图纸中进行表述。

2）对建筑外窗的防雷接地进行设计，应符合现行国家标准《建筑物防雷设计规范》GB 50057 的规定。将相关防雷连接措施深化到图纸中。

3）对门窗安装过程中的细节问题进行设计优化，主要包括以下几点。

① 排水孔设置：对于门窗水密性能除考虑密封措施外，同时考虑到防排结合，应保证铝框上排水孔的开口尺寸、数量及分布的合理性，保证排水系统的通畅；排水孔应使用专用模具冲压成孔并设防水孔罩；洞口墙体表面装饰应有较明显的滴水线及流水坡度，通常流水坡度高差不小于 20mm。

② 加强框设置：依照地方标准或图集确定加强框构造要求，外墙窗户要做好下口的排水找坡及上口的鹰嘴细部处理。

③ 缝隙填塞：铝合金门窗框和洞口墙体之间的塞缝材料根据当地气候（温差情况）及地方规定选择防水水泥砂浆填塞；施工详图设计准备阶段将上述细节处理敲定之后，完善到施工详图中。

5. 其他相关专业施工详图设计

其他相关专业施工详图设计包括园林工程施工详图设计、智能化工程施工详图设计等，可参考二次结构施工详图设计、机电管线设备施工详图设计、装饰装修施工详图设计等专业的要求以及各相关专业承包商的具体要求开展施工详图设计工作。

1.5 施工技术交底

1.5.1 施工技术交底的目的

为了规范装配式建筑施工技术交底的管理和实施，提高装配式建筑技术管理水平，有效地控制施工作业过程，保证作业人员安全、结构安全，保障工程质量，对施工技术交底的程序和内容作出规定，使有关施工人员了解装配式建筑结构特点、设计意图、技术要求，明确施工任务、制造工艺、施工方法、装配化施工、施工进度、质量标准、安全措施、环境保护措施、文明施工要求等目的。

1.5.2 施工技术交底分类

按工程法规及规范要求，施工技术交底可分为施工图交底、施工组织设计交底、分项工程施工技术交底、危大工程安全技术交底和分项工程安全技术交底，详见表 1-37。

施工技术交底分类 表 1-37

交底分类	交底名称
施工图交底	施工图交底
施工组织设计交底	施工组织设计交底
分项工程施工技术交底	钢结构组装及预拼装分项工程施工技术交底
	钢结构安装分项工程施工技术交底
	钢结构焊接分项工程施工技术交底
	紧固件连接分项工程施工技术交底
	钢结构组装及预拼装分项工程施工技术交底
	钢管混凝土结构钢筋骨架及混凝土分项工程施工技术交底
	压型金属板分项工程施工技术交底
	防腐涂料分项工程施工技术交底
	防火涂料分项工程施工技术交底

交底分类	交底名称
危大工程安全技术交底	钢结构安装满堂支撑体系安全技术交底
	起重设备安装安全技术交底
	起重吊装安全技术交底
	非常规起重吊装安全技术交底
	起重设备拆除安全技术交底
	扣件式钢管脚手架安全技术交底
	钢结构安装安全技术交底
	装配式预制墙体安装安全技术交底
	四新技术应用安全技术交底
分项工程安全技术交底	钢结构焊接安全技术交底
	紧固件连接安全技术交底
	钢结构组装及预拼装安全技术交底
	压型金属板安全技术交底
	防腐涂料安全技术交底
	防火涂料安全技术交底

1.5.3 施工技术交底的职责

项目部建立并落实施工技术交底责任制,明确各岗位交底职责,详见表 1-38。

施工技术交底职责划分　　　　　　　　　　表 1-38

施工技术交底分类		交底人	被交底人	监督人	备注
施工图交底		设计单位项目负责人	施工单位、监理单位项目管理人员	项目技术负责人	不分级,一次交底至相关人员
施工组织设计交底		项目技术负责人	全体项目管理人员、分包单位主要的项目管理人员	项目经理	不分级,一次交底到管理层
施工技术交底	自行施工部分	项目工程部	作业班组及作业人员	项目生产经理	不分级,一次交底到作业层
	专业分包部分	专业分包单位	作业班组及作业人员	项目生产经理	
安全技术交底	危大工程及分部分项工程	方案交底（管理层）项目技术负责人或方案编制人	相关项目管理人员	项目安全部	分管理层、操作层两级交底
		安全技术交底（操作层）项目工程部	作业班组及作业人员	项目安全部	
	总分包安全技术交底	总承包单位项目技术负责人	分包单位项目管理人员	项目安全部	不分级,一次交底到作业层

施工技术交底分类		交底人	被交底人	监督人	备注
安全技术交底	专项安全技术交底（如临时用电、安全防护、消防安全等）	项目技术部或方案编制人	相关项目管理人员、作业人员	项目安全部	不分级，一次交底到作业层
	起重机械等特种设备安拆安全技术交底	设备安拆单位技术、安全负责人	相关项目管理人员、安拆作业人员	项目安全部	
	起重机械等特种设备使用安全技术交底	设备供应单位技术、安全负责人	起重机械司机、信号工	项目机电负责人	
	安全操作规程交底	作业班组	作业人员	项目安全部	

交底技术文件由技术部门、工程部门专业工程师组织编制，质量、安全等交底内容由相关职能部门编制并汇入交底技术文件中，项目技术负责人应对各施工工长（或专业工程师）的技术交底进行审查，并签字认可。

交底人应做好交底记录，履行了签字手续的书面交底记录应及时移交项目相关人员整理归档，其中，安全技术交底资料移交项目安全员归档，其余交底资料移交项目资料员归档。

交底监督人应监督各项交底工作的执行。项目工程部监督检查施工技术交底中施工进度、施工部署、施工机械、劳动力安排与组织等方面的实施情况；项目质量部负责监督检查各级施工技术交底中质量措施的制定和实施情况；项目安全监督部负责监督施工安全技术交底的开展，负责监督检查各级施工技术交底中职业健康、安全、环境保护措施的制定和实施情况。

交底施工内容实施过程中，交底人应做好技术复核和现场检查，有不符合交底要求的，应及时指出并责令改正。如发现交底内容与工程实际不符或可行性较差的，应及时予以纠正。

技术交底应实行动态管理，实施过程中，项目人员发生变动时，应对变动人员重新进行交底。现场情况发生变化、无法按原交底要求实施时，应调整要求后重新对相关人员进行交底。

各类施工技术交底的职责要求如下。

1. 施工图交底

项目图纸会审前，项目技术负责人应督促建设单位组织设计单位对施工单位、监理单位项目管理人员进行设计交底。

2. 施工组织设计交底

项目施工前，项目经理及项目技术负责人应组织向全体项目管理人员及分包单位主要项目管理人员进行施工组织设计交底。规模较大的分部分项工程，编制了专项施工组织设计的，分包单位应在施工前组织对其项目管理人员进行专项施工组织设计交底，总承包单位项目技术负责人应对分包单位的交底工作进行监督和检查。

3. 分项工程施工技术交底

各分项工程施工作业前，项目应按工种对作业班组及作业人员进行分项工程施工技术交底。专业分包的分项工程施工前，专业分包单位应对作业班组及作业人员进行分项工程施工技术交底。分项工程施工技术交底可按分项工程逐项进行，亦可根据工程实际情况将多个分项工程或子分部工程综合扩大后统一组织交底。

4. 安全技术交底

危大工程及分部分项工程安全技术交底。危大工程及各分部分项工程施工前，项目技术负责人或方案编制人应向施工项目管理人员进行管理层的方案交底；项目工程部应向作业班组及作业人员进行操作层的安全技术交底。分部分项工程安全技术交底宜按分项工程逐项进行，亦可根据工程实际情况同时组织多个分项工程或子分部工程的安全技术交底。

1.5.4 施工技术交底内容

1. 施工技术交底的形式

施工技术交底根据交底层次、交底的内容可采取书面交底、三维可视化交底和施工样板交底。

2. 施工技术交底的内容要求

施工技术交底按内容要求，包括概况、施工准备、施工进度要求、施工工艺、成品保护、绿色施工措施、质量标准、质量保证措施、职业健康安全注意事项等基本内容。

施工技术交底内容应满足相关法规、设计文件要求，必须执行国家各项技术标准，施工企业制定的企业内部标准。施工技术交底应遵循合理的施工程序、施工顺序，积极应用新技术、新机具、新材料、新工艺，并满足绿色施工的要求。

对不同层次的施工人员，其技术交底深度与详细的程度不同，交底应有针对性、重点突出、指导性和可操作性强，书面交底文字应简洁，宜用图表表达，篇幅不宜过长。

3. 各类施工技术交底的主要内容（表 1-39）

施工技术交底主要内容 表 1-39

施工技术交底分类	交底内容
施工图交底	设计主导思想、设计特点、设计文件对工程材料、构配件及设备的要求、施工质量要求、施工安全及质量方面应注意的事项等

施工技术交底分类		交底内容
施工组织设计交底		工程概况、总体施工部署、施工进度计划、施工总平面布置、资源投入计划、主要施工方法、安全及质量管理要求等
施工技术交底	自行施工部分	工程概况、施工准备、工艺流程及技术要求、质量要求、安全要求
	专业分包部分	
安全技术交底	危大工程及分部分项工程 管理层交底	危大工程或分部分项工程概况、施工方法及安排、危险因素、安全措施、应急措施等
	危大工程及分部分项工程 操作层交底	
	专项安全技术交底（如临时用电、安全防护、消防安全等）	专项概况、技术要求、安全注意事项等
	总分包安全技术交底	工程介绍、安全要求、危险因素、安全措施
	起重机械等特种设备安拆安全技术交底	机械设备概况、操作流程、技术要求、安全注意事项等
	起重机械等特种设备使用安全技术交底	
	安全操作规程交底	施工任务划分、施工方法、技术要求、安全注意事项等

4. 施工技术交底的基本内容

（1）工程概况

概况包括交底作业内容、具体部位、工程量等内容。

具体部位需明确作业范围、轴线、标高、尺寸等；工程量需按照规格、类别等分别统计。

（2）施工准备

施工准备包括作业人员、主要材料、作业条件、主要机具等内容。

作业人员包括劳动力配置、培训、特殊工种持证上岗要求等。主要材料需明确施工所需材料的名称、规格、型号、数量等。作业条件包括上道工序应具备的条件，本工序周边环境，水、电源、安全设施、辅助设施等应具备的条件。主要机具包括：机械设备，明确名称、型号、数量、性能、使用要求等；主要工具，明确名称、规格、数量等；计量设备，明确名称、规格、数量等。

（3）施工进度要求

明确本项交底内容作业开始和完成时间；明确交叉作业、工艺要求的间歇时间。

（4）施工工艺

施工工艺包括工艺流程、绿色施工不利影响因素、工艺要点等内容。

工艺流程方面，需按施工工序绘制该项作业的操作工艺流程图；绿色施工不利影响因素方面，应分析流程各节点施工时可能出现的绿色施工不利影响及产生后果；工艺要点方面，一般根据工艺流程顺序，确定各工序施工要点和操作方法，对容易发生的质量问题、安全问题及绿色施工影响因素等提出针对性的措施和要求。

（5）成品保护

成品保护包括上道工序成品保护、施工时材料保护和本道工序成品的保护。

成品保护针对成品伤害源，明确保护所用的材料、保护方法、保护要点和要求、保护开始和终止时间等。

（6）质量标准

质量标准包括主控项目、一般项目和质量验收等内容。

主控项目包括抽样数量、检验方法；一般项目包括抽样数量、检验方法和合格标准；质量验收是对班组提出的自检、互检、班组长检查的要求。

（7）质量保证措施

质量保证措施一般重点从人、材料、设备、方法、环境等方面针对性制定。

劳动力是项目施工的关键，对投入劳动力的选择、工种划分、组织管理等提出相应的质量保证要求；对材料的采购、加工、储备、运输、计量、检测、试验等提出相应的质量保证要求，新材料应用，必须通过试验和鉴定；对设备来源、状态、维修、保养、使用、清洁、校准等提出相应的质量保证要求；对施工工艺的实施、检查等提出相应的质量保证要求，新工艺应用，必须严格监督；对环境有特殊要求的作业，为保证作业质量，需对作业环境的光线、温度、湿度、洁净度等提出相应的要求。

（8）职业健康安全注意事项

职业健康安全一般重点在人、材料、设备、方法、环境等方面确定具有针对性的注意事项。

人是职业健康安全的主体，对投入劳动力的选择、工种划分、组织管理等提出相应的职业健康安全注意事项；对材料的采购、加工、储备、运输、计量、检测、试验等提出相应的职业健康安全注意事项，对应急救援物资的配备提出相应的要求；对设备的来源、状态、维修、保养、使用、清洁、校准等提出相应的职业健康安全注意事项，应对应急救援设备的配备、保养、维修等提出相应的要求；对施工工艺的实施、检查等提出相应的职业健康安全注意事项；对环境有特殊要求的作业，应对作业环境的光线、温度、湿度、洁净度等提出相应的要求。

（9）绿色施工措施

绿色施工措施包括涉及本交底的节能、节地、节水、节材、环境保护等措施。

节能措施包括节电措施、节油措施及其他节能减耗措施；节地措施包括合理布置施工平面、保护临时用地等；节水措施包括提高用水效率、非传统水源利用、保证用水安全等；节材措施包括节约工程实体材料、构配件、周转材料及临时措施等；环境保护措施包括空气及扬尘控制、污水控制、固体废弃物控制、土壤与生态保护、物理污染控制等内容。

1.6 施工管理

1.6.1 施工管理概述

施工项目管理是指建筑企业围绕施工质量、进度、成本和安全等内容对施工项目进行的计划、组织、指挥、协调和控制等全过程的全面管理。

1.6.2 施工管理内容

施工项目管理的内容见表1-40。

施工项目管理的内容 表1-40

序号	项目	管理内容
1	施工项目管理组织	由企业选聘称职的施工项目经理； 根据施工项目管理组织原则，结合工程规模、特点，选择合适的组织形式，建立施工项目管理组织机构，明确各部门、各岗位的责任、权限和利益； 在符合企业规章制度的前提下，根据施工项目管理的需要，制定施工项目经理部管理制度
2	施工项目管理规划	在工程投标前，由企业层编制施工项目管理大纲，对施工项目管理自投标到保修期满进行全面的纲领性规划 在工程开工前，由项目经理组织编制施工项目管理实施规划（或以"施工组织设计"代替），对施工项目管理从开工到交工验收进行全面地指导性规划
3	施工项目目标控制	在施工项目实施的全过程中，应对项目的质量、进度、成本和安全目标进行控制，以实现项目的各项约束性目标。控制的基本过程是： 确定各项目标进行目标分解，制定控制标准； 在实施过程中，通过检查、对比，衡量目标的完成情况； 将衡量结果与标准进行比较，若有偏差，分析原因，采取相应的措施以保证目标的实现
4	施工项目生产要素管理	分析各生产要素（劳动力、材料、设备、技术和资金）的特点； 按一定的原则、方法，对施工项目生产要素进行优化配置并评价； 对施工项目各生产要素进行动态管理
5	施工项目合同管理	要从工程投标开始，加强工程承包合同的策划、签订、履行和管理。同时，还必须注意搞好索赔，讲究方法和技巧，提供充分的证据
6	施工项目信息管理	进行施工项目管理和施工项目目标控制、动态管理，必须在项目实施的全过程中，充分利用计算机对项目有关的各类信息进行收集、整理、储存和使用，提高项目管理的科学性和有效性

序号	项目	管理内容
7	施工现场管理	应对施工现场进行科学有效的管理，以达到文明施工、保护环境、塑造良好企业形象、提高施工管理水平之目的
8	施工项目协调	在施工项目实施过程中，应进行组织协调，沟通和处理好内部及外部的各种关系，排除种种干扰和障碍。协调为有效控制服务，协调和控制都是保证计划目标的实现

1.6.3 施工管理策划

施工管理规划即项目管理策划，对施工总承包项目，在进场后在企业层面进行《项目策划书》（表1-41）编制，在图纸会审后在项目部层面编制"项目管理实施计划"；对EPC项目，在初步设计完成后在企业层面进行《项目策划书》编制，在施工阶段在项目层面编制"项目管理实施计划"。

《项目策划书》章节目录及内容　　　　　　　　　表 1-41

序号	章节目录	内容
1	第一章　编制说明	《项目策划书》由企业工程管理部牵头组织、各部门参与，根据有关管理文件、工程招标投标有关文件、工程合同、项目设计文件等要求编制； 《项目策划书》由各专业策划组合而成，各专业策划之间相对独立，彼此相互支撑，共享管理成果，作为项目部编制"项目实施计划"的主要依据文件； 《项目策划书》是企业层级对项目全过程管理的定位、目标要求、管理授权及资源组织方式、环境告知及风险识别等的纲领性文件
2	第二章　工程概况	工程名称、工程地点，建筑概况，结构概况，各参建方； 合同范围、工程造价、承包方式； 工期要求及奖罚约定、质量要求及奖罚约定、安全及环境要求及奖罚等内容
3	第三章　主要管理目标	项目战略定位 工期管理目标、质量管理目标、职业健康安全与环境管理目标； 技术管理目标（科技创新目标、科技创效目标、BIM管理目标）、设计管理目标； 资金管理目标、物资管理目标、成本效益目标； 人才培养目标； 项目总结
4	第四章　项目管理团队配置	按项目现场施工阶段制定项目人员进场、退场计划； 制定项目各岗位《职位说明书》明确各岗位职责，报公司备案； 按照公司考核制度，实施项目人员季度考核

序号	章节目录	内容
5	第五章　项目风险识别及防控	设计风险：成本管控风险、交付风险、变更风险、进度风险。 商务风险：资金风险、过程支付风险、材料管理风险、项目双控风险、合约规划风险、结算审计风险。 工期履约风险：工期风险、质量风险、安全风险。 技术风险：深基坑施工、大跨度施工、高支模施工等危大工程施工风险
6	第六章　设计管理	EPC项目方案及施工图设计管理：主要包含设计合约、进度、质量、成本、定案等内容的策划组织，以及报批报建、策划交底、过程监督、资料归档等管理工作，确保项目各项设计工作按计划顺利实现。 深化设计管理：主要包含钢结构、幕墙、机电、装饰装修等深化设计管理
7	第七章　商务招采管理	商务合约及经济指标分析； 分判模式、工作包划分策划及招采计划； 成本控制管理：包含人工材料调差策划、定额策划、限额限量策划、临时设施策划、税务策划、资金策划
8	第八章　建造管理	现场临建管理：包括临时道路、临时用水用电、办公临建等。 施工部署：场平布置、垂直运输、施工分区及施工流程、资源配置。 现场管控：质量安全管控措施、进度管控措施、物资设备管理、职业健康安全、环境管理。 技术管理：施工组织设计及施工方案编制、图纸会审、测量与资料管理。 BIM应用、智慧工地应用管理
9	第九章　保密与信息管理	项目保密管理要求； 项目信息管理要求（含档案资料）

1.6.4　施工管理组织机构

施工项目管理组织机构，是以由一定的领导体制、部门设置、层次划分、职责分工、规章制度、信息管理系统等构成的有机整体作为组织机构，在施工项目管理中，合理配置生产要素，协调内外部及人员间关系，发挥各项业务职能的能动作用，确保信息畅通，推进施工项目目标的优化实现等全部管理活动。

1. 项目管理组织架构图

本着科学管理、精干高效、结构合理、覆盖全专业的原则，选派具有工程施工经验的技术管理人员和施工队伍组成项目管理组织架构，见图1-11。

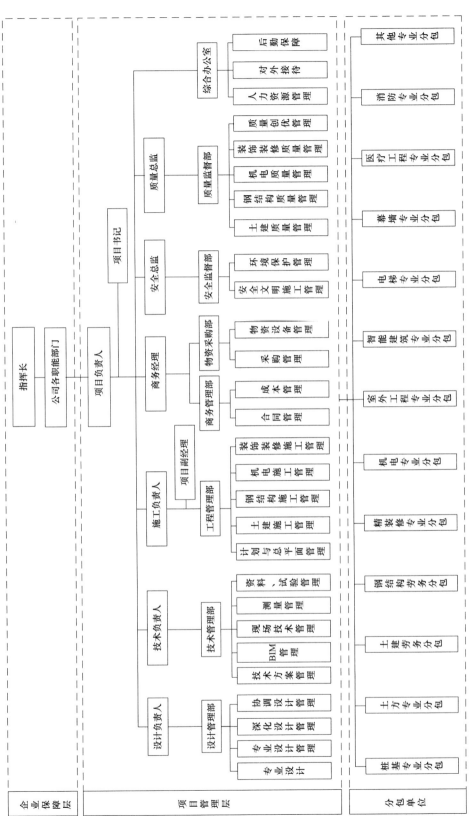

图 1-11　项目管理组织架构图

2. 主要管理人员岗位职责

主要管理人员岗位职责见表1-42。

主要管理人员岗位职责　　　　　　　　　　　　　　　表 1-42

序号	职务	岗位职责
1	项目经理	（1）贯彻和执行国家和当地相关法律法规和技术标准； （2）执行企业各项管理制度； （3）执行项目承包合同中的各项条款； （4）策划项目管理组织机构的构成及人员配备，部署项目人员、物资、设备、资金等主要生产要素的供给方案，确保工程质量和工期； （5）制定项目管理规章制度，明确各部门岗位职责； （6）组织实施项目管理的目标与方针，并监督协调其实施行为； （7）建立健全的项目质量管理体系和安全管理体系； （8）主持项目部会议工作，审定、签发对内、对外各类文件； （9）施工过程中解决、处理业主和监理安排的重大事项及提出的问题； （10）积极处理好与项目所在地政府部门及周边单位的关系； （11）协助业主和监理工程师组织好竣工验收工作； （12）工程交付使用后的保修工作
2	技术负责人	（1）熟悉国家工程技术标准和规范，建立健全项目技术质量管理体系和规章制度，明确项目技术质量人员岗位责任制； （2）领导技术管理部和设计管理部，负责项目部的设计技术工作，统一组织深化设计工作，并提供技术支持； （3）组织和协调设计工作，对工程设计的方案、图纸、技术、质量及进度负责，审核施工组织设计与施工方案并完成审批手续，协调各专业之间的技术问题； （4）主持图纸内审、施工组织设计交底及技术交底； （5）根据项目的总体管理目标编制总进度计划，并协助生产动态管理； （6）组织危大工程施工方案的编制、报审、论证工作并监督执行； （7）与设计、监理单位沟通，保证设计、监理的要求在专业中贯彻实施； （8）及时组织技术人员解决工程施工中出现的技术问题，针对关键技术难题进行科技攻关，进行新工艺、新技术的研究和应用； （9）主持项目测量管理工作，负责项目工程资料的管理，组织工程档案的验收和移交
3	设计负责人	（1）组织和协调设计工作，对工程设计的方案、图纸、技术、质量及进度负责； （2）依据项目总体进度计划制定各设计阶段的进度计划和设计任务的分工，并监督各专业的实施情况，把控整体进度； （3）熟悉设计的相关法规、技术标准。组织并指导设计人及制图人进行施工图设计，协调各专业之间的矛盾，负责各阶段的汇总； （4）审查有关设计条件及主管部门的文件是否齐全并符合国家法规、规范，对设计指导思想、创优项目的创优目标及措施加以指导，审核推荐方案，监督设计方案质量； （5）负责图纸的报审及施工许可证办理； （6）参加竣工验收，确保本工程的顺利履约
4	商务经理	（1）认真熟悉并掌握贯彻执行国家有关预算编制的各项规定，主持内部预算体系的建立，编制项目工程施工图预算； （2）负责合同管理工作，组织对项目管理人员进行工程承包合同交底，确保合同条款得到充分理解和领会； （3）负责贯彻执行劳动定额，监督、指导分包单位正确执行劳动定额，组织自查、互查； （4）协助项目负责人与业主之间的工程报价及审价，选择各材料供应单位，组织各单位合同谈判与签约；

序号	职务	岗位职责
4	商务经理	（5）协助项目负责人审核项目预决算，合理组织资金周转； （6）协助项目负责人审核内部经济类台账、报表，并协调各部门之间的经济关系； （7）协助项目负责人进行成本核算，提出相应成本控制措施； （8）负责预算的签发审核工作，配合有关现场施工人员办理好预算外工程项目的签证工作； （9）监督履约情况，控制工程造价和工程进度款的支付情况，确保成本控制目标的实现； （10）审核各物资和设备计划，负责采购所需的材料和设备，保证及时供应
5	生产负责人	（1）全面组织管理施工现场的生产活动，合理调配劳动力资源； （2）对工程的施工生产全面负责协调，负责项目的生产组织、生产管理和生产活动，确保总承包自行施工工程顺利进行； （3）主管工程管理部，负责项目的安全生产活动； （4）协助项目负责人协调总承包与业主、监理、政府部门及周边单位的社会关系，协调总承包内部各部门之间的工作交叉，解决施工中出现的各种问题； （5）对工程施工总平面进行管理及综合协调； （6）具体抓项目的进度管理，从计划进度、实际进度和进度调整等多方面进行控制，确保项目施工如期完成； （7）协调各专业班组的关系，组织召开协调会议，解决施工班组之间矛盾和问题； （8）具体抓项目的进度管理和控制，确保项目施工如期完成； （9）贯彻公司质量和环境与职业健康安全管理方针，组织落实质量和环境与职业健康安全管理方案及措施，进行施工现场的标准化管理，积极推进施工现场文明工地标准化管理达标活动； （10）组织施工组织设计、施工方案的实施，配合技术、质量等部门的创优工作，合力打造优质工程； （11）参与工程各阶段的验收工作，具体负责质量事故、安全事故和环境污染事故的调查，并提出处理意见； （12）向当地建设行政主管部门或其授权机构进行报建
6	安全总监	（1）贯彻国家对地方的有关工程安全与文明施工规范，确保本工程总体安全与文明施工目标和阶段安全与文明施工目标的顺利实现； （2）主持项目安全管理工作，参与组织工程安全策划，对施工安全具有一票否决权； （3）领导项目的安全监督部，建立安全生产和文明施工管理保证体系，主持项目的安全工作专题会议，参与对安全方案、文明施工方案及消防预案的审核工作； （4）制定年度安全工作计划、安全生产目标、事故预防措施； （5）督促有关人员做好施工措施的编制及交底工作，并监督措施的执行； （6）负责监督检查施工现场的安全施工和文明施工； （7）督促有关人员做好安全施工防护，发现隐患及时提出整改意见，并督促整改； （8）督促有关人员办理做好安全设施，并亲临现场检查指导； （9）组织疫情防控措施和应急处置工作，负责分包单位应急预案的审核、备案
7	质量总监	（1）贯彻国家及地方的有关工程施工规范、质量标准，严格执行国家施工质量验收统一标准，确保项目阶段质量目标和总体质量目标的实现； （2）主要负责工程质量管理，参与组织工程质量策划，对工程施工质量具有一票否决权； （3）对工程的施工质量进行全过程检查、监督及控制； （4）负责对分部分项工程及最终产品的检验与协调工作； （5）负责各种质量记录资料的填制、收集； （6）领导本工程质量管理部，建立质量管理保证体系，主持项目的质量工作专题会议，形成书面的整改意见，并负责监督整改； （7）负责与质监站的工作联系，负责与业主和监理工程师的质量工作协调，参与竣工验收工作； （8）确保合同要求质量创优目标，争创优质工程，针对评选内容及申报条件，指定相关计划，严格把控质量，开展全面质量管理活动和创优计划，完成创优目标

1.6.5　施工管理实施

1. 施工项目现场管理

（1）施工项目现场总平面管理

根据项目总体施工部署，绘制现场不同施工阶段（期）总平面布置图，通常有基础工程施工总平面、主体结构工程施工总平面、装饰工程施工总平面等。

1）施工总平面图设计原则

① 平面布置科学合理，施工场地占用面积少；

② 合理组织运输，减少二次搬运；

③ 施工区域的划分和场地的临时占用应符合总体施工部署和施工流程的要求，减少相互干扰；

④ 充分利用既有建（构）筑物和既有设施为项目施工服务，降低临时设施的建造费用；

⑤ 临时设施应方便生产和生活，办公区、生活区、生产区宜分区域设置；

⑥ 应符合节能、环保、安全和消防等需求；

⑦ 遵守当地主管部门和建设单位关于施工现场安全文明施工的相关规定。

2）施工总平面图设计要点

① 设置大门，引入场外道路

施工现场宜考虑设置两个以上大门，大门位置应考虑周边路网情况、转弯半径和坡度限制，大门的高度和宽度应满足车辆运输需要，尽可能考虑与加工场地、仓库位置的有效衔接。应有专用的人员进出通道和管理辅助措施。

② 布置大型机械设备

布置塔式起重机时，应考虑其覆盖范围、可吊构件的重量以及构件的运输和堆放；同时还应考虑塔式起重机的附墙杆件及使用后的拆除和运输。布置混凝土泵的位置时，应考虑泵管的输送距离、混凝土罐车行走停靠方便，一般情况下立管位置应相对固定且固定牢固、泵车可以现场流动使用。布置施工升降机时，应考虑地基承载力、地基平整度、周边排水、导轨架的附墙位置和距离、楼层平台通道、出入口防护门以及升降机周边的防护围栏等。

③ 布置仓库、堆场

应接近使用地点，其纵向宜与现场临时道路平行，尽可能利用现场设施装卸货；货物装卸需要时间长的仓库应远离道路边。存放危险品类的仓库应远离现场单独设置，距离在建工程距离不小于15m。

④ 布置加工厂

总的指导思想是：应使材料和构件的运输量最小，垂直运输设备发挥较大的作用；工作有关联的加工厂适当集中。

⑤ 布置场内临时运输道路

施工现场的主要道路应进行硬化处理，主干道两侧应有排水措施。临时道路应把仓库、加工厂、堆场和施工点贯穿起来，按货运量大小和现场实际情况设计双行干道或单行循环道满足运输和消防要求。主干道宽度为单行道不小于4m，双行道不小于6m。木材场两侧应有6m宽通道，端头处应有12m×12m回车场，消防车道宽度不小于4m，载重车转弯半径不宜小于15m。现场条件不满足时根据实际情况处理并满足消防要求。

⑥ 布置临时建筑

尽可能利用已建的永久性房屋为施工服务，如不足再修建临时房屋。临时房屋应尽量利用可装拆的活动房屋且满足消防要求。

办公用房宜设在工地入口处。作业人员宿舍一般宜设在现场附近，方便工人上下班；有条件时也可设在场区内。作业人员用的生活福利设施宜设在人员相对较集中的地方，或设在出入必经之处。食堂宜布置在生活区，也可视条件设在施工区与生活区之间。如果现场条件不允许，也可采用送餐制。

⑦ 布置临时水、电、管网和其他动力设施

临时总变电站应设在高压线进入工地最近处、尽量避免高压线穿过工地。从市政供水接驳点将水引入施工现场。管网一般沿道路布置，供电线路应避免与其他管道设在同一侧，同时支线应引到所有用电设备使用地点。应按批准的《××工程临时水、电施工技术方案》组织设施。施工总平面图应按绘图规则、比例、规定代号和规定线条绘制，把设计的各类内容分类绘在图上，标明图名、图例、比例尺、方向，配以必要的文字说明等。

（2）施工现场劳动力组织管理

1）劳动力计划编制要求

① 要保持劳动力均衡使用。劳动力使用不均衡，不仅会给劳动力调配带来困难，还会出现过多、过大的需求高峰，同时也增加了劳动力的管理成本，还会带来住宿、交通、饮食、工具等方面的问题。

② 要根据工程的实物量和定额标准分析劳动需用总工日，确定生产工人、工程技术人员的数量和比例，以便对现有人员进行调整、组织、培训，以保证现场施工的劳动力到位。

③ 要准确计算工程量和施工期限。劳动力管理计划的编制质量，不仅与计算工程量的准确程度有关，而且与工期计划合理与否有着直接的关系。工程量越准确，工期越合理，劳动力使用计划越准确。

2）劳动力需求计划

确定建筑工程项目劳动力的需要量，是劳动力管理计划的重要组成部分，它不仅决定了劳动力的招聘计划、培训计划，而且直接影响其他管理计划的编制。

在编制劳动力需要量计划时，由于工程量、劳动力投入量、持续时间、班次、劳动效率、每班工作时间之间存在一定的变量关系，因此，在计划中要注意它们之间的相互调节。

在工程项目施工中，经常安排混合班组承担一些工作任务，此时，不仅要考虑整体劳动效率，还要考虑到设备能力和材料供应能力的制约，以及与其他班组工作的协调。

劳动力需要量计划中还应包括对现场其他人员的使用计划，如为劳动力服务的人员（如医生、厨师、司机等）、工地警卫、勤杂人员、工地管理人员等，可根据劳动力投入量计划按比例计算，或根据现场的实际需要安排。

（3）施工现场材料管理

工程项目材料采购及保管的要求如下。

① 项目经理部应编制工程项目所需主要材料、大宗材料的需要量计划，由企业物资部门订货或采购。

② 材料采购应按照企业质量管理体系和环境管理体系的要求，依据项目经理部提出的材料计划进行采购。选择企业发布的合格分供方名册中的厂家；对于企业合格分供方名册以外的厂家，在必须采购其产品时，要严格按照"合格分供方选择与评定工作程序"执行，即按企业规定在对分供方的审批合格后，方可签订采购合同进行采购。

③ 材料采购时，要注意采购周期、批量、库存量满足使用要求，进行方案优选，选择采购费和储存费之和最低的方案。

④ 材料进入现场时，应进行材料凭证、数量，外观的验收（验收需填报检验记录），其中凭证验收包括检查发货明细、材质证明或合格证，进口材料应具有国家商检局检验证明书。数量验收包括数量是否与发货明细相符、是否与进场计划相符，验收完成后进行实物挂牌标识，建立"收料台账记录"。

⑤ 材料验收中，对不符合计划要求或质量不合格的材料，应换退货或让步接收（降级使用），严禁使用不合格的材料。

⑥ 经验收合格的材料应按施工现场平面布置一次就位，并做好材料的标识。

（4）施工现场安全文明施工管理

项目管理机构应根据项目安全生产管理计划和专项施工方案的要求，分级进行安全技术交底。对项目安全生产管理计划进行补充、调整时，仍应按原审批程序执行。

项目管理机构应根据需要定期或不定期对现场安全生产管理以及施工设施、设备和劳动防护用品进行检查、检测，并将结果反馈至有关部门，对不合格的进行整改并跟踪监督。

项目管理机构应识别可能的紧急情况和突发过程的风险因素，编制项目应急准备与响应预案。应急准备与响应预案应包括下列内容：项目管理机构应对应急预案进行专项演练，对其有效性和可操作性实施评价并修改完善；发生安全生产事故时，项目管理机构应启动应急准备与响应预案，采取措施进行抢险救援，防止发生二次伤害。

项目管理机构在事故应急响应的同时，应按规定上报上级和地方主管部门，及时成立事故调查组对事故进行分析，查清事故发生原因和责任，进行全员安全教育，采取必要措施防止事故再次发生。

项目管理机构应在事故调查分析完成后进行安全生产事故的责任追究。

2. 合同管理

施工项目合同管理是项目经理部对工程项目施工过程中所发生的或所涉及的一切经济、技术合同的签订、履行、变更、索赔、解除、解决争议、终止与评价的全过程进行的管理工作。

施工项目合同管理的任务是根据法律、政策的要求，运用指导、组织、检查、考核、监督等手段，促使当事人依法签订合同，全面实际地履行合同，及时妥善地处理合同争议和纠纷，不失时机地进行合理索赔，预防发生违约行为，避免造成经济损失，保证合同目标顺利实现，从而提高企业的信誉和竞争能力。

（1）施工合同管理的内容

1）建立健全施工项目合同管理制度，考核制度；合同用章管理制度；合同台账、统计及归档制度等。

2）在谈判签约阶段，监督双方依照法律程序签订合同，避免出现无效合同、不完善合同，预防合同纠纷发生；组织配合有关部门做好施工项目合同的备案工作。

3）合同履约阶段，主要的日常工作是经常检查合同以及有关法规的执行情况，并进行统计分析，如统计合同份数、合同金额、纠纷次数，分析违约原因、变更和索赔情况、合同履约率等，以便及时发现问题、解决问题；做好有关合同履行中的调解、诉讼、仲裁等工作，协调好企业与各方面、各有关单位的经济协作关系。

4）专人整理保管合同、附件、工程洽商资料、补充协议、变更记录以及与业主及其委托的监理工程师之间的来往函件等文件，随时备查；合同期满，工程竣工结算后，将全部合同文件整理归档。

（2）施工索赔

在施工项目合同管理中的施工索赔，一般是指承包商（或分包商）向业主（或总承包商）提出的索赔，而业主（或总承包商）向承包商（或分包商）提出的索赔被称为反索赔，广义上统称索赔。

施工索赔是承包商由于非自身原因，发生合同规定之外的额外工作或损失时，向业主提出费用或时间补偿要求的活动。

在施工过程中，通常可能发生的索赔事件主要有：

1）业主没有按合同规定的时间交付设计图纸和资料，未按时交付合格的施工现场等，造成工程拖延和损失；

2）工程地质条件与合同规定、设计文件不一致；

3）业主或监理工程师变更原合同规定的施工顺序，扰乱了施工计划及施工方案，使工程数量有较大增加；

4）业主指令提高设计、施工、材料的质量标准；

5）由于设计错误或业主、工程师错误指令，造成工程修改、返工、窝工等损失；

6）业主和监理工程师指令增加额外工程，或指令工程加速；

7）业主未能及时支付工程款；

8）物价上涨，汇率浮动，造成材料价格、工人工资上涨，承包商蒙受较大损失；

9）国家政策、法令修改；

10）不可抗力因素等。

3. 信息管理

（1）施工项目信息的分类

施工项目信息主要分类见表1-43。

施工项目管理信息主要分类　　　　　　　　　　　　　　　表1-43

依据	信息分类	主要内容
内容属性	技术类信息	技术部门提供的信息，如技术规范、施工方案、技术交底等
	经济类信息	如施工项目成本计划、成本统计报表、资金耗用等
	管理类信息	组织项目实施的信息，如项目的组织架构、具体的职能分工、人员的岗位责任、有关的工作流程等
	法律类信息	项目实施过程中的一些法规、强制性规范、合同条款等，这些信息是项目实施必须满足的
管理目标	成本管理信息	施工项目成本计划、施工任务单、限额领料单、施工定额、成本统计报表、对外分包经济合同、原材料价格、机械设备台班费、人工费、运杂费等
	质量管理信息	国家或地方政府部门颁布的有关质量政策、法令、法规和标准等，质量目标的分解图表、质量管理的工作流程和工作制度、质量保证体系构成、质量抽样检查数据、各种材料和设备的合格证、质量证明书、检测报告等
	进度管理信息	施工项目进度计划、施工定额、进度目标分解图表、进度管理工作流程和工作制度、材料和设备到货计划、各分部分项工程进度计划、进度记录等
	安全管理信息	施工项目安全目标、安全管理体系、安全管理组织和技术措施、安全教育制度、安全检查制度、伤亡事故统计、伤亡事故调查与分析处理等

依据	信息分类	主要内容
生产要素	劳动力管理信息	劳动力需用量计划、劳动力流动、调配等
	材料管理信息	材料供应计划、材料库存、储备与消耗、材料定额、材料领发及回收台账等
	机械设备管理信息	机械设备需求计划、机械设备合理使用情况、保养与维修记录等
	技术管理信息	各项技术管理组织体系、制度和技术交底、技术复核、已完工程的检查验收记录等
	资金管理信息	资金收入与支出金额及其对比分析、资金来源渠道和筹措方式等

（2）工程资料信息管理

通过项目管理信息系统完成各项计划编制并下达计划，及时掌握施工过程中进度、质量、成本、安全信息，掌握总承包合同及分包合同执行情况。项目管理信息系统通常包括：成本管理、进度管理、质量管理、材料及机械设备管理、合同管理、安全管理、文档资料管理等。

1）成本信息管理

功能包括：资金计划的建立；业主资金到位计划的建立；分包项目付款；借款支付；资金到位情况的记录及与计划的分析对比；资金使用情况（包括管理费用、工程款支付）跟踪、统计、汇总，以图表方式形成与资金计划的分析对比；相关资金情况的查询。

2）进度信息管理

从项目进度计划中读取进度计划数据，和施工现场所采集的实际数据进行对比，实时地为工程项目管理者提供工程情况的评价依据；再将上述数据与预算进行对比，实时反映项目的进度、费用等情况，对各分项工程、重大节点进行合理的资源配置，实现最理想的工程工期。

3）质量信息管理

质量管理子系统的主要功能包括：建立质量标准数据库；制定关键节点的质量控制计划；建立质量通病及纠正预防措施信息库。

4）材料及机械设备信息管理

主要功能包括：用网络图编制采购进度计划；编制资金使用计划；编制设备制造计划；编制设备安装计划；编制设备调试及试车计划。

5）合同管理

主要功能包括：合同文档的快速制作和合同文档模板文件管理；各类标准及合同法规的录入和查询；能够根据要求对合同进行快速灵活修改；合同的分类保管和查询；合同提醒、冲突检查及与项目管理系统之间的数据交互；各种报表的打印输出；根据要求对同类合同进行统计；能够根据各种条件对合同进行查询。

6）安全信息管理

主要功能包括：建立安全管理及技术规范信息库；编制安全保证计划，系统提供相关模板功能；安全档案管理与表单管理，内置各种安全评分标准，而且此标准可以根据需要进行调整。

7）文档资料信息管理

实现对整个项目建设过程中各类资料的综合管理，系统采用分类归档查询的方法，对于在业务管理子系统（如质量管理、安全管理、资金管理、进度管理、材料设备管理等）中形成的资料将直接进行查询。另外，该子系统还应能形成完整的工程竣工资料文件。

4. 质量控制

（1）质量计划

项目质量计划由项目经理主持编制，质量计划作为项目质量管控和达成合同质量控制目标的重要依据和指导文件，应体现施工项目从分项工程、分部工程到单位工程的系统控制过程，同时也要体现从资源投入到完成工程质量最终检验和试验的全过程控制。

质量计划应包含：质量目标、质量控制体系、质量保证措施、样板引路、质量通病防治、成品保护、隐蔽工程验收、竣工验收及质量创优保证措施等内容。

（2）样板引路

每个分项工程或施工工序在开始前都要做出示范样板，统一操作要求，明确质量目标。工程样板包括材料样板、加工样板、工序样板、装修样板间等。对材料、设备的选型、订购必须按验收样板进行进货检验，并经甲方和监理确认。现场成品、半成品加工前，必须先做样板，根据样板质量的标准进行后续大批量的加工和验收。

1）每道工序的第一板块，要在设计规范要求下，严格控制施工过程，使之符合设计规范要求。

2）对该板块进行项目管理机构、监理、设计和施工的四方验收，验收合格的板块作为整道工序的样板工程，并做好签认合格后，方可大面积施工。

3）该工序的各板块需以该样板施工为指导，各施工方法均需遵循样板要求，以确保该工序的各板块均达到样板的标准。

4）组织施工人员开现场会，参观样板工程、工序，明确该工序的操作方法和应达到的质量标准。

5）在装修工程开始前，要先做出样板间，样板间应达到竣工交验的标准。同时根据样板间确定各种材料、设备的选择，确定各专业交叉施工时应注意的事项，对现场作业做好指导交底。

6）对不符合样板施工要求的施工方法坚决给予否定，违者按章处罚，保证样板的唯一性，权威性。

（3）质量通病防治

质量通病是指在兼职工程中经常发生、普遍存在的质量问题。消除质量通病，是提高工程质量的关键环节。

钢结构专业工程主要质量通病包含：零部件加工质量问题，钢构件组装质量问题、焊接质量问题（夹渣、气孔、焊瘤、咬边、未熔合、飞溅等）、紧固件安装质量问题，油漆涂装质量问题（返锈、起皱、流挂、起皮、脱落等）、钢结构安装质量问题等通病。

钢结构建筑除主体结构为钢结构外，其他分部分项工程质量好坏很大程度上同样取决于"渗、漏、裂、空、堵"等质量通病的防治效果，主要体现在外墙面渗水、外门窗渗水，屋面渗水；厨房、卫生间渗漏；地面顶棚空鼓；楼地面、墙面裂缝；下水道堵塞等。

质量通病的防治分为以下几个方面。

1）质量通病的防治要以技术和管理措施为主。在管理上提高一线作业人员的质量意识，加强施工组织和质量检查，落实样板引路，全面落实质量责任；在技术上，加强技术创新，推广和采用新技术、新材料、新工艺，完善工艺流程和标准，严格执行强制标准。

2）质量通病的治理是一个精细化管理的过程，要注重工程质量的细小部位和细节处理。

3）明确责任，同时提高一线作业人员的质量通病辨别防控能力，组织管理人员和一线人员学习《建筑通病质量防治手册》内容，了解质量通病的名称、危害、产生的原因和表现形式，掌握治理的措施和施工工艺关键环节，把防控治理的责任落实到一线，才能消除质量问题。

（4）成品保护

主要成品保护措施见表1-44。

成品保护方法 表1-44

成品保护方法	说明
包裹	工程成品包裹保护主要是防止成品被损伤或污染。采购物资的包装控制主要是防止物资在搬运、贮存至交付过程中受影响而导致质量下降。在竣工交付时才能拆除的包装，施工过程中应对其予以保护，其保护方法列入成品保护措施
覆盖	对楼地面成品、管道口主要采取覆盖，防止成品损伤、堵塞
封闭	对于清水混凝土、楼地面工程，施工后可在周边或楼梯口暂时封闭，待达到上人强度并采取保护措施后再开放；室内墙面、天棚、地面等房间内的装饰工程完成后，均应立即锁门以进行保护
巡逻看护	对已完产品将实行全天候的巡逻看护，并实行"标色"管理，按重点、危险、已完工、一般等划分为若干区域，规定进入各个区域施工人员必须佩戴统一颁发的贴有不同颜色标记的胸卡，防止无关人员进入重点、危险区域和不法分子偷盗、破坏行为，确保工程产品的安全

成品保护方法	说明
搬运	对容易损坏、易燃、易爆、易变质和有毒的物资，以及业主有特殊要求的物资，物资的采购、使用单位负责人应指派人员制定专门的搬运措施，并明确搬运人员的职责
贮存	现场内的库房及材料堆场由使用单位负责管理。物资的贮存应按不同物资的性能特点分别对待，符合规范要求。对入库物资的验收，贮存品的堆放，贮存品的标识，贮存品的账、物、卡管理和出库控制工作，应按规定要求执行

5. 工期控制

（1）施工项目进度管理程序

施工项目进度管理程序见图 1-12，大致分成施工进度计划、施工进度实施和施工进度控制三个阶段。

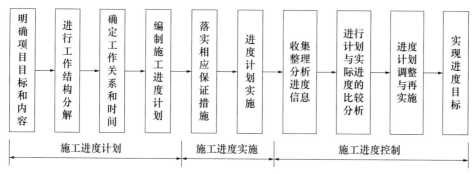

图 1-12　施工项目进度管理程序

（2）施工项目工期进度计划执行情况对比分析方法

施工进度比较分析与计划调整是建筑施工项目进度控制的主要环节。其中施工进度比较是调整的基础。常用的比较方法有以下几种。

1）横道图比较法

横道图比较法，是指将在项目施工中检查实际进度收集的信息，经整理后直接用横道线并列标于原计划的横道线处，进行直观比较的方法。

2）S形曲线比较法

S形曲线比较法与横道图比较法不同，它不是在编制的横道图进度计划上进行实际进度与计划进度的比较，它是以横坐标表示进度时间，纵坐标表示累计完成任务量，而绘制出一条按计划时间累计完成任务量的S形曲线，将施工项目的各检查时间实际完成的任务量绘在S形曲线图上，进行实际进度与计划进度相比较的一种方法。

3）前锋线法

前锋线比较法也是一种简单地进行施工实际进度与计划进度的比较方法。它主要适用于时标网络计划。其主要方法是从检查时刻的时标点出发，首先连接与其相邻的工作箭线的实际进度点，由此再去连接该工作相邻工作箭线的实际进度点，依此类推。将检查时刻正在进行工作的点都依次连接起来，组成一条一般为折线的前锋线，按前锋线与箭线交点的位置判定施工实际进度与计划进度的偏差。简言之，前锋线法就是通过施工项目实际进度前锋线，比较施工实际进度与计划进度偏差的方法。

项目施工进度与计划进度偏离时，应分析偏离产生的原因，及时进行调整。通过加大资金投入、加强资源组织协调，施工工序调整、合理安排交叉轮班施工等方法进行纠偏。

6. 成本控制

降低项目施工成本的途径和措施见表1-45。

降低项目施工成本的途径和措施　　　　　　　　　　　　表 1-45

途径	措施
控制设计概算	对于 EPC 项目，在满足建筑功能和交付标准的前提下，严格控制设计概算，限额限量设计
图纸会审	在满足业主要求和保证质量的前提下，对设计图纸进行认真会审，并能提出修改意见，在取得业主和设计单位同意后，修改设计图纸，同时办理增减账
加强合同管理	（1）深入研究招标文件、合同内容，正确编制施工预算。 （2）根据工程变更资料，及时办理增减账
制定先进的、经济合理的施工方案	（1）施工方案主要包括四项内容：施工方法的确定、施工机具的选择、施工顺序的安排和流水施工的组织。正确选择施工方案是降低成本的关键所在。 （2）制定施工方案要以合同工期和上级要求为依据，联系项目的规模、性质、复杂程度、现场条件、装备情况、人员素质等因素综合考虑。 （3）同时制定两个或两个以上的先进可行的施工方案，以便从中选择更合理、经济的
组织均衡施工，加快施工进度	（1）凡按时间计算的成本费用，在加快施工进度缩短施工周期的情况下，都会有明显的降低。除此之外，还可从业主方获得提前竣工奖。 （2）为加快施工进度，将会增加一定的成本支出。因此在签订合同时，应根据业主和赶工的要求，将赶工费列入施工图预算。如果事先并未明确，而由业主在施工中临时提出要求，则应该请业主签字，费用按实计算。 （3）在加快施工进度的同时，必须根据实际情况，组织均衡施工，确实做到快而不乱，以免发生不必要的损失
降低材料成本	（1）节约采购成本，选择运费少、质量好、价格低的供应单位。 （2）严格执行材料消耗定额，通过限额领料进行落实。 （3）正确核算材料消耗水平，坚持余料回收。 （4）改进施工技术，推广新技术、新工艺、新材料。 （5）减少资金占用，根据施工需要合理储备。 （6）加强现场管理，合理堆放，减少搬运，减少仓储和堆积损耗
提高机械的利用率	（1）结合施工方案的制定，从机械性能、操作运行和台班成本等因素综合考虑，选取最适合项目施工特点的施工机械，要求做到既实用又经济。 （2）做好工序、工种机械施工的组织工作，最大限度地发挥机械效能

7. 协调管理

（1）项目内部关系协调

施工项目经理部内部关系协调的内容与方法见表1-46。

施工项目经理部内部关系协调　　　　　　表 1-46

协调内容	协调方法
总承包管理组织	按职能划分，合理设置机构，明确各机构之间的关系和职责权限； 制定工作流程和总承包管理制度，严格落实执行，奖优罚劣； 建立信息沟通制度，每周定期召开工程例会，协调现场各专业之间的问题，明确下一阶段的工作任务和工作要求
施工总平面管理	总承包方对现场进行施工总平面规划布置，根据项目特点和施工组织设计要求，绘制总平面布置图，报监理和业主单位审批后实施； 施工现场内临时建筑、道路、临时用水用电、排水系统、堆场、加工厂由总包方统一进行规划和管理，分包单位不得随意更改
内部多专业分包协同施工	以合同为依据，严格履行合同； 项目部为分包创造条件，保护其利益； 总包方根据现场施工进度，协调各分包单位进行劳动力、材料、机械设备、资金等资源组织

（2）施工项目外部关系协调

施工项目经理部与近外层关系协调的内容与方法见表1-47。

施工项目经理部与近外层关系协调　　　　　　表 1-47

协调对象与协调关系		协调内容与方法
发包商	甲乙双方合同关系	双方洽谈、签订施工项目承包合同； 双方履行施工承包合同约定的责任，保证项目总目标实现； 依据合同及有关法律解决争议纠纷，在经济问题、质量问题、进度问题上达到双方协调一致
监理单位	监理与被监理关系	按现行国家标准《建设工程监理规范》GB 50319 的规定，接受监督和相关的管理； 接受业主授权范围内的监理指令； 通过监理工程师与发包人、设计人等关联单位经常协调沟通； 与监理工程师建立融洽的关系
设计单位	业务合作配合关系	项目经理部按设计图纸及文件制定项目管理实施规划，按图施工； 与设计单位搞好协作关系，处理好设计交底、图纸会审、设计洽商变更、修改、隐蔽工程验收、交工验收等工作
供应商	合同关系	双方履行合同，利用合同的作用进行调节； 充分利用市场竞争机制、价格调节和制约机制、供求机制的作用进行调节
分包商	总包与分包的合同关系	选择具有相应资质等级和施工能力的分包单位； 分包单位应办理施工许可证，劳务人员有就业证； 双方履行分包合同，按合同处理经济利益、责任，解决纠纷； 分包单位接受项目经理部的监督、控制

协调对象与协调关系		协调内容与方法
公用部门	相互配合、协作关系；相应法律、法规约束关系	项目经理部在业主取得有关公用部门批准文件及许可证后，方可进行相应的施工活动； 项目经理部根据施工要求向有关公用部门办理各类手续： 到交通管理部门办理通行路线图和通行证； 到市政管理部门办理街道临建审批手续； 到自来水管理部门办理施工用水设计审批手续； 到供电管理部门办理施工用电设计审批手续等

1.7 施工安全与应急预案

1.7.1 施工安全管理

1. 安全管理概述

（1）安全管理概念

施工项目安全管理是在项目施工的全过程中，运用科学管理的理论、方法，通过法规、技术、组织等手段，所进行的规范劳动者行为，控制劳动对象、劳动手段和施工环境条件，消除或减少不安全因素，使人、物、环境构成的施工生产体系达到最佳安全状态，实现项目安全目标等一系列活动的总称。

（2）安全管理的重要性

施工项目安全管理是为了保护广大劳动者和设备的安全，防止伤亡事故和设备事故危害，保护国家和集体财产不受损失，保证生产和建设的正常进行。

（3）安全管理目标

安全管理目标：达到合同目标要求，并且尽量减少和控制危害，减少和控制事故，避免生产过程中由于事故造成的人身伤害、财产损失、环境污染以及其他损失。

其中包括以下指标：生产安全事故控制指标（事故负伤率及各类安全生产事故发生率）、安全生产隐患治理目标、安全生产、文明施工管理目标。

（4）安全管理组织架构

根据《江苏省安全生产条例》《江苏省重特大生产安全事故应急预案》《江苏省实施〈中华人民共和国突发事件应对法〉办法》等文件精神要求，项目部应组建以项目经理为组长的项目安全生产领导小组，涵盖各岗位人员的安全生产保证体系，形成由项目经理到班组的安全管理网络，确保各项安全制度落实，现场措施使用得当，安全管理组织架构如图1-13所示。

（5）安全生产责任制

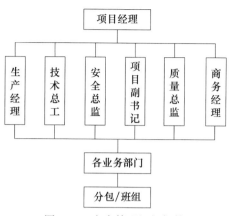

图 1-13　安全管理组织架构

安全生产责任制是指管理人员应对本岗位安全工作负领导责任，包括管理人员和工人在各自的职责范围内应对安全工作所负的责任，详见表 1-48。

安全生产岗位职责　　　　　　　　　　　　　　表 1-48

管理人员	岗位职责
项目经理	项目经理是安全生产第一责任人，对施工全过程的安全施工负全面领导责任
项目总工	对工程项目的施工安全负技术责任，严格执行施工安全技术规程、规范、标准。会同项目安全负责人主持制定整个项目的安全技术措施，特别是深基坑支护、脚手架搭设及拆除、钢结构吊装、大型机械设备安装及拆卸等安全专项方案的编制审核工作
生产经理	对工程项目的安全生产、文明施工负直接责任，协助项目经理贯彻落实各项安全、文明规章制度
安全总监	组织编制安全生产制度，审核安全防护方案，负责安全生产的计划和落实工作。宣传有关安全生产、文明施工的各项规章制度，并监督、检查执行情况
专职安全员	掌握现场施工人员的基本信息，建立施工人员档案，特别是特种作业人员的健康情况，定期进行检查并提出处理意见
各专业工长各班组长	接受总承包单位对安全生产、文明施工的督促、检查和统一管理。班组长对本班组人员在作业中的安全负责，认真执行安全操作规程及安全技术交底要求

（6）安全管理人员配置

1）总承包单位配备项目专职安全生产管理人员应当满足的要求

① 1 万 m^2 以下的工程不少于 1 人。

② 1 万～5 万 m^2 的工程不少于 2 人。

③ 5 万 m^2 及以上的工程不少于 3 人，且按专业配备专职安全生产管理人员。

2）分包单位配备项目专职安全生产管理人员应当满足的要求

① 专业承包单位应当配置至少 1 人，并根据所承担的分部分项工程的工程量和施工危险程度增加。

② 劳务分包单位施工人员在 50 人以下的，应当配备 1 名专职安全生产管理人

员；50～200 人的，应当配备 2 名专职安全生产管理人员；200 人及以上的，应当配备 3 名及以上专职安全生产管理人员，并根据所承担的分部分项工程施工危险实际情况增加，不得少于工程施工人员总人数的 5‰。

3）项目施工作业难度大、致害因素多的情况

项目专职安全生产管理人员的数量应当根据施工实际情况，在上述两条规定的配备标准上增加。

2. 危险源分析

装配式钢结构施工过程中存在的危险源见表 1-49。

装配式钢结构施工过程中的危险源　　　　　　　　　　　　　　表 1-49

序号	危险源	内容
1	工人安全意识薄弱	工人大多受教育程度低，安全意识薄弱，对于施工安全存有侥幸心理
2	机械伤害	钢结构现场经常布置多台吊装机械，起吊或落钩这段时间内，吊装高度低，几乎和工人身高相差无几，极其容易造成吊钩伤人
3	现场钢结构高空安装及交叉作业	工人高空作业违章施工，管理人员安全意识淡薄、违章指挥，防护设施设置不当或防护产品不合格均能造成一定的危害
4	施工现场临时用电	钢结构施工临时供电系统规模较大。由于露天配电，供电系统、用电设备遇雨天或空气湿度大，容易出现漏电现象；高空钢结构构件安装施工中，极易发生触电事故
5	火灾与爆炸	钢结构施工主要是焊接作业。焊接作业面多在高空位置，焊接产生的火花未采取措施收集，从高空散落下来，遇到易燃物质极容易造成火灾。 钢结构施工多切割等用火作业，现场布置了氧气丙烷瓶，氧气丙烷瓶都是高压下的储气瓶罐，在外力打击、阳光暴晒或火灾等作用下可能爆炸，是现场不可忽视的安全隐患。 现场易燃物品如油漆的堆放和施工管理不到位造成起火爆炸
6	其他危险源	其他常规性生产安全危害亦不可忽视，如高温烈日作业中暑、食堂管理不到位造成群体中毒等，都足以影响工程的施工进度和工程质量，因此要安全生产，生产必须安全。台风也是一个危险源，台风能够造成户外高大设备（起重机、标语牌、线杆）倒塌、松散物飞扬造成的设备损害或人员伤害、输配电系统损坏

3. 安全管理制度

项目应建立全面的安全管理制度，包括但不限于如下制度：

①安全生产责任制；

②安全施工组织设计及专项方案审批制度；

③安全检查制度；

④安全教育制度；

⑤安全培训制度；

⑥班前安全活动制度；

⑦特种作业持证上岗制度；

⑧ 工伤事故处理制度；

⑨ 工地的消防管理制度；

⑩ 脚手架、大型机械设备的安装与拆除验收制度；

⑪ 工地安全保卫、保洁制度；

⑫ 安全责任考核与奖罚制度；

⑬ 安全专项资金制度；

⑭ 危急情况停工制度；

⑮ 重要过程旁站制度；

⑯ 分包安全管理制度。

（1）安全技术交底制度

工程开工前，应随同施工组织设计，向参加施工的职工认真进行安全技术措施的交底。实行逐级安全技术交底制，开工前由技术负责人向全体职工进行交底，两个以上施工队或工种配合施工时，要按工程进度交叉作业交底，班组长每天要向工人进行施工要求、作业环境的安全交底。

（2）安全检查制度

项目经理部每半月由项目经理组织一次安全大检查；各专业工长和专职安全员每天对所管辖区域的安全防护进行检查，督促各施工班组对安全防护进行完善，消除安全隐患。对检查出的安全隐患落实责任人，定期进行整改，并组织复查。

（3）安全教育管理制度

新工人入场进行安全教育制度学习，特殊工种工人必须参加主管部门的培训班，经考试合格后持证上岗。严禁无证上岗作业。生产过程中安全教育要结合安全合同，每年进行一次安全技术知识理论考核，并建立考核成绩档案。

（4）安全用电制度

工地的用电线路设计、安装必须经有关技术人员审定验收合格后方能使用。电工、机械工必须持证上岗。

（5）班组安全活动制度

组织班组成员学习并贯彻执行企业、项目工程的安全生产规章制度和安全技术操作规程，制止违章行为。组织并参加安全活动，坚持班前讲安全，班中检查安全，班后总结安全。

（6）安全报告制度

安全管理机构内各责任人，按规定填写每天的安全报告，报项目质安组长。对当天的安全隐患巡视结果提出统计报表，对当天的生产活动提出分析因素，提出防范措施。在现场无重大安全事故的前提下，项目安全主管编写每月安全报告，经项目经理审批后报集团公司和上级安全科。如果现场发生重大安全事故，事故报告同时按国家规定的申报程序向上级主管部门申报。

4. 安全教育与安全交底

广泛开展安全生产宣传教育，使项目管理人员和广大职工群众，真正认识到安全生产的重要性、必要性，懂得安全生产、文明生产的科学知识，牢固树立安全第一的思想，自觉地遵守各项安全生产法令和规章制度。

（1）三级安全教育

三级安全教育由公司教育、项目部教育、现场岗位教育三部分组成，是对新工人所进行的安全教育，是公司必须坚持的安全教育制度。

1）公司教育

① 安全生产的重大意义，国家关于安全生产的方针、政策和安全生产法规、标准、指示等；

② 公司施工生产过程及安全生产规章制度，安全纪律；

③ 企业的生产特点及安全生产正反两方面的经验教训；

④ 一般规定以及高空坠落、物体打击、触电、防火、防爆、防机械伤害常识等。

公司教育后，进行考核，再进行项目部教育。

2）项目教育

① 项目部生产特点，项目部安全生产规章制度；

② 项目部的机械设备状况，危险区域，以及有毒有害作业情况；

③ 项目部的安全生产情况和问题，以及预防事故的措施。

项目部教育后进行考核，再到班组进行现场岗位安全教育。

3）现场岗位安全教育

① 岗位安全生产状况，工作性质和职责范围；

② 岗位的安全生产规章制度和注意事项；

③ 岗位各种工具及安全装置的性能及使用方法；

④ 岗位发生过的事故及其教训；

⑤ 岗位劳动保护用品的使用和保管。

三级教育完毕后，由安全部门将各级教育的考核卡片存档备查。

（2）特殊工种安全教育

公司中有不同的工种，根据国家规定，对从事电气、起重、锅炉、压力容器、电焊等特殊工种的职工必须进行专门的安全教育和安全操作技能训练，从事特殊工种的职工经过考试合格后方能上岗操作，这是安全教育的一项重要制度，也是保证安全生产，防止工伤事故的重要措施之一。

（3）安全技术交底制度

建立安全技术交底制度，确定工程应进行安全技术交底的分项工程，在进行工程技术交底的同时要按部位、专业进行安全技术交底。

① 由技术负责人向项目有关管理人员进行交底。

② 施工用电、机械设备、安全防护等应由技术员对操作使用人员进行专项安全技术交底。

③ 施工员要对施工班组进行分部分项工程安全技术交底并监督指导其安全操作，遵守安全操作规程。

④ 各级安全技术交底工作必须按照规定程序实施书面交底签字制度，接受交底人必须全数在书面交底上签字确认。未经交底人员一律不准上岗。

5. 安全与文明施工的措施

（1）安全防护措施（表1-50）

安全防护措施　　　　　　　　　　　　　　　表1-50

序号	防护措施、部位	安全防护措施
1	人员"三宝"	施工人员应按照安全生产规定配戴符合国家标准的劳动保护用品，包括：安全绳、安全帽、安全带、工作服、电焊面罩或护目镜、手套等。"三宝"产品须符合国家相关标准要求，并取得行业安全管理部门的准用证，否则施工现场不得使用
2	"四口"防护	现场洞口的四周防护设施应定型化、工具化，牢固可靠，所采用的防护栏杆刷警示漆，防护应严密、牢固；洞口应采用盖板、安全网等措施封闭
3	"五临边"防护	楼面临边、屋面临边、阳台临边、升降口临边、基坑临边，临边高处作业必须设置防护措施，可采用脚手管栏杆、双道安全绳、定型化防护、外挑网等方式
4	水平、垂直通道防护	上下基坑应搭设稳固的临时通道
5		地上结构施工时，应在楼层周边搭设通入楼内的水平安全通道口
6		钢柱吊装之前需安设装配式操作架，利用爬梯实现垂直通行
7		楼层钢梁安装完成后，应设置安全通道，方便人员行走

（2）各施工阶段安全措施要点（表1-51）

各施工阶段安全措施要点　　　　　　　　　　表1-51

序号	施工阶段	各施工阶段安全措施要点
1	桩基础与基坑支护	易出现机械伤害及人员坠落危险，应及时隔离作业区，注意孔洞周边安全防护，严格按图纸要求，做好支撑措施
2	土方开挖	易出现基坑坍塌风险，应根据土质及支护要求，选择合理的开挖及出土方式，做好临边防护及降排水措施
3	基础与底板	易出现机械伤害及人员坠落风险，应合理布置现场加工场地、选择混凝土泵送方式，以及采取为保证安全施工所必须的安全技术措施
4	地下室结构	易出现模板坍塌、机械伤害、高空坠物等风险，应重点关注钢结构、钢筋、模板吊装施工，确保下部作业人员安全

序号	施工阶段	各施工阶段安全措施要点
5	地上结构	易出现人员高空坠落、机械伤害、火灾事故等，应为高空作业人员提供安全的操作空间，设置足够的防护措施，如安全绳、安全网、安全操作平台等，也应注意焊接施工中可能引发的火灾、爆炸等危险，应确保有效的防风、防火以及气瓶存储方式
6	机电与装修	易出现人员高空坠落、机械伤害等风险，特别应关注各类脚手架安拆与使用过程中的安全，验收合格方可使用
7	室外工程	易出现边坡坍塌及触电风险，应做好现场相关部位防护，并悬挂安全标牌
8	各施工阶段所涉及的危险性较大的分部分项工程，必须编制安全专项方案，并经审批后实施。超过一定规模的危险性较大的分部分项工程，需进行专家论证后再实施	

（3）垂直方向交叉作业防护

交叉施工时禁止在同一垂直面的上下位置作业，否则中间应有隔离防护措施。在进行钢结构构件焊接、气割等作业时，其下方不得有人操作，并应设立警戒标志，专人监护。楼层堆物（如施工机具、钢管等）应整齐、牢固，且距离楼板外沿的距离不得小于1m。高空作业人员应带工具袋，严禁从高处向下抛掷物料。具体防护措施内容见表1-52。

交叉作业危险源及防护　　　　　　　　　　　表1-52

序号	垂直方向交叉作业危险源	主要防护措施
1	起重机械超重或误操作造成机械损坏、倾倒、吊件坠落	对于重要、大件吊装须制定详细吊装施工技术措施与安全措施，并有专人负责，统一指挥，配置专职安监人员；非专业起重工不得从事起吊作业
2	各种起重机具（钢丝绳、卸扣等）因承载力不够而被拉断或折断导致落物	应严格控制对各种起重机具安装验收时的验收程序，并进行现场试验检查以验证是否符合安全使用规范设计要求
3	用于卸料的平台承载力不够而使物件坠落	高空作业所需料具、设备等，必须根据施工进度随用随运，严禁卸料平台超负荷使用
4	吊物上零星物件没有绑扎或清理而坠落	起吊前对吊物上杂物及小件物品清理或绑扎，对于零散物品要用专用吊具进行起吊
5	高空作业时拉电源线或皮管时将零星物件拖带坠落或行走时将物件碰落	加强高空作业场所及脚手架上小件物品清理、存放管理，做好物件防坠措施。 高空作业地点必须有安全通道，通道不得堆放过多物件，垃圾和废料及时清理运走
6	在高空持物行走或传递物品时失手将物件跌落	从事高空作业时必须佩工具袋，大件工具要绑上保险绳，上下传递物件时要用绳传递
7	在高处切割物件材料时无防坠落措施	切割物件材料时应有防坠落措施

序号	垂直方向交叉作业危险源	主要防护措施
8	向下抛掷物件	不得抛掷，传递小型工件、工具时使用工具袋
9	作业人员施工安全意识、防护措施欠缺	高空作业场所边缘及孔洞设栏杆或盖板。 脚手架搭设符合规程要求并经常检查维修，作业前先检查稳定性。 高空作业人员应衣着轻便，穿软底鞋。 患有精神病、癫痫病、高血压、心脏病及酒后、精神不振者严禁从事高空作业。 距地面 2m 及以上高处作业必须系好安全带，将安全带挂在上方牢固可靠处，高度不低于腰部。 六级以上大风及恶劣天气时停止高空作业。 严禁人随吊物一起吊，吊物未放稳时不得攀爬。 高空行走、攀爬时严禁手持物件。 垂直作业时，必须使用差速保护器和垂直自锁保险绳

（4）高空作业安全防护

1）操作平台的设置

在钢结构构件吊装及焊接施工过程中，在定位安装部位和钢构件校正及焊接部位必须设置稳固的操作平台，操作平台考虑焊接、悬挂或搁置在钢柱、临时支撑架上（图 1-14）。

2）施工安全通道的设置

在临时支撑、钢柱上设置钢爬梯作为施工人员上下通道；在钢结构楼层钢梁上布置以木跳板和生命线钢丝绳组成的连续、封闭的水平通道，并与设置在钢柱和临时支撑架上的钢爬梯上下连通。

3）吊篮、安全网及其他安全防护设施

在一些特殊部位，操作平台无法搭设，高强度螺栓安装、钢梁焊接等作业则借助简易吊篮、简易钢爬梯等；施工人员高空作业时配置自锁器挂制于安全绳上（图 1-15）；在楼层钢梁间还需张挂安全网用于高空防坠及上下施工隔离（图 1-16）。

图 1-14　施工操作平台

图 1-15　安全绳

图 1-16　水平安全网

4）高空构件的稳定保证措施

① 构件高空就位后，不连接牢靠不能松钩，当天要尽可能实现所吊装的构件连接成比较稳定的体系。

② 按照施工方案合理安排吊装顺序，加快吊装作业，并尽快形成构件自身稳定体系保证安全。

③ 对于焊接工作量大的构件，保证轴向焊接固定，侧向采用缆风绳或刚性支撑临时固定。

5）高空作业注意事项

① 高处作业中的安全标志、工具、仪表、电气设施和各种设备，必须在施工前加以检查，确认其完好，方能投入使用。

② 攀登和悬空高处作业人员以及搭设高处作业安全设施人员，必须经过专业技术培训及专业考试合格，持证上岗，并必须定期进行体格检查，禁止无证上岗或者带病上岗保证作业安全。

③ 施工中对高处作业的安全技术设施，发现有缺陷和隐患时，必须及时解决；危及人身安全时，必须停止作业。

④ 施工作业场所有可能坠落的物件，应一律先行撤除或加以固定。高处作业中所用的物料，均应堆放平稳，不妨碍通行和装卸。工具应随手放入工具袋；作业中的走道、通道板和登高用具，应随时清扫干净；拆卸下的物件及余料和废料均应及时清理运走，不得任意乱置或向下丢弃。传递物件禁止抛掷。

⑤ 雨天进行高处作业时，必须采取可靠的防滑措施，事先设置避雷设施。遇有五级以上强风、浓雾等恶劣气候，不得进行露天攀登与悬空高处作业。强风暴雨后，应对高处作业安全设施逐一加以检查，发现有松动、变形、损坏或脱落等现象，应立即修理完善。

⑥ 因作业必须，临时拆除或变动安全防护设施时，必须经施工负责人同意，并采取相应的可靠措施，作业后应立即恢复。

⑦ 钢爬梯脚底部应垫实，不得垫高使用，梯子上端应有固定措施。主要项爬梯设置环形保护罩。

⑧ 同一区域尽量避免立体交叉施工，实在不能避免的应流水错开，同时设置看护人，随时排除安全隐患。高空焊缝下部安全网上铺设阻燃布，覆盖焊渣坠落范围以免烫伤下部施工人员。

（5）焊接施工安全保证措施

1）电焊机

① 电焊机必须有独立专用电源开关，确保"一机一闸一漏一箱"；

② 电焊机外露的带电部分应设有完好的防护（隔离装置），电焊机裸露接线柱设防护罩；

③ 接入电源网络的电焊机不允许超负荷使用，焊接运行时的温升，不应超过相应焊机标准规定的温升限值；

④ 必须将电焊机平稳地安放在通风良好、干燥的地方，不准靠近高热以及易燃易爆危险环境；

⑤ 禁止在电焊机上放置任何物品和工具，启动前，焊钳与焊件不能短路；

⑥ 工作完毕或临时离开场地时，必须及时切断焊机电源；

⑦ 各种电焊机外壳必须有可靠的接地，防止触电事故；

⑧ 电焊机的接地装置必须经常保持连接良好；

⑨ 必须随时保持清洁，清洁时必须切断电源；

⑩ 电焊机棚必须放置足量的电气灭火器；

⑪ 电焊机棚需设置在安全范围内，顶棚应有一定强度；

⑫ 电焊机应专人看管，非作业人员不得使用。

2）电缆

① 电缆线外皮必须完整、绝缘良好、柔软，外皮破损时应及时修补完好；

② 电缆线应使用整根导线，中间不应有连接接头，如需接头时，连接处应保持绝缘良好，且每根焊把线不超过3个接头；

③ 禁止焊接电缆与油、脂等易燃物料接触；

④ 现场电缆必须布置有序，不得互相交错缠绕；

⑤ 焊接完毕，应将电缆整齐盘挂在电焊机棚内；

⑥ 开始作业前和作业结束后对电缆进行外观检查。

3）电焊枪

① 焊枪、电焊钳必须有良好的绝缘性和隔热性，手柄有良好的绝缘层；

② 电焊钳与焊接电缆连接应简便牢靠，接触良好，螺丝必须拧紧；

③ 禁止将过热的焊钳放入水中冷却。

（6）其他安全防护要求（表1-53）

其他安全防护要求 表 1-53

序号	其他安全防护	防护要求
1	现场消防	需建立消防管理制度及岗位责任，根据现场施工要求，布置足量消火栓，并由专人管理现场配备的消防设施及灭火器材，不得堵塞消防疏散通道
2	临时用电	现场应采用三级配电、TN-S 接零保护和二极漏电保护系统，安排专业 24h 维护，严禁"私拉乱接"行为
3	群塔施工	制定群塔施工方案，并在驾驶室内设置防碰撞系统，提前预警

（7）季节性安全防护措施要求（表 1-54）

季节性安全防护措施 表 1-54

序号	季节	防护要求
1	冬季	冬期施工特别应注意路面、地面、通道面结冰情况，防止机械、人员行走时出现打滑，及时清理，并采取有效的防滑措施
2	雨季	雨期施工应防范雨水侵入和雷击，现场需设置一定的排水工具，并尽快完成避雷引下线的施工
3	台风	制定防台风应急预案，密切关注台风运动信息，现场重点对各类起重机械做好防台风措施，台风过后应重新对现场各项措施进行检查后，才可继续使用
4	高温	制定夏季炎热天气施工的制度，做好施工人员的防暑降温措施，注意焊接气瓶不得暴晒，以免发生爆炸

（8）现场文明施工及环境保护措施（表 1-55）

现场文明施工及环境保护措施 表 1-55

序号	文明施工及环境保护体系	内容
1	施工策划	根据合同及项目经理部管理要求，制定文明施工及环境保护施工策划方案，明确管理组织及目标
2	相关制度	应制定文明施工管理责任制度、教育制度、定期检查制度、奖罚制度、CI 管理制度等，使施工现场保持整洁
3	文明施工及环境保护管理措施	施工人员教育：对现场施工人员及各分包在进场后进行文明施工教育
4		施工人员管理：做好人员实名登记、进出场管理、统一形象管理
5		场容管理措施：场地封闭管理，合理规划，做好人员通道、材料堆放场地管理、垃圾清理、卫生防疫等工作
6		降尘降噪措施：场地道路宜全面硬化，并设置冲洗设备、喷淋设备，确保扬尘总体可控；合理规划施工时段，降低噪声，减少对周边居民影响，必要时应投入相应的减噪及隔离措施
7		市容保护措施：尽量减少红线外占地，特别是绿化用地、人行道路等，同时应考虑靠近围墙部位的行人保护措施

续表

序号	文明施工及环境保护体系	内容
8	绿色施工措施	节能措施：优先选用节能、高效、环保的施工设备和机具，必要时可采用自动控制系统控制照明、供暖设备
9		节地措施：合理、紧凑地进行平面布置，减少废弃地和死角
10		节水措施：雨污水管分流，并设置雨水回收系统，提高用水效率；循环系统中应有检测及卫生保障措施，确保不会对人体、工程质量产生影响
11		节材措施：明确图纸内容，从根本上降低材料损耗；合理安排材料采购、进场事宜，减少因库存造成的材料浪费；优化施工方案，提高周转材料周转速度

1.7.2　危险性较大的分部分项工程安全管理

为加强对房屋建筑和市政基础设施工程中危险性较大的分部分项工程安全管理，有效防范生产安全事故，依据《中华人民共和国建筑法》《中华人民共和国安全生产法》《建设工程安全生产管理条例》等法律法规，住房城乡建设部特制定《危险性较大的分部分项工程安全管理规定》（以下简称本规定）；为了贯彻实施本规定，住房城乡建设部办公厅下发了《关于实施〈危险性较大的分部分项工程安全管理规定〉有关问题的通知》。

本规定适用于房屋建筑和市政基础设施工程中危险性较大的分部分项工程安全管理。本规定所称危险性较大的分部分项工程（以下简称危大工程），是指房屋建筑和市政基础设施工程在施工过程中，容易导致人员群死群伤或者造成重大经济损失的分部分项工程。危大工程及超过一定规模的危大工程范围由国务院住房城乡建设主管部门制定。省级住房城乡建设主管部门可以结合本地区实际情况，补充本地区危大工程范围。国务院住房城乡建设主管部门负责全国危大工程安全管理的指导监督。县级以上地方人民政府住房城乡建设主管部门负责本行政区域内危大工程的安全监督管理。

本手册所涉及危险性较大的分部分项工程安全管理遵循本规定执行，具体规定如下。

1. 危险性较大的分部分项工程范围

（1）危险性较大的分部分项工程范围

1）基坑工程

① 开挖深度超过3m（含3m）的基坑（槽）的土方开挖、支护、降水工程。

② 开挖深度虽未超过3m，但地质条件、周围环境和地下管线复杂，或影响毗邻建、构筑物安全的基坑（槽）的土方开挖、支护、降水工程。

2）模板工程及支撑体系

①各类工具式模板工程：包括滑模、爬模、飞模、隧道模等工程。

②混凝土模板支撑工程：搭设高度 5m 及以上，或搭设跨度 10m 及以上，或施工总荷载（荷载效应基本组合的设计值，以下简称设计值）10kN/m² 及以上，或集中线荷载（设计值）15kN/m 及以上，或高度大于支撑水平投影宽度且相对独立无联系构件的混凝土模板支撑工程。

③承重支撑体系：用于钢结构安装等满堂支撑体系。

3）起重吊装及起重机械安装拆卸工程

①采用非常规起重设备、方法，且单件起吊重量在 10kN 及以上的起重吊装工程。

②采用起重机械进行安装的工程。

③起重机械安装和拆卸工程。

4）脚手架工程

①搭设高度 24m 及以上的落地式钢管脚手架工程（包括采光井、电梯井脚手架）。

②附着式升降脚手架工程。

③悬挑式脚手架工程。

④高处作业吊篮。

⑤卸料平台、操作平台工程。

⑥异型脚手架工程。

5）拆除工程

可能影响行人、交通、电力设施、通信设施或其他建、构筑物安全的拆除工程。

6）暗挖工程

采用矿山法、盾构法、顶管法施工的隧道、洞室工程。

7）其他

①建筑幕墙安装工程。

②钢结构、网架和索膜结构安装工程。

③人工挖孔桩工程。

④水下作业工程。

⑤装配式建筑混凝土预制构件安装工程。

⑥采用新技术、新工艺、新材料、新设备可能影响工程施工安全，尚无国家、行业及地方技术标准的分部分项工程。

（2）超过一定规模的危险性较大的分部分项工程范围

1）深基坑工程

开挖深度超过 5m（含 5m）的基坑（槽）的土方开挖、支护、降水工程。

2）模板工程及支撑体系

①各类工具式模板工程：包括滑模、爬模、飞模、隧道模等工程。

②混凝土模板支撑工程：搭设高度8m及以上，或搭设跨度18m及以上，或施工总荷载（设计值）15kN/m²及以上，或集中线荷载（设计值）20kN/m及以上。

③承重支撑体系：用于钢结构安装等满堂支撑体系，承受单点集中荷载7kN及以上。

3）起重吊装及起重机械安装拆卸工程

①采用非常规起重设备、方法，且单件起吊重量在100kN及以上的起重吊装工程。

②起重量300kN及以上，或搭设总高度200m及以上，或搭设基础标高在200m及以上的起重机械安装和拆卸工程。

4）脚手架工程

①搭设高度50m及以上的落地式钢管脚手架工程。

②提升高度在150m及以上的附着式升降脚手架工程或附着式升降操作平台工程。

③分段架体搭设高度20m及以上的悬挑式脚手架工程。

5）拆除工程

①码头、桥梁、高架、烟囱、水塔或拆除中容易引起有毒有害气（液）体或粉尘扩散、易燃易爆事故发生的特殊建、构筑物的拆除工程。

②文物保护建筑、优秀历史建筑或历史文化风貌区影响范围内的拆除工程。

6）暗挖工程

采用矿山法、盾构法、顶管法施工的隧道、洞室工程。

7）其他

①施工高度50m及以上的建筑幕墙安装工程。

②跨度36m及以上的钢结构安装工程，或跨度60m及以上的网架和索膜结构安装工程。

③开挖深度16m及以上的人工挖孔桩工程。

④水下作业工程。

⑤重量1000kN及以上的大型结构整体顶升、平移、转体等施工工艺。

⑥采用新技术、新工艺、新材料、新设备可能影响工程施工安全，尚无国家、行业及地方技术标准的分部分项工程。

2. 危险性较大的分部分项工程前期保障

（1）建设单位应当依法提供真实、准确、完整的工程地质、水文地质和工程周边环境等资料。

（2）勘察单位应当根据工程实际及工程周边环境资料，在勘察文件中说明地质条件可能造成的工程风险。

（3）设计单位应当在设计文件中注明涉及危大工程的重点部位和环节，提出保障工程周边环境安全和工程施工安全的意见，必要时进行专项设计。

（4）建设单位应当组织勘察、设计等单位在施工招标文件中列出危大工程清单，要求施工单位在投标时补充完善危大工程清单并明确相应的安全管理措施。

（5）建设单位应当按照施工合同约定及时支付危大工程施工技术措施费以及相应的安全防护文明施工措施费，保障危大工程施工安全。

（6）建设单位在申请办理安全监督手续时，应当提交危大工程清单及其安全管理措施等资料。

3. 危险性较大的分部分项工程专项施工方案

（1）方案编写

施工单位应当在危大工程施工前组织工程技术人员编制专项施工方案。

实行施工总承包的，专项施工方案应当由施工总承包单位组织编制。危大工程实行分包的，专项施工方案可以由相关专业分包单位组织编制。

（2）方案内容（参见 1.3.4 小节）

（3）方案审核与论证

专项施工方案应当由施工单位技术负责人审核签字、加盖单位公章，并由总监理工程师审查签字、加盖执业印章后方可实施。

危大工程实行分包并由分包单位编制专项施工方案的，专项施工方案应当由总承包单位技术负责人及分包单位技术负责人共同审核签字并加盖单位公章。

对于超过一定规模的危大工程，施工单位应当组织召开专家论证会对专项施工方案进行论证。实行施工总承包的，由施工总承包单位组织召开专家论证会。专家论证前专项施工方案应当通过施工单位审核和总监理工程师审查。

专家应当从地方人民政府住房城乡建设主管部门建立的专家库中选取，符合专业要求且人数不得少于 5 名。与本工程有利害关系的人员不得以专家身份参加专家论证会。

超过一定规模的危大工程专项施工方案专家论证会的参会人员应当包括：

1）专家；

2）建设单位项目负责人；

3）有关勘察、设计单位项目技术负责人及相关人员；

4）总承包单位和分包单位技术负责人或授权委派的专业技术人员、项目负责人、项目技术负责人、专项施工方案编制人员、项目专职安全生产管理人员及相关人员；

5）监理单位项目总监理工程师及专业监理工程师。

对于超过一定规模的危大工程专项施工方案，专家论证的主要内容应当包括：

1）专项施工方案内容是否完整、可行；

2）专项施工方案计算书和验算依据、施工图是否符合有关标准规范；

3）专项施工方案是否满足现场实际情况，并能够确保施工安全。

专家论证会后，应当形成论证报告，对专项施工方案提出通过、修改后通过或者不通过的一致意见。专家对论证报告负责并签字确认。

超过一定规模的危大工程专项施工方案经专家论证后结论为"通过"的，施工单位可参考专家意见自行修改完善；结论为"修改后通过"的，专家意见要明确具体修改内容，施工单位应当按照专家意见进行修改，并履行有关审核和审查手续后方可实施，修改情况应及时告知专家。

专项施工方案经论证不通过的，施工单位修改后应当按照本规定的要求重新组织专家论证。

4. 危险性较大的分部分项工程现场安全管理

（1）施工单位应当在施工现场显著位置公告危大工程名称、施工时间和具体责任人员，并在危险区域设置安全警示标志。

（2）专项施工方案实施前，编制人员或者项目技术负责人应当向施工现场管理人员进行方案交底。施工现场管理人员应当向作业人员进行安全技术交底，并由双方和项目专职安全生产管理人员共同签字确认。

（3）施工单位应当严格按照专项施工方案组织施工，不得擅自修改专项施工方案。因规划调整、设计变更等原因确需调整的，修改后的专项施工方案应当按照本规定重新审核和论证。涉及资金或者工期调整的，建设单位应当按照约定予以调整。

（4）施工单位应当对危大工程施工作业人员进行登记，项目负责人应当在施工现场履职。项目专职安全生产管理人员应当对专项施工方案实施情况进行现场监督，对未按照专项施工方案施工的，应当要求立即整改，并及时报告项目负责人，项目负责人应当及时组织限期整改。施工单位应当按照规定对危大工程进行施工监测和安全巡视，发现危及人身安全的紧急情况，应当立即组织作业人员撤离危险区域。

（5）监理单位应当结合危大工程专项施工方案编制监理实施细则，并对危大工程施工实施专项巡视检查。

（6）监理单位发现施工单位未按照专项施工方案施工的，应当要求其进行整改；情节严重的，应当要求其暂停施工，并及时报告建设单位。施工单位拒不整改或者不停止施工的，监理单位应当及时报告建设单位和工程所在地住房城乡建设主管部门。

（7）对于按照规定需要进行第三方监测的危大工程，建设单位应当委托具有相应勘察资质的单位进行监测。监测单位应当编制监测方案。监测方案由监测单位技术负责人审核签字并加盖单位公章，报送监理单位后方可实施。监测单位应当按照监测方案开展监测，及时向建设单位报送监测成果，并对监测成果负责；发现异常时，及时向建设、设计、施工、监理单位报告，建设单位应当立即组织相关单位采取处置措施。

（8）对于按照规定需要验收的危大工程，施工单位、监理单位应当组织相关人员进行验收。验收合格的，经施工单位项目技术负责人及总监理工程师签字确认后，方可进入下一道工序。危大工程验收合格后，施工单位应当在施工现场明显位置设置验收标识牌，公示验收时间及责任人员。

（9）危大工程发生险情或者事故时，施工单位应当立即采取应急处置措施，并报告工程所在地住房城乡建设主管部门。建设、勘察、设计、监理等单位应当配合施工单位开展应急抢险工作。

（10）危大工程应急抢险结束后，建设单位应当组织勘察、设计、施工、监理等单位制定工程恢复方案，并对应急抢险工作进行后评估。

（11）施工、监理单位应当建立危大工程安全管理档案。施工单位应当将专项施工方案及审核、专家论证、交底、现场检查、验收及整改等相关资料纳入档案管理。监理单位应当将监理实施细则、专项施工方案审查、专项巡视检查、验收及整改等相关资料纳入档案管理。

5. 危险性较大的分部分项工程的监督管理

（1）设区的市级以上地方人民政府住房城乡建设主管部门应当建立专家库，制定专家库管理制度，建立专家诚信档案，并向社会公布，接受社会监督。

（2）县级以上地方人民政府住房城乡建设主管部门或者所属施工安全监督机构，应当根据监督工作计划对危大工程进行抽查。县级以上地方人民政府住房城乡建设主管部门或者所属施工安全监督机构，可以通过政府购买技术服务方式，聘请具有专业技术能力的单位和人员对危大工程进行检查，所需费用向本级财政申请予以保障。

（3）县级以上地方人民政府住房城乡建设主管部门或者所属施工安全监督机构，在监督抽查中发现危大工程存在安全隐患的，应当责令施工单位整改；重大安全事故隐患排除前或者排除过程中无法保证安全的，责令从危险区域内撤出作业人员或者暂时停止施工；对依法应当给予行政处罚的行为，应当依法作出行政处罚决定。

（4）县级以上地方人民政府住房城乡建设主管部门应当将单位和个人的处罚信息纳入建筑施工安全生产不良信用记录。

6. 建筑工程五方责任主体违反危险性较大的分部分项工程相关规定应承担的法律责任

（1）建设单位有下列行为之一的，责令限期改正，并处 1 万元以上 3 万元以下的罚款；对直接负责的主管人员和其他直接责任人员处 1000 元以上 5000 元以下的罚款：

1）未按照本规定提供工程周边环境等资料的；

2）未按照本规定在招标文件中列出危大工程清单的；

3）未按照施工合同约定及时支付危大工程施工技术措施费或者相应的安全防护文明施工措施费的；

4）未按照本规定委托具有相应勘察资质的单位进行第三方监测的；

5）未对第三方监测单位报告的异常情况组织采取处置措施的。

（2）勘察单位未在勘察文件中说明地质条件可能造成的工程风险的，责令限期改正，依照《建设工程安全生产管理条例》对单位进行处罚；对直接负责的主管人员和其他直接责任人员处 1000 元以上 5000 元以下的罚款。

（3）设计单位未在设计文件中注明涉及危大工程的重点部位和环节，未提出保障工程周边环境安全和工程施工安全的意见的，责令限期改正，并处 1 万元以上 3 万元以下的罚款；对直接负责的主管人员和其他直接责任人员处 1000 元以上 5000 元以下的罚款。

（4）施工单位未按照本规定编制并审核危大工程专项施工方案的，依照《建设工程安全生产管理条例》对单位进行处罚，并暂扣安全生产许可证 30 日；对直接负责的主管人员和其他直接责任人员处 1000 元以上 5000 元以下的罚款。

（5）施工单位有下列行为之一的，依照《中华人民共和国安全生产法》《建设工程安全生产管理条例》对单位和相关责任人员进行处罚：

1）未向施工现场管理人员和作业人员进行方案交底和安全技术交底的；

2）未在施工现场显著位置公告危大工程，并在危险区域设置安全警示标志的；

3）项目专职安全生产管理人员未对专项施工方案实施情况进行现场监督的。

（6）施工单位有下列行为之一的，责令限期改正，处 1 万元以上 3 万元以下的罚款，并暂扣安全生产许可证 30 日；对直接负责的主管人员和其他直接责任人员处 1000 元以上 5000 元以下的罚款：

1）未对超过一定规模的危大工程专项施工方案进行专家论证的；

2）未根据专家论证报告对超过一定规模的危大工程专项施工方案进行修改，或者未按照本规定重新组织专家论证的；

3）未严格按照专项施工方案组织施工，或者擅自修改专项施工方案的。

（7）施工单位有下列行为之一的，责令限期改正，并处 1 万元以上 3 万元以下的罚款；对直接负责的主管人员和其他直接责任人员处 1000 元以上 5000 元以下的罚款：

1）项目负责人未按照本规定现场履职或者组织限期整改的；

2）施工单位未按照本规定进行施工监测和安全巡视的；

3）未按照本规定组织危大工程验收的；

4）发生险情或者事故时，未采取应急处置措施的；

5）未按照本规定建立危大工程安全管理档案的。

（8）监理单位有下列行为之一的，依照《中华人民共和国安全生产法》《建设工程安全生产管理条例》对单位进行处罚；对直接负责的主管人员和其他直接责任人员处 1000 元以上 5000 元以下的罚款：

1）总监理工程师未按照本规定审查危大工程专项施工方案的；

2）发现施工单位未按照专项施工方案实施，未要求其整改或者停工的；

3）施工单位拒不整改或者不停止施工时，未向建设单位和工程所在地住房城乡建设主管部门报告的。

（9）监理单位有下列行为之一的，责令限期改正，并处 1 万元以上 3 万元以下的罚款；对直接负责的主管人员和其他直接责任人员处 1000 元以上 5000 元以下的罚款：

1）未按照本规定编制监理实施细则的；

2）未对危大工程施工实施专项巡视检查的；

3）未按照本规定参与组织危大工程验收的；

4）未按照本规定建立危大工程安全管理档案的。

（10）监测单位有下列行为之一的，责令限期改正，并处 1 万元以上 3 万元以下的罚款；对直接负责的主管人员和其他直接责任人员处 1000 元以上 5000 元以下的罚款：

1）未取得相应勘察资质从事第三方监测的；

2）未按照本规定编制监测方案的；

3）未按照监测方案开展监测的；

4）发现异常未及时报告的。

（11）县级以上地方人民政府住房城乡建设主管部门或者所属施工安全监督机构的工作人员，未依法履行危大工程安全监督管理职责的，依照有关规定给予处分。

1.7.3　安全应急预案

项目部现场常见的危险源有高空坠落、火灾、台风、洪水、触电、突发停电、倒塌、高温中暑、大型机械伤害、食物中毒等。项目部应针对可能发生的事故制定相应的应急救援预案，并在事故发生时组织实施，准备应急救援的物资，确保施工生产过程中发生事故后，紧张而有秩序地正确处理事故，最大限度地减轻人员伤痛，减少人员伤亡，防止事故蔓延和二次事故发生，积极有效地组织抢救，稳定人心，尽快恢复生产。

1. 应急预案的编制

应急预案是规定事故应急救援工作的全过程，适用于现场范围内可能出现的事故或紧急情况的救援和处理。应急预案中应明确：

（1）应急救援组织、职责和人员安排，救援器材等；

（2）在作业场所发生事故时，如何组织抢救，保护事故现场的安排，其中应明确如何抢救，使用什么器材和设备；

（3）内部和外部联系的方法、渠道，根据事故性质，规定由谁及在多少时间内向企业上级、政府主管部门和其他有关部门上报，需要通知的有关的消防、救援、医疗等单位的联系方式；

（4）工作场所内全体人员如何疏散的要求。

2. 应急组织机构及职责

（1）应急组织机构（图1-17）

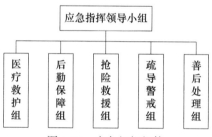

图1-17　应急组织机构

（2）应急组织职责（表1-56）

应急组织职责　　　　　　　　　　　　　　表1-56

序号	应急组织机构	职责
1	应急指挥领导小组	负责生产安全事故的应急救援工作，向各应急处置机构和应急救援机构下达指令任务，协调各组之间的抢救工作，随时掌握事故最新动态并作出最新决策，负责事故上报和外部救援请求工作
2	医疗救护组	对受伤人员进行简易的抢救和包扎，及时转移重伤人员到医疗机构就医
3	后勤保障组	了解事故现场周边的应急物资供应点分布情况，为及时进行应急行动的后勤物资供给做好准备工作；负责调集抢险所需的器材、设备，及时提供后继的抢险物资；负责统筹安排安全生产应急所属资金，并监督资金落实情况
4	抢险救援组	及时调遣经过抢险培训的救援人员赶赴现场并组织抢险抢修，协调有关部门的抢险行动，及时向组长报告抢险进展情况，对场区内外进行有效隔离、疏散，设置事故现场警戒线，保护抢险人员的人身安全，维持治安秩序
5	疏导警戒组	疏散事故现场无关人员，引导人员、车辆有序撤离；封闭现场，禁止无关人员进入现场扰乱救援；指挥、引导救援人员、车辆安全有序进入现场
6	善后处理组	做好对伤亡人员及家属的安抚工作，协调落实遇难者家属抚恤金和受伤人员住院费问题，负责保险索赔事宜的处理；积极与当地政府主管部门协商，尽快恢复环境或减少对环境的影响和破坏，消除不良社会影响

3. 应急准备

（1）足够的消防器材、必要的卫生防护品和救援措施；

（2）足够的防暑降温物资和御寒防冻物资；

（3）其他防护物资；

（4）必要的资金保证。

4. 应急预案程序（图1-18）

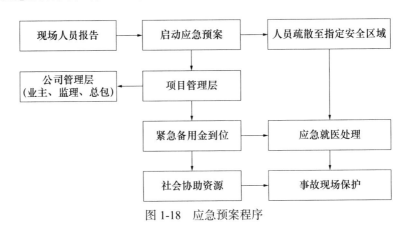

图 1-18　应急预案程序

5. 应急预案措施

项目部制定应急救援预案过程中，应对包括火灾、台风、洪水、触电、高处坠落、倒塌、机械伤害等在内的安全事故明确相应的应急措施。

6. 安全应急联系及应急交通路线

应急预案中应保留项目部全体管理人员的联系方式，并明确应急处置时就近就医的路线等，确保伤员第一时间可以得到救治。

7. 应急预案交底及演练

项目部应成立以项目经理为第一责任人的安全领导小组和应急领导小组，配备应急器材，加强安全教育，开展安全检查，消除隐患，提高作业人员的安全意识和防范能力。

应急预案确立后，按计划组织项目全体人员进行交底与演练，从而使其具备应急所需的知识、技能和反应速度。

8. 安全事故调查与处理

（1）安全事故等级

根据生产安全事故（以下简称事故）造成的人员伤亡或者直接经济损失，事故等级划分见表1-57。

（2）伤亡事故原因调查

事故原因有直接原因、间接原因和基础原因，原因调查时应针对表1-58中各因素进行。

安全事故等级　　　　　　　　　　　　　　　　　　表 1-57

序号	等级	内容
1	特别重大事故	造成 30 人以上死亡，或者 100 人以上重伤，或者 1 亿元以上直接经济损失
2	重大事故	造成 10 人以上 30 人以下死亡，或者 50 人以上 100 人以下重伤，或者 5000 万元以上 1 亿元以下直接经济损失
3	较大事故	造成 3 人以上 10 人以下死亡，或者 10 人以上 50 人以下重伤，或者 1000 万元以上 5000 万元以下直接经济损失
4	一般事故	造成 3 人以下死亡，或者 10 人以下重伤，或者 1000 万元以下直接经济损失

伤亡事故原因调查　　　　　　　　　　　　　　　　表 1-58

序号	种类	内容	
1	直接原因	人的不安全行为	身体缺陷
			错误行为
			违纪违章
		物的不安全状态	设备、装置、物品的缺陷
			作业场所的缺陷
			有危险源（物质和环境）
2	间接原因	管理缺陷：包括目标与规划、责任制、管理机构、教育培训、技术管理、安全检查、其他等各个方面	
3	基础原因	包括经济、文化、社会历史、法律、民族习惯等社会因素	

（3）伤亡事故的处理

发生伤亡事故后，负伤人员或最先发现事故的人应立即报告。企业发生重伤和重大伤亡事故，必须立即将事故概况（包括伤亡人数，发生事故的时间、地点、原因）等，用快速方法分别报告企业主管部门、行业安全管理部门和当地公安部门、人民检察院。发生重大伤亡事故，各有关部门接到报告后应立即转报各自的上级主管部门。

对事故的调查处理，必须坚持"事故原因不清不放过，事故责任者和群众没有受到教育不放过，没有防范措施不放过"的"三不放过"原则。

1.8 绿色施工

1.8.1 绿色施工原则及施工流程

1. 绿色施工原则

（1）通过优良的设计和管理，优化生产工艺，采用适用技术、材料和产品；

（2）合理利用和优化资源配置，改变消费方式，减少对资源的占有和消耗；

（3）因地制宜，最大限度利用本地材料与资源；

（4）最大限度地提高资源的利用效率，积极促进资源的综合循环利用；

（5）尽可能使用可再生的、清洁的资源和能源。

2. 绿色施工管理流程

绿色施工管理流程如图1-19所示。

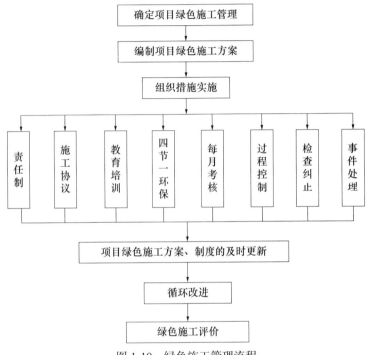

图 1-19　绿色施工管理流程

1.8.2　绿色施工措施

1. 节水措施

（1）建立用水量消耗台账，指定责任人。

（2）施工现场供水管网应根据用水量设计布置，管径合理、管路简捷，采取有效措施减少管网和用水器具的漏损。

（3）现场机具、设备、车辆冲洗用水设立循环用水装置并挂表计量。施工现场办公区、生活区的生活用水采用节水系统和节水器具，提高节水器具配置比率。项目临时用水已使用节水型产品，安装计量装置，采取针对性的节水措施。

（4）施工现场分别对生活用水与工程用水确定用水定额指标，并分别计量管理。

（5）在签订工程分包合同时，将节水定额指标纳入合同条款，进行计量考核。

（6）生活区伙房、淋浴室、洗漱间的废水现场设立收水池进行收集，二次使用。

（7）生活用水采用限时供应的方式。

2. 节能措施

（1）制定合理施工能耗指标，提高施工能源利用率。

（2）优先使用国家、行业推荐的节能、高效、环保的施工设备和机具，如选用变频技术的节能施工设备等。

（3）施工现场分别设定生产、生活、办公和施工设备的用电控制指标，定期进行计量、核算、对比分析，并有预防与纠正措施。

（4）在施工组织设计中，合理安排施工顺序、工作面，以减少作业区域的机具数量，相邻作业区充分利用共有的机具资源。安排施工工艺时，优先考虑耗用电能的或其他能耗较少的施工工艺。避免设备额定功率远大于使用功率或超负荷使用设备的现象。

（5）经常对施工设备及机具进行定期的维修保养工作，以使机械设备保持低耗、高效的状态。

（6）临时临电线路合理设计、布置，选用节能电线和节能灯具，办公室保持自然通风降温，达到节约用电。办公（资料、方案编制等）所产生的废纸，对于单面使用的再利用后，方能集中处理。淋浴室采用先进的空气能设备集中供热水。

（7）严格按照规范计算电量使用，选择合适的电线、电缆在施工区、生活区布置。

（8）定期对工人进行"节约用水、用电"宣传教育，并在明显的区域设"节约用水、用电"宣传牌。

3. 节地措施

（1）对临时用地作出使用时间段规划，进行合理安排，提高场地的使用效率。

（2）施工现场仓库、临时加工厂、作业棚、构件堆场等采用统一规划，形成独立的封闭场所。

（3）临时办公和生活区用房与施工现场隔离。

（4）施工方案应建立推广、限制、淘汰公布制度和管理办法。发展适合绿色施工的资源利用与环境保护技术，对落后的施工方案进行限制或淘汰，鼓励绿色施工技术的发展，推动绿色施工技术的创新。

4. 节材措施

（1）保证现场材料、工具合理化使用并按照施工进度合理地组织进退场，保证租赁的设备工具等不在现场积压，减少租赁费。

（2）将各种材料的边角料（如型钢、支架、木方等）重新加工为可继续使用的整材，不断提高材料使用率，降低成本。

（3）提高构件装配率，减少现场施工时对材料的浪费。

（4）优化施工方装，合理设置临时组装胎架，在保证结构组装安全的前提下，尽可能地减少临时工装材料，同时工装胎架设计时，尽可能地设计成可拆型支架，以便以后相同或类似工程的继续使用。

5. 环保措施

（1）降低噪声措施

1）进场前与建设单位和使用单位取得联系，在环保部门指导下，订立协议，明确各方权利和义务。

2）应积极遵守地方政府对夜间施工的有关规定，尽量减少夜间施工。若为加快施工进度或其他原因必须安排夜间施工的，则必须先办理夜间施工许可证，并通告附近居民夜间施工的原因、时间段、噪声分贝值等，取得附近居民谅解，最大限度减少噪声扰民。

3）现场施工机具要经常检查维修，保持正常运转。采取有效措施，降低噪声强度等级，各施工工序噪声污染控制目标见表1-59。

各施工工序噪声污染控制目标　　　　　　　　　　　表1-59

施工工序	主要噪声源	控制目标
运输	运输车辆装货、卸货、车辆喇叭等	昼间≤65dB，夜间≤55dB
拼装、吊装	起重机行走、指挥哨声等	昼间≤70dB，夜间≤55dB
	构件打磨、空压机等	

注：6：00～22：00为昼间，22：00～6：00为夜间。

4）中午和夜间加班使用噪场源机具施工，要遵守当地政府的规定，提前向环保部门办理申报手续。

5）采取低噪声的施工工艺和施工方法，尽可能降低施工过程中产生的噪声污染。

6）施工前应详细编制施工噪声控制方案，针对可能产生噪声的工作采取声源上降低、传播路径隔断等技术措施。

7）对现场施工工人进行经常性素质教育，并制定标准，保证工人施工时轻拿轻放、不大声喧哗，不额外增加施工噪声。

8）在施工现场设隔声围挡，将施工区和生活区分隔开，达到减少施工扰民，加强施工现场管理，保护原有绿地的目的。

（2）防止大气、粉尘污染措施

1）任何人进入施工现场严禁吸烟，以防污染空气，影响他人正常的工作、学习和休息。（现场有固定的吸烟处）严禁在施工现场焚烧任何废弃物和会产生有毒有害气体、烟尘、臭气的物质，熔融沥青等有毒物质要使用封闭和带有烟气处理装置的设备。

2）施工现场四周实行全封闭式施工管理，防止施工过程中产生的粉尘向外弥散，造成大气污染。水泥等易飞扬颗粒散体物料应尽量安排仓库内存放，堆土场、散装物料露天堆放场要压实、覆盖。

3）严禁向建筑物外抛弃垃圾，所有垃圾装袋运出。运输车辆必须冲洗干净后，方能离场上路行驶；对于装运建筑材料、土石方、建筑垃圾及工程渣土的车辆，派专人负责清扫道路及冲洗并保证行驶途中不污染道路和环境。

4）脚手架全封闭，使用合格绿色阻燃密目网，上下全部围护，围扎牢固整齐。

5）选择合格的运输单位，避免运土车发生遗撒，派专人负责将运土车上的土拍实，并在出口处对车轮进行冲洗。指派专人清扫运土车经过的污损路段。施工现场场地硬化和绿化，经常洒水和浇水以减少灰尘污染。

6）避免使用高消耗、高排放的设备、机器，多使用节能设备、机器。以减少废气排放。

（3）防止固体废弃物污染措施

1）固体废弃物减量化

① 通过合理下料技术措施，准确下料，尽量减少建筑垃圾；

② 实行"工完场清"等管理措施，每个工作在结束该段施工工序时，在递交工序交接单前，负责把自己工序的垃圾清扫干净，充分利用建筑垃圾废弃物的接头，短料等；

③ 提高施工质量标准，减少建筑垃圾的产生，如提高焊缝质量，减少返工；

④ 尽量采用工厂化生产的建筑构件，减少现场切割。

2）固体废弃物资源化

① 废弃连接板等作为现场临时定位板；

② 利用废弃的钢筋头制作楼板马凳，地锚拉环等；

③ 利用废弃边角料制造接火盆等；

3）固体废弃物分类处理

① 垃圾应进行分类处理（图1-20）；

② 可回收材料中的短料、边角等回收再利用；

③ 施工中收集的废钢材，由项目部统一处理给钢铁厂回收再利用；

④ 非存档文件纸张采用双面打印或复印，废弃纸张最终与其他纸制品一同由造纸厂回收再利用；

⑤ 办公使用可多次灌注的墨盒，不能用的废弃墨盒由制造商回收再利用，对于大型项目，必要的时候，应设置建筑垃圾中转站（图1-21）。

（4）限制光污染措施

1）对用于夜间施工照明的灯具加设定向灯罩，调整灯光投射角度，防止强光线外泄，避免影响周围居民正常生活（图1-22）；

2）夜间电焊作业时，采取设置遮光棚等挡光措施（图1-23）。

图 1-20　垃圾分类回收

图 1-21　建筑垃圾中转站

图 1-22　定向灯罩

图 1-23　焊接遮光棚

1.8.3　绿色施工检查、验收

绿色施工检查与验收应按现行国家标准《建筑工程绿色施工评价标准》GB/T 50640 及相关标准执行，检查内容及实施阶段见表 1-60，检查工作流程如图 1-24 所示。

绿色施工检查规定一览表

表 1-60

序号	类别	规定内容	责任人	实施阶段	实施时间
1	检查频率	项目每周 1 次，每天巡查 1 次	项目经理	全过程	定期
2	检查内容	查环境保护措施落实情况、查整改、查绿色施工教育培训、查指挥操作行为、查绿色施工费用投入使用、查设备等	项目经理	全过程	—
3	检查形式	定期检查	项目经理	全过程	—
4	经常性检查	总包、分包绿色施工员及值班人员日常巡回检查；项目管理人员在检查生产同时检查绿色施工	责任人	全过程	每月
5	"三定"整改	对绿色施工隐患，按定人、定时、定措施"三定"原则整改	生产经理	全过程	检查后
6	验收评价	项目按照不同分部分项工程，对相应绿色施工情况进行评价，并填写评价表	项目经理	全过程	分部工程施工完毕

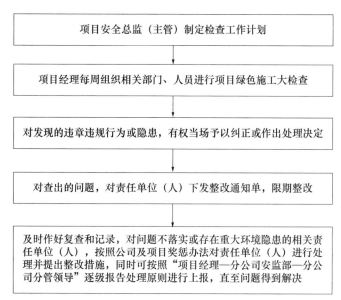

图 1-24　项目绿色施工监督检查工作流程

1.9　本章小结

施工组织设计是根据具体建设项目的特定条件，拟定若干个施工方案，进行技术经济比较，选择出最优方案，包括选用施工方法与施工机械最优、施工进度与成本最优、劳动力和资源组织最优、施工平面布置最优等。阐述了各类施工组织设计的编写步骤、基本结构和内容要求等，既介绍了施工组织设计的理论，又结合装配式钢结构建筑实际，总结经验，给出了施工组织总设计等的详细示例，可供实际建设项目借鉴，节省编制时间，提高施工组织设计的质量。对施工详图、施工技术交底、施工管理、施工安全及绿色施工等分别进行了详细阐述，可供实际装配式钢结构建设项目参考，有序高效地开展各项施工准备及施工过程管理。

第二章 钢结构制作

本章根据装配式钢结构制作安装的特点，结合我国有关钢构件制作的现行规范、规程及最新科研成果，系统介绍了钢结构制作工艺设计与设备、主体结构材料验收与检验、高性能及异种钢构件制作、厚板钢构件制作、复杂形状构件制作、钢构件热处理技术、变形矫正、钢结构预拼装工艺、钢结构构件防护（防腐、防火）涂装与环保技术、单元模块集成式房屋制作、智能制造技术等。

2.1 钢结构制作工艺

2.1.1 技术要求

1. 钢结构材料

装配式建筑钢结构采用的钢材主要为 Q235B、Q355B、Q355C、Q390、Q390GJC、Q420GJC 等低合金高强度结构钢，其质量标准应分别符合现行国家标准《碳素结构钢》GB/T 700 和《低合金高强度结构钢》GB/T 1591 的规定。

对有抗震设防要求的建筑，依据现行国家标准《建筑抗震设计规范》GB 50011 的要求，钢结构的钢材应符合下列规定：

（1）钢材的屈服强度实测值与抗拉强度实测值的比值不应大于 0.85；

（2）钢材应有明显的屈服台阶，且伸长率应大于 20%；

（3）钢材应有良好的焊接性和合格的冲击韧性。

栓钉的质量标准应符合国家现行标准《电弧螺柱焊用圆柱头焊钉》GB/T 10433 的规定。高强度螺栓的质量标准应符合《钢结构用扭剪型高强度螺栓连接副》GB/T 3632 及《钢结构高强度螺栓连接技术规程》JGJ 82 的规定。安装用普通螺栓应符合现行国家标准《六角头螺栓》GB/T 5782、《六角头螺栓 全螺纹 C级》GB/T 5781 和《六角头螺栓 C级》GB/T 5780 的要求。

2. 焊接要求

当不同强度的钢材焊接时，可采用与低强度钢材相适应的焊接材料。焊缝的机械性能应不低于原构件的等级。手工焊接应采用符合现行国家标准《非合金钢及细晶粒钢焊条》GB/T 5117 及《热强钢焊条》GB/T 5118 规定的焊条。对 Q235 级钢材宜采用 E43 型焊条，对 Q355 级钢材宜采用 E50 型焊条，对 Q390 或 Q420 级钢材应选用低合金 E55 型焊条。

自动焊接或半自动焊接采用的焊丝和焊剂，应与主体金属强度相适应，焊丝应符合现行国家标准《熔化焊用钢丝》GB/T 14957 规定。

钢构件因板长不够需要对接拼接时，按现行国家标准《钢结构工程施工规范》GB 50755 的规定，H 型钢的翼缘与腹板的对接焊缝间的相对位置应错开 200mm 以上，并避免与加劲板重合。腹板拼接缝和与它平行的加劲板间距 ≥ 200mm，拼接焊缝应采用坡口全熔透焊，焊缝质量等级为一级。翼缘板与腹板、箱形构件的侧板拼接长度 ≥ 600mm，相邻两侧板拼接缝的间距 ≥ 200mm。

对接接头，T 形接头和全、半熔透焊应在焊缝两端置引弧板和引出板。其材质与焊件相同。手工焊引板长度应 ≥ 60mm，埋弧自动焊引板长度应 ≥ 150mm，引焊到引板上的焊缝 ≥ 引板长度的 2/3。

除非另外说明，焊接工作所采用的焊接方法、工艺参数应符合现行国家标准《钢结构焊接规范》GB 50661 的规定，全部焊接施工与验收应遵循国家规范要求。

3. 制作工艺要求

（1）钢结构制作单位应根据设计义件和有关规范、规程编制施工详图和制作工艺。

（2）钢结构各构件必须放大样加以核对，尺寸无误后，再下料加工。钢结构制作中的放样、号料、切割、组装、焊接、安装允许偏差和验收应符合国家现行标准《高层民用建筑钢结构技术规程》JGJ 99、《钢结构工程施工规范》GB 50755 和《钢结构工程施工质量验收标准》GB 50205 的规定。

（3）型钢混凝土柱与型钢混凝土梁连接的穿筋孔应在工厂制孔，不得随意在工地制孔。

（4）焊接 H 型钢上下翼缘和腹板的拼接缝应错开至少 200mm，并避免与加劲板重合，腹板拼接缝与它平行的加劲板至少相距 200mm，并避免在梁跨中 1/3 跨长范围内拼接。

（5）钢材加工前应进行校正使之平直。放样和下料应根据工艺要求预留制作和安装时的焊缝收缩。

（6）梁柱上的加劲板、支承板等宜在加工车间完成，施焊工艺及板材上的坡口尺寸，符合现行国家标准《气焊、焊条电弧焊、气体保护焊和高能束焊的推荐坡口》GB/T 985.1 的有关要求。

（7）构件在高强度螺栓连接范围内的接触表面采用喷砂或抛丸处理，摩擦系数符合设计要求。构件的加工、运输存放需保证摩擦面喷砂效果符合设计要求。

（8）钢梁的跨度 ≥ 9m 时，应按图纸要求起拱。

4. 防腐涂装要求

防腐涂料应满足具有良好的附着力，与防火涂料相容，对焊接影响小等要求。

钢结构防腐涂料、钢材表面的除锈等级以及防腐对钢结构的构造要求等，除应符合现行国家标准《涂覆涂料前钢材表面处理 表面清洁度的目视评定 第1部分：未涂覆过的钢材表面和全面清除原有涂层后的钢材表面的锈蚀等级和处理等级》GB/T 8923.1的规定外，尚应满足以下要求。

（1）钢结构表面处理：钢结构在进行涂装前，必须将构件表面的毛刺、铁锈、氧化皮、油污及附着物彻底清除干净，采用喷砂、抛丸等方法彻底除锈，达到 Sa2.5 级；局部可采用电动、风动除锈工具彻底除锈，达到 St3 级，并达到 40～70μm 的粗糙度；经除锈后的钢材表面在检查合格后，应在规定的时限内进行涂装。

（2）钢构件出厂前如下部位，原则上不进行涂装：高强度螺栓节点摩擦面、箱形柱内的封闭区、地脚螺栓和底板、钢梁上翼缘顶面（有现浇混凝土板时）、工地焊接部位两侧 100mm 范围且要满足超声波探测要求的范围内。

2.1.2 加工制作工艺流程

典型装配式钢构件的制作工艺可以分为：技术准备、材料采购和复验、钢材前期加工、杆件或单元加工、节点整体组装、涂装和运输 7 个阶段（图 2-1）。

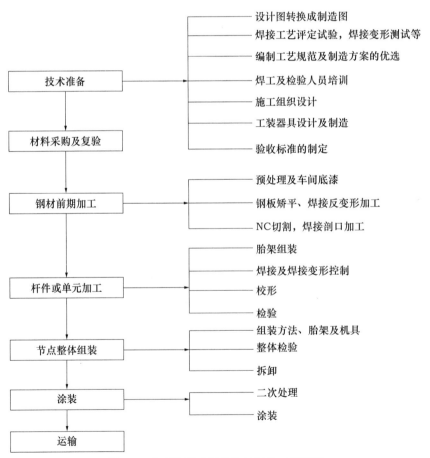

图 2-1 典型装配式钢构件的制作工艺流程

1. 技术准备工作

构件加工前，应根据设计要求进行深化设计，完成施工图转换，加工制作前进行焊接工艺评定试验及焊接变形测试等工艺试验，编制制造工艺方案和制造验收要求、制定焊工及检验人员培训计划，准备工装器具设计及制造要求，并制定精度控制要求。

（1）焊接工艺评定试验

焊接工艺评定试验是编制焊接工艺的依据，根据设计图纸和技术要求以及有关的钢结构制造规范的规定，编写焊接工艺评定试验方案报业主、设计方及监理工程师审批，然后根据批准的焊接工艺评定试验方案，模拟实际的施工条件和环境，依据现行国家标准《钢结构焊接规范》GB 50661 厚度覆盖要求及设计要求逐项进行焊接工艺评定试验（图 2-2）。

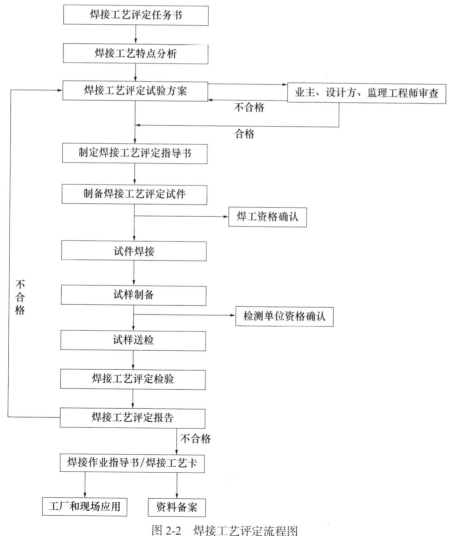

图 2-2　焊接工艺评定流程图

在确定焊接工艺评定试验方案时，要求从首批进厂材料中选择碳当量偏高，非金属化学成分含量偏高的低温韧性偏低的材料进行焊接工艺评定试验。

进行焊接工艺评定试验时应选择焊接方法、焊接材料、坡口形式（坡口尺寸、角度、钝边、组装间隙等）、焊接参数及施焊道数、层间温度、预热温度及其他措施等。

（2）摩擦面抗滑移系数试验

经处理的摩擦面，出厂时应按批附 3 套与杆件相同材质、相同处理方法的试件，由安装单位复验抗滑移系数，在运输过程中，试件摩擦面不得损伤。试件板表面应平整无油污，孔和钢板的边缘应无飞边、毛刺；冲砂等级达到 Sa2.5 级，做 6 副，试板如图 2-3 所示。

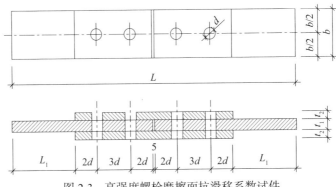

图 2-3 高强度螺栓摩擦面抗滑移系数试件

其中，d 为螺栓孔直径，取螺栓直径＋2mm；L_1 根据试验机夹具的要求确定；t_1、t_2 为试件钢板的厚度，根据钢结构工程中有代表性的板材厚度来确定；b 为宽度，参照表 2-1 进行取值。

抗滑移系数试件板宽度   表 2-1

螺栓直径 d（mm）	16	20	22	24	27
试板宽度 b（mm）	100	100	105	110	120

2. 钢结构加工前期工作

（1）放样

放样人员必须熟悉施工图和工艺要求，核对构件及构件相互连接的几何尺寸和连接，如发现施工图的遗漏或错误以及其他原因需要更改施工图时，必须取得原设计单位签具的设计变更文件，不得擅自修改。

放样和车间施工验收用的钢圈尺等计量工具，必须经计量部门采用国家标准尺进行校核，并标贴修正值后才能使用，标准测定拉力为 5kg。

放样作业依据施工详图进行，在进行放样和编制草图时，必须认真核对图纸，加放焊接和铣削的加工余量，并作出标记。

装配式钢结构建筑钢材放样应采用计算机数放，以保证构件精度，为现场拼装及安装创造条件。套料时应优先采用 FastCAM® 等成型及板料展开软件中的实形套料程序。

（2）号料划线

号料前应先确认材质、尺寸和规格，按零件图和下料加工清单及排板图进行号料。钢结构制作下料时，应对主要承重结构节点、焊缝集中区域所用钢板及重要构件、重要焊缝的热影响区进行超声波检测，以保证钢板质量。

材料拼接应按等强度全焊透要求拼接，拼接、焊接必须在 BUH 组装前进行。板制型钢翼、腹板的拼接缝必须错开 200mm 以上。翼板拼接长度＞2 倍板宽；腹板的拼接宽度＞300mm，长度＞600mm，节点部距拼接缝必须＞100mm，并与钢板轧制方向一致。轧制 H 型钢的对接位置位于＞1m 且＜$L/3$ 处，节点部距拼接缝必须＞100mm，焊接按焊接要求进行，焊接、探伤合格后将锁口补上。

号料时，应尽量使构件受力方向与钢材轧制方向一致。使用的钢材必须平直无损伤及其他缺陷，否则应先矫正或剔除。钢板号料时应除去大于 10mm 的轧制边缘。

柱底板厚度 20mm＜t＜100mm 时，可用压床压平；柱底板厚度＞100mm 时，需加 5mm 铣削加工余量。

号料所划的切割线必须正确清晰，号料尺寸允许偏差为 ±1.0mm。划线和作记号时，不得使用凿子，洋冲印的深度≤0.5mm，对于需弯曲的钢材不能使用洋冲和凿子作标记。划线号料后应标明基准线、中心线和检验线，并应按企业质量管理的规定，做好材质标记的移植工作（图 2-4）。

图 2-4　号料、划线图

（3）切割、铣削

钢材的切割宜应采用火焰自动切割或 NC 切割，次要部位的零件可以采用火焰半自动切割或手工切割。厚度为 9mm 以下的钢板可采用剪切，剪切面上有毛刺等时应用砂轮机等打磨修正，并必须矫平直。H 型钢可采用圆盘锯、冷锯或带锯切割，拼接 H 型钢可采用全自动火焰切割机（图 2-5）。

（a）数控切割机

（b）数控圆锯盘

（c）数控带锯床

（d）厚板坡口半自动切割机

图 2-5　自动切割设备

柱的支承端面须进行铣削加工，设备采用端面铣床。有铣削加工要求的零部件，刨（铣）加工后应满足表 2-2 的要求。

刨（铣）加工允许偏差　　　　　　　　　表 2-2

项目	零件宽度长度	加工边直线度	相邻边不垂直度	加工面不垂直度	加工面粗糙度
允许偏差	±1.0mm	$L/3000$ 且 ≤ 2.0mm	≤ 1.0mm	$0.025t$ 且 ≤ 0.5mm	50μm

切割前先检查钢材的规格、材质、质量等是否符合要求，钢材表面上的油污、松动的氧化皮杂物等应清除干净。切割后切割面应除去熔渣和飞溅物。对于组装后无法精整的表面，如弧形锁口内表面等，应在组装前进行处理。

零部件边缘加工后，应无杂刺、渣、波纹；崩坑等缺陷应修磨匀顺。材料切割后，自由边缘必须进行打磨。所有构件自由端必须倒角。当达不到上述要求时应用砂轮打磨，必要时进行堆焊补修后，再用砂轮打磨平整，以保证切割断面的质量。切割面的精度应满足表 2-3 的要求。

（4）制孔

高强度螺栓孔应采用钻孔，在 NC 钻床和摇臂钻床上进行。对于密集型的群孔宜采用模板进行套钻，以确保穿孔率。划线钻孔时，使用划针划出基准线和钻孔线，螺栓孔的孔心和孔周敲上五点梅花冲印，便于钻孔和检验。

切割面的精度要求

表 2-3

项目	图例	允许偏差
切割断面粗糙度		坡口面 $\leqslant 100\mu m$ 自由边 $\leqslant 50\mu m$
切割断面的局部割痕 d		坡口面 $d \leqslant 1.0mm$ 自由边 $d \leqslant 0.5mm$
切割断面的垂直度 e		$e \leqslant 0.05t$ 且 $\leqslant 2.0mm$

钻出的孔应为圆柱状，并垂直于钢材的平面，钻孔孔径偏差 $0 \sim +0.8mm$，垂直度偏差 $\leqslant 0.05t$，且 $< 2mm$。孔的边缘应光滑无毛刺。长槽孔可采用两个圆心钻孔，用火焰切割成直线部分，并打磨平整。制孔的精度要求见表 2-4，螺栓孔孔距的允许偏差要求见表 2-5。

螺栓孔径允许偏差

表 2-4

A、B 级螺栓			C 级螺栓		
螺栓公称直径、螺栓孔直径（mm）	螺栓公称直径允许偏差（mm）	螺栓孔直径允许偏差（mm）	直径允许偏差（mm）	圆度允许偏差（mm）	垂直度允许偏差
10～18	0.00～0.18	＋0.18～0.00			
18～30	0.00～0.21	＋0.21～0.00	＋1.0～0.0	2.0	0.03t，且 $\leqslant 2.0mm$
30～50	0.00～0.25	＋0.25～0.00			

螺栓孔孔距允许偏差

表 2-5

螺栓孔孔距范围（mm）	$\leqslant 500$	501～1200	1201～3000	＞3000
同一组内任意两孔间距离（mm）	±1.0	±1.5	—	—
相邻两组的端孔间距离（mm）	±1.5	±2.0	±2.5	±3.0

注：1. 在节点中连接板与一根杆件相连的所有螺栓孔为一组；
　　2. 对接接头在拼接板一侧的螺栓孔为一组；
　　3. 在两相邻节点或接头间的螺栓孔为一组，但不包含以上两条所规定的螺栓孔；
　　4. 受弯构件翼缘上连接螺栓孔，每米长度范围内的螺栓孔为一组。

（5）H 形构件厚翼缘板焊接反变形

对翼缘板厚度比较厚的焊接 H 形钢梁，焊接后上下翼缘板会产生较大的角变形，其相对于厚板的角变形，不易校正，为减少校正工作量，故在 H 型钢拼装前将上下翼缘板先预设反变形，反变形量根据实际焊接变形情况定，反变形设置方法如图 2-6、图 2-7 所示。

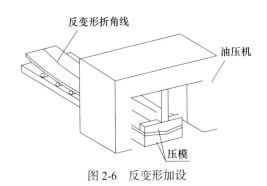

图 2-6　反变形加设   图 2-7　反变形加工

2.1.3　典型焊接 H 形钢梁加工制作

H 形钢梁主要与主体结构连接两端采用高强度螺栓连接的方式，在加工过程中螺栓孔位置的确定，次结构连接板位置的定位等是加工过程中应该注意的问题。同时 H 型钢自身装焊过程中应注重结构的焊接变形。典型焊接 H 形钢梁加工制造工艺流程如图 2-8 所示。

图 2-8　典型焊接 H 形钢梁加工制造工艺流程

1. 焊接 H 形钢梁组装流程

典型焊接 H 形梁构件钢梁在计算机排板后，开始下料组装焊接，在冲砂除锈涂装运输前主要工序如图 2-9 所示。

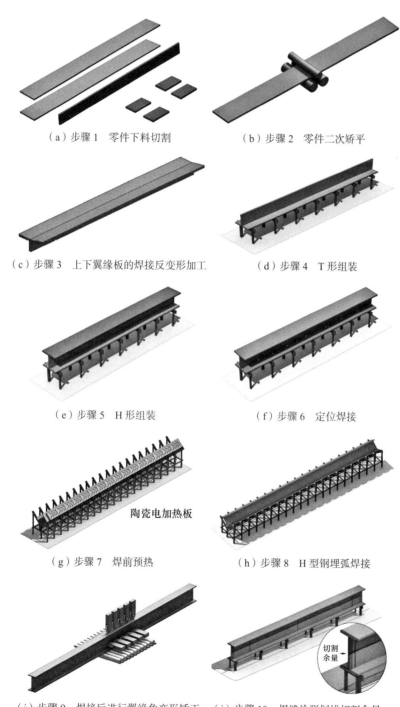

（a）步骤 1　零件下料切割　　　　　（b）步骤 2　零件二次矫平

（c）步骤 3　上下翼缘板的焊接反变形加工　　　（d）步骤 4　T 形组装

（e）步骤 5　H 形组装　　　　　　（f）步骤 6　定位焊接

陶瓷电加热板

（g）步骤 7　焊前预热　　　　　　（h）步骤 8　H 型钢埋弧焊接

切割余量

（i）步骤 9　焊接后进行翼缘角变形矫正　（j）步骤 10　焊缝检测划线切割余量

图 2-9　焊接 H 形钢梁组装工艺流程（一）

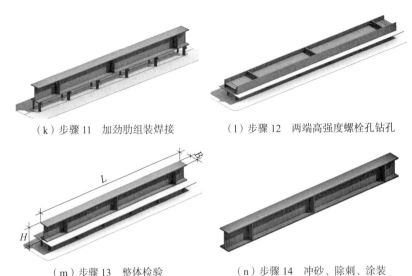

（k）步骤11　加劲肋组装焊接　　　　　　（l）步骤12　两端高强度螺栓孔钻孔

（m）步骤13　整体检验　　　　　　（n）步骤14　冲砂、除刺、涂装

图 2-9　焊接 H 形钢梁组装工艺流程（二）

2. 焊接 H 形梁组装焊接技术措施

（1）下料工艺

下料前，下料人员应熟悉下料图所注的各种符号及标记等要求，核对材料牌号及规格、炉批号。当供料或有关部门未作出材料配割（排料）计划时，下料人员应作出材料切割计划，合理排料，节约钢材。下料工作应严格按照施工放样图及工艺文件执行。遇有材料弯曲或不平值超差影响号料质量者，须经矫正后号料，并根据锯、割等不同切割要求和对刨、铣加工的零件，预放不同的切割及加工余量和焊接收缩量。下料精度要求见表 2-6。

下料精度控制要求　　　　　　　　　　　　表 2-6

样板样件允许偏差					下料允许偏差	
平行线距离和分段尺寸	样板长度、宽度	样板对角线差	样板角度	样杆长度	零件外形尺寸	孔距
±0.5mm	±0.5mm	1.0mm	±20′	±1.0mm	±1.0mm	±0.5mm

（2）零件切割

根据工程结构要求，构件的切割应首先采用数控、等离子、自动或半自动气割，以保证切割精度。切割前必须检查核对材料规格、牌号是否符合图纸要求。H 型钢翼缘板的切割宜采用精密数控切割机进行切割，切口截面不得有撕裂、裂纹、棱边、夹渣、分层等缺陷和大于 1mm 的缺棱并应去除毛刺。切割后采用打磨机对切割面进行打磨，划出反变形压制位置线。腹板的下料切割和坡口开制精度是 H 型钢组装质量的保证，由于腹板与翼缘板之间的焊缝为全熔透焊缝，为防止由于组装间隙过大而造成的焊接收缩变形，腹板切割下料后采用刨边机对腹板两侧进行刨边加工，保证腹板的宽度和直线度，然后再进行坡口开制，从而可使其与翼缘板组装时保证紧贴，提高组装精度和保证焊接质量。切割精度要求见表2-7。

切割精度控制要求 表2-7

气割允许偏差				机械剪切允许偏差	
零件宽度、长度	切割面平面度	割纹深度	局部缺口深度	零件宽度、长度	边缘缺棱
±3.0mm	0.05t，且不应大于2.0mm	0.3mm	1.0mm	±3.0mm	1.0mm

（3）坡口切割

坡口加工前首先需按照设计要求结合相关规范的规定，对坡口的开设角度、留根尺寸等编制严格的工艺文件，防止坡口开设过大或过小影响焊接质量或增大焊接变形。一般厚板（$t = 30\sim60$mm）H型钢坡口开设原则如图2-10所示。

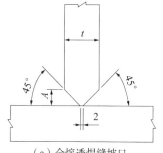
（a）全熔透焊缝坡口

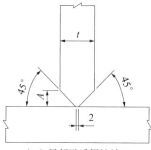
（b）局部融透焊缝坡口

（c）厚板坡口切割展示

图2-10 H型钢坡口开设

（4）翼缘板反变形加工

典型焊接H形梁构件在组装过程中，翼缘板的反变形设置是H型钢加工的关键，反变形量过大和过小，都将会造成大量的矫正工作，反变形量必须根据实际的焊接方法、在焊接顺序控制中得到，作为反变形的设置依据。零件切割完成并对钢板进行二次矫平后，可在油压机上进行翼缘反变形的加工。反变形加工采用大型油压机和专用成型压模将翼缘板压制成型，使翼缘板经过焊接后达到正好抵消变形的目的，减少矫正工作量，在反变形压制成型过程中，应根据焊接试验的焊接变形角度制作加工成型检测样板（图2-11）。

（5）H型钢组装

H形杆件的翼板和腹板下料后应标出翼缘板宽度中心线和与腹板组装的定位线，并以此为基准进行H形杆件的拼装。H形杆件组装宜在H型钢自动组装生产线上进行自动组装，构件组装时应确认零件厚度和外形尺寸已经检验合格，已无切割毛刺和缺口，并应在零件编号、方向和尺寸核对无误后才可进行组装。构件在组装时必须清除被焊部位及坡口两侧50mm的黄锈、熔渣、油漆和水分等；并应使用磨光机将待焊部位打磨至呈现金属光泽。检查指标为待焊部位的清理质量标准。构件组装间隙应符合设计及工艺文件的要求，当设计和工艺文件无规定时，组装间隙应 $\leqslant$ 2.0mm。

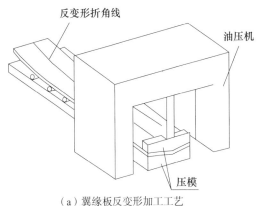 

（a）翼缘板反变形加工工艺　　　　　　　　　（b）翼缘板反变形加工过程

图 2-11　翼缘板反变形加工成形控制

为防止在焊接时产生过大的角变形，拼装时可适当用斜撑进行加强处理，斜撑间隔根据 H 形杆件的腹板厚度进行设置，定位焊接采用间断焊接，并按工艺要求进行定位。厚板 H 型钢必须在接头两端设置引弧和引出板，其坡口形式应与被焊焊缝相近，焊缝引出长度应＞ 60mm，引弧板和引出板的宽度应＞ 100mm，引弧板和引出板的长度应＞ 150mm，厚度 $\geqslant$ 10mm（图 2-12～图 2-16）。

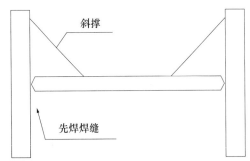 

图 2-12　H 形构件组装定位焊　　　　　　图 2-13　H 形构件组装

图 2-14　H 形构件组装工装措施　　　　图 2-15　引弧板与熄弧板设置

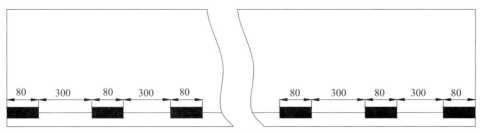

图 2-16　定位焊尺寸示意图

（6）H 型钢焊接

H 形构件焊接宜采用专用龙门埋弧自动焊焊机焊接，在焊接过程中应控制加热温度和层间温度，应随时用测温仪进行测量，并且在焊接过程中随时观测焊接变形方向，通过调整焊接顺序来控制焊接变形。焊接时采用先焊大坡口后焊小坡口面的顺序，由于钢板厚度较厚，在焊接过程中应使焊接尽量对称，通过不断地翻身焊接来控制焊接变形，并且在焊接过程中随时观测焊接变形方向，通过调整焊接顺序来控制焊接变形。

H 型钢的四条主角焊缝的焊接在专用 H 型钢生产线上进行，采用龙门式自动埋弧焊机在船形焊接位置进行焊接，焊接 H 形钢梁拼装定位焊所采用的焊接材料须与正式焊缝的要求相同，定位焊预热时可采用氧乙炔进行局部烘烤加热，预热时要求在上下两端同时对称进行加热，预热温度根据焊接工艺要求确定，并随时用测温仪笔检测加热温度，焊接时采用先焊大坡口后焊小坡口面的顺序。厚板焊接前先用气体保护焊进行打底，打底时从中部向两边采用分段退焊法进行焊接，至少打 2～3 遍底（图 2-17～图 2-20）。

构件焊后完全冷却后进行焊缝的超声波检测，然后将 H 型钢放入专用的 H 型钢矫正机上进行矫正（图 2-21、图 2-22）。

图 2-17　H 形构件专用龙门埋弧自动焊设备

图 2-18　H 形构件焊前预热

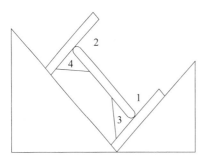

图 2-19 H形构件焊接顺序

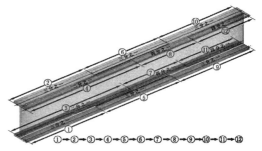

图 2-20 H形构件焊接顺序说明

图 2-21 构件完全冷却后探伤

图 2-22 H型钢矫正机

（7）钢梁预拱度加工与切割余量控制

根据设计文件及相关国家规范的规定，跨度较大的钢梁必须在工厂制作预拱度。对面板厚度 < 30mm、腹板厚度 < 25mm 且截面高度 < 700mm 的焊接 H 形钢梁，放样、下料时可按平直钢梁进行加工，待 H 型钢成型后进行预拱度的加工；当面板板厚 ≥ 30mm 或腹板厚度 ≥ 25mm 或截面高度 ≥ 700mm 时，钢梁腹板需采用数控排板、切割将其拱度制作出来（图 2-23）。

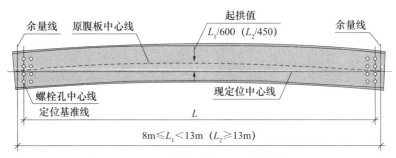

图 2-23 H形钢梁预起拱及余量切割示意图

钢梁起拱可采用冷加工方法或火焰加热方式进行。采用冷加工工艺进行起拱时，采用油压机配以专用的工装设备进行，加工时将 H 型钢吊上专用加工平台徐徐进行压制，压制过程中用专用样板进行测量，最终达到所要求的拱度。采用火焰加热起拱时，将 H 型钢的两端自然平放在支架上，而后采用烘枪对 H 型钢的面、腹板进行火焰加热，加热时根据经验选定几个加热部位，而后对各个部位采用三角形加热法进行集中加热，加热温度控制在 800～900℃，但不得超过 900℃，同一部位加热不得超过两次，加工过程中采用样板或拉线测量的方法观测其拱度，直至符合要求。起拱允许偏差为起拱值的 0～10%，且不应大于 10mm。

H 型钢预拱度加工完成后，放在水平胎架上，以一端为正作端，在腹板上划出加劲肋和连接板的安装位置线，同时划出腹板两端高强度螺栓孔的定位中心线和另一端的余量切割线，然后切割端部的余量。

（8）加劲肋组装与焊接

加劲肋和次梁的连接板划线时，应考虑加放适当的焊接收缩余量，余量根据加劲肋的数量确定，以防止加劲肋和连接板焊接后产生纵向收缩变形。以腹板上划出的肋板安装位置线安装加劲肋和连接板，连接板安装前应先占孔，焊接时采用二氧化碳气体保护焊进行对称焊接，焊后进行局部矫正。

加劲肋的焊接应注意焊接顺序和控制焊接变形，焊接后应进行检测，超差必须进行矫正。加劲肋和连接板的组装必须控制相对位置，同时控制焊接时的局部焊接变形（图 2-24、图 2-25）。

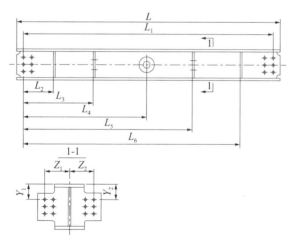

图 2-24　H 形构件加劲板精度检测项目

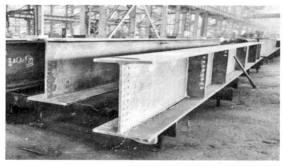

图 2-25　H 形构件加劲板组装实景图

（9）制孔与涂装

H形构件宜采用数控钻床钻孔，优先采用三维数控钻床制孔，对截面超大的杆件，宜采用数控龙门钻床进行钻孔。钻孔后，应去除孔边的毛刺以及有特殊要求时应对螺孔进行倒角处理。对于不规则或截面太大无法采用数控机床钻孔时，应采用整体套模进行配钻，以保证高强度螺栓孔群的精度。钻孔精度要求见表2-8。加工好的H形钢梁经检测合格后，送入冲砂间进行冲砂除锈，对于截面较小的H形钢梁采用H型钢专用冲砂流水线进行冲砂除锈，冲砂后送入涂装车间进行涂装并检测（图2-26、图2-27）。

钻孔精度要求 表 2-8

A、B级螺栓孔径允许偏差		C级螺栓孔径允许偏差		
螺栓直径（mm）	螺栓孔直径允许偏差（mm）	直径允许偏差（mm）	圆度允许偏差（mm）	垂直度允许偏差
10～18	+0.18～0.00	+1.0～0.0	2.0	0.03t，且不应大于2.0mm
18～30	+0.21～0.00			
30～50	+0.25～0.00			

图 2-26 构件制孔

图 2-27 构件冲砂

2.1.4 热轧H形钢梁加工制作工艺

热轧H形构件加工流水线测量精度必须与校验过的尺寸相一致，应对H型钢进行外观检查，图纸上有起拱要求时应按设计要求进行起拱。梁端部高强度螺栓连接区采用喷丸方法进行摩擦面处理，梁上表面、摩擦面和坡口不进行涂装。加工制作工艺流程如图2-28所示。

构件应在H型钢加工流水线上进行切割、钻孔和锁口以及通孔，H形钢梁端部宜采用半自动切割的方法开坡口，并对表面不良处进行打磨。对于中部有连接件或支撑的H形钢梁，以加工好的加工面为基准，划线并装焊连接件或支撑。基准选择时，高度方向以梁的上表面为基准，长度方向及宽度方向均以长度方向中心线为基准。

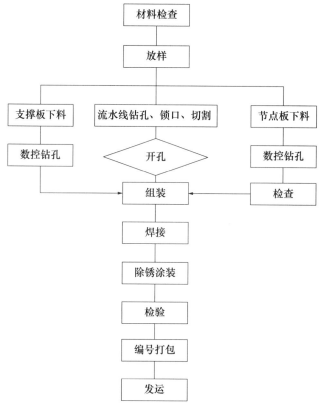

图 2-28　热轧 H 形构件制作流程

梁上两端钻孔应平行并且与水平线垂直，应以眼孔中心线为基准进行划线钻孔，不得以柱（梁）的边线为基准划线钻孔，轧制 H 形钢梁划线钻孔工艺如图 2-29 所示。

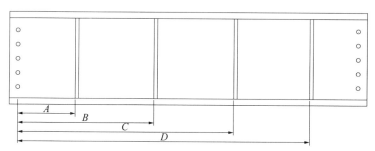

图 2-29　轧制 H 形钢梁划线钻孔示意图

2.1.5　箱形钢柱构件加工制作工艺

装配式钢结构建筑钢柱常采用箱形截面，考虑到现场安装方便，钢柱制作时提前将钢梁牛腿与柱单元在工厂中制作在一起，现场通过螺栓连接或焊接方式与水平钢梁或斜撑连接。典型焊接箱形钢柱构件的加工制造工艺流程如图 2-30 所示。

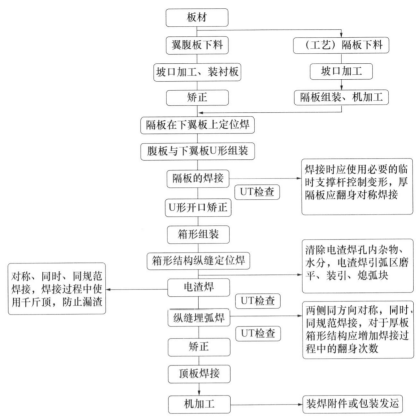

图 2-30　典型焊接箱形钢柱加工制造工艺流程

1. 焊接箱形钢柱组装流程

典型焊接箱形柱构件在计算机排板后，开始下料组装焊接，在冲砂除锈涂装运输前主要工序如图 2-31 所示。

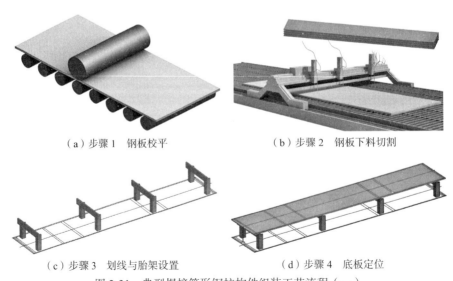

（a）步骤 1　钢板校平　　　　　　　　　（b）步骤 2　钢板下料切割

（c）步骤 3　划线与胎架设置　　　　　　（d）步骤 4　底板定位

图 2-31　典型焊接箱形钢柱构件组装工艺流程（一）

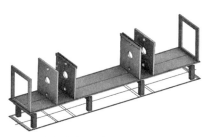

（e）步骤 5　加劲板定位焊接

（f）步骤 6　腹板定位焊接

（g）步骤 7　横隔板定位焊接

（h）步骤 8　H 盖板定位焊接

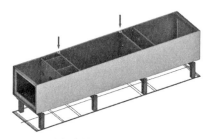

（i）步骤 9　电渣焊焊接

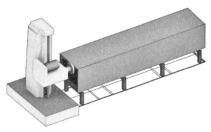

（j）步骤 10　端面端铣

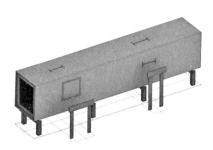

（k）步骤 11　牛腿定位

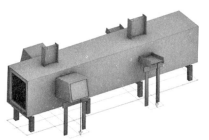

（l）步骤 12　牛腿定位焊接

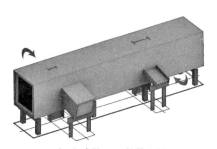

（m）步骤 13　箱体翻转

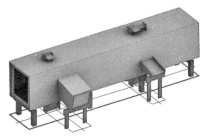

（n）步骤 14　牛腿定位焊接

图 2-31　典型焊接箱形钢柱构件组装工艺流程（二）

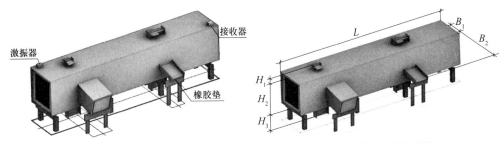

（o）步骤15　箱体消应力处理　　　　　　　（p）步骤16　整体检测

图 2-31　典型焊接箱形钢柱构件组装工艺流程（三）

2. 焊接箱形柱组装焊接技术措施

（1）下料切割

下料前，下料人员应熟悉下料图所注的各种符号及标记等要求，核对材料牌号及规格、炉批号。构件的切割应首先采用数控切割、等离子切割、自动或半自动气割，以保证切割精度。一般规则零件宜采用数控直条切割机，非规则零件采用数控等离子切割机精密下料，并预留焊接收缩量和加工余量，切口截面不得有撕裂、裂纹、棱边、夹渣、分层等缺陷和大于 1mm 的缺棱并应去除毛刺。切割后采用打磨机对切割面进行打磨，去除割渣、毛刺等物，对割痕超过标准的进行填补、打磨。

对内隔板的非电渣焊侧应按工艺要求进行坡口加工，加工的质量应符合相关切割工艺标准的规定，坡口形式应符合气体保护焊施工条件，具体坡口要求如图 2-32 所示。

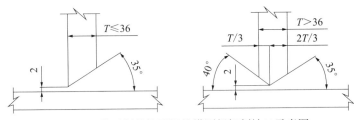

图 2-32　典型焊接箱形钢柱横隔板切割坡口示意图

（2）内隔板组装焊接

拼装内隔板时，应以下翼板顶端基准线作为基准，在下翼板及两块腹板的内侧划出隔板、顶板等装配用线，位置线应延伸至板厚方向。为保证电渣焊的焊接质量，先对隔板电渣焊接的夹板进行机加工（图 2-33），然后在专用隔板组装平台和工装夹具上进行横隔板的组装和定位焊接，焊后测量矫正。

（3）衬板组装焊接

在箱形柱的腹板上装配焊接衬板，进行定位焊并焊接，对腹板条料应执行先中心划线，然后坡口加工，再进行垫板安装的制作流程，在进行垫板安装时，先以中心线为基准安装一侧垫板，然后再以安装好的垫板为基准安装另一侧垫板，应严格控制两垫板外缘之间的距离。定位焊缝采取气体保护焊断续进行焊接，焊缝长度60mm（图2-34）。

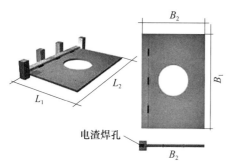

图2-33 内隔板焊接电渣焊工艺图

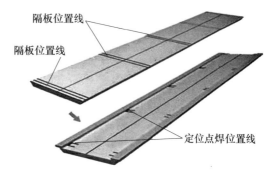

图2-34 箱形钢柱衬板安装工艺

（4）箱体 U 形组装

将在 BOX 组装机上组装好的 U 形箱体吊至焊接平台上，进行横隔板、工艺隔板与腹板和下翼缘板间的焊接（图2-35），对工艺隔板只需进行三面角焊缝围焊即可，横隔板焊接应进行清根处理，并进行 100%UT 探伤检查。在箱体两端面处采用经机加工的工艺隔板对箱体端面进行精确定位，以控制端口的截面尺寸，工艺隔板设置如图2-36所示。

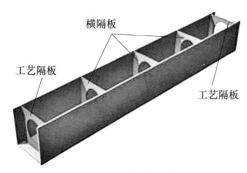

图2-35 U形箱体组焊工艺措施

图2-36 U形箱体焊接

（5）箱体盖板

箱体盖板的组装也采用专用箱形 BOX 组装流水线，通过流水线上的液压油泵对箱体盖板施压，使盖板与箱体腹板及箱体内的横隔板、工艺隔板相互紧贴，特别是箱体底板与横隔板要求顶紧处，组装效果会更好，箱体盖板工艺措施及制作实景如图2-37、图2-38所示。

（6）箱体纵缝焊接

将组装好的箱体转入箱体打底焊接流水线，进行箱体纵缝自动对称打底焊接，打底高度不大于焊缝坡口高度的 1/3，然后用双弧双丝埋弧焊盖面焊接，采用对称施焊法和约束施焊法等控制焊接变形和扭转变形，焊后局部矫正，最后焊缝探伤（图2-39、图2-40）。

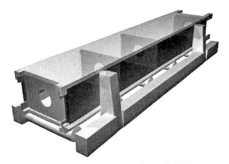

图2-37 箱体盖板组装工艺措施

图2-38 箱体盖板组装

图2-39 箱体纵缝焊接

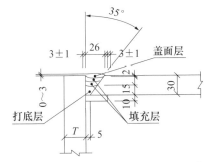

图2-40 箱体纵缝埋弧焊焊接工艺要求

（7）电渣焊孔钻孔和焊接

电渣焊接前，根据板上的位置线将横隔板的位置线划出来，并划出对合位置线，作为端铣时的对合标记，然后根据电渣焊的位置，箱体进行钻孔，钻孔后采用专用电渣焊机流水线进行电渣焊接（图2-41～图2-44）。

（8）箱体两端端铣加工

采用端面铣床对箱体两端端面进行机加工（图2-45、图2-46），使箱体端面与箱体中心线垂直，可有效地保证箱体的几何长度尺寸，从而提供钻孔基准面，有效地保证钻孔精度。端铣精度控制要求见表2-9。

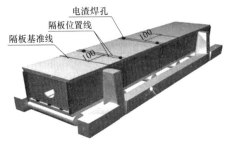

图2-41 箱形柱电渣焊钻孔工艺

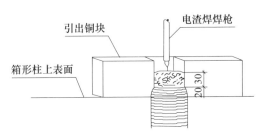

图2-42 箱形柱电渣焊焊接工艺

图 2-43　箱形柱电渣焊钻孔

图 2-44　箱形柱电渣焊焊接

图 2-45　箱形柱端面铣床端铣

图 2-46　箱形柱端面端铣后

端铣精度控制要求　　　　　　　　　　　　　　　表 2-9

项目	两端铣平时构件外形尺寸	铣平面度	铣平面对轴线垂直度
允许偏差	±2.0mm	0.3mm	$L/1500$

（9）牛腿组焊

箱体端铣完成后，将箱体置于水平胎架上进行定位，确定箱体四角水平度，根据箱体内隔板的位置，以箱体下端面为基准，划出箱体的中心线以及连接牛腿的组装位置、栓钉布置线等，并提交检查员验收，确认无误后组装牛腿节点，牛腿节点应先进行组装焊接，牛腿节点的定位严格按平台上的底线结合箱体上划出的安装线进行组装，组装后进行检查。

箱体上的牛腿组装后，即进行牛腿的焊接，焊接采用二氧化碳气体保护焊，焊接应尽量采用对称焊接，采用正确的焊接顺序和焊接方法控制节点的焊接变形，对焊接进行探伤检测，然后与胎架重新定位，检测牛腿焊接后的相对尺寸，超差处采用火工矫正（图 2-47、图 2-48）。

图 2-47　箱形柱牛腿组装　　　　　图 2-48　箱形柱牛腿焊接

2.1.6　常用钢结构加工机械设备

建筑钢结构工程中部分常用加工机械见表 2-10～表 2-12。

钢材预处理及切割设备一览表　　　　　　　　　　表 2-10

设备图片		
设备名称及规格型号	钢板预处理流水线 XQ6940	型钢抛丸除锈机 ZJ072
功能说明	主要用于钢板的前期预处理，生产能力 200t/d	主要用于各类型钢的预处理除锈，生产能力 150t/d
设备图片		
设备名称及规格型号	数控精细等离子割机 OMNIMAT-6500	数控直条气割机 GS/2-4000BA
功能说明	适用于中厚板冬季低温切割，可防止火焰切割的冷热温差造成钢板旁弯变形，生产能力 100t/d	适用于中厚板的数控精密下料切割，生产能力 250t/d
设备图片		

设备名称及规格型号	数控等离子气割机 OMNIMAT-LK-6500	坡口切割机 GS-150
功能说明	主要用于中板的数控切割及异形板件的数控切割，生产能力 200t/d	适用于各类板件的半自动坡口开制，生产能力 80t/d
设备图片		
设备名称及规格型号	数控锯床流水线 BS50/24-1NC	数控圆盘锯 LC960
功能说明	适用于H型钢的数控下料，生产能力 60t /d	适用于型钢切割
设备图片		
设备名称及规格型号	数控锁口机 ABCM-1250/3	铣边机 XBJ-16
功能说明	用于尺孔切割	用于厚板坡口铣边加工
设备图片		
设备名称及规格型号	液压剪板机 QC12Y/16X3200	滚剪倒角机 GD-20
功能说明	用于衬垫板切割	用于薄板坡口加工

钢材矫平及油压设备一览表　　　　　　　　表 2-11

设备图片		
设备名称及规格型号	400t 液压机 YA28-400t	800t 液压机 YA28-800t
功能说明	用于 H 型钢翼板反变形压制	用于 H 型钢翼板反变形压制

设备图片		
设备名称及规格型号	1500t 液压机 GZ-15MN	2000t 液压机 GZ-20MN
功能说明	主要用于宽厚板平整度压制、矫正，节点板、牛腿造型压制	主要用于宽厚板平整度压制、矫正，节点板、牛腿造型压制
设备图片		
设备名称及规格型号	钢板矫平机 W43-70×1000	钢板矫平机 W43-70×1500
功能说明	用于中厚板平面矫正，平面度控制在 $1mm/m^2$ 以内	用于中厚板平面矫正，平面度控制在 $1mm/m^2$ 以内

H 形、箱形构件组拼及焊接设备一览表　　　　　　表 2-12

设备图片		
设备名称及规格型号	H 型钢自动组立机 HDC-2500	H 型钢重型自动拼装机 ZJL-20
功能说明	用于自动组装≤H2500×600×40×60 的 H 型钢，生产能力 50t/d	用于自动组装≤H2500×800×60×80 的 H 型钢，生产能力 60t/d
设备图片		
设备名称及规格型号	H 型钢重型自动拼装机 ZL5-20	重型 H 型钢翼缘矫正机 YTJ-60B
功能说明	用于自动组装≤H4000×1000×60×100 的 H 型钢，生产能力 150t/d	用于 H 型钢焊后变形矫正

设备图片		
设备名称及规格型号	重型 H 型钢翼缘矫正机 YTJ-80B	U 形组立机 1600×1600×16000
功能说明	用于 H 型钢焊后变形矫正	用于 U 形组装，生产能力 50t/d
设备图片		
设备名称及规格型号	箱形柱拼装流水线 FABARCE9W-2	双弧双丝二氧化碳气体保护焊门式焊接机 FABARC GCW3000
功能说明	用于箱形柱生产流水作业线，生产能力 60t/d	用于打底焊接
设备图片		
设备名称及规格型号	林肯埋弧焊机 AC1200/DC1000	门型自动埋弧焊接生产线 LHA
功能说明	用于拼板对接	用于 H 型钢焊接
设备图片		
设备名称及规格型号	三弧三丝埋弧焊机 GSW3000BT	H 型钢焊接生产线 MZG-2×40000
功能说明	用于厚板焊接	用于 H 型钢焊接，生产能力 80t/d
设备图片		
设备名称及规格型号	箱形柱焊接生产线 BO300/DC300000	箱形柱焊接生产线 YM600KH
功能说明	用于箱形柱焊缝打底焊接，生产能力 150t/d	用于箱形柱多道焊缝焊接，生产能力 50t/d

设备图片		
设备名称及规格型号	门型双边三弧箱形柱埋弧焊机 FABARC-BA1500	交直流两用多头焊机 ZX1-3×500/400
功能说明	用于箱形柱多道焊缝焊接，生产能力60t/d	用于重要横向焊缝焊接
设备图片		
设备名称及规格型号	自动焊接操作架 LHW3570	二氧化碳气体保护焊机 CPCX-500
功能说明	用于狭小箱体内部焊缝的焊接	用于牛腿、内隔板焊接，结构全位置焊接
设备图片		
设备名称及规格型号	端面铣床 GJLZ-6000×5000	龙门移动式数控钻床 PD16
功能说明	用于箱形柱、H形柱、十字形柱等各类型钢柱的端面铣平加工，最大行走尺寸6500mm×5000mm	用于高强度螺栓孔群连接板钻孔
设备图片		
设备名称及规格型号	远红外电加热板 200×400	数控龙门镗铣床 XKAD2415×40
功能说明	用于厚板焊前加热	用于连接板、铰节点板加工

设备图片		
设备名称及规格型号	大型门式数控三维钻生产线 BD200/3	双工作台数控龙门钻床 PD30 型
功能说明	用于箱形和 H 形柱、钢梁等整体钻孔，工件最大长度 16m，最大工件截面尺寸 2000mm×2500mm（宽 × 高）	用于各种连接板钻孔
设备图片		
设备名称及规格型号	数控三维钻 BDL-1250/3	数控三维钻 TDK1000/9
功能说明	用于高强度螺栓孔群钻孔	用于高强度螺栓孔群钻孔
设备图片		
设备名称及规格型号	摇臂钻 Z3050×16	磁钻 AO-3000
功能说明	用于辅助钻孔	用于辅助钻孔
设备图片		
设备名称及规格型号	铣床 XA6140A	磨床 MA7130/H
功能说明	用于内隔板、电渣焊隔板加工	用于试件加工

设备图片		
设备名称及规格型号	车床 6163	空压机 L22/7-X
功能说明	用于部件加工	用于冲砂
设备图片		
设备名称及规格型号	螺杆式空气压缩机 BLT150A-19.8/8	空压机 V3/8-1
功能说明	用于冲砂	用于冲砂
设备图片		
设备名称及规格型号	钢丸除锈机 Q1218、Q2025-12	150t/50t 桥式行车 QD125t/50t×25.5
功能说明	用于箱形柱、H 形柱、梁除锈	用丁超大型构件生产
设备图片		
设备名称及规格型号	150t/50t 门式行车 MG125t/50t×25.5	10t 桥式行车 QD10/5t×19.5m
功能说明	用于超大型构件的存放	用于装焊车间

设备图片		
设备名称及规格型号	50t/20t 桥式行车 QD50t/20t×25.5	50t/20t 门式行车 MG50t/20t×30
功能说明	用于装焊车间	用于预拼装平台
设备图片		
设备名称及规格型号	80t/32t 门式行车 MG80t/32t×25	32t/16t 桥式行车 QD32t/16t×25.5
功能说明	用于预拼装平台	用于装焊车间
设备图片		
设备名称及规格型号	20t/10t 桥式行车 QD20t/10t×25.5	32t/16t 门式行车 MG32t/16t×25
功能说明	用于装焊车间	用于预拼装平台
设备图片		
设备名称及规格型号	20t/10t 门式行车 MG20t/10t×25	20t 磁吊 MGC20-30
功能说明	用于预拼装平台	用于钢板库、切割车间

2.2　主体结构材料验收与检验

钢结构用主要材料、零（部）件、成品件、标准件等产品应进行进场验收。进场验收的检验批划分原则上宜与各分项工程检验批一致，也可根据工程规模及进料实际情况划分检验批。钢结构工程所用的材料应符合设计文件和现行国家标准《钢结构工程施工质量验收标准》GB 50205 的规定，应具有质量合格证明文件，并应经进场检验合格后使用。

2.2.1　钢板

钢板的品种、规格、性能应符合国家标准的规定并满足设计要求。钢板进场时，应按国家标准的规定抽取试件且应进行屈服强度、抗拉强度、伸长率和厚度偏差检验，检验结果应符合国家标准的规定。

钢材质量合格验收：全数检查钢材的质量合格证明文件、中文标志及检验报告等，钢材的品种、规格、性能等应符合国家标准的规定并满足设计要求。

对属于下列情况之一的钢材，应进行抽样复验，其复验结果应符合国家产品标准的规定并满足设计要求：

1. 结构安全等级为一级的重要建筑主体结构用钢材；

2. 结构安全等级为二级的一般建筑，当其结构跨度大于 60m 或高度大于 100m 时或承受动力荷载需要验算疲劳的主体结构用钢材；

3. 板厚不小于 40mm，且设计有厚度方向性能要求的厚板；

4. 强度等级大于或等于 420MPa 的高强度钢材；

5. 进口钢材、混批钢材或质量证明文件不齐全的钢材；

6. 设计文件或合同文件要求复验的钢材。

钢材复验检验批量标准值是根据同批钢材量确定的，同批钢材应由同一牌号、同一质量等级、同一规格、同一交货条件的钢材组成（表 2-13）。

钢材复验检验批量标准值　　　　　　　　　　　　表 2-13

同批钢材量（t）	检验批量标准值（t）
≤500	180
501～900	240
901～1500	300
1501～3000	360
3001～5400	420
5401～9000	500
>9000	600

注：同一规格可参照板厚度分组，分别为≤16mm；>16mm，≤40mm；>40mm，≤63mm；>63mm，≤80mm；>80mm，≤100mm；>100mm。

根据建筑结构的重要性及钢材品种不同，对检验批量标准值进行修正，检验批量值取 10 的整数倍。修正系数可按表 2-14 采用。

项目	修正系数
1. 建筑结构安全等级一级，且设计使用年限 100 年的重要建筑用钢材； 2. 强度等级大于或等于 420MPa 的高强度钢材	0.85
获得认证且连续首三批均检验合格的钢材产品	2.00
其他情况	1.00

钢材复验检验批量修正系数　　　　　表 2-14

注：修正系数为 2.00 的钢材产品，当检验出现不合格时，应按照修正系数 1.00 重新确定检验批量。

钢材的复验项目应满足设计文件的要求，当设计文件无要求时可按表 2-15 执行。

每个检验批复验项目及取样数量　　　　　表 2-15

序号	复验项目	取样数量	适用标准	备注
1	屈服强度、抗拉强度、伸长率	1	《钢及钢产品 力学性能试验取样位置及试样制备》GB/T 2975，《金属材料 拉伸试验 第 1 部分：室温试验方法》GB/T 228.1	承重结构采用的钢材
2	冷弯性能	3	《金属材料 弯曲试验方法》GB/T 232	焊接承重结构和弯曲成形构件采用的钢材
3	冲击韧性	3	《钢及钢产品 力学性能试验取样位置及试样制备》GB/T 2975，《金属材料 夏比摆锤冲击试验方法》GB/T 229	需要验算疲劳的承重结构采用的钢材
4	厚度方向断面收缩率	3	《厚度方向性能钢板》GB/T 5313	焊接承重结构采用的 Z 向钢
5	化学成分	1	《预应力混凝土用螺纹钢筋》GB/T 20065、《钢铁及合金化学分析方法》GB/T 223 系列标准、《碳素钢和中低合金钢 多元素含量的测定 火花放电原子发射光谱法（常规法）》GB/T 4336、《低合金钢多元素的测定 电感耦合等离子体发射光谱法》GB/T 20125	焊接结构采用的钢材保证项目：P、S、C（CEV）。非焊接结构采用的钢材保证项目：P、S
6	其他		由设计方提出要求	

钢板厚度及其允许偏差应满足其产品标准和设计文件的要求。每批同一品种、规格的钢板抽检 10%，且不应少于 3 张，每张检测 3 处。

钢板的平整度应满足其产品标准的要求。每批同一品种、规格的钢板抽检 10%，且不应少于 3 张，每张检测 3 处。钢板的表面外观质量除应符合国家标准的规定外，尚应符合下列规定：

1. 当钢板的表面有锈蚀、麻点或划痕等缺陷时，其深度不得大于该钢材厚度允许负偏差值的 1/2，且≤ 0.5mm；

2. 钢板表面的锈蚀等级应符合现行国家标准《涂覆涂料前钢材表面处理　表面清洁度的目视评定　第 1 部分：未涂覆过的钢材表面和全面清除原有涂层后的钢材表面的锈蚀等级和处理等级》GB/T 8923.1 规定的 C 级及 C 级以上等级；

3. 钢板端边或断口处不应有分层、夹渣等缺陷。

2.2.2　型材、管材

型材和管材的品种、规格、性能应符合国家标准的规定并满足设计要求。型材和管材进场时，应按国家标准的规定抽取试件且应进行屈服强度、抗拉强度、伸长率和厚度偏差检验，检验结果应符合国家标准的规定。质量证明文件全数检查；抽样数量按进场批次和产品的抽样检验方案确定。

型材、管材应按规定进行抽样复验，其复验结果应符合国家标准的规定并满足设计要求。型材、管材截面尺寸、厚度及允许偏差应满足其产品标准的要求。每批同一品种、规格的型材或管材抽检 10%，且不应少于 3 根，每根检测 3 处。

型材、管材外形尺寸允许偏差应满足其产品标准的要求。每批同一品种、规格的型材或管材抽检 10%，且不应少于 3 根。型材、管材的表面外观质量除应符合国家标准的规定外，尚应符合下列规定：

1. 当型材、管材的表面有锈蚀、麻点或划痕等缺陷时，其深度不得大于该型材、管材厚度允许负偏差值的 1/2，且不应大于 0.5mm；

2. 型材、管材表面的锈蚀等级应符合现行国家标准《涂覆涂料前钢材表面处理　表面清洁度的目视评定　第 1 部分：未涂覆过的钢材表面和全面清除原有涂层后的钢材表面的锈蚀等级和处理等级》GB/T 8923.1 规定的 C 级及 C 级以上等级；

3. 型材、管材端边或断口处不应有分层、夹渣等缺陷。

2.2.3　焊接材料

焊接材料的品种、规格、性能应符合国家标准的规定并满足设计要求。焊接材料进场时，应按国家标准的规定抽取试件且应进行化学成分和力学性能检验，检验结果应符合国家标准的规定。

对于下列情况之一的钢结构所采用的焊接材料应按其产品标准的要求进行抽样复验，复验结果应符合国家标准的规定并满足设计要求：

1. 结构安全等级为一级的一、二级焊缝；

2. 结构安全等级为二级的一级焊缝；

3. 需要进行疲劳验算构件的焊缝；

4. 材料混批或质量证明文件不齐全的焊接材料；

5. 设计文件或合同文件要求复检的焊接材料。

焊钉及焊接瓷环的规格、尺寸及允许偏差应符合国家标准的规定。按批量抽查1%，且不应少于10套。施工单位应按现行国家标准《电弧螺柱焊用圆柱头焊钉》GB/T 10433的规定，对焊钉的机械性能和焊接性能进行复验，复验结果应符合国家标准的规定并满足设计要求。每个批号进行一组复验，且不应少于5个拉伸和5个弯曲试验。

焊条外观不应有药皮脱落、焊芯生锈等缺陷，焊剂不应受潮结块。按批量抽查1%，且不应少于10包。

2.2.4 连接用紧固标准件

钢结构连接用高强度螺栓连接副的品种、规格、性能应符合国家标准的规定并满足设计要求。高强度大六角头螺栓连接副应随箱带有扭矩系数检验报告，扭剪型高强度螺栓连接副应随箱带有紧固轴力（预拉力）检验报告。

高强度人六角头螺栓连接副和扭剪型高强度螺栓连接副进场时，应按国家标准的规定抽取试件且应分别进行扭矩系数和紧固轴力（预拉力）检验，检验结果应符合国家标准的规定。质量证明文件全数检查，抽样数量按进场批次和产品的抽样检验方案确定。

螺栓实物最小荷载检验应符合下列规定：

1. 测定螺栓实物的抗拉强度应符合现行国家标准《紧固件机械性能 螺栓、螺钉和螺柱》GB/T 3098.1的规定；

2. 检验时应采用专用卡具将螺栓实物置于拉力试验机上进行拉力试验，为避免试件承受横向荷载，试验机的夹具应能自动调正中心，试验时夹头张拉的移动速度不应超过25mm/min；

3. 螺栓实物的抗拉强度应按螺纹应力截面积（A_s）计算确定，其取值应按现行国家标准《紧固件机械性能 螺栓、螺钉和螺柱》GB/T 3098.1的规定取值；

4. 进行试验时，承受拉力荷载的未旋合的螺纹长度应为6倍以上螺距，当试验拉力达到现行国家标准《紧固件机械性能 螺栓、螺钉和螺柱》GB/T 3098.1中规定的最小拉力荷载（$A_s \cdot \sigma_b$）（σ_b为抗拉强度）时不得断裂。当超过最小拉力荷载直至拉断时，断裂位置应发生在杆部或螺纹部分，而不应发生在螺头与杆部的交接处。

扭剪型高强度螺栓紧固轴力复验应符合下列规定：

1. 复验用的螺栓应在施工现场待安装的螺栓批中随机抽取，每批应抽取8套连接副进行复验；

2. 检验方法和结果应符合现行国家标准《钢结构用扭剪型高强度螺栓连接副》GB/T 3632的规定，连接副的紧固轴力平均值及标准偏差应符合表2-16的规定。

扭剪型高强度螺栓紧固轴力平均值和标准偏差　　　　表 2-16

螺栓公称直径（mm）	16	20	22	24	27	30
紧固轴力的平均值 $\overline{p}$（kN）	100~121	155~187	190~231	225~270	290~241	355~430
标准偏差 σ_{p}（kN）	≤ 10.0	≤ 15.4	≤ 19.0	≤ 22.5	≤ 29.0	≤ 35.4

注：每套连接副只做一次试验，不得重复使用；试验时垫圈发生转动，试验无效。

高强度螺栓连接摩擦面的抗滑移系数检验应符合下列规定。

1. 检验批可按分部（子分部）工程所用高强度螺栓用量划分：每 5 万个螺栓用量的钢结构为一批，不足 5 万个高强度螺栓用量的钢结构视为一批。选用两种及两种以上表面处理（含有涂层摩擦面）工艺时，每种处理工艺均需检验抗滑移系数，每批 3 组试件。

2. 抗滑移系数试验应采用双摩擦面的拉力试件。试件与所代表的钢结构构件应为同一材质、同批制作、采用同一摩擦面处理工艺和具有相同的表面状态（含有涂层），在同一环境条件下存放，并应用同批同一性能等级的高强度螺栓连接副。形式和尺寸见图 2-49。

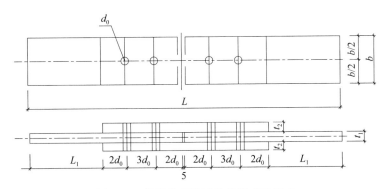

图 2-49　抗滑移系数试件的形式和尺寸
注：L 为试件总长度；L_1 为试验机夹紧长度；$2t_2 \geqslant t_1$。

试件钢板的厚度 t_1、t_2 应考虑在摩擦面滑移之前，试件钢板的净截面始终处于弹性状态；宽度 b 可参照表 2-17 的规定取值，L_1 应根据试验机夹具的要求确定。

试件板的宽度　　　　表 2-17

螺栓直径 d（mm）	16	20	22	24	27	30
板宽 b（mm）	2	2	105	110	120	120

3. 试验用的试验机误差应在 1% 以内。试验用的贴有电阻片的高强度螺栓、压力传感器和电阻应变仪应在试验前用试验机进行标定，其误差应在 2% 以内。

4. 紧固高强度螺栓应分初拧、终拧。初拧应达到螺栓预拉力标准值的 50% 左右。终拧后，每个螺栓的预拉力值应在 $0.95P$~$1.05P$（P 为高强度螺栓设计预拉力值）范围内。

5. 加荷时，应先加 10% 的抗滑移设计荷载值，停 1min 后，再平稳加荷，加荷速度为 3 ～5kN/s，拉至滑动破坏，测得滑移荷载 N_v。抗滑移系数 μ 应根据试验所测得的滑移荷载 N_v 和螺栓预拉力 P 的实测值，按式（2-1）计算。

$$\mu = \frac{N_v}{n_f \cdot \sum\limits_{i=1}^{m} P_i} \qquad (2\text{-}1)$$

式中：N_v——由试验测得的滑移荷载（kN）；

   n_f——摩擦面面数，取 $n_f = 2$；

$\sum\limits_{i=1}^{m} P_i$——试件滑移一侧高强度螺栓预拉力实测值之和（kN）；

   m——试件一侧螺栓数量，取 $m = 2$。

热浸锌锌高强度螺栓锌层厚度应满足设计要求。当设计无要求时，锌层厚度不应小于 40μm。按规格抽查 8 只。

高强度大六角头螺栓连接副、扭剪型高强度螺栓连接副应按包装箱配套供货。包装箱上应标明批号、规格、数量及生产日期。螺栓、螺母、垫圈表面不应生锈和沾染脏物，螺纹不应损伤。按包装箱数抽查 5%，且不应少于 3 箱。

普通螺栓、自攻螺钉、柳钉、拉铆钉、射钉、锚栓（机械型和化学试剂型）、地脚锚栓等紧固标准件及螺母、垫圈等，其品种、规格、性能等应符合国家产品标准的规定并满足设计要求。

2.2.5　涂装材料

钢结构防腐涂料、稀释剂和固化剂等材料的品种、规格、性能等应符合国家标准的规定并满足设计要求。钢结构防火涂料的品种和技术性能应满足设计要求，并应经法定的检测机构检测，检测结果应符合国家标准的规定。

防腐涂料和防火涂料的型号、名称、颜色及有效期应与其质量证明文件相符。开启后，不应存在结皮、结块、凝胶等现象。应按桶数抽查 5%，且不应少于 3 桶。

2.3　高性能及异种钢构件制作

2.3.1　技术概要

现代钢结构制造中，随着技术水平不断发展，各种严峻、苛刻的使用环境对材料的使用性能提出了更高的要求。一些高性能材料如高强钢、耐候钢、耐火钢等异种低合金钢在钢结构中应用得越来越广泛。采用异种低合金钢制造焊接结构，不仅能满足不同工作条件对钢材提出的不同的要求，而且还能节省高合金钢，降低成本和简化制造工艺，充分发挥不同材料的性能优势。在某些条件下，异种低合金钢结构的综合性能超过单一钢结构。异种低合金钢制成的焊接结构在机械、化工、石油及反应堆工程等行业应用广泛。但此类异种高性能材料往往焊接性较差，在构件加工制作中，如何保证其焊接性能是关键的问题，本节针对异种高强钢及钢桥梁用耐候钢板的焊接制作进行阐述。

2.3.2 异种高强钢的焊接

1. 高强钢特点

与普通强度钢相比，高强度钢具有更高的屈服强度和抗拉强度。因此，用高强度钢构件代替普通强度钢构件可以减小截面尺寸，节省钢消耗，并降低制造、运输和安装成本。高强度钢的应用不仅可以体现出较高的结构效率，而且可以带来可观的经济效益和社会效益。

钢结构使用的高强度钢具有以下优点：能够减小部件尺寸和结构重量，从而减少焊接工作量和焊接材料消耗，减少各种防护涂层，易于运输安装，降低钢结构加工生产、运输和安装成本；高强度钢可以减少钢材消耗，从而大大减少铁矿石资源的消耗，减少焊接材料和各种涂层（防锈、防火等）的使用，还可以大大减少不可再生资源的消耗，并减少资源开采对环境的破坏。

2. 异种低合金高强钢的焊接

焊接有淬火倾向的低合金钢时，冷却速度对焊接区的最终组织性能有决定性的影响。生产实践表明，焊接低合金高强钢时，如果冷却速度适当减小，并保证热影响区组织中所形成的马氏体量不超过25%～30%，就可以保持焊缝的高强度。焊接淬火钢时热影响区最高硬度、马氏体量及形成裂纹倾向的关系见表2-18。

淬火钢热影响区最高硬度、马氏体量及形成裂纹倾向的关系　　　表2-18

最高硬度 HRC	抗拉强度（MPa）	最高马氏体量（%）	形成裂纹倾向
＞41	＞137	＞70	很可能形成焊道下裂纹
36～40	113～137	60～70	有可能形成焊道下裂纹
＜36	＜113	＜60	不会形成焊道下裂纹
＜28	＜91	＜30	不会形成焊道下裂纹

对被焊工件进行焊前预热是降低热影响区焊后冷却速度的最有效、最方便的方法，在生产中应用很广。但预热温度不能太高（低温预热），因为晶粒长大可能使钢的塑性，特别是冲击韧性大大降低。

抗拉强度1300MPa的高强钢HQ130碳当量（Ceq）＝0.56%，冷裂敏感指数（Pcm）＝0.31%；抗拉强度700MPa的高强钢HQ70碳当量（Ceq）＝0.51%，冷裂

敏感指数（Pcm）＝ 0.28%。若选用"等强匹配"焊材进行焊接，HQ130 ＋ HQ70 高强钢的最低预热温度计算值为 142℃。HQ130 ＋ HQ70 高强钢试验用气体保护焊焊丝熔敷金属的成分与性能见表 2-19。

试验用气体保护焊焊丝熔敷金属的成分与性能　　　　　　　表 2-19

焊丝牌号	相当于AWS	熔敷金属化学成分（%）					力学性能			
		C	Si	Mn	Mo	Ni	σ_b（MPa）	σ_s（MPa）	δ_5（%）	A_{kv}（J）
GHS-50	ER70S-G	0.08	0.4	1.10	—	—	520	420	25	140（20℃）
GHS-60	ER80S-G	0.08	0.56	1.20	0.3	—	620	520	24	60（−40℃）
		0.07	0.60	1.45	0.38	—	670	545	25	85（−40℃）
GHS-70	ER100S-G	0.07	0.45	1.24	0.42	1.51	750	700	21	100（−40℃）
GHS-80	ER100S-G	0.08	0.41	1.12	0.52	2.40	865	790	16	85（−40℃）
EF035041	E70T5	0.08	0.37	1.32	—	—	564	433	25	58（−30℃）

注：GHS-80 焊丝还含 Cr 0.4%；EF035041 药芯焊丝含 S 0.016%，P 0.016%。

（1）焊接工艺及参数

不预热条件下焊接低碳调质高强度钢，控制焊接线能量（q/v）是保证焊接质量的关键。HQ130 ＋ HQ70 高强钢焊接线能量（q/v）的确定以抗裂性和热影响区韧性的要求为依据，合理的焊接线能量范围是：上限取决于热影响区粗晶区不出现上贝氏体（Bu）和粒状贝氏体（Bg）等脆性组织，下限取决于焊缝中不产生冷裂纹。

针对工程机械典型产品 HQ130 ＋ HQ70 高强钢焊接，从工艺性和使用性方面进行的试验研究理论分析表明：尽管 HQ130 钢和 HQ70 钢淬硬性都较大，有产生焊接裂纹的倾向，只要合理选择焊接方法和焊材，焊接工艺措施得当，利用国产焊接材料在不预热条件下焊接，仍然可以保证焊接质量，焊接接头性能可以达到国外公司样机同等水平。焊接工艺性及抗裂性试验表明，针对 HQ130 ＋ HQ70 高强钢焊接，防止焊接冷裂纹（主要是根部裂纹）可采取如下工艺措施。

1）气体保护焊（二氧化碳气体保护焊，或氩＋20% 二氧化碳混合气体保护焊）严格控制二氧化碳气体含水量（不高于 1.0g/m³），用半自动或全自动焊接设备完成焊接过程；选用"低强匹配"焊材（GHS-60、GHS-50 或 EF035041 药芯焊丝）可在不预热条件下焊接，但必须将焊缝扩散氢含量限制在超低水平（不超过 5mL/100g）。对于焊缝抗拉强度 700～900MPa 的低碳调质钢，应采用氩＋二氧化碳混合气体保护焊，承载焊缝情况下用 H08Mn2SiMoA 焊丝。对于焊缝抗拉强度 $\sigma_b \leq 600$MPa 的低合金高强钢或非承载的焊接结构，可采用二氧化碳气体保护焊，焊丝用 H08Mn2SiA 或 H08Mn2SiMoA。

2）焊接接头处开双面 V 形坡口（坡口角度 60°）严格清理坡口表面，采用多层多道焊接工艺施焊，每条焊缝均应两面连续焊接完成。第二层焊道保证尽可能高的温度，使第一层焊道起预热作用（也有利于氢的扩散逸出），限制焊道长度，尽量不打焊渣连续施焊，中途不得停歇。两面施焊的对接焊缝，焊后立即清理焊缝根部。

3）严格控制焊接线能量，为了消除焊接裂纹和保证焊缝金属韧性，焊接时应控制焊接线能量（$q/v = 10～20kJ/cm$），可采用双面 V 形坡口多层多道焊，使焊缝金属获得以针状铁素体（AF）为主的混合组织，限制先共析铁素体（PF）和侧板条铁素体（FSP）数量。当焊缝金属为细小 AF ＋ Bg 时，可达到提高焊缝金属强韧性的目的。

典型产品 HQ130 ＋ HQ70（或 HQ80）高强钢焊接的工艺参数见表 2-20。

HQ130 ＋ HQ70（或 HQ80）高强钢焊接的工艺参数 表 2-20

焊接方法	保护气体	气体流量（L/min）	焊接电压（V）	焊接电流（A）	焊接线能量（kJ/cm）
GMAW	二氧化碳（实芯焊丝）	8～10	30～32	200～220	15.2～17.1
	二氧化碳（药芯焊丝）	8～10	31～34	210～240	15.5～18.3
	氩＋二氧化碳（80：20）	8～10	32～33	220～230	15.3～16.5

（2）焊接裂纹倾向

强度级别不同的低碳调质钢（HQ130、HQ70）的淬硬性都很大，有产生焊接裂纹的倾向。采用强度级别较高的焊材（如 GHS-80 焊丝），焊接裂纹倾向明显增大，须采取焊前预热措施。采用"低强匹配"焊材和二氧化碳或氩＋二氧化碳气体保护焊，将焊缝扩散氢含量控制在超低水平（不超过 5mL/100g），可实现在不预热条件下的焊接。

研究表明，采用斜 Y 坡口"铁研试验"，采用不同强度级别的焊材（GHS-50、GHS-60、GHS-70、GHS-80 及 EF035041 药芯焊丝），在不预热条件下考察不同强度级别焊材对 HQ130 ＋ HQ70 高强钢焊接裂纹倾向的影响，其结果见表 2-21。

不同强度组织焊材的"铁研试验"结果 表 2-21

编号	焊接方法	焊接材料	焊接线能量（kJ/cm）	裂纹率（%）表面 C_f	裂纹率（%）断面 C_5
01	二氧化碳气体保护焊	GHS-80	15.0～17.0	100	100
02	二氧化碳气体保护焊	GHS-70	15.0～17.0	90	100
03	二氧化碳气体保护焊	GHS-60	15.0～17.0	50	70
04	二氧化碳气体保护焊	GHS-50	15.0～17.0	0	13
05	氩＋二氧化碳混合气体保护焊	GHS-50	15.0～17.0	0	11
06	二氧化碳气体保护焊	EF035041	15.0～17.0	0	10

由表 2-21 可见，焊接裂纹倾向随焊材强度级别的提高而增大。采用名义强度 800MPa 和 700MPa 的 GHS-80 和 GHS-70 焊丝不预热焊，焊接裂纹敏感性大（表面裂纹率和断面裂纹率大于 90%）；采用名义强度 600MPa 的 GHS-60 焊丝施焊的裂纹率仍大于 50%；采用名义强度 500MPa 的 GHS-50 焊丝和 EF035041 药芯焊丝时，裂纹敏感性大大降低。"铁研试验"的结果也表明，由于 HQ130 ＋ HQ70 高强钢淬硬性大，采用 GHS-60、GHS-70 和 GHS-80 焊丝时，为了防止焊接裂纹，焊前需预热；但采用 GHS-50 或 EF035041 焊丝并严格控制焊接工艺参数，可以在不预热条件下进行焊接。

用较高强度焊材焊接 HQ130 ＋ HQ70 高强钢导致裂纹敏感性增大，为消除或减小裂纹倾向需采用预热焊工艺，但会导致调质钢热影响区软化失强，而这在实际焊接生产中是应尽量避免出现的。为了防止焊接和提高焊缝的塑韧性储备，选择适当的"低强匹配"焊材是有利的。

确定焊接线能量要兼顾防止冷裂纹和热影响区脆化，从防止冷裂纹角度，焊接线能量（q/v）应大一些，但 q/v 过大会使热影响区粗晶韧性下降。

低碳调质异种钢焊接中，为了保证焊接区的抗裂性和韧性，有时不得不牺牲一些强度而保证工艺焊接性。这种情况下可以选用"低强匹配"焊接材料在不预热条件下进行焊接。但是，采用"低强匹配"焊材获得的焊缝金属韧性如何，可否满足使用要求，必须通过试验进行考察。

（3）焊接接头性能

焊缝金属的力学性能中的抗拉强度和冲击韧性是关键技术指标。由于低碳调质高强度耐磨钢焊接结构在工程中占有极其重要的地位，对高强钢焊缝金属强韧性的要求更为重要。对 HQ130 ＋ HQ70 高强钢焊接接头性能的试验研究结果列举如下。

1）抗拉强度

抗拉强度焊接试板尺寸应充分考虑拉伸、弯曲和冲击试验取样的需要并留有一定的余地，要符合有关国家标准的规定。焊接试板开双面 V 形坡口从两面焊透，坡口角度 60°，坡口面采用机械方法加工。试板长度为 500mm，宽度（单块）为 125mm（对接焊成后为 250mm）。每块试板拉伸和弯曲试样各取 3 个；冲击试样开夏比 V 形缺口，缺口分别开在焊缝中部、熔合区和热影响区 3 个位置，每一位置取 3 个试样，均采用锯割。

HQ130 ＋ HQ70 高强钢不同工艺条件下的焊接接头拉伸和弯曲试验在 WE-60 型万能材料试验机上进行，试验结果见表 2-22。

低碳调质高强度耐磨钢焊接应综合考察接头区的强度和韧性，除焊缝强度外，焊接裂纹和热影响区韧性更应受到关注。少许牺牲焊缝强度而使塑韧性储备提高，对防止产生焊接裂纹有利。用"低强匹配"焊材焊接强度较高的钢时，因合金元素的熔入和冷却较快，焊缝强度将提高较多。特别是焊接大型结构时，由于高强钢母材对焊缝的拘束强化作用，接头强度还会提高。

HQ130＋HQ70高强钢焊接接头拉伸和冷弯试验结果　　　　　表 2-22

试样编号	焊接方法	抗拉强度 σ_b（MPa）	冷弯角	断裂位置
10	二氧化碳气体保护焊（实芯焊丝）	740.9，699.9（720.4）	62°	焊缝
20	二氧化碳气体保护焊（药芯焊丝）	741.2，755.5（748.3）	67°	焊缝
30	氩＋二氧化碳混合气体保护焊	776.7，842.3（809.5）	133°	焊缝

注：括号中的数据为试验平均值。

二氧化碳气体保护焊实芯焊丝、药芯焊丝和氩＋二氧化碳混合气体保护焊条件下，HQ130＋HQ70高强钢三种"低强匹配"工艺焊后的接头强度均大于所选焊材名义强度值约40%以上，并已接近接头两边强度较低侧母材HQ70钢的强度（表2-22）。其中氩＋二氧化碳混合气体保护焊施焊的焊接接头，因保护效果好，减少了有害元素（O、N、H）的侵入，同时合金元素烧损少，焊缝强度几乎和HQ70母材强度相当。

2）冲击韧性

HQ130＋HQ70高强钢焊接接头冲击韧性试样开缺口前，配制3%硝酸酒精溶液假侵蚀试样，清楚地显示出焊接区后，再开V形缺口。缺口轴线垂直于焊缝表面，分别开在焊缝、熔合区和热影响区，每一缺口位置取3个试样，试验结果见表2-23。

HQ130＋HQ70高强钢焊接接头区域的冲击功　　　　　表 2-23

焊接方法	冲击功 A_{kv}（J）				
	HQ130 钢		焊缝金属	HQ70 钢	
	热影响区	熔合区		熔合区	热影响区
二氧化碳气体保护焊（实芯焊丝）	139，110，141（128）	82，89，89（87）	81，93，91（89）	70，66，69（68）	—
二氧化碳气体保护焊（药芯焊丝）	67，75，96（79）	—	83，83，81（82）	—	63，82，83（76）
氩＋二氧化碳混合气体保护焊	80，91，84（85）	97，100，112（103）	113，127，100（113）	93，75，63（77）	—

注：括号中的数据是试验平均值。

低碳调质钢熔合区和热影响区冲击韧性受焊缝形状、热影响区组织梯度和缺口位置的影响，精确地测定各区域的冲击韧性十分困难。按熔合区V形缺口位置进行冲击试验，所得冲击功是综合性的。名义上是熔合区的冲击功，实际上缺口破断区域包含焊缝和热影响区粗晶区部分；热影响区的冲击功也包含热影响区淬火区和回火区部分。

试验中采用的是"低强匹配"焊材，三种焊接工艺的焊缝韧性均高于母材的韧性。其中氩＋二氧化碳混合气体保护焊的焊缝韧性最高，实芯和药芯焊丝二氧化碳气体保护焊的焊缝韧性稍低，但仍高于 HQ130 钢母材的韧性约 30%，高于 HQ70 钢的冲击韧性约 10%。表明"低强匹配"焊材施焊的焊缝金属具有较高的塑韧性储备，可有效缓解熔合区附近的应力集中，有利于防止焊接裂纹的产生。

对于低碳调质高强度耐磨钢焊缝金属，最有害的脆化元素是 S、P、N、O、H，必须加以限制。焊接材料直接影响焊缝金属中有害杂质的数量及其存在形式，从而影响焊缝的韧性。强度级别越高的焊缝，对这些杂质的限制要越严格。铁素体化元素对焊缝韧性有不利影响，除了 Mo 在很窄的含量范围内（0.3%～0.5%）有较好的作用外，其余铁素体化元素均在强化焊缝的同时恶化韧性，V、Ti、Nb 的作用最坏。奥氏体化元素中 C 对韧性最为不利，Mn、Ni 则在相当大的含量范围内有利于改善焊缝韧性。

焊接接头区冲击韧性试验表明，焊接线能量为 14 kJ/cm 时熔合区和热影响区冲击韧性最佳，而且冲击功随着焊接线能量的增加而降低（图 2-50）；HQ130 钢热模拟试验发现，$t_8/5 \geqslant 20s$（对应的线能量 $q/v \geqslant 20kJ/cm$）时热影响区粗晶区韧性开始恶化。

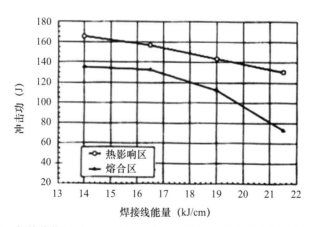

图 2-50　焊接线能量对 HQ130 钢熔合区及热影响区（HAZ）冲击功的影响

3）硬度

硬度是金属耐磨性指标之一，与金属组织密切相关，硬度越高越耐磨，强度也越高，但脆性也随之增大。为了了解焊接接头区域硬度分布规律，判断组织淬硬性和耐磨性，对 HQ130＋HQ70 高强钢焊接区域的硬度进行了测定。

① 热影响区最高硬度。分别在 HQ130 钢和 HQ70 钢试件上堆焊，然后在试样横截面上测定硬度。测定结果表明：HQ130 钢热影响区最高硬度为 HRC45（HV 430）；

HQ70 钢热影响区最高硬度为 HRC31（HV296）。

②焊接接头区硬度。HQ130＋HQ70 高强钢焊接接头区域的硬度分布如图 2-51
（a）、图 2-51（b）所示，表明 HQ130 钢侧和 HQ70 钢侧的热影响区均存在淬硬区
和软化区。但热影响区软化区的硬度仍高于焊缝金属的硬度（因焊缝采用"低强匹
配"焊材），热影响区综合性能可以满足产品使用要求。

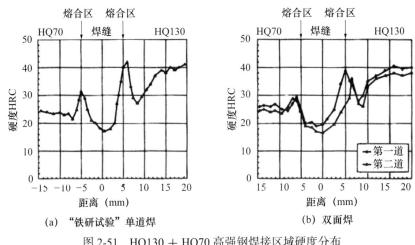

图 2-51　HQ130＋HQ70 高强钢焊接区域硬度分布

美国 HY80 和 HY130 低碳调质高强度钢焊接时为了防止裂纹，焊缝金属硬度
较低。钢材强度级别越高，焊缝硬度越低（少许牺牲强度而提高韧性储备）。熔合
区附近有明显淬硬倾向，硬度较高；焊接热影响区存在回火软化区，但软化区的硬
度仍高于焊缝硬度。

随着焊接线能量的增大，HQ130 钢热影响区不完全淬火区的宽度增大。因此可
以通过控制焊接线能量来减小热影响区 $Ac_1 \sim Ac_3$ 不完全淬火区的宽度。用显微镜
硬度计对不同焊接线能量（9.6kJ/cm、16kJ/cm 和 22.3kJ/cm）条件下的热影响区
进行显微硬度测定。试验表明，焊接线能量较小时焊接热影响区冷速快，组织较细
小，显微硬度较高（图 2-52）。就同一焊接线能量而言，HQ130 钢热影响区由粗晶
区到细晶区，显微硬度明显提高，但不完全淬火区组织的不均匀性，导致显微硬度
有所降低。

采用"低强匹配"焊材和二氧化碳或氩＋二氧化碳气体保护焊，将焊缝扩散氢
含量控制在超低水平（不超过 5mL/100g），可实现在不预热条件下焊接 HQ130＋
HQ70 高强钢。若采用强度级别较高的焊材（如 GHS-60、GHS-70 等），焊接裂纹
倾向明显增大，必须采取焊前预热措施。从减少和防止焊接裂纹的角度出发，为了
提高焊缝金属的塑韧性储备，选择适当的"低强匹配"焊材进行焊接是有利的。在
不预热条件下对高强度异种钢进行焊接，焊接结构实际服役表现证明该焊接工艺是
可行的，焊接接头区性能可以满足使用要求。

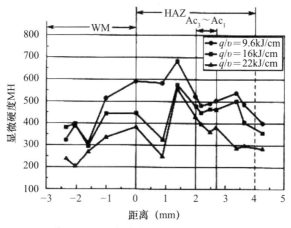

注：WM——焊缝金属；HAZ——热影响区。

图 2-52 HQ130 钢 HAZ 金相组织及显微硬度分布

2.3.3 耐候钢制作

1. 耐候钢概述

耐候钢，即耐大气腐蚀钢，是介于普通钢和不锈钢之间的低合金钢系列，耐候钢由普碳钢添加少量铜、镍等耐腐蚀元素而成，具有优质钢的强韧、塑延、成型、焊割、磨蚀、高温、抗疲劳等特性；耐候性为普碳钢的 2～8 倍，涂装性为普碳钢的 1.5～10 倍。同时，它具有耐锈，使构件抗腐蚀延寿、减薄降耗，省工节能等特点。耐候钢主要用于铁道、车辆、桥梁、塔架、光伏、高速工程等长期暴露在大气中使用的钢结构。钢中加入磷、铜、铬、镍等微量元素后，使钢材表面形成致密和附着性很强的保护膜，阻碍锈蚀往里扩散和发展，保护锈层下面的基体，以减缓其腐蚀速度。在锈层和基体之间形成的约 50～100μm 厚的非晶态尖晶石型氧化物层致密且与基体金属黏附性好，这层致密氧化物膜的存在，阻止了大气中氧和水向钢铁基体渗入，减缓了锈蚀向钢铁材料纵深发展，大大提高了钢铁材料的耐大气腐蚀能力。耐候钢是可减薄使用、裸露使用或简化涂装，而使制品抗蚀延寿、省工降耗、升级换代的钢系，也是一个可融入现代冶金新机制、新技术、新工艺而使其持续发展和创新的钢系。

2. 耐候钢焊接制作

高强度耐候钢已在桥梁工程中推广应用，Q345/Q355qE 耐候钢是一种主要用于桥梁的高性能耐候钢，它具有高强度、高韧性、高抗低温等特点。Q345/Q355qE 耐候钢焊缝合金元素含量较多，会对焊接接头的低温冲击韧性造成影响，易引起焊缝偏析甚至引发热裂纹。现以此种材料对耐候钢焊接制作工艺进行阐述。

（1）耐候钢焊接工艺试验

分别对厚度 10mm、20mm 和 40mm 的 Q345/Q355qE 耐候高强钢的焊接接头进行焊接工艺与性能研究，以期为 Q345/Q355qE 耐候钢的实际工程应用提供参考。

材料为国产 Q345/Q355qE 耐候高强度钢板，厚度分别为 10mm、20mm 和 40mm，钢板的化学成分和力学性能见表 2-24、表 2-25，均符合国家标准。Q345/Q355qE 耐候钢板金相组织为珠光体＋铁素体，晶粒形态分布均匀，晶粒度 9 级。

Q345/Q355qE 耐候钢化学成分 表 2-24

w（C）	w（Si）	w（Mn）	w（P）	w（S）	w（Cr）
0.06	0.19	1.13	0.016	≤ 0.002	0.4～0.5
w（Ni）	w（Cu）	w（Mo）	w（Nb）	w（Ti）	w（Als）
0.3～0.5	0.2～0.4	0.1～0.2	0.02～0.05	0.009	0.21

Q345/Q355qE 耐候钢力学性能 表 2-25

抗拉强度（MPa）	屈服强度（MPa）	屈强比	A_{kv}（J）（−40℃）
572	474	0.828	274，291，275（平均 280）

对三种厚度的 Q345/Q355qE 耐候钢进行焊接工艺试验。共焊接试板 5 副，编号为 1#～5#，分别采用药芯焊丝二氧化碳气体保护焊、实心焊丝二氧化碳气体保护焊和埋弧焊等工艺进行焊接，焊接参数见表 2-26。试验钢板坡口制备参数见表 2-27。

焊接工艺试验参数 表 2-26

编号	焊接方法	焊材牌号	板厚（mm）	电流（A）	电压（V）	焊速（cm/min）	热输入（kJ/cm）
1	二氧化碳气体保护焊（药芯焊丝）	GFR-81W2	10	217	26.8	19.893	17.5
2	二氧化碳气体保护焊（药芯焊丝）	GFR-81W2	20	268	32	17.14	30.0
3	二氧化碳气体保护焊（实芯焊丝）	TH550-NQ-Ⅲ	40	255	32	19.08	25.7
4	埋弧焊	CHW-STH550-Ⅲ	20	512	35	32	39.5
5	埋弧焊	CHW-STH550-Ⅲ	40	540	31.9	30	34.5

钢板坡口制备参数 表 2-27

编号	规格（mm）	焊接方法	坡口型式	坡口角度	组对间隙（mm）	钝边（mm）
1	10	气体保护焊（药芯焊丝）	V	60°	4	2
2	20	气体保护焊（药芯焊丝）	V	60°	4	2
3	40	气体保护焊（实芯焊丝）	X	60°	4	2
4	20	埋弧焊	Y	60°	0	6
5	40	埋弧焊	X	60°	0	6

（2）耐候钢焊缝力学性能测试

按照现行国家标准《焊接接头拉伸试验方法》GB/T 2651进行焊接接头拉伸试验。Q345/Q355qE耐候钢焊接接头横向拉伸试验试样为矩形截面的带肩板形试样。取样前先将焊缝余高铣平，三种规格焊接试板取拉伸样均为全厚度，试验温度为室温。

按照现行国家标准《焊接接头弯曲试验方法》GB/T 2653进行焊接接头弯曲试验，按照现行国家标准《焊接接头冲击试验方法》GB/T 2650进行焊接接头冲击试验。冲击试样缺口为V形，冲击试样开缺口位置分别为焊缝中心（WM）、熔合线（FL）、熔合线外1mm（FL＋1mm）、熔合线外2mm（FL＋2mm），冲击试验温度为−40℃。用显微维氏硬度试验测量焊接接头各微区的硬度，重点考察焊接接头各区域硬度随焊接工艺的变化情况，硬度测试点的位置为距焊缝上表面1～2mm处、从焊缝一侧的母材开始一直到另一侧的母材，在热影响区每间隔0.7mm打1个硬度点，焊缝区域打3个硬度点，荷载为5kg，保压时间为10s。

（3）试验结果

依据现行国家标准《钢的显微组织评定方法》GB/T 13299，观察5块试样的金相组织，根据金相图可知，焊缝和熔合线FL组织主要为贝氏体（B）＋铁素体（F）＋珠光体（P）。FL＋1mm、FL＋2mm和FL＋3mm组织主要为铁素体（F）＋贝氏体（B）＋珠光体（P），随着热输入的增加，金相组织中的贝氏体（B）比例逐渐升高，晶粒尺寸越来越大，对韧性造成不利影响。

试样焊接接头拉伸及弯曲性能试验结果见表2-28，拉伸试验结果表明，1#～5#焊接试样断裂位置均在母材，抗拉强度为510～540MPa；弯曲试验均合格，试样受拉面上无任何微裂纹出现，焊接接头塑性变形能力良好。焊接接头拉伸及弯曲均满足现行行业标准《公路桥涵施工技术规范》JTG/T 3650要求，焊接接头硬度分布曲线如图2-53所示，焊接接头硬度分布合理，未出现剧烈的硬度变化。其中焊缝硬度值为200～220HV5，热影响区硬度值为160～210HV5，母材硬度值为160～180HV5。焊缝硬度最高，HAZ的硬度远低于国际焊接学会（IIW）规定的小于等于350HV以及现行行业标准《公路桥涵施工技术规范》JTG/T 3650中规定的小于等于380HV的要求。

拉伸及弯曲性能　　　　　　　　　　　　　　　　　　　　表2-28

编号	板厚 δ（mm）	侧弯 $D = 3a$	室温拉伸	
			断裂位置	抗拉强度 Rm（MPa）
1	10	合格	母材	540
2	20	合格	母材	510
3	40	合格	母材	530
4	20	合格	母材	514
5	40	合格	母材	529

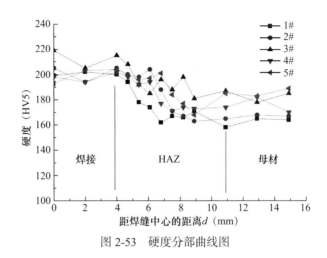

图 2-53　硬度分部曲线图

焊接接头冲击性能见表 2-29。冲击试验结果表明，1#～5# 焊接试样平均冲击功在焊缝处最低，在热影响区最高。根据现行行业标准《公路桥涵施工技术规范》JTG/T 3650，设计文件未对冲击功作规定时，在设计文件中所规定的最低环境温度下的冲击功试验值应为 27J，且每个试验值都不小于规定值的 70%。试验中仅 4# 试样焊缝部位 −40℃冲击功（平均冲击功 20.8 J）不符合规范要求。

焊接接头冲击性能　　　　　　　　　　　　表 2-29

编号	规格（mm）	焊缝中心（WM）A_{kv}（J）（−40℃）	熔合线（FL）A_{kv}（J）（−40℃）	熔合线外 1mm（FL + 1mm）A_{kv}（J）（−40℃）	熔合线外 2mm（FL + 2mm）A_{kv}（J）（−40℃）
1	10	56.6、68.6、45.8（平均 57）	103.2、103.2、90.4（平均 98.9）	142.2、80.2、151.6（平均 124.7）	181.2 167.8 176.0（平均 175）
2	20	57.9、39.8、37.4（平均 45.0）	34.8、32.5、48.7（平均 38.7）	255.6、50.0、155.9（平均 153.8）	173.2 260.3 253.3（平均 228.9）
3	40	41.8、34.4、24.1（平均 33.4）	26.3、159.6、56.3（平均 80.7）	53.7、168.0、188.1（平均 136.6）	151.8 238.7 187.5（平均 192.7）
4	20	13.5、16.8、32.1（平均 20.8）	44.6、18.1、42.8（平均 35.2）	174.7、73.9、194.0（平均 147.5）	151.0 204.7 147.3（平均 167.7）
5	40	40.8、26.9、23.9（平均 30.5）	95.9、58.3、51.2（平均 68.5）	170.9、186.2、223.6（平均 193.6）	224.9 246.0 216.9（平均 229.3）

由此可知，4# 试样热输入最大，焊缝组织粗大且均匀性很差，在 5 组试样中的 −40℃冲击功最低；1# 试样热输入最小，焊缝金相组织细小均匀，在这 5 组试样中 −40℃冲击功最高。焊缝金属为铸态组织，受工艺条件限制，不能通过热处理改善力学性能。因此，焊缝金属的组织形态和组织类型对焊缝力学性能有着重要影响，组织形态与热输入大小有关，组织类型与热输入和焊丝成分有关。因此，为了保证焊缝处 −40℃冲击功，应严格控制热输入量，建议 $E \leqslant 35kJ/cm$。此外，为了

减少焊缝中碳化物和粒状贝氏体的出现，最好采用低碳成分设计的焊丝，w（C）
$\leqslant 0.06\%$。

（4）耐候钢焊接试验结论

Q345/Q355qE 耐候钢可焊性好，无需预热焊接。但是热输入对 Q345/Q355qE
耐候钢的焊接接头冲击性能有影响，实际焊接应用中应控制热输入值，建议
$E \leqslant 35kJ/cm$。

Q345/Q355qE 耐候钢采用低碳成分 [w（C）$= 0.06\%$] 可提高钢材的可焊性，
降低淬硬倾向，减少热影响区脆性相的生成，间接提高热影响区的韧性。通过合理
设计成分，Q345/Q355qE 耐候钢焊接 HAZ 冲击功在 -40℃时保持在 120J 以上。

2.4　厚板钢构件制作

2.4.1　技术概要

随着近几年来建筑钢结构行业的迅速发展，一些重要部位的梁与柱受力情况
越来越复杂，越来越多的高强度超厚板被用于大跨度、超高层、造型奇特的建筑
工程和荷载大、冲击性能要求高的重型钢结构设备中，这些结构的设计和使用要
求，无疑对其结构的焊接技术和焊接质量提出了更高的要求。所以以 Q420 钢为代
表的高强度结构钢的应用有很大前景，甚至一些大型建筑钢结构工程开始采用抗
拉强度在 460MPa 以上的级别的高强度结构钢，且高强度构件厚度较大，一般为
50～120mm。对于此类高强度材料，一般为正火交货，再加上其强度高、板件厚，
往往对 Z 向性能有特殊要求，加工过程中易产生质量问题，尤其焊接时容易产生热
影响区的脆化和各种裂纹，如何保证其加工质量是最大的难点，本节以乌鲁木齐某
项目中的 Q420GJC-Z15 厚板支撑柱构件为例，阐述厚板钢构件制作过程，为生产
工作提供技术参考。

2.4.2　施工工艺流程

该工程为特大型铁路旅客车站，由主站房和站台雨棚组成，站房总建筑面积
99982m²。其中部分支撑柱为 Q420GJC-Z15 材质，板厚主要为 50mm，如图 2-54
所示。

1. 材料

该工程使用的 Q420GJC-Z15，应符合现行国家标准《建筑结构用钢板》GB/T
19879 标准要求，钢板原材料到厂后，质量部根据项目技术要求及时进行外观尺寸
检测、超声波探伤、理化性能复验。对于厚板，重点关注 Z 向性能的复验情况。质
量部跟踪检验合格后，进行预处理，倒运至下料车间。

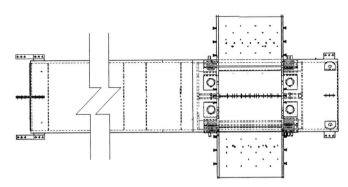

图 2-54　厚板圆管构件示意图

2. 下料

连接板下料时，异形件采用数控一次下料完成，半熔透坡口采用半自动切割完成，该工序在下料车间一次完成，制作车间领用。全熔透坡口下料后转机加工班组采取机械加工后，交由制作车间领用。

主材拼接时，要严格按工艺采取防变形措施，控制焊接变形。

下料车间在切割中为防止切割变形及变形后造成的局部切割尺寸偏差过大，在切割时作封点处理，采取强制措施控制变形。

下料后，零部件按工程编号进行堆放。堆放时应以露出工程编号为宜，便于制作车间流转工序。

3. 组对

组对前核实零部件规格（板厚、长度、宽度），检查平整度，对平整度超差的板条进行火焰校平，矫正平直后，方可组对。组对中要严格控制尺寸偏差，要标识焊接顺序。

组对点焊使用的焊材应与母材相适应，点焊长度≥50mm，间隔≤500mm。厚板点焊前应加热，点焊长度应适当加大。

主焊缝焊接前应在两端点焊引弧板、收弧板，厚度应与板厚度相适宜。

4. 焊接

（1）材料的焊接性

钢材的焊接性是指钢材在一定的施焊条件下，采用一定的焊接方法、焊接材料、工艺规范及结构形式，获得所要求的焊接质量，即焊接接头是完整的，没有裂纹等缺陷，同时接头的力学性能符合设计要求，能够满足使用要求。所以焊接性包括两个方面。

1）工艺焊接性：主要指焊接接头出现各种裂纹的可能性，也称抗裂性。

2）使用焊接性：主要指焊接接头在使用中的可靠性，包括焊接接头的力学性能（强度、塑性、韧性、硬度等）和其他特殊性能（如耐热性、耐腐蚀、耐低温、抗疲劳、抗时效等）。

不同的钢材焊接性不同，影响钢材焊接性的主要因素有钢材的化学成分、热处理状态及工件的厚度、焊接的热输入量、冷却速度等。而焊接性主要由碳当量作为衡量标准，所谓的碳当量就是根据钢材的化学成分与钢材焊接热影响区的淬硬关系，把钢中的合金元素（包括碳）的含量，按其作用换算成碳的相当含量。碳当量用 CE 表示，采用国际焊接学会（IIW）推荐的碳当量公式：$CE = C + Mn/6 + (Cr + Mo + V)/5 + (Ni + Cu)/15$（式中单位采用%，元素符号均表示该元素的数）。

现行国家标准《建筑结构用钢板》GB/T 19879 规定，对于 Q420G 等级的正火板材料，公称厚度 ≤ 50mm 时，$CE ≤ 0.48\%$，该工程中使用的材料实际碳当量 CE 值在 0.44～0.48 之间。相关研究表明，碳当量 CE 大于 0.4% 时，钢材焊接时基本上有淬硬倾向，当冷却速度过快时，有可能产生马氏体淬硬组织。尤其当板件较厚，拘束应力和扩散氢含量较高时，就必须采取适当措施来防止冷裂纹产生。

《建筑结构用钢板》GB/T 19879—2015 中规定公称厚度 ≤ 50mm 的 Q420GJC-Z15 的 CE 值 ≤ 0.48%。总体来说其焊接性较差，如果焊接工艺不当，焊接时会有焊接热影响区脆化倾向，易形成热裂纹，冷却速度较快时，有明显的冷裂倾向，也有可能会产生延迟裂纹，所以焊接过程中要严格控制焊接工艺。

（2）焊接方法及焊材选择

1）焊接方法选择

将钢结构节点型式，焊接位置，焊接效率，焊接质量等综合因素进行考虑，厚板焊接一般采用二氧化碳气体保护焊及埋弧自动焊，选择二氧化碳气体保护焊，其原因是：Q420 钢供货状态是正火，随着焊接热输入增大，高温停留时间延长，其脆化更加显著，所以要选择热输入较小的焊接方法，避免热影响区增大，防止正火钢过热区脆化；二氧化碳气体保护焊电流密度大、热量集中、熔池小、热影响区窄，因此焊后工件变形小，焊缝质量好；二氧化碳气体保护焊焊丝熔敷速度快、生产效率高、操作简单、成本较低；与焊条电弧焊和埋弧焊相比有突出优点，熔深比焊条电弧焊大，焊缝金属的含氢量较小，坡口设计时可比焊条电弧焊的坡口角度小、间隙小和钝边大，能够减少填充量。比埋弧焊灵活，适用全位置焊接，电弧可见，便于调整。而对于管柱纵缝，环缝，工字梁，箱形梁等构件上的规则的对接焊缝和角焊缝，一般可选用埋弧自动焊焊接。

2）焊材选择

焊材选用原则是在保证焊接结构安全的前提下，尽量选用工艺性能好、生产效率高的焊材。同时，考虑了焊件的结构特点和工作条件，在不低于母材最低抗拉强度下，该工程从提高焊接接头的抗脆性断裂能力和抗裂性能方面考虑，通过工艺试验，二氧化碳气体保护焊最终选择 CHW-60C 焊丝，CHW-60C 是 550～600MPa 级低合金高强度钢用镀铜气体保护焊丝（表 2-30）。焊丝理化性能见表 2-31。

CHW-60C 焊条熔敷金属化学成分表（%）　　　　表 2-30

型号	C	Mn	Si	P	S	Cr	Ni	Mo	Cu	Ti
CHW-60C	0.080	1.45	0.56	0.010	0.002	0.020	0.27	0.28	0.088	0.10

CHW-60C 焊条熔敷金属力学性能表　　　　表 2-31

型号	屈服强度（MPa）	抗拉强度（MPa）	伸长率（%）	冲击功（J）（-30）
CHW-60C	675	735	24	197

埋弧焊则选用 CHW-S3A 镀铜埋弧焊丝，严格控制了 P、S 含量，适量添加了 Ni，并对 C、Mn 含量进行了合理控制（表 2-32）。配合 CHF101 焊剂使用，在焊接时能够获得足够的焊缝强度及优良的抗裂性和焊缝低温韧性，且焊缝成形美观，特别适用于 Q420 强度级别的钢结构的焊接。焊丝理化性能见表 2-33。

CHW-S3A 焊丝熔敷金属化学成分表（%）　　　　表 2-32

型号	C	Mn	Si	P	S	Cr	Ni	Cu
CHW-S3A	0.122	2.08	0.098	0.006	0.002	0.023	0.13	0.044

CHW-S3A 焊丝熔敷金属力学性能表　　　　表 2-33

型号	屈服强度（MPa）	抗拉强度（MPa）	伸长率（%）	冲击功（J）（-40℃）
CHW-S3A	496	593	29.5	175

（3）焊接工艺方案确定

由于 Q420C 高强度钢的碳当量较大，冷裂纹倾向大；又因为板件比较厚，焊接填充量大，高温停留时间长，焊接应力大，容易产生变形；Z 向性能比薄板差，容易产生层状撕裂。基于上述原因，在焊材确定后，从以下几个方面确定焊接工艺方案。

1）坡口形式设计

超厚板坡口设计时，需要注意几个方面的问题：一是焊接时二氧化碳焊丝的可达性；二是尽量减少焊缝金属量，减小变形量；三是确保焊缝熔透和内部质量。基于这几个方面考虑，将 50mm 板对接坡口设计成不对称 X 形或 K 形坡口，如图 2-55 所示的两种形式。

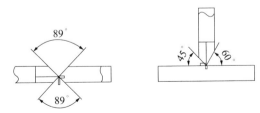

图 2-55　平对接和 T 形接头形式

2）焊前检查

在焊接作业前，焊接检查员要做好以下几个方面的检查：

① 对持证焊工进行检查核对；

② 对焊接设备进行检查，检查焊机工作性能是否正常，电流表、电压表指示是否正常，二氧化碳流量计是否正常，加热是否正常；

③ 使用焊材的规格、牌号与工艺评定所确定的是否一致；

④ 焊接工程师是否已经对焊接工艺进行了交底，焊工对焊接工艺是否清楚；

⑤ 焊接环境温度、湿度、风速等是否满足焊接要求，必要时采取防护措施；

⑥ 完成焊接接头的清理工作，确保焊道中间及焊道周围清洁、无污物、无锈迹等。

3）焊前预热

① 预热温度

根据现行国家标准《钢结构焊接规范》GB 50661 中的规定，该工程所用的钢材，应选用的最低预热温度为 80℃。

② 加热方式

为了提高加热效率和保证受热均匀，采用火焰加热方式。因为板件较厚，加热时间较长，加热面积较大，为保证加热均匀，加热区域应在工件正反面的焊道及两侧 100～150mm 范围内，火焰要在工件表面不停游走，停留时间不宜过长。

③ 温度测量

测温采用红外线测温仪，测温时间选择在停止加热 2min 后，测温点设置在工件的正反面的焊道两侧各 75mm 处，测距不得大于 200mm。

4）焊接

① 焊接规范参数

二氧化碳气体保护焊，焊丝为 CHW-60C，规格 ϕ1.2mm，保护气体为二氧化碳，纯度 ≥ 99.5%，极性是直流反接。焊接规范参数见表 2-34。

GMAW 焊接规范参数　　　　　表 2-34

层次	方法	牌号	直径（mm）	护气	流量（L/min）	电流（A）	电压（V）	速度（cm/min）
1	GMAW	CHW-60C	ϕ1.2	CO_2	20～25	240～260	32～36	25
2～3/6	GMAW	CHW-60C	ϕ1.2	CO_2	20～25	260～320	34～38	23
1/7～3/7	GMAW	CHW-60C	ϕ1.2	CO_2	20～25	280～300	36～40	36
8～2/11	GMAW	CHW-60C	ϕ1.2	CO_2	20～25	260～320	32～36	23
1/12～2/12	GMAW	CHW-60C	ϕ1.2	CO_2	20～25	280～300	36～40	35
预热温度（℃）	80	层间温度（℃）	≤ 250	后热温度（℃）/时间（h）			250～350/1	

埋弧自动焊，焊丝为 CHW-S3A，规格 $\phi4.0$mm，极性是直流反接。焊接规范参数见表 2-35。

SAW 焊接规范参数   表 2-35

层次	方法	牌号	直径（mm）	焊剂	电流（A）	电压（V）	速度（cm/min）
1	SAW	CHW-S3A	$\phi4.0$	SJ101	550～570	28～30	38.0
2～2/7	SAW	CHW-S3A	$\phi4.0$	SJ101	560～580	28～32	42.0
1/8～3/8	SAW	CHW-S3A	$\phi4.0$	SJ101	570～600	28～32	44.0
8	SAW	CHW-S3A	$\phi4.0$	SJ101	550～570	28～32	45.0
9～3/11	SAW	CHW-S3A	$\phi4.0$	SJ101	560～580	28～32	43.0
预热温度（℃）	60	层间温度（℃）		≤ 250	后热温度（℃）/时间（h）		250～350/1

② 层间温度控制

虽然多层多道焊的后一层会对上一层进行热处理，但层间温度也不能过高，如果不控制层间温度会造成热影响区加大，近缝区晶粒长大，韧性降低。一般层间温度不宜低于预热温度，稍高但不宜太高，控制在 150～250℃ 之间即可。

③ 焊接顺序

先焊大坡口侧，当完成焊缝的 2/3 时暂停施焊，反面进行清根；检查焊道根部是否有缺陷存在，并打磨出金属光泽，刨槽要圆滑过渡，方便焊接；从气刨侧继续施焊，直至完成本侧焊接，在施焊过程中注意观察或测量变形情况；最后完成另一侧 1/3 焊缝的焊接。若是 T 形接头，清根后可选择两名焊工对称焊接。

④ 焊接注意事项

同一条焊缝尽量一次完成，特殊情况下，应采取焊后保温缓冷，在重新施焊前应按要求进行重新预热处理；焊接过程中应注意二氧化碳流量计通电保温，严格控制气体的含水量；焊接过程中应采用多层多道、窄焊道薄焊层的焊接方法；焊接时，严格控制摆弧宽度，摆弧宽度控制在 12～20mm 之间，每层施焊厚度不超过 4mm；每焊完一层应进行一次层间温度测量，当层温超过规定温度时应暂停焊接，待温度降至规定范围时开始焊接；每焊完一层应用手动打磨机或风铲清除焊道内氧化物和药皮，并仔细检查焊道内是否存在缺陷，如果有应进行清除后方可焊接；焊接时应严格按照焊接工艺（WPS）规定的参数进行施焊，严禁焊工超规范焊接；严禁在工件表面进行打火、起弧，工件表面严禁电弧擦伤；在去除引、熄弧板或码板时，应离开工件 2～3mm 位置用火焰切除，然后用电动打磨机磨除根部，严禁伤及母材；焊接完成后，应立即按要求进行后热处理；焊接完成后 48h 进行无损检测，当焊接检验发现缺陷时，应严格按要求进行返修处理。

（4）焊后热处理

对于强度级别高的低合金钢和厚度大、拘束度较大的焊接结构，采取焊后立即进行热处理的方式，可以大大降低氢在焊缝中的含量（即消氢），可有效减小焊接应力，预防延迟裂纹的产生。

试验环境下，后热处理应一般采用履带式电加热方式进行保温，但是在工程现场环境下实现有困难，为了更贴合实际采用火焰加热的形式，控制温度在250～350℃左右，保温1h，保温期间需用红外线测温仪进行检测，并用石棉布将焊缝周围进行围裹。当达到保温时间后在空气中进行自然冷却。

（5）焊缝检验及返修

1）外观及无损检测

当工件温度自然冷却至环境温度后，开始按图纸要求对焊缝进行外观检查，无损检测时间是焊接完成后48h。在构件制造过程中，对Q420C材质厚板焊接全部采用这种焊接工艺方案，焊缝经无损检测合格率达到99%以上，所有焊缝没有出现过焊接裂纹。

2）焊缝返修

当焊缝存在内部缺陷时，其返修工艺和检验程序严格按照原焊接工艺和检验程序执行，同一处焊缝返修次数不宜超过两次。

5. 装配

部分柱身有较多牛腿，应根据情况确定其装配顺序，具体情况如下。

（1）只有短牛腿的，为减少翻个次数，可与此面的其他筋板同时装配。

（2）只有一面有长牛腿的，可将牛腿组焊完毕后，待柱身全部焊完后，再装配牛腿。

（3）多面有长牛腿的，将牛腿在地面组焊完毕后，待柱身其他筋板全部装配完毕后，在平台上装配牛腿较短的一面，焊接后搭架子再装配较长的牛腿。搭架子时一定要平稳，并采取相应的安全保护措施。

柱身有牛腿的，应当以牛腿腹板孔中心连线和翼板中心为定位基准，以上下翼板孔中心至柱子的垂直距离（尺寸通过放样可以得到）为装配尺寸，从而保证其定位和角度要求。

构件全部制作完成后，须进行二次调直，以消除焊接变形对构件的影响。同时，应进行整体外观检查，对存在的飞溅、气孔、咬边、未融合、焊疤、毛刺、机械损伤等缺陷进行处理，使构件外观达到合格。

2.5　复杂形状构件制作

2.5.1　双曲面弯扭构件制作

1. 技术概述

"口字""日字""目字"等空间双扭箱形结构形式，由于焊接量较大，变形难以控制，空间定位、测量困难等，需采用合理的工序、工艺，控制构件的扭曲度、节点定位的准确性，保证构件的现场安装。可采用计算机软件展开零件外表面，组装前卷管机初步卷板，根据构件的扭曲程度，把构件的隔板位置作为胎架搭设的主控点，保证每隔2～3m搭设胎架立柱。制作前，根据深化设计提供的坐标数据挑选出所需的胎架控制点坐标，并绘制对应的胎架图，车间工人根据胎架示意图和对应胎架坐标数据在平台上放线，搭设胎架。经过反复核对胎架数据，确保准确无误，组装过程中伴随着撼弯，撼弯度根据胎架的曲率走向变化。通过对关键点的控制，保证主构件及牛腿的制作，也保证现场安装一次性成功。

2. 施工工艺流程（图 2-56）

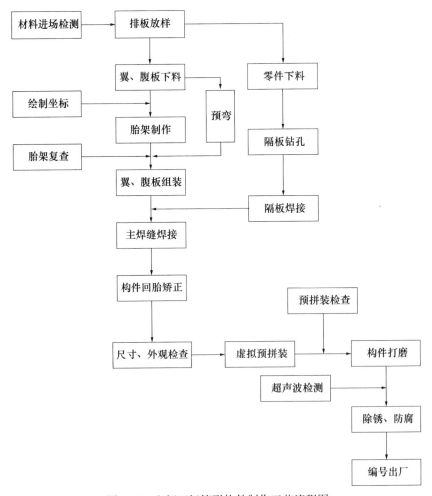

图 2-56 空间双扭箱形构件制作工艺流程图

3. 施工准备

（1）按照设计文件和标准规范要求进行材料复验；

（2）对箱形构件涉及的焊接工艺进行焊接工艺评定；

（3）编制铆工工艺流程卡和焊接工艺卡并下发；

（4）与设计沟通给出加工所需标高；

（5）组织工人进行技术交底。

4. 构件制作

（1）排板放样

对焊制箱形扭曲状，腹板、盖板呈大弧形扭曲条形构件，采用计算机软件放样，展开零件外表面，得到零件平面状态。通过数控编程下料，考虑到后期揻弯的收缩量，主材长度余量放到0.5%。因上述原因，双扭构件的材料损耗很大。图2-57为一张钢板的排板图，中间弧形区域为零件区域，边角区域为材料浪费区域。

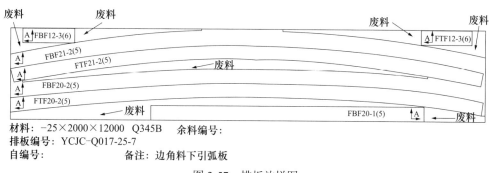

材料：−25×2000×12000 Q345B   余料编号：
排板编号：YCJC-Q017-25-7
自编号：   备注：边角料下引弧板

图 2-57　排板放样图

（2）技术准备

为保证构件加工的定位精确，深化图纸采用空间三维坐标数据来表达构件的形状，表达较为抽象，数据量较为庞大。

加工时，技术人员根据现构件的扭曲程度，把构件的隔板位置作为胎架搭设的主控点，保证每隔2~3m搭设胎架立柱。制作前，技术人员根据深化设计提供的庞大坐标数据挑选出所需的胎架控制点坐标，并绘制对应的胎架图（图2-58、图2-59）。

为方便质检人员的尺寸检查和工人加工的过程控制，技术人员提供地样点间距尺寸，构件主控点斜对角间距尺寸。

图 2-58　胎架坐标数据整理

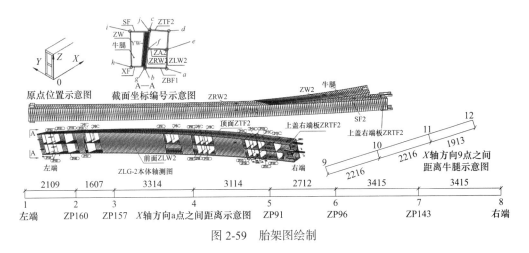

原点位置示意图　　截面坐标编号示意图

图 2-59　胎架图绘制

（3）胎架放样及搭设

车间工人根据技术人员提供的胎架示意图和对应胎架坐标数据在平台上放线，搭设胎架（图 2-60、图 2-61）。车间人员及质检人员需要反复核对胎架数据，确保准确无误。

图 2-60　胎架放地样

图 2-61　胎架搭设

（4）组装

主材和内隔板组装较为复杂，组装顺序如下：装下盖板；装两腹板组成 U 形；组装焊接内隔板；组装焊接中间板；最后组装上翼缘板。组装过程中伴随着搋弯，搋弯度根据胎架的曲率走向变化（图 2-62~图 2-65）。

图 2-62　装下盖板

图 2-63　两腹板组成 U 形

图 2-64　组装焊接中间板　　　　图 2-65　焊接小隔板

（5）搣弯

构件双扭，翼缘板、腹板需进行搣弯，因对构件扭曲精度要求较高，需要精准控制搣弯度，每个构件的每个零件扭度不同，每个零件的搣弯力度也不同（图 2-66、图 2-67）。

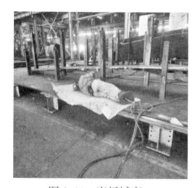

图 2-66　底板搣弯　　　　　　图 2-67　腹板搣弯

（6）焊接

主焊缝只能采用气体保护焊，无法采用埋弧焊，效率低，对焊工焊接水平要求较高（图 2-68、图 2-69）。

图 2-68　主焊缝焊接　　　　　　图 2-69　牛腿焊缝焊接

（7）回胎、齐头

为防止焊接产生的变形对尺寸的影响，双曲构件焊接完成后需放到胎架上重新检查尺寸，对不合格的进行校正，并对两端齐头（图2-70、图2-71）。

图 2-70　构件回胎　　　　　　　　图 2-71　构件齐头

（8）变形控制

空间双扭构件的变形控制是制作过程中非常重要的一个环节，也是加工的一个难点。通过以下几个方法来控制变形量：

1）下料时候采用花割，减少零件的侧弯；

2）在工艺允许范围内减小坡口度；

3）根据板材扭曲走向确定搣弯角度和长度；

4）焊接过程中通过小电流多道焊接和对称焊接来控制焊接变形量。

（9）测量、矫正

如果出现小范围的搣弯过度，可通过逆向搣弯来矫正，如果偏差较大，构件可能报废。所以必须在整个构件加工过程中多次测量来精确控制构件的扭曲度，测量在整个加工中是此类构件质量控制非常重要的一个环节，可通过两种手段来实现：一是全站仪，二是技术人员提供的复验尺寸和坐标人工检查。

（10）预拼装

为了保证项目安装无误，在工厂进行构件之间的预拼装。预拼装需根据组装坐标控制点重新制作胎架图，搭设构件安装状态胎架，相邻构件两两预拼装。预拼装重新搭胎架，用时多，占地大（图2-72）。

（11）打磨

为构件表面美观，利用半自动打磨设备将主焊缝打磨平滑，提高工作效率，确保外观质量，保证工期（图2-73）。

图 2-72　预拼装

图 2-73　主焊缝打磨

2.5.2　地圆天菱异形管制作技术

1. 技术概述

某工程"地圆天菱"异形管为菱形截面，下端为圆形截面，从上到下逐渐过渡，外形及端口尺寸控制困难。一般截面尺寸大，壁厚较厚，材质等级高，压制难度大。由于异形管截面由圆形逐步过渡为菱形，每刀压制的参数都不同；异形管的长短不同，每根构件的压制参数也不同，所以压力值的设定计算较难，制作时对调试设备油缸压力参数要求高。

2. 施工工艺流程

（1）放样

将异形管分成两个半圆，利用软件分别展开上端菱形和下端圆形，排板每边预留 60~75mm 余量，严格控制上下端口弧度及展开长度（图 2-74）。

（2）排板下料

根据展开图纸进行排板，编制数控程序，下料车间按排板图、程序进行下料（图 2-75）。

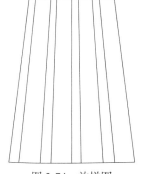
图 2-74　放样图

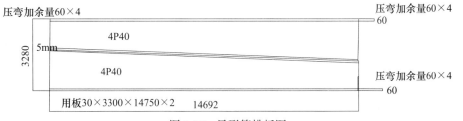
图 2-75　异形管排板图

（3）卷管

构件为中厚钢板，构件长度最大为 14.7m，两端口形状不一，采用的压制设备必须吨位大；压制长度大于 14.7m；设备的施压油缸可分别调整施加压力。按照此要求，现采用重新设计改装的"12000t-15m数控折弯机"来完成异形管的压制工作（图2-76）。

图2-76　12000t-15m数控折弯机

将下好料的零件板进行等分，作为折弯点。

折弯前进行预弯，预弯后将单边预留60～75mm余量切除，同时开出坡口（图2-77）。每根构件无法避免地增加4条折边余量的材料损耗。

（a）　　　　　　　　　　　　（b）

图2-77　折弯预弯

切除预弯后把零件板重新放到折弯机折弯，按等分点控制，根据构件长短调整折弯机参数（图2-78）。压制过程中随时用样板检查弧度，折成半圆后，用样板检查最终弧度及尺寸（图2-79）。

组装前打磨坡口及材料纵缝附近表面见金属光泽，去除油脂等妨碍焊接的杂物。组装时控制错边量≤2mm，并检测外圆尺寸，合格后在组对处外表面点焊。

（4）焊接

采用埋弧自动焊焊接，采用多层多道焊接，严格按照工艺评定焊接，控制焊接质量，UT检测合格（图2-80）。

图 2-78　折弯　　　　　　图 2-79　样板检查　　　　　　图 2-80　焊接

（5）矫正

菱形面到圆面要平滑过渡，且长度较长，在折弯中局部点受力不均，无法做到平滑过渡，先用校圆机校正异形管，局部不合格处再用火焰矫正，矫正难度大，耗时多（图 2-81）。

（a）　　　　　　　　　　　（b）

图 2-81　矫正

2.5.3　多牛腿圆筒构件节点制作技术

1. 技术概述

许多艺术造型要求的屋面梁采用多牛腿圆筒节点进行连接，圆筒节点具有多空间、多角度、体积小、精度高等特点。圆筒节点形式如图 2-82 所示。

2. 施工工艺流程

（1）总体制作步骤

首先以图 2-83 所示的某工程多牛腿构件为例进行分析，圆筒节点由 1 个圆管、6 个插板、6 个箱形牛腿、6 个牛腿内隔板、2 个圆管内隔板、6 个吊耳组成。分析焊缝通图，考虑到每个焊缝的等级，可将安装顺序定为：圆管内隔板的焊接（全熔透，开坡口，不清根）—插板与圆管的焊接—箱形牛腿与圆管（垫板焊或清根）、插板的焊接（在此之前进行摆胎架、放样、定位）—箱体内隔板与插板、箱体的焊接—吊耳焊接。

（a）顶部视角　　　　　　　　　　　（b）底部视角

图 2-82　节点图

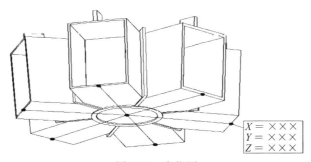

图 2-83　定位图

（2）牛腿与圆管的安装定位

图纸中均以圆管的下封板的下端面的圆心为定位基准（以下称为标准点 1），该点可作为整个构件中零件的安装定位尺寸基准。图示中所有牛腿的下翼缘中心线均过标准点 1。牛腿绕着下翼缘中心线旋转一定角度，牛腿安装定位前，自身的箱体盖腹板已经组装完成。

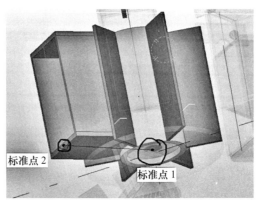

图 2-84　标准点 1

把圆管竖放在水平面上，找到 6 个牛腿下翼缘外口中心线点的最低的点（6 个之中最低的），算出该点距标准点 A 的高差，假设为 $x$mm，那么将圆管垫高 $x$mm，那么最低点在水平面上，其他各点均在平面以上，车间为操作方便，也可将整个平面整体提高到可操作高度。

作点 A 在地样上的投影点，以投影点为中心，在投影面上画出 6 个牛腿下翼缘中心线的方位，见图 2-85～图 2-87，以其中一个牛腿为例，通过图纸可知点 A 的距牛腿下翼缘板外口中点 B 在水平投影面上的距离 b_1，也可根据图纸得出点 A 与点 B 的高差，且 B 点又在之前画好的分割线上，即可确定点 B 的空间位置。

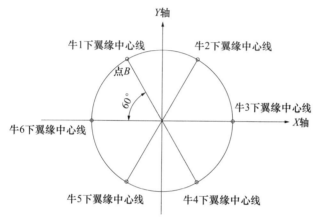

图 2-85　牛腿分布图示

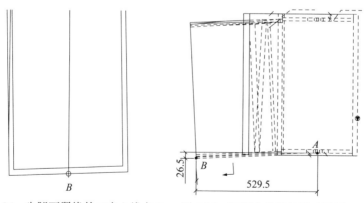

图 2-86　牛腿下翼缘外口中心线点 B　　图 2-87　图纸中给定的尺寸示例

点 B 确定后，找到端口点 C 的水平投影点 C' 与点 D 的在水平投影面的投影点 D'，分别过两点作直线平行于牛 1 下翼缘中心线得到两平行线，如果两平行线距离 L 为图 2-88 所示，即为正确位置，点焊固定。

牛腿已经组焊完成，根据上述定位条件将牛腿与圆管自然搭接，必要时可在电子版图纸中量取根部距圆管下端面距离，完成单个牛腿的定位，其他牛腿安装同上。

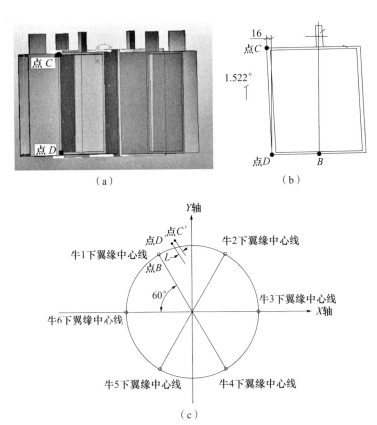

图 2-88　D 点与 C 点的投影点 D' 与 C'

（3）过程控制

认真审图，对每个牛腿的旋转方向（顺时针或逆时针）、摆角进行仔细确认，完成第一个牛腿的组装后，依据水平线、垂线、标准点 1 对三个控制因素进行复核，达到规范要求后，进行下一个牛腿的组对，第二个牛腿组对完成后，取两个牛腿间下端边缘点，在水平面作投影，测量投影点间距离，与构件图中两点间距离进行比较，以此对部件尺寸进行复核。

2.5.4　大直径锥管相贯线牛腿加工技术

1. 技术概述

（1）施工技术背景

随着现代工业和建筑行业的进步，钢结构因其轻质高强，塑性、韧性好，制造方便，施工周期短等优点，被广泛运用到重型工业厂房，大跨度结构，高耸结构和高层结构当中。随着社会不断进步，人们对建筑外观造型的要求越来越高，使得钢结构造型也越来越复杂，常规的节点形式已无法满足多变的造型。此时特殊的非常规的节点便应运而生，各种异形复杂的构件的出现，给钢结构工厂加工制作带来了越来越大的困难（图 2-89）。

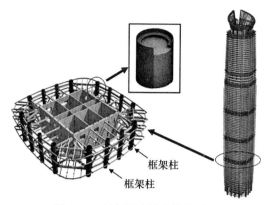

图 2-89　超高层建筑中的锥形柱

相贯线贯口锥形管的制作方法。首先按不带相贯线的普通锥形管展开，然后以花割（间断切割）工艺在普通锥形管展开图上绘制相贯线贯口，之后进行卷管、矫正，卷管后按花割弧线进行切割修磨，最终完成带相贯线锥形管的制作。对普通圆管的相贯线可使用数控相贯线切割机来完成，但是对于锥形管，因管径是渐变的，所以难以完成；如果直接按锥形管展开图切割下料，卷管加工过程中因为相贯线口长短不一，导致钢板受力不均匀，无法保证锥管成形的尺寸，误差较大，无法加工；如果采用纯手工放样切割，则尺寸偏差大，精度低，效率低。

（2）技术难点

常规圆锥管牛腿可以直接使用数控相贯线切割机来完成，对相贯口长的特殊锥管需采用特定工艺，某工程锥管牛腿为长度2251mm、相贯口长度达1967mm，管径渐变、相连接长度较小，卷制比较困难（图2-90）。如果按标准锥管卷制后再采用纯手工放样切割贯口，则贯口放样精度低，尺寸偏差大，效率低；如果按照带相贯口锥形管展开图切割下料，锥管卷制过程中因为相贯线口长短不一，导致钢板受力不均匀，无法保证锥管成形的尺寸，误差较大，无法加工。

2. 施工工艺流程

图 2-90　模型图

（1）制作方案选择

方案1：按标准锥管展开下料，卷制成型后进行相贯口的切割；常规的数控设备暂时无法实现锥管相贯线切割，只能通过手工划线放样，手工切割来完成。

方案2：按带相贯口展开下料，然后完成卷管。

方案3：按标准管＋带相贯口下料，相贯口切割线采用花割方法，卷制后手工切掉连接处。

方案确定：

方案1手工放样切割，外观较差，偏差较大，效率低，无法达到项目要求；

方案 2 折弯加工过程中因为缺口位置受力不均无法保证锥管成形的尺寸，误差较大，成形困难；

方案 3 避免了前两个方案的缺点，既能顺利卷制，又较精确地控制了贯口形状。

结合三种方案的可操作性和优缺点，选定方案 3。

（2）工艺流程

1）放样

Tekla Structures 中的三维模型，可提供零件的外表面或者内表面，但此零件壁厚 30mm，必须考虑壁厚带来的影响，按照中径尺寸来放样。以 Tekla Structures 的中心线为参照，用 AutoCAD 按照中径尺寸建立三维模型，最后通过 Rhino 展开其外表面。

① 导出中心线和轮廓线

通过设计院给的 Tekla Structures 模型分别导出构件图中所有零件的中心线和零件轮廓线，保存为 .dwg 格式。通过零件的中心线能精确定位各自的空间关系，通过零件轮廓线可以准确地找到各零件的截面形状，方便后续建模。

Tekla 导出的轴线是模型的基本参照，在复杂的三维空间里，通过导出中心线确定各零件空间关系是快速精准的方法，如果有各零件之间准确的空间关系数据，也可以自行绘制轴线，但效率比较低。

② 合并中心线和轮廓线

用 AutoCAD 软件打开导出的中心线和轮廓线的 .dwg 文件，通过带基点复制命令，将中心线和轮廓线这两个文件图形合并，这样就得到了既有中心线，又有零件截面的 CAD 图形。

③ 以壁厚中心为外径建模

锥管轮廓通过减小壁厚得到所需的中径截面，然后按照中径绘制三维实体；其他零件外表面与锥管相贯，所以这些零件要以外轮廓为参考绘制三维实体。最后通过相贯的逻辑关系，运用交差集得到带贯口的锥管中径三维实体模型。

④ 展开外表面

利用 Rhino 的强大的展开 3D 实体表面的功能来生成带相贯口锥形管的放样图。在 Rhino 软件中打开建立的模型，分解实体，选择锥管的外表面，运用软件展开表面功能，即可得到所需的展开图，如图 2-91 所示。

2）下料

采用标准管＋带相贯口下料，下料图为标准管展开图与带贯口展开图的合并，见图 2-92。贯口位置采用间断切割，其他位置按照对应的标准锥管下料，1、2、3 为相贯口边界，4、5、6 为标准管边界，7 为公共边界。切割顺序 1—2—3—4—5—6—7。1—2—3 采用花割，花割参数为割断 300mm，保留 50mm。

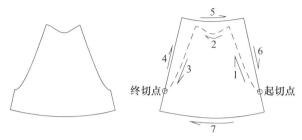
图 2-91　展开图

图 2-92　下料图

3）卷制

采用冷压加工成型的方法进行卷管，下好料的板材在 320t 压力折弯机上按照传统锥形管制作方法压制，压制成型后，纵缝全熔透坡口焊接，纵缝在相贯口的范围内的，因后期需将其割掉，可点焊处理（图 2-93）。

矫正后，手动切割掉保留的花割未断部分，即可得到此次所需的带相贯口锥形管（图 2-94）。

图 2-93　卷制图

图 2-94　成品构件

2.5.5　复杂节点重型相贯线桁架柱制作技术

1. 技术概述

桁架柱为规格 $\phi1050\times50$ 的 3 根圆管相贯节点组成，桁架柱与多榀桁架相连（图 2-95）。由于管壁较厚，圆管直径较大，单根支管重达 8t 左右，空间定位组装焊接非常困难；椭圆形环板倾斜地装焊在圆管上，环板外形复杂，空间定位装焊也非常困难。怎样保证制作精度准确，满足质量要求，是必须探索解决的问题。

图 2-95　桁架柱

2. 施工工艺流程

（1）主材

规格 $\phi1050\times50$ 的 3 根主材支管零件如图 2-96 所示。

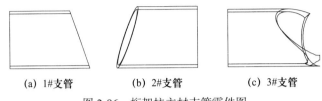

(a) 1#支管　　　(b) 2#支管　　　(c) 3#支管

图 2-96　桁架柱主材支管零件图

（2）放样

由于普通数控相贯线切割机无法切割规格 $\phi1050\times50$ 相贯口，故只能首先卷制圆管，之后在圆管上放样切割贯口。以 3# 支管为例，其展开放样过程如图 2-97 所示。

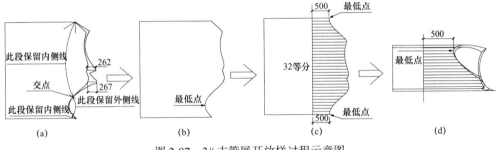

图 2-97　3# 支管展开放样过程示意图

由于管壁较厚，且与其他支管具有一定倾斜角度，全部采用管内壁线或者全部采用外壁线都无法满足装焊要求，所以在展开时必须考虑壁厚的影响，进行适当取舍，方能满足装焊要求，否则后面将无法组装。以图 2-97（a）为例，从图中可以看出管内壁与外壁长度差达 260 多 mm，若此支管倾斜角度增大，差值会进一步扩大，所以必须对管内壁与外壁线进行合理选择。如图 2-97 所示，根据实际情况，在趾部区域应选择管壁内侧线，在根部区域应选择外侧线，内壁线与外壁线会有一个交点，以此交点向两侧进行内外壁线的取舍，删除多余线条后，得到图 2-97（b）；为了让贯口最低点在等分线上，以便确定起点位置，从而便于操作，可将图最低点平移到展开图的两边，见图 2-97（c）；之后将图 2-97（c）进行 32 等分，得到图 2-97（d）。将图 2-97（d）所提供的信息，转化到实体支管上进行切割贯口。要注意贯口最低点位置的选择，避免 3 根支管纵焊缝重叠，3 根支管的纵焊缝以相互错开 90° 为宜，以免产生应力集中等不利因素（图 2-98）。

（3）支管装焊过程

1）地样与胎架搭设

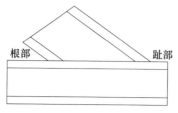
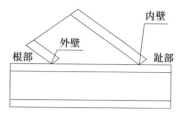

图 2-98　焊缝处理

由于支管规格及重量较大，必须在合适的胎架上组装，方能满足组装及精度控制要求。以 O 点为中心，根据图纸提供的 1# 与 2# 支管之间夹角关系，沿支管中心线方向在地面上，放出 1# 与 2# 支管中心线地样，并在地样上标出控制点 A、B。根据图纸提供的 3# 支管与 1#、2# 支管之间夹角关系，作出 3# 支管的地面投影线，并在地样上标出控制点 C、D、E 点，并计算出其投影高度 h_1、h_2、h_3。根据地样位置尺寸，进行支管组装胎架搭设，如图 2-99 所示。

其中 A、B 点为 1# 与 2# 支管端部地样控制点，C 点为 3# 支管端部水平投影控制点，D、E 控制点为搭设胎架，沿 3# 支管端部水平投影线方向增设的控制点。h_1、h_2、h_3 为 3# 支管在投影线方向，投影线位置为 C、D、E 时，所对应的管外壁最低点的投影高度。G、H 点位置胎架横梁倾斜放置，倾角与 3# 相对于地面的倾角一致。1#、2#、3# 支管长度需分别放 3mm、6mm 和 4mm 焊接收缩余量。

2）组焊 1# 与 2# 支管

在支管上打上十字样冲眼，然后将 1# 与 2# 支管放置在经水准仪找平后的胎架水平横梁上，按地样线定位组装 1# 与 2# 支管，并检验梁支管的管口距离，如图 2-100 所示。

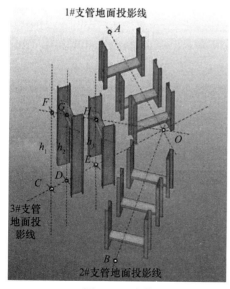

图 2-99　定位

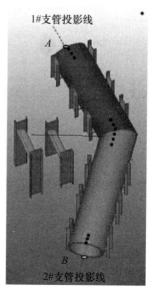

图 2-100　组焊 1# 与 2# 支管

3）装焊 3# 支管

待 1# 与 2# 支管装配焊接检验完成之后，根据已搭设胎架及地面控制点，装焊 3# 支管，检验 1# 与 3# 支管、2# 与 3# 支管管口距离一级投影高度 h_1，如图 2-101 所示。

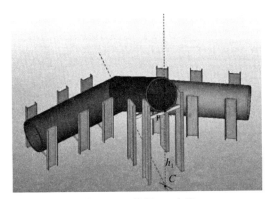

图 2-101　装焊 3# 支管

（4）环板牛腿装焊

1）3# 支管十字样冲眼定位

待 3 根支管装焊检验完毕之后，装焊环板牛腿等附件，装焊各个环板牛腿之前，支管样冲眼必须标出。1# 与 2# 支管十字样冲眼，前道工序已经标出，剩下需标出 3# 支管的十字样冲眼。

从图 2-102 中看出，3# 支管相对于 1# 支管的十字中心线偏移 3.98°，需重新标出 3# 支管与 1# 支管的十字中心线，为此，先在 1# 支管相对于原十字中心线 3.98° 的位置处，标出新的十字样冲眼，然后将其十字样冲眼反映到 3# 支管上，具体做法：待 1# 支管新的十字样冲眼标出之后，在 1# 支管的十字样冲眼上放置激光发射仪，发出激光线，然后在 3# 支管激光束照射位置，打上样冲眼，从管端到管尾连成一条线，然后然此线先旋转 90°、180°、270° 分别画出其余三条线，从而构成 3# 支管的十字线。

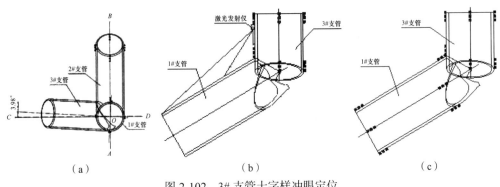

（a）　　　　　　　　　　（b）　　　　　　　　　　（c）

图 2-102　3# 支管十字样冲眼定位

2）装焊环板牛腿

环板相对于支管具有一定倾斜角度，环板为椭圆形状，如图2-103所示。装焊环板前需在支管上标注好其定位点，如图2-103（b）所示，A、B和C、D点分别为椭圆形环板短轴和长轴控制点，L_1、L_2、L_3尺寸可以在图纸得到。注意每道环板会产生0.3～0.5mm的焊接收缩余量，余量值要反映在定位控制点上。同样方法画出E、F、$G（H）$点，则DF线即为环板牛腿腹板位。以上各点标注好之后，可以装焊环板牛腿，如图2-103（c）所示。用同样方法装焊其余环板牛腿。

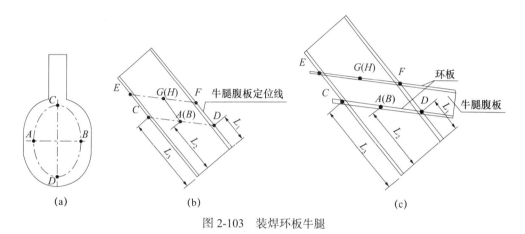

图2-103　装焊环板牛腿

3）装焊吊柱牛腿

吊柱牛腿如图2-104所示，整体装焊校正完毕后，对上面已经装焊的两个方向的环板牛腿，通过吊线控制其位置，然后将其装焊在主管上。

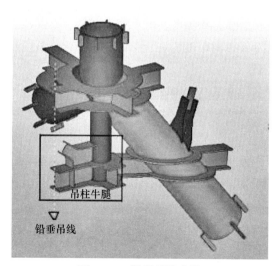

图2-104　装焊吊柱牛腿

2.6　钢构件热处理技术

2.6.1　焊接热处理加热方法和设备

1. 加热方法

焊接热处理应根据企业自身的设备情况、焊接热处理工艺要求、加热成本等选择合适的加热方法，可选用火焰加热法（如氧－乙炔加热、高压煤油加热、天然气加热、液化石油气加热等）和电加热法（如柔性陶瓷电阻加热、远红外辐射加热、电磁感应加热）。对焊件进行焊后热处理时宜采用加热炉。使用加热炉时应符合下列规定：

（1）当焊件尺寸过大，需分段进行焊后热处理时，其重叠的加热长度不应小于300mm；

（2）当热源为火焰时，应保证火焰不直接冲刷被加热焊件；

（3）柔性陶瓷电阻加热、远红外辐射加热、电磁感应加热宜用于对焊件进行预热、后热和焊后热处理。对具有明显尖角效应影响的焊件或厚度超过100mm的焊件，不宜采用中频电磁感应加热；

（4）火焰加热方法宜用于对焊件进行预热、后热。当采用火焰加热方法对焊件进行焊后热处理时，应编制详尽的作业方案，保证加热相对均匀，并应有有效的温度控制措施。

2. 加热设备

（1）焊接热处理加热设备应满足工艺要求，且参数调节灵活、方便，通用性好，运行稳定、可靠，并应满足安全要求。

（2）电加热设备应配备温度测量、记录和控制装置，并能进行温度自动记录和全过程自动控制。设备的控温精度应在 ±5℃以内。对计算机温度控制系统，其显示装置也应有冷端温度。

（3）自动补偿装置，显示温度应以自动记录仪显示的温度为准进行调整。当采用计算机系统记录温度、显示记录曲线时，系统误差应小于 0.5%。

（4）当采用柔性陶瓷电阻加热器和远红外辐射加热器时，柔性陶瓷电阻加热器宜用于管状焊接构件或板状焊接构件、异形焊接构件的加热，其技术要求应符合现行行业标准《火力发电厂焊接热处理技术规程》DL/T 819 的有关规定。远红外辐射加热器应符合现行国家标准《非金属基体红外辐射加热器通用技术条件》GB/T 4654 的有关规定。当同炉控制多根（片）加热器时，多根（片）加热器之间的电阻值的偏差值不应超过 5%。

（5）当采用电磁感应加热器时，电磁感应加热器宜用于管状焊接构件、板状焊接构件的加热。感应线圈的匝间距离应根据焊件的壁厚、拟定的加热宽度确定。感应线圈应采取绝缘措施。感应加热器的输出功率和频率应能自动响应，并能满足工艺要求。

（6）当采用火焰加热装置时，可选择与氧－乙炔气体或其他可燃性液体、气体相适应的设备进行火焰加热。应采用瓶（罐）或管道提供液体、气体，并应采取措施，防止回火。应根据焊件的大小、拟定的加热范围选择适宜的火焰燃烧装置，应配备温度测量仪器，监测焊件的温度。

3. 温度测量装置

温度测量可采用接触法或非接触法测温装置。接触法测温装置宜采用热电偶、测温笔、接触式表面温度计、测温贴片等；非接触法测温装置宜采用红外测温仪、辐射式测温计等。

由热电偶组成的测温系统应包括补偿导线、温度控制装置、温度记录仪表等。热电偶丝、补偿导线必须与温度显示装置、记录仪表型号、极性相匹配。

热电偶补偿导线应根据热电偶的型号和使用温度选择，与 K 分度热电偶相匹配的补偿导线型号可按相关规定确定。补偿导线的布置不应与供电线路缠绕在一起，与热电偶丝连接时应采用接线座，不宜将两根导线直接拧接在一起。补偿导线与热电偶的两个接头以及仪表端子的两个接头必须分别处于相同的环境温度。使用补偿导线后，若冷端温度仍不稳定，应采取冷端温度补偿措施。

仪表量程宜根据焊后热处理的常用温度选择。温度控制的控温精度应在 ±5℃以内，冷端补偿精度应在 ±2℃以内。

焊接热处理所使用的温度检测器具，在正常使用状态下应定期作系统校验，并应在有效期内使用。维修后的检测器具，应重新校准。

温度控制、温度测量和记录设备等计量仪表，应经过计量部门检定合格，并应在有效期内使用。维修后的计量器具应重新校准。

在条件许可的情况下，可使用标准电子电位差计或其他温度检定仪对包括补偿导线、温度控制装置和记录仪表在内的整套系统误差进行标定，温度设定时应扣除相应的数值。

2.6.2 焊接热处理工艺

1. 焊接热处理工艺文件的确定

焊接热处理工艺的关键参数，包括加热方法、加热时机，加热速率、恒温温度等应在焊接工艺评定中一并评定。焊接热处理现场应结合实际焊件规格、施工条件编制焊接热处理工艺指导书或工艺卡。

2. 预热

预热应采用火焰加热、电加热等方法，所采用的加热方法不应影响后续的焊接工作。

（1）预热温度和道间温度应根据钢材的化学成分、接头的拘束状态、热输入大小、熔敷金属含氢量水平及所采用的焊接方法等综合因素确定或进行焊接试验。预热温度和道间温度的确定应符合下列规定。

1）钢结构用钢类别及预热应符合现行国家标准《钢结构焊接规范》GB 50661的有关规定，常用结构钢材采用中等热输入焊接时，最低预热温度要求宜符合表2-36的规定。

常用结构钢材最低预热温度要求 表2-36

钢材类别	接头最厚部件的板厚 t（mm）				
	$t \leqslant 20$	$20 < t \leqslant 40$	$40 < t \leqslant 60$	$60 < t \leqslant 80$	$t > 80$
Ⅰ	—	—	40	50	80
Ⅱ	—	20	60	80	100
Ⅲ	20	60	80	100	120
Ⅳ	20	80	100	120	150

注：1. 焊接热输入为15～25kJ/cm，当热输入每增大5kJ/cm时，预热温度可比表中温度降低20℃；
　　2. 当采用非低氢焊接材料或焊接方法焊接时，预热温度应比表中规定的温度提高20℃；
　　3. 当母材施焊处温度低于0℃时，应根据焊接作业环境、钢材牌号及板厚的具体情况将表中预热温度适当增加，且应在焊接过程中保持这一最低道间温度；
　　4. 焊接接头板厚不同时，应按接头中较厚板的板厚选择最低预热温度和道间温度；
　　5. 焊接接头材质不同时，应按接头中较高强度、较高碳当量的钢材选择最低预热温度；
　　6. 本表不适用于供货状态为调质处理的钢材，控轧控冷（TMCP）钢最低预热温度可由试验确定；
　　7. "—"表示焊接环境在0℃以上时，可不采取预热措施。

2）预热温度、道间温度也可采用相关规范规定的计算方法确定温度。

（2）实际工程结构在确定预热温度时尚应符合下列规定。

1）电渣焊和气电立焊在环境温度为0℃以上施焊时可不进行预热。

2）应根据焊接接头热传导条件选择预热温度。条件相同时，T形接头应比对接接头的预热温度高25～50℃，但T形接头两侧角焊缝同时施焊时应按对接接头确定预热温度。支管与主管进行焊接时，应按主管的规格进行预热。异种钢焊接时，所需的最低预热温度应根据焊接性差或合金成分高的一侧母材选取。

3）在拘束度较大条件下施焊时，应在施焊的全过程进行温度检测，确保焊接接头的层间温度不低于最低预热温度。

（3）预热加热宽度应符合下列规定。

1）预热的加热区域应在焊缝坡口两侧，宽度应大于焊件施焊处板厚的1.5倍，且不应小于100mm。

2）预热温度宜在焊件受热面的背面测量，测量点应在离电弧经过前的焊接点各方向不小于75mm处。

3）当采用火焰加热器预热时正面测温应在火焰离开后进行。

要求预热的焊件中途停焊，需恢复焊接时，焊前应重新预热。

3. 后热

经焊接性评价，具有冷裂纹倾向的焊件，当焊接工作停止后，若不能立即进行焊后热处理，应进行后热。其加热宽度不应小于预热时的宽度。

消氢处理的加热温度应为250~350℃，保温时间应根据工件板厚按每25mm板厚不小于0.5h，且总保温时间不得小于1h确定。达到保温时间后应缓冷至常温。

4. 焊后热处理

焊后热处理时，应符合下列规定。

（1）设计文件对焊后消除应力有要求时，根据构件的尺寸，工厂制作的焊接结构宜采用加热炉整体热处理，也可采用电加热器局部热处理对焊件消除应力；现场安装焊缝可采用火焰加热法、电加热法进行局部焊后热处理。

（2）焊后热处理应符合现行行业标准《碳钢、低合金钢焊接构件 焊后热处理方法》JB/T 6046的有关规定。当采用电加热对焊接构件进行局部消除应力热处理时，应符合下列规定：

1）进行局部电加热热处理时，焊缝每侧加热区域的宽度成至少为焊件厚度的3倍，且不应小于200mm；

2）对较长焊缝分段进行焊后热处理时，重叠部分不应少于300mm；

3）加热板（带）以外构件两侧宜用保温材料适当覆盖。

焊后热处理工艺参数的选择，应根据产品有关的设计及制造规定、技术条件和工艺评定的结果，对焊后热处理的操作工艺予以具体规定，形成焊后热处理作业指导书。

异种钢焊接接头进行热处理时，应按较低强度侧母材焊接热处理工艺要求进行。同时还应综合考虑接头两侧母材的性能。

焊缝局部返修，当原焊件有预热、焊后热处理要求时，应在返修中进行相应的预热，返修后应按规定进行焊后热处理，热处理的保温时间可根据返修焊的要求确定。

2.6.3 焊接热处理工艺措施

1. 温度测量

火焰加热宜采用红外测温仪测温。电加热宜采用热电偶、表面测温仪等测温方法。

热电偶测温应符合下列规定。

（1）根据热电偶的作用，可将热电偶分为控温热电偶和监测热电偶。控温热电偶宜布置在焊件的温度最高点，监测热电偶可用来确保焊件均温区都达到工艺要求的温度。

（2）热电偶应根据热处理的温度、仪表的型号、测温精度选择。热电偶的直径与长度应根据焊件的大小、加热宽度、固定方法选用。

（3）热电偶的安装位置，应以保证测温、控温准确可靠、有代表性为原则。

（4）当采用柔性陶瓷电阻加热器进行预热时，热电偶应布置在加热区以内。监测热电偶应尽可能靠近待焊坡口，必要时应用其他方法检测待焊坡口处的温度。

（5）固定热电偶宜采用电容储能焊机焊接的方法或其他能保证热电偶热端与焊件接触良好的方法。热处理结束后应将热电偶点焊处打磨干净。

（6）采用焊接方法固定热电偶时，同炉热处理多个焊件时，热电偶应布置在有代表性的焊接接头上，同时在其他焊件上应至少布置 1 个监测热电偶；柔性陶瓷电阻加热器加热时，简装式热电偶的热端应覆盖 2～3mm 的绝热遮挡层；感应加热时，热电偶的引出方向宜与感应线圈相垂直；储能焊机点焊热电偶时，两焊点的距离应小于 6mm，2 个热电极之间及其与焊件之间应相互保持绝缘；热电偶冷端温度不稳定时，必须使用补偿导线引出，必要时应采取补偿措施。热电偶与补偿导线的型号、极性、精度应匹配。

（7）板件焊后热处理温度测点布置应符合下列规定：

1）对于对接接头，控温热电偶应布置在焊缝上，监测热电偶应布置在均温区的边缘，距离焊缝 1 倍壁厚处，且不应超过 50mm。

2）对于 C 形接头、T 形接头、十字形接头，控温热电偶应布置在焊缝上，测温热电偶应布置在焊缝两侧各焊件均温区边缘。

2. 加热装置的定制和安装

（1）柔性陶瓷电阻加热器的安装应符合下列规定。

1）应根据焊接热处理构件的形状、尺寸、厚度定制合适的柔性陶瓷电阻加热器。加热器应有足够的加热功率，加热器的宽度应满足均温宽度的要求。

2）安装加热器时，应将焊件表面的焊瘤、焊渣、飞溅清理干净，使加热器与焊件表面贴紧，必要时，应制作专用夹具。加热器的布置宽度应比要求的加热区均温宽度每侧多出 60～100mm。

3）对水平放置直径大于 273mm 的管道或大型部件进行焊后热处理时，宜采用上、下分区控制温度。

4）用一个测温点同时控制多个相同尺寸的焊接接头加热时，各焊接接头加热器的布置方式应相同，且保温层宽度和厚度也应尽可能相同。

（2）感应线圈的安装应符合下列规定。

1）应根据焊件厚度或要求的加热工艺，选择合适的匝数与匝间距离，以满足加热宽度的要求。当匝数较多时，应适当调整线圈的匝间距，避免中间部位超温。

2）感应线圈安装时，应避免匝间短路以及在焊件上造成剩磁。

（3）火焰加热工艺措施应符合下列规定。

1）使用多个喷嘴时或用焊炬进行加热时，宜对称布置，均匀加热。

2）火焰焰心至工件的距离应在 10mm 以上；喷嘴的移动速度应稳定，不得在一个位置长期停留。火焰加热时，应注意控制火焰的燃烧状况，防止金属的氧化或增碳。

3）火焰加热应以焊缝为中心，加热宽度应为焊缝两侧各外延不少于 50mm。火焰加热的恒温时间应按每毫米焊件厚度保温 1mm 计算。加热完毕，应立即使用干燥的保温材料进行保温。

3. 保温宽度与厚度

保温宽度应比加热范围内的加热宽度每侧多 100～200mm。焊后热处理的保温厚度宜取 40～60mm。感应加热时，可适当减小保温厚度。

2.6.4 焊接热处理质量检查及要求

应根据焊接热处理技术要求，编制质量检查项目及合格要求指标。

（1）火焰加热方式焊接热处理的质量检查项目应包括：喷嘴的型号和数量；火焰焰心至工件的距离；喷嘴的移动速度；火焰的燃烧状况；火焰的加热宽度、恒温时间。

（2）电加热方式焊接热处理的质量检查项目应包括下列内容。

1）焊接热处理前的检查项目应包括：加热及测温设备、器具；加热装置的布置、温度控制分区；加热范围，保温层的宽度、厚度；温度测点的安装方法、位置和数量；设定的加热温度、恒温时间，升、降温速度等。

2）焊接热处理中的检查项目应包括：加热及测温设备、器具是否正常运行；各记录是否正常。

3）焊接热处理后的检查项目应包括：工艺参数是否在控制范围以内，并有自动记录曲线；热电偶有无损坏、位移；焊接热处理记录曲线与热处理工艺指导玄件吻合度。

（3）进行焊接热处理焊件外观质量检查，焊件表面应无裂纹，氧化色均匀。焊接热处理后构件的变形在允许范围之内。

2.7 变形矫正

矫正钢材变形的方法很多，在常温下进行的称为冷作矫正，冷作矫正包括机械矫正和手工矫正。如果将钢材加热到一定温度，然后对其进行矫正，则称为加热矫正。根据加热状况，又分为全加热矫正和局部加热矫正两种。

2.7.1 矫正常用工具和设备的使用

手工矫正常用的工具是各类锤，配以平台、垫铁等，可对尺寸不大，变形不太严重的钢材进行矫正。机械矫正主要有校平机、压力机、专用工装设备及千斤顶等设备。加热矫正主要是火焰加热工具及高频加热设备等。

2.7.2　压力机矫正型钢变形

用压力机矫正型钢的弯曲变形。以图 2-105 所示为例，介绍用压力机矫正型钢变形的具体操作方法。

图 2-105　压力机矫正型钢的弯曲变形

首先找出型钢的弯曲部位，将其凸起侧朝上，置于压力机平台上。在型钢下部凸起部位的两侧垫上垫块。需要时，垫块要与型钢外表面吻合。操纵压力机控制开关，使压力机滑块缓慢下降，对型钢凸起处施加压力。当型钢被压直时，升起压力机滑块，观察型钢的回弹情况，然后再操纵压力机下压，使被矫正型钢产生少许向下凹弯，以抵消回弹，直至将型钢矫直。

2.7.3　钢板变形的矫正

1. 多辊矫平机矫正钢板变形

多辊矫平机是用来矫正钢板变形的专用设备，主要由机身框架和上、下两排轴辊构成。用于矫正厚钢板的矫平机轴辊较少，呈渐起式排列，可充分利用设备的能力，设备右端为钢板的出口。用于矫正薄板的矫平机轴辊较多，因所需要的矫正力较小，多将上、下辊轴调成平行式排列，使钢板获得充分的弯曲、延展，直至将钢板矫平。

2. 手工矫正钢板变形

（1）薄钢板变形的手工矫正

手工矫正锤击薄钢板时，钢板的延伸量不太容易掌握，因此，薄钢板变形的手工矫正比较困难，是不易掌握的基本操作技能。对于薄钢板的变形，可以假想是由于其内部结构"松""紧"不一致而造成的，手工锤击矫正薄钢板变形，就是将"紧"的部位加以延伸，使其与"松"的部位达成新的平衡而实现矫平。

1）钢板中部凸起变形的矫正

对于这类变形，可以看作是钢板中部松、四周紧。矫正时锤击紧的部位，使之扩展，以抵消紧区的收缩量。

2）局部凸起变形的矫正

四周起伏变形的矫正操作时应注意：锤击时，从凸起处边缘开始向外扩展，锤击点的密度越向外越密，使钢板四周获得充分延展；不可直接锤击凸起处，因为薄钢板的刚性较差，锤击时，凸起处被压下获得扩展，反而容易使变形更加严重。钢板四周呈荷叶边状起伏变形的矫正：对于这类变形，可以看作是钢板四周松、中间紧；矫正时，可以在平台上由凸起边缘起，向内锤击紧的部位，锤击点的密度越向内越密，使钢板的中部紧的区域获得充分延展，直至矫平。

3）薄钢板的无规则变形的矫正

这类变形有时很难一下判断出松紧区，可以根据钢板变形的情况，在钢板的某一部位进行环伏锤击，使无规则变形变成有规则变形，然后判断松紧部位，再进行矫正。

（2）厚钢板变形的手工矫正

厚钢板的刚性较大，手工矫正比较困难。但对一些用厚钢板制成的小型工件，则常可以用手工对其进行矫正。

1）直接锤击法

将弯曲钢板凸侧朝上扣放在平台上，持大锤直接锤击钢板凸起处，当锤击力足够大时，可以使钢板的凸起处受压缩而产生塑性变形，从而使钢板获得矫正。

2）扩展凹面法

将弯曲钢板凸侧朝下放在平台上，在钢板的凹处进行密集锤击，使其表层扩展而实现矫平。

2.7.4　局部加热矫正

局部加热矫正也称火焰矫正，是矫正钢材变形和结构件变形的一种重要手段，局部加热矫正的原理是利用金属材料热胀冷缩的物理特性，具体过程如下：在钢材的变形部位进行局部加热，被加热处的材料受热膨胀，但由于周围没有被加热处温度较低，因此膨胀受到阻碍，膨胀处的材料产生压缩塑性变形。停止加热并冷却后，膨胀处的材料收缩，因而带动钢材产生新的变形。利用并控制由加热—冷却生的变形与原来存在的变形方向相反，即可抵消原来的变形。控制加热和冷却产生变形方向的关键在于正确地判定加热位置和选择合适的加热区形状。

1. 加热区形状的选择

局部加热的加热区形状有三种：点状、线状和三角形加热区。由于加热区大小、形状的不同，因而各自有着不同的收缩特点。

（1）点状加热

加热区为加热处一定直径的圆圈状的点，根据钢材变形情况的需要，可选择加热一点或多点。多点加热时，加热点多呈梅花状排列（图2-106）。

图 2-106　点状加热

点状加热的特点是：冷却后，热膨胀处向点的中心收缩。根据这一特点，当钢板局部凸起变形时，可以看作是凸起处内部组织"疏松"而隆起，在隆起处选择适当数量的加热点，使其冷却后均匀收缩而实现矫平，点状加热适用于薄钢板变形的矫正。

点状加热的操作要点：加热点的大小、排列要均匀，点的直径取决于被矫钢板的厚度，一般不宜小于 $\phi15mm$；各加热点之间应有明显的界限，点与点之间的距离一般为 50～100mm；在一次加热未达到矫正要求而需重复加热时，加热点不得与前次加热点重合。

（2）线状加热

线状加热时火焰沿直线方向移动，或同时在宽度方向上作一定的横向摆动，加热区为长度与宽度有明显区别的条状区域（图2-107）。

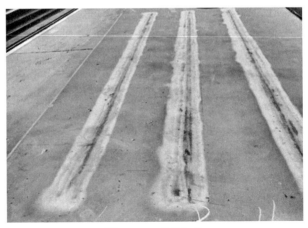

图 2-107　线状加热

线状加热的特点是：冷却后，加热区的横向收缩量远大于纵向收缩量。线状加热在钢材变形的矫正中用得较少，在变形较大的结构件中，有时根据其变形特点加以选用，线状加热的宽度视板材的厚度而定，一般为板材厚度的1～3倍。

（3）三角形加热

加热区呈等腰三角形，底板在钢板或结构件的边缘，这种加热方式称为三角形加热（图2-108）。

图2-108　三角形加热

三角形加热的特点：由于加热面积较大，因而收缩量也大，并且由于沿三角形高度方向上的加热宽度不等，所以收缩量也不等，从三角形顶点起，沿两腰向下收缩量逐渐增大。由于三角形加热区收缩量大，且有一定变化规律，因而这种加热方式在矫正钢材和结构件的变形中经常被选用。

三角形加热的操作要点：加热区三角形形状要明显，呈等腰三角形，顶角以小于60°为宜，底边应在被矫钢材或构件的边缘加热区，加热要均匀，背面要烤透，可正反面交替加热，但要注意两面的形状、位置要一致。

2. 加热操作注意事项

不管选用哪种加热区形状，在加热时应注意以下几点：

加热速度要快，热量要集中，尽力缩小除加热区外的受热范围，这样可以提高矫正效果，在局部获得较大的收缩量；加热时，焊嘴要作圈状或线状晃动，不要只烤一点，以免烧伤被矫正钢材；当第一遍矫正过后，需重复进行局部加热矫正时，加热区不得与前次加热区重合；为了加快加热区收缩，有时常辅以锤击，但要用木锤或铜锤，不得用铁锤。

2.8　钢结构预拼装工艺

对大型复杂钢结构建筑中大跨桁架，异形构件及受力复杂构件，因其加工、安装精度要求高，经常需要采取工厂预拼装技术，在吊装前期将构件的制作偏差进行调整与融合，保证现场安装顺利进行。但因实体构件预拼装工作量大，构件定位难且精度高，特别是占用场地面积巨大，不但在工程中应用成本代价太高，而且增加了建筑安装工期，建立在计算机三维模型技术上的数字模拟预拼装技术具备可视化效果，且人为容错率低，预拼装精度高，周期短，且成本低廉，便于检测，是一种绿色施工技术，目前已开始被工程界普遍接受，本节将以某超高层建筑中复杂伸臂桁架的数字模拟预拼装技术为例，分别介绍预拼装技术在工程应用中的拼装工艺、检测手段及纠偏方案，供相关工程人员参考。

2.8.1 工厂实体预拼装技术

1. 实体预拼装的场地要求

预拼装场地选择时，要结合工程拟拼装主要构件的结构形式、轮廓尺寸及重量等情况，确定工厂预拼装场地大小、拼装行车的数量及性能，同时要考虑实际现场安装需要的供货时间，准备足够的拼装平台，由于一般需要预拼装的构件重量都比较重，车间和平台要求必须采用重型平台，平台上必须有预埋件，其承载力也要满足要求，预拼装胎架材料要求采用数控切割，胎架必须具有足够的刚度。图2-109～图2-118为国内部分重点工程预拼装车间和场地预拼装照片。

图2-109　广州西塔外框钢柱预拼装

图2-110　北京电视台转换桁架预拼装

图2-111　中央电视台A塔楼转换桁架预拼装

图2-112　上海环球中心桁架预拼装

图 2-113　中央电视台 B 楼转换桁架预拼装

图 2-114　上海中心核心筒剪力墙预拼装

图 2-115　上海中心桁架预拼装

图 2-116　深圳平安金融中心环桁架预拼装

图 2-117　天津周大福桁架预拼装

图 2-118　武汉绿地环桁架预拼装

2. 实体预拼装工艺要点及质量控制措施

（1）平台胎架基准定位线的放样

工艺要点：应根据构件的实际投影尺寸，选择合适的预拼装车间或平台，将平台清扫干净，然后按照 1：1 的比例在平台上将桁架主要控制线划出来，作为拼装和检测的基准和依据，划线后提交专职检查员检查。

质量控制措施：平台上的主要基准线放样前先将平台进行清扫，然后在预埋件相对位置上设置钢板样条，并与平台上的预埋铁件固定牢固，基准线的放样必须按照 1:1 的比例进行，划线时应严格控制其精度要求，以保证后续加工制作的定位精确度，放样划线后，将主要控制点敲上洋冲印，并用红色油漆做好标记并进行相应保护，平台上基准线放样完成后应提交专职质检员和监理进行专项检测（图 2-119、图 2-120）。

图 2-119　钢板样条设置　　　　图 2-120　基准线放样标记

（2）预拼装胎架的设置

工艺要点：预拼装胎架搭设应保证足够刚度及稳定性，同时必须保证胎架模板上口水平度不大于 1mm。

质量控制措施：由于预拼装构件重量一般比较大，因此预拼装时应选择重型拼装胎架，保证胎架有足够的刚度及稳定性，必要时应加设临时支撑；胎架搭设完毕后因进行质量验收；胎架模板要求采用数控切割，并打磨光洁，模板定位时采用水平仪和激光仪配合定位，必须确保其上口水平度的误差不大于 1mm，对于超差处必须进行修正，胎架设置后应提交专职检查员和监理进行验收，合格后方可使用（图 2-121、图 2-122）。

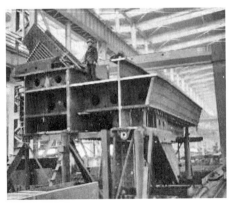

图 2-121　异形柱预拼装胎架设置　　　　图 2-122　桁架预拼装胎架设置

（3）分段构件单元定位固定

工艺要点：预拼装单元构件定位应小心轻放，定位时应确保分段端面的垂直度、四角水平度以及相对位置的正确，确保定位精度满足预拼装要求。

质量控制措施：构件上胎时，应小心轻放，不得垂直以较快的速度对胎架产生直接冲击，防止胎架产生变形和移位；构件定位时，严格控制构件中心线定位点与平台上基准线的重合度，采用线坠保证构件的垂直度以及端面企口位置线，并采用经纬仪和水平仪对构件单元直线度、水平度、高度及角度进行精确调整定位，特别是预拼单元分段四角的水平度和中心线垂直度必须确保100%正确。构件定位后，对构件再次核定精度，确认无误后，采用小铁块与胎架间进行临时定位固定（图2-123、图2-124）。

图2-123　中心线定位　　　　　　　图2-124　定位精度核验

（4）分段间的定位

工艺要点：各分段构件定位后，严格检查分段间坡口间隙、板边差、相对位置以及坡口角度等，对超差位置必须进行修正；构件预拼装完成后，安装临时连接耳板，作为现场安装定位的依据。

质量控制措施：逐步安装焊接各零件或小合拢件，尽量将有高强度螺栓孔的小合拢件最后安装，更好地控制螺栓连接端口的精度；各分段定位后，全面地检测构件外形尺寸，端口的对角线、垂直度、开档尺寸等，将互相连接的各个接口尺寸进行比较，如有超差则进行修整，使其每个对接口的制作公差一致，确保对接质量；对预拼装主要检测分段接口错边量、坡口间隙、外形尺寸以及高强度螺栓的穿孔精度严格控制，并记录预拼装结果；预拼装后的允许偏差符合现行国家标准《钢结构工程施工质量验收标准》GB 50205及设计要求的相关规定，经监理确认后，将分段连接处的临时安装连接板进行定位安装，同时将分段接口的现场安装对合基准线用洋冲敲好（图2-125、图2-126）。

（5）预拼装整体检测

工艺要点：预拼装结束后，先进行自检，采用全站仪、经纬仪、水准仪、钢卷尺及线坠进行整体检测，符合要求后，会同设计、总包、监理等进行整体验收。

图 2-125　分段间定位监测　　　　　　图 2-126　分段接口临时连接板定位固定

质量控制措施：大型构件拆分、组装的复杂性往往体现在连接节点上，也就是通常说的构件牛腿，对空间牛腿定位时可在端部采集多个空间点，通过模型调用三维坐标值，以此控制牛腿的端口尺寸，可以较高精度地保证牛腿的安装质量；预拼装完成后对整个拼装单元采用地样法和全站仪相配合的方法进行完整性检测，可以确保预拼装构架的精度（图 2-127、图 2-128）。

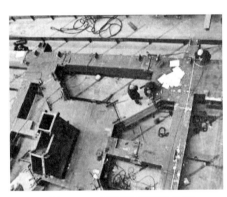

图 2-127　预拼装完整性检测　　　　　图 2-128　预拼装构件整体验收

（6）实体预拼装测量技术要求

工艺要点：构件在预拼装开始前应提前在预拼装平台上划线，并按其实际构件尺寸及外形搭设预拼装胎架；地样线的测量宜采用高精度全站仪进行，构件现场对接位置精度的检测采用细部检测工具进行，拼装过程中采用线垂检测构件与地样线的位置关系，高强度螺栓孔的准度采用冲钉进行检查，预拼装完成后应对整体尺寸采用全站仪等高精度测量仪器检测（图 2-129～图 2-132）。

质量控制措施：测量人员必须有类似工程预拼装测量经验，参与过测量精度要求高的大型工程，具有丰富的测量知识与经验，且经过良好的培训，能使用各种类型的先进仪器，实体预拼装精度控制及采用的检测方法见表 2-37。

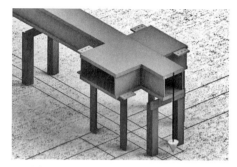

图 2-129　线垂检测构件与地样线

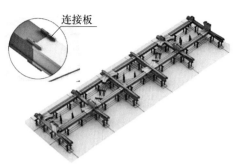

图 2-130　连接部位检测

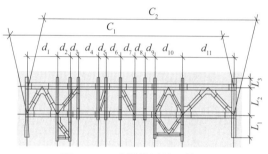

图 2-131　地样线测量工艺

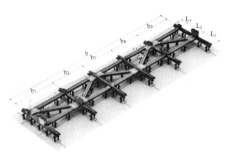

图 2-132　预拼构件实体测量工艺

实体预拼装精度要求及测量方法　　　　　　表 2-37

地样线精度要求			构件预拼装精度要求		
控制项目	允许偏差（mm）	测量工具	控制项目	允许偏差（mm）	测量工具
地样总长 L	±3.0		拼装单元总长	±5.0	全站仪、钢卷尺等
地样宽度 B	±3.0		对角线	±5.0	全站仪、钢卷尺等
定位轴线距离 D	±1.0		各节点标高	±2.0	全站仪、钢卷尺等
对角线之差 ΔC	≤3	全站仪	节点处杆件轴线错位	2.0	线垂、钢尺等
各个胎架支撑点的平面度	≤2		坡口间隙	±1.0	焊缝量规
胎架高度	±1.0		单根杆件直线度	±2.0	粉线、钢尺等

3. 实体预拼装工艺案例——某工程伸臂桁架实体预拼装技术

（1）预拼装构件概况

众多超高层钢结构建筑中，加强层桁架整体在水平和垂直方向的外形尺寸都比较大，且构件重量比较大。因此，如何采用合理的预拼装方法同时确保构件的预拼装精度，将至关重要，下面以某工程（图 2-133）L18、L19 层第一道典型环桁架分片和伸臂桁架分片为例（图 2-134、图 2-135），介绍钢结构实体预拼装工艺流程及技术控制措施。

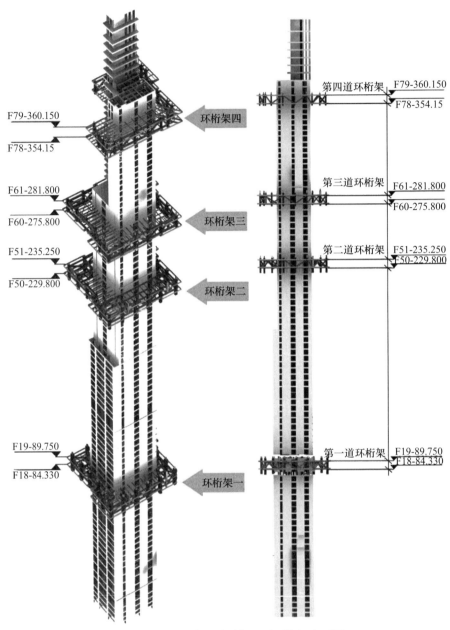

F79-360.150

F78-354.15

环桁架四

F61-281.800

F60-275.800

环桁架三

F51-235.250

F50-229.800

环桁架二

F19-89.750

F18-84.330

环桁架一

第四道环桁架   F79-360.150

F78-354.15

第三道环桁架   F61-281.800

F60-275.800

第二道环桁架   F51-235.250

F50-229.800

第一道环桁架   F19-89.750

F18-84.330

图 2-133　某超高层建筑加强层环桁架布置图

图 2-134　典型环桁架分片示意图　　图 2-135　典型伸臂桁架分片示意图

（2）桁架工厂预拼装工艺流程及技术措施

1）平台划线

工艺要点：桁架拼装时，在施工平台上划出钢柱的中心线和钢柱牛腿的平面投影，划出桁架上下弦杆和腹杆的中心线和牛腿的平面投影，划出钢柱与弦杆、钢柱与腹杆的接口线；用卷尺测量中心线偏差（允许偏差 ±1mm）和对角线长度偏差（允许偏差 4mm），如图 2-136 所示。

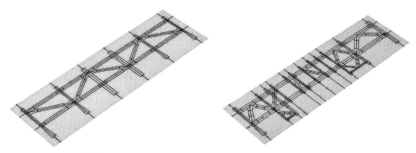

（a）环带桁架平台划线　　　　　　　（b）伸臂桁架平台划线

图 2-136　环带桁架平台划线示意图

2）胎架搭设

工艺要点：在预拼装平台上设置拼装胎架，胎架要有足够的强度和刚度，胎架上设立模板，胎架模板上口水平度应严格控制，胎架使用前应经验收合格方可使用（图 2-137）；按地样布置各类构件的预装胎架；每根构件下有 2～3 个胎架支撑；胎架的平面度可通过垫片来调整。胎架精度控制见表 2-38。

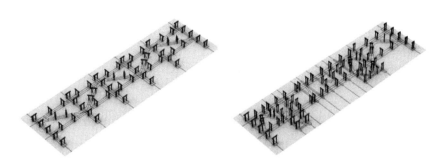

（a）环带桁架胎架　　　　　　　（b）伸臂桁架胎架

图 2-137　桁架胎架搭设示意图

拼装胎架精度控制　　　　　　　　　　　　　　　　表 2-38

主控项目	胎架平面度	中心线间距	地样对角线
允许偏差	2mm	±1mm	4mm
测量工具	水准仪	卷尺	卷尺

3）钢柱定位

工艺要点：先定位中间的钢柱，依次吊装上节柱和下节柱；定位时对齐中心线，测量钢柱间的接口与错边，复核钢柱上牛腿的中心线和标高位置，符合要求后与胎架固定（图 2-138）。钢柱定位精度控制见表 2-39。

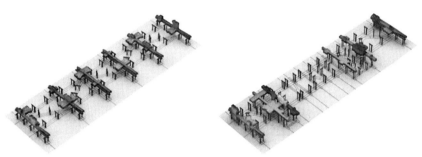

（a）环带桁架钢柱定位　　　　　　　　（b）伸臂桁架钢柱定位

图 2-138　桁架钢柱定位示意图

钢柱定位精度控制 　　　　　　　　　　　　　　表 2-39

主控项目	柱中心线	柱牛腿中心线	柱顶标高	构件间距
允许偏差	±2mm	±2mm	±2mm	±2mm
测量工具	吊线、钢尺	吊线、钢尺	吊线、钢尺、卷尺	卷尺

4）上下弦杆件的定位

工艺要点：定位上弦杆件，依次吊装定位上弦各杆件；定位时对齐中心线，测量杆件间的接口与错边，复核弦杆上牛腿的中心线和标高位置，对明显超差现象，应进行修正，符合要求后与胎架固定（图 2-139）。上下弦杆定位精度控制见表 2-40。

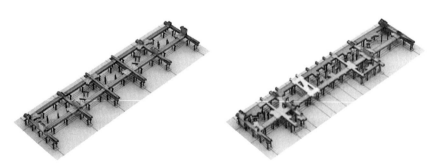

（a）环带桁架弦杆定位　　　　　　　　（b）伸臂桁架弦杆定位

图 2-139　桁架上下弦杆定位示意图

上下弦杆定位精度控制 　　　　　　　　　　　　表 2-40

主控项目	弦杆上拱度	对接口间隙	板厚错位	弦杆中心线	弦杆牛腿对角线
允许偏差	0～3mm	±2mm	$t/10$，且≤2mm	±2mm	4mm
测量工具	吊线	钢尺	钢尺	吊线、钢尺	吊线、钢尺

5）腹杆定位

工艺要点：吊装定位斜腹杆；定位时对齐中心线，测量杆件间的接口与错边，复核弦杆上牛腿的中心线和标高位置，对明显超差现象，应进行修正，符合要求后与胎架固定（图 2-140）。腹杆定位精度控制见表 2-41。

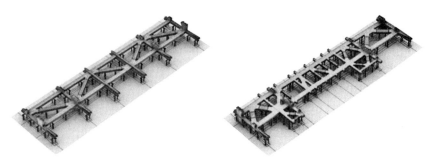

（a）环带桁架腹杆定位　　　　　　　（b）伸臂桁架腹杆定位

图 2-140　桁架腹杆定位示意图

腹杆定位精度控制 　　　　　　　　　　　　　　　　　　表 2-41

主控项目	斜腹杆中心线间距	对接口间隙	板厚错位
允许偏差	±2mm	±2mm	$t/10$，且 ≤ 2mm
测量工具	吊线、钢尺	钢尺	钢尺

6）杆件测量验收

工艺要点：各构件间连接板定位后，测量构件外接口尺寸和标高，测量各牛腿的标高和眼孔尺寸，用全站仪复测整体预拼装构件外形控制点位置，符合规范要求后，报监理验收，记录验收数据（图 2-141）。杆件测量验收标准见表 2-42。

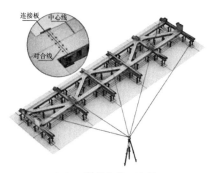
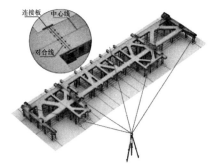

（a）环带桁架位置复检　　　　　　　（b）伸臂桁架位置复检

图 2-141　环带桁架完整性检测示意图

杆件测量验收标准 　　　　　　　　　　　　　　　　　　表 2-42

主控项目	中心线间距	对角线	标高
允许偏差	±1mm	4mm	±2mm
测量工具	吊线、钢尺	卷尺	拉线、钢尺、卷尺

7）标记及拆分发运

工艺要点：进行现场安装的对合线标记，并逆向拆分、构件编号、涂装后发运至现场进行安装；构件拆分后倒运、堆放应采取措施确保构件不变形（图 2-142）。

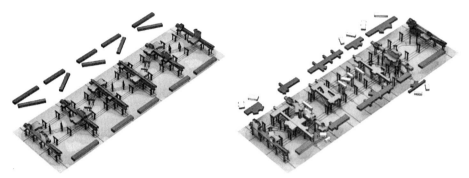

（a）环带桁架杆件拆分　　　　　　　　　　（b）伸臂桁架杆件拆分

图 2-142　环带桁架杆件拆分顺序示意图

2.8.2　数字模拟预拼装技术

本小节以复杂伸臂桁架的数字模拟预拼装技术为例，分别介绍预拼装技术在工程应用中的拼装工艺、检测手段及纠偏方案，供相关工程人员参考。

1. 在工程中采用数字模拟预拼装技术的必要性

实际工程中需要预拼装的钢构件通常有截面大、节点复杂的特点，焊接时填充焊材熔敷金属量大，焊接时间长，热输入总量高，因此结构焊后变形大；又因对应结构本身的复杂性，各单体结构均属"复合型"构件，焊接应力方向不一致，纵、横、上、下立体交叉，互相影响极易造成构件综合性变形，构件的加工制作周期也很长。

另外复杂结构全部采用实体轮次拼装，则轮次预拼叠合处的构件均需参与多次拼装，拼装的周期将大大拉长，严重制约整个工程的施工进度。

实体预拼装不仅仅只是拼装场地、机械设备、辅助设施、拼装技术人员的投入，更多的是由于构件需进行多次的翻身与驳运，增加了构件碰伤或变形的风险，同时，很多工程中大部分预拼装构件均为超大型构件，实体拼装时由于拼装高度的影响，无法将其安装到位。

与实体预拼装相比，数字模拟预拼装具有应用范围广、工期短、成本低、节能环保等优点，工程实践证明数字模拟钢结构拼装新技术是成熟的、先进的，钢结构预拼装的质量符合国家有关规程规范的要求，可以在大型复杂钢结构预拼装中推广应用，应用前景非常可观。

2. 数字模拟拼装方法

数字模拟预拼装技术相对于实体构件预拼装，容错率低，周期短，且成本低廉，为一种绿色施工技术，对受力复杂，构件尺寸大，杆件种类多的空间结构应用数字模拟预拼装技术不但能提高构件加工质量，而且经济效益显著。

数字模拟预拼装即构件加工制作完成后对其进行检测，并将检测数据输入电脑软件中与其他构件实际尺寸进行模拟拼装，模拟预拼装工艺流程如图2-143所示，主要实施步骤如下。

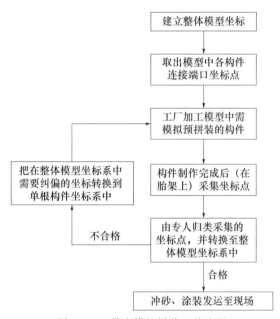

图2-143　数字模拟拼装工艺流程

（1）以经设计院审核正确的整体模型为基准，而后根据各构件的特点分别建立各自的坐标系，各构件分别根据各自的坐标系绘制拼装工艺图，确定胎架的设置、标高以及各控制点的坐标值。

（2）根据绘制正确的工艺图设置胎架，与原实体拼装不同的是，各构件的胎架不需设置在一起，而是分别单独进行设置，各构件的坐标均进行了相应转换，但构件上各控制点的相对位置均没有变化，胎架设置后将各构件分别吊上各自的胎架进行定位，而后检测各控制点的坐标值，将各构件实测的坐标值分别与实体拼装工艺图中相对应控制点的坐标进行比较。

（3）以原实体拼装模型为基础，对于坐标值有误差的构件则将此构件和与其相邻构件的有关参数共同输入到整体结构模型中，检测构件间的连接情况，对超差进行修整以达到构件实体预拼装的要求。

3. 数字模拟拼装工艺技术及控制要点

加工厂通常采用的数字模拟预拼装技术，主要采用全站仪测量预拼装构件的尺寸数据，并将数据整理后通过三维控制坐标与理论尺寸进行比较分析，创建出以实际测量尺寸为基准的三维模型进行电脑模拟预拼装，具体工艺分解如下。

（1）预拼装构件模型在软件之间的转换

模拟预拼装的主要数据调取及偏差的检查一般是在 AutoCAD 中进行。目前，建筑钢结构工程深化设计模型主要采用芬兰研发的 Tekla Structures 软件进行，深化设计模型是按照结构理论尺寸进行建模。数字模拟预拼装的第一步是在 Tekla Structures 深化模型中选取拼装构件，将构件导入 AutoCAD 中。

模型导入到 AutoCAD 软件后，建立相对坐标系（一般钢桁架的相对坐标系往往建立在中心线交点处）。利用 AutoCAD 软件以及辅助插件量取构件或节点端口的理论坐标值，将理论坐标值作为构件预拼装的基准（图 2-144、图 2-145）。

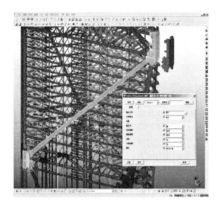

图 2-144 Tekla Structures 深化设计模型（示意图）

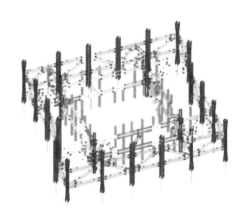

图 2-145 导入 AutoCAD 的预拼装分块

（2）实体构件在模型中的接入

对拼装分块中单一构件加工制作完成后，利用全站仪对实际构件尺寸进行测量，得出构件实际端口坐标、实际中心线及相关测量数据（图 2-146）。

构件各端口实际坐标、中心线实际位置得出后，将其反映至软件模型中，并与理论尺寸模型相结合（图 2-147）。

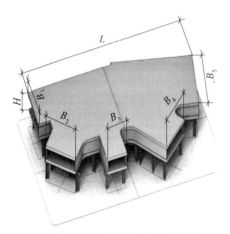

图 2-146 实际构件尺寸测量

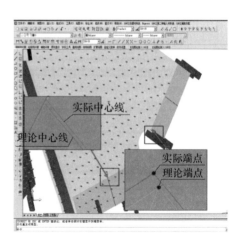

图 2-147 将构件实际尺寸导入理论模型（示意图）

（3）在软件中进行构件拼装模拟

各构件实际数据采集完成，进行电脑模拟预拼装，拼装定位时以理论模型为定位依据，将各构件理论模型及实际端口点按已设置完成的相对坐标系进行定位（图2-148）。

利用AutoCAD软件及其辅助小插件，对构件的端口理论坐标、实际坐标数值进行量取并以三维坐标值体现。实际应用过程中，AutoCAD坐标数据可通过TrueTable插件实现与Excel数据互通，将数据导入Excel软件（图2-149）。

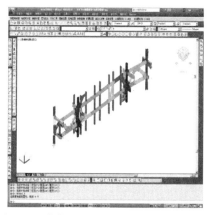
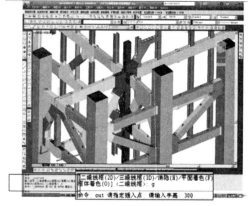

图2-148　构件导入软件拼装模拟（示意图）　　图2-149　各端口理论与实际坐标量取（示意图）

（4）坐标数据处理纠偏

数据整理，将实际值与理论值进行比较，算出偏差值。检查偏差是否符合规范要求，并与实体预拼装进行对比分析。符合规范要求则预拼装完成。不符合规范要求的先对构件进行位置调整至符合规范要求，若无法调整到位，则认为构件制作精度不达标，需进行整改（图2-150、图2-151）。

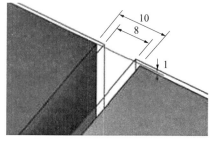

图2-150　坐标数据处理　　　　　　图2-151　理论与实际坐标偏差量取比对

4. 数字模拟拼装的检查、纠偏与施工保证措施

为了保证模拟拼装能顺利进行，达到预期的拼装效果，必须保证预拼的构件在同一时间段内统一加工。构件加工完成时，在胎架上进行数据采集，以保证坐标的正确转化。采集数据时，须有监理旁站，输入到模型复核须有监理监督或由多方进行。

对于采集数据须妥善保存，并由专人将其转换至整体模型坐标系中。单根构件验收合格后，把外形测量点的实际坐标值输入到整体预拼装坐标系中，就可以得出外形尺寸是否符合公差要求，把各个接口的实际测得的坐标值输入整体坐标系中，就可以得出连接端口是否符合公差要求。

对于采集到的数据须进行统一归类，按相互之间的连接关系转换到整体模型坐标系中，对转换至整体模型坐标系中的坐标进行复核。数据采集时，制作的单根构件已经检验合格。模拟预拼装时，连接构件之间可能会出现"极限公差"（比如牛腿和梁连接，一个标高为正公差，另一个标高为负公差）的情况。

当出现"极限公差"时，可以利用构件与构件之间微小的转动、移动来调整构件之间的连接状态。如果上述方法无法修正（如箱形端口尺寸偏差），在预拼装整体模型中选择公差比较大的构件，把此构件需要调整的坐标转换到单根构件坐标系中，用火工矫正的方式微调此构件。

构件在胎架上已经制作完成，在质检员验收构件合格之后进行数据的采集。采集须有专人进行，并由专人进行记录，采集时须有监理进行旁站。为了得到更精确的实测数据，测量采用地样法和全站仪两种方法进行，将实测数据分别记录下来。而后将实测数据分别转化成与实体拼装工艺中相对应的坐标值，并与之作比较，将所有控制点输入电脑进行整体建模，模拟整体拼装效果，仔细验证其误差是否能满足安装要求，否则必须进行修整，以达到构件整体拼装的效果。

5. 巨型平面桁架模拟预拼装工艺

根据不同的结构形式选择不同的模拟预拼装方案，既能保证拼装质量又能提高拼装工作效率。现以哈尔滨某工程巨型筒柱为例，简单介绍巨型平面桁架模拟预拼装的工艺技术要领。该巨柱桁架弦杆为箱形截面，腹杆为 H 形截面，整个巨型格构柱长 138m，重 3270t，工期紧，且结构形式复杂，不具备实体预拼装条件，拟采用平面实况电脑模拟拼装进行整体的模拟施工（即将相邻两个构件按照实测数据标示构件，然后按照统一的基准进行一对一电脑拼接接口），对钢柱、斜撑等的自由边间隙、板边差、错边及螺栓孔距等进行一对一的模拟（图 2-152、图 2-153）。

图 2-152　结构整体三维模型　　图 2-153　模拟预拼装斜筒钢柱

（1）模拟预拼装原则

筒柱部分是由四根立柱作为主体，立柱间采用斜撑栓接或焊接的巨型框架柱，结构复杂，安装精度要求高。为了保证构件的制作精度，为预拼装创造良好的条件，构件加工制作时，预先划出安装定位基准面，所有高度、长度方向尺寸均定位安装面为基准；各构件制作时，在各自身上划出定位基准线进行加工制作。

模拟预拼装时将此基准线对应放入其在整体结构中的定位位置，达到对各构件精确地模拟预拼装与制作控制基准线统一，避免定位误差（图2-154）。

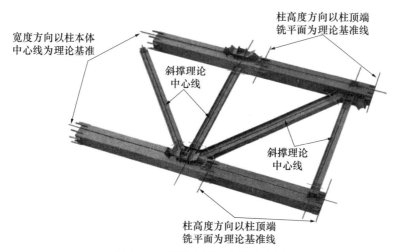

图2-154　筒柱立面中心线示意图

钢柱制作完成后，本体端口及牛腿端口运用地样法与水平仪一起测量的方法进行测量。斜撑根据加工制作基准线进行测量。

（2）筒柱模拟预拼装数据采集及检测

在筒柱构件加工制作时，钢柱及斜撑加工制作及模拟预拼装以各构件柱顶端铣平面理论线，宽度、厚度方向本体中心线作为基准线，形成整体中心线网格。构件制作完成后，可得到相邻构件之间的相互关系。

1）如图2-155所示，H为上、下节柱顶端铣平面理论间距，h为上节柱实际制作长度，用 $H—h$ 即可得到两节钢柱端口的实际间隙值。

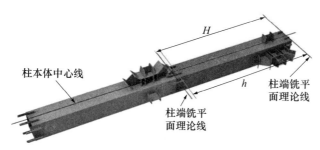

图2-155　筒柱立柱模拟拼装

2）如图 2-156 所示，A 为相互平行的两节钢柱理论中心线间距，a_1、a_2 为各钢柱牛腿端口到本体中心线实际距离，a_3 为斜撑实际制作长度，用 $A—a_1—a_2—a_3$ 即可得到钢柱牛腿端口与斜撑端口的实际间隙值。

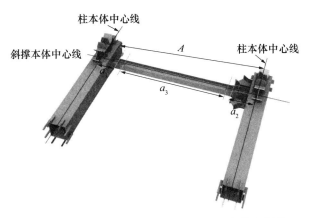

图 2-156　筒柱箱体立杆内牛腿与面内腹杆模拟拼装

3）如图 2-157 所示，以同样的方法模拟得到斜撑与钢柱另一方向牛腿间隙。

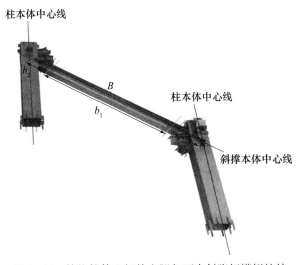

图 2-157　筒柱箱体立杆外牛腿与面内斜腹杆模拟校核

4）错边量采集：如图 2-158 所示，斜撑及钢柱 L_a 和 L_b 为固定值，L'_a 及 L'_b 为实际测量值，由 $L_a—L'_a$ 可得到板边差 ΔL_a，由 $L_b—L'_b$ 可得到错边 ΔL_b。

（3）模拟预拼装检测内容及保证措施

1）上、下节柱对接端口板边差、错边以及间隙：采用地样法和水平仪，通过钢卷尺、直尺测量端口的几何尺寸及其相对构件基准线的定位尺寸。

2）牛腿与斜撑对接端口板边差、错边以及间隙：采用地样法和水平仪进行定位，采用卷尺测量单根构件的几何尺寸，然后在电脑中将各构件按照既定的基准线模拟后测量得出，上下弦杆定位精度要求见表2-43。

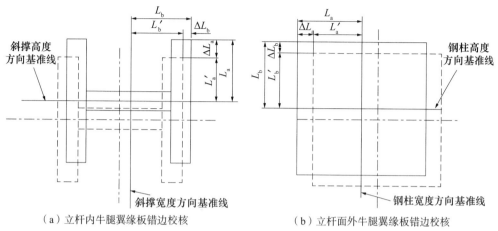

（a）立杆内牛腿翼缘板错边校核　　　　　　（b）立杆面外牛腿翼缘板错边校核

图2-158　筒柱箱体立杆间牛腿整体错边量校核

上下弦杆定位精度控制　　　　　　　　　　　　　表2-43

主控项目	两端螺栓孔距离 L	接口截面错位	立面两对角线之差	预拼装单元弯曲失高
允许偏差	+ 5～-10mm	2.0mm	$H/2000$ 且不大于 5.0mm	$L/1500$ 且不大于 10.0mm
目标值偏差	±4.0mm	2.0mm	5.0mm	$L/1500$

6. 典型伸臂平面桁架模拟预拼装技术

（1）工程概况

某工程主体结构为筒体结构，外框筒由巨柱、环桁架、巨型支撑及楼层梁构成，核心筒为劲性钢柱剪力墙，外框筒与核心筒之间通过伸臂桁架连接形成整体巨型框架—核心筒结构体系。连接核心筒与外框巨柱的伸臂桁架截面形式为箱形或H形，具体分布如图2-159所示，该工程为超高层项目，伸臂桁架外形尺寸超大，复杂受力的伸臂桁架一部分在核心筒混凝土墙内，另一部分伸出核心筒与巨柱相连，为超大跨度平面桁架，墙内构件相对截面较小，外伸桁架部分构件截面较大、刚度大，需拆分上弦、下弦和腹杆三部分进行加工制作，制作质量将会对整体施工质量起到关键性的作用，为保证现场安装精度，应进行工厂预拼装。通过预拼装后，分别对参与预拼装的每个构件进行判断，及时发现有哪些构件不符合质量要求，然后对超差构件进行修正。现以图2-160典型伸臂桁架预拼构件单元为例说明数字模拟拼装过程。

（2）模拟拼装工艺

1）建立拼装单元整体预拼装定位控制点如图2-161所示。

2）采集模拟预拼装数据，提取各构件在电脑模拟坐标系中的坐标，1～16号端口坐标见表2-44。

图 2-159 伸臂桁架效果图

图 2-160 预拼构件整体组合示意图

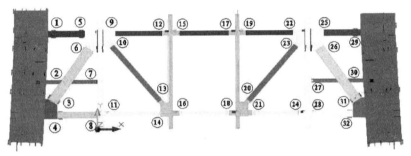

图 2-161   预拼构件定位控制点

端口 5 控制点坐标提取 表 2-44

控制点	坐标	控制点	坐标	控制点	坐标	控制点	坐标
①	（-6623, 15700, 1226） （-6646, 15700, 226） （-6646, 14700, 226） （-6623, 14700, 1226）	⑤	（-2448, 15700, 130） （-2400, 15700, 1129） （-2400, 14700, 1129） （-2448, 14700, 130）	⑨	（2769, 15600, 175） （2769, 15600, 825） （2769, 14800, 825） （2769, 14800, 175）	⑬	（9712, 4757, 825） （9712, 4757, 175） （9097, 4245, 175） （9097, 4245, 825）
②	（-5468, 7800, 877） （-5475, 7800, 677） （-5475, 7300, 677） （-5468, 7300, 877）	⑥	（-2148, 12696, 129） （-913, 11847, 68） （-864, 11847, 1067） （-2100, 12696, 1127）	⑩	（2565, 13344, 825） （2565, 13344, 175） （1950, 12833, 175） （1950, 12833, 825）	⑭	（9476, 2900, 825） （9476, 2900, 175） （9476, 2100, 175） （9476, 2100, 825）
③	（-7225, 5215, 1377） （-7274, 5215, 378） （-6038, 4367, 318） （-5989, 4367, 1317）	⑦	（-4004, 7800, 810） （-4015, 7800, 610） （-4015, 7300, 610） （-4004, 7300, 810）	⑪	（2037, 2900, 825） （2037, 2900, 175） （2037, 2100, 175） （2037, 2100, 825）	⑮	（12368, 15600, 825） （12368, 15600, 175） （12368, 14800, 175） （12368, 14800, 825）
④	（-5468, 7800, 877） （-5475, 7800, 677） （-5475, 7300, 677） （-5468, 7300, 877）	⑧	（0, 2800, 24） （0, 2800, 1025） （0, 1800, 1025） （0, 1800, 24）	⑫	（9708, 15600, 825） （9708, 15600, 175） （9708, 14800, 175） （9708, 14800, 825）	⑯	（12368, 2900, 825） （12368, 2900, 175） （12368, 2100, 175） （12368, 2100, 825）

3）端口点的模拟拼装检测，以单根构件 GZ1 与 GL1 对接 5 端口控制点为

例，在常规检测中只检测 H 形钢角部 4 个点，在检测中增加面板中点与腹板中点（编号 5~8）。按以上坐标点作出端口对接实际情况如图 2-162 所示，整体坐标系下测量数值见表 2-45。

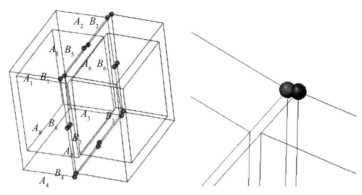

图 2-162　端口对接预拼装质量检查

端口 5 各控制点理论坐标值 表 2-45

坐标点名称	GZ1 理论坐标值（x，y，z）	坐标点名称	GL1 理论坐标值（x，y，z）
A_1	（-2400，15700，129）	B_1	（5223，1000，-120）
A_2	（-2448，15700，-870）	B_2	（5174，1000，-1119）
A_3	（-2448，14700，-870）	B_3	（5174，0，-1119）
A_4	（-2400，14700，129）	B_4	（5223，0，-120）
A_5	（-2424，15700，-371）	B_5	（5199，1000，-619）
A_6	（-2448，15200，-870）	B_6	（5174，500，-1119）
A_7	（-2424，14700，-371）	B_7	（5199，0，-619）
A_8	（-2400，15200，129）	B_8	（5223，500，-120）

　　假设 GZ2 与 GL1 的端口点"5"的实际坐标值在电脑模拟预拼装中检测符合规范要求，此端口符合现场安装精度。如有不符合要求的可根据模拟拼装的实际情况进行修正，以达到现场安装精度的要求。

　　4）整体外形尺寸的模拟拼装检测。对各端口点的预拼装效果检测完成后，需要对其外形尺寸进行预拼装效果检测。表 2-45 所示构件各节点的实际坐标点与理论坐标点存在一定的误差。如图 2-163 中所示的此坐标系中 x 轴、y 轴、z 轴的方向可以得出，相对于"5"端口预拼装情况，实际坐标公差值中 x 轴坐标值表示为间隙情况，y 轴坐标值表示为面板错边情况，z 轴坐标值表示为腹板错边情况。对角线由箱形截面 4 个角点的坐标求得。如果控制点理论坐标值与实际坐标值公差超过规范要求，需要重新检查模型，并对实际单个构件端口进行修正。

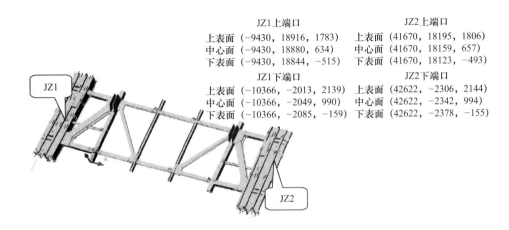

JZ1上端口 JZ2上端口
上表面 (−9430, 18916, 1783) 上表面 (41670, 18195, 1806)
中心面 (−9430, 18880, 634) 中心面 (41670, 18159, 657)
下表面 (−9430, 18844, −515) 下表面 (41670, 18123, −493)

JZ1下端口 JZ2下端口
上表面 (−10366, −2013, 2139) 上表面 (42622, −2306, 2144)
中心面 (−10366, −2049, 990) 中心面 (42622, −2342, 994)
下表面 (−10366, −2085, −159) 下表面 (42622, −2378, −155)

图 2-163 预拼构件整体组合示意图及其控制点理论坐标值

7. 超高精度的数字模拟预拼装技术

尽管国内对于数字模拟预拼装技术的运用较为成熟，但在实施过程中不可避免会出现一些精度上的不足、自动化程度不高、数据的采集及整理过程中的人为出错、数据出错后的校核工作困难等技术问题。

近年来，由于钢结构的结构复杂性，在对数字模拟预拼装新技术的持续研发过程中，一种采用 MS 系列高精度全站仪对构件进行测量，并采用 Power Block 专用软件进行数据采集、分析的改进数字模拟拼装在超高层建筑及大跨异形结构中开始应用，与传统的数字模拟预拼装相比，这种超高精度的数字模拟预拼装解决了数据采集工作效率低下、精度检查易出错、精度管理机制及精度数据循环无法形成及占用周期长等技术问题，其主要工艺与技术如下。

（1）数据的超高精度采集

超高精度数据采集定位装置如图 2-164 所示，这种非接触式测量，使得测量工作可以更方便、高效地进行；测量用的全站仪测角精度最高能到 0.5s，测距精度最高达到 0.5mm ＋ 1ppm，并自动显示和记录，无需人工读数和记录（图 2-165），其激光测距技术，可以测量 0.3～2000m 的物体表面，可以精确测量钢结构的边缘、角落以及一些难以触及的地方。自带的 IACS 自主角度校准系统（Independent Angle Calibration System），内置基准已知角，预测并修正度盘测角误差，确保高精度角度测量。并支持多个测距频率同时调制发射技术（测距频率 185MHz），在黑暗的地方，也可以很容易地进行目标视准照明。通过极力缩短照明装置和视准轴之间的"offset"，实现了通过望远镜看目标时，达到清晰视准。

（2）测量数据处理与实际模型搭建

利用内置的三维分段精度管理软件自动化进行分段的精度控制和分析，数据采集回来后，无需采用人工的方法统计、整理大量的数据和将数据反馈到模型中，软件可以将数据自动导入计算机进行分段模拟搭载、检查分段、形成精度检查表等，严格控制各分段的精度，与设计数据进行准确直观地对比，并按要求输出报表（图2-166）。

图2-164　数据采集定位装置

图2-165　数据采集系统

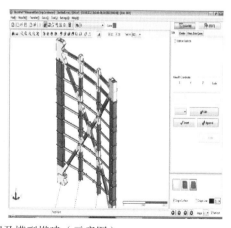

图2-166　测量数据处理及模型搭建（示意图）

（3）拼装精度检查及偏差控制

深化设计模型导入后，可利用软件自动进行精度管理，生成精度控制点，对于构件精度控制点有特殊要求的，可手动进行添加或删除精度控制点，大大减少精度管理的工作量，提高数据分析的效率与准确率。

在设计图上标注设计点号，自动提取设计点坐标，实测数据可自动匹配计算三维误差，并可分析计算合拢口切割量、加强筋错位、对接面错位。对于规则截面钢构件通过测量可自动算出设计规格的角度、直径、长度等，提前确认制作时可能出现的错误，及时反馈到制作部门。

预拼装检查可预先设置偏差基准，以理论坐标点、实测坐标点进行对比分析，并生成各个方向坐标的偏差，导入 Excel 软件中作为预拼装的资料依据。在预拼装时若超出偏差可方便地从提示项目中获取，可利用此功能对预拼装精度进行初检（图 2-167、图 2-168）。

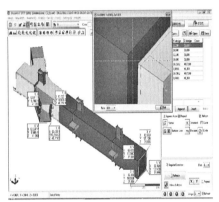

图 2-167　精度控制点的自动生成与
手动调节（示意图）

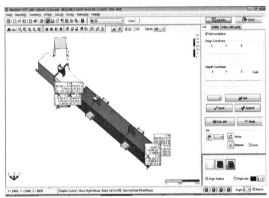

图 2-168　实测数据与设计模型的偏差分析
（示意图）

2.9　钢结构构件防护涂装（防腐、防火）与环保技术

2.9.1　一般规定

钢结构构件防护涂装的施工应符合现行国家标准《钢结构工程施工规范》GB 50755 和《钢结构工程施工质量验收标准》GB 50205 的规定。

施工单位应具有符合国家现行有关标准的质量管理体系、环境管理体系和职业健康安全管理体系。施工人员应经过涂装专业培训，关键施工工序（喷射除锈、涂料喷涂、质检）的施工人员应具有"初级涂装工"以上等级的上岗证书。

钢结构构件防护涂装的施工应有作业指导书或涂装专项方案，对首次进行的涂装作业，应进行涂装工艺试验与评定。工艺试验与评定的内容包括：除锈工艺参数、各道涂料之间的匹配性能、防火涂料与中间涂层、面涂层的相容性以及所使用材料的施工工艺性能参数等。

钢结构构件防护涂装所用的材料必须具有产品质量证明文件，并经验收、质量检验合格方可使用。产品质量证明文件应包括：产品质量合格证及材料检测报告；质量技术指标及检测方法；复检报告或技术鉴定文件。

钢结构构件防护涂装的施工，必须按设计文件的规定进行，涂料选用、涂装道数、涂层厚度均应符合设计要求，相邻二道涂层的施工间隔时间应符合产品说明书和设计要求。当需要变更设计或材料代用时，必须征得设计部门的同意。钢结构构件进行防护涂装时，除了构件自身在加工制作过程中必要的防护涂装外，在钢构件组装成的独立的装配式构件经检验合格后，也应进行后续的防护涂装完善。涂装完毕后，应在装配式构件上标注构件编号等标记。

钢结构构件涂装施工的环境温度宜为 5～35℃，相对湿度不应大于 85%，并且钢构件的表面温度应高于周围空气的露点温度 3℃以上。同时，涂装作业环境尚应符合涂料产品说明书的要求。

钢结构构件防护涂装施工及 VOC 的排放应满足国家和地方有关法律、法规对环境保护的要求，所采用的防护涂料应满足现行国家标准《工业防护涂料中有害物质限量》GB 30981 的技术要求（表 2-46）。

《工业防护涂料中有害物质限量》GB 30981 中防护涂料
VOC 含量的限量值要求（节选）　　　　　　　　　表 2-46

产品类别		底漆	中涂	面漆	清漆
水性金属基材防腐涂料（g/L）	醇酸树脂涂料		350		—
	其他单组分涂料	300	—	300	—
	双组分涂料	300	250	300	—
溶剂型金属基材防腐涂料（g/L）	车间底漆		无机 720，有机 650		
	无机锌底漆		600		
	单组分涂料		630		—
	双组分涂料	500	500	550	580

随着水性防腐涂料技术的不断提升，水性防腐材料已广泛用于各类钢结构项目，具备条件的项目应优先选用水性防护涂料。装配式钢结构建筑户外区域或重要区域选用水性防护涂料时，设计防护要求可酌情提升一个等级。

2.9.2　表面处理

装配式钢结构建筑构件表面处理方法应根据防腐蚀设计要求的除锈等级、粗糙度和涂层材料、结构特点及基体表面的原始状况等因素确定。钢结构在除锈处理前应进行表面净化处理，表面脱脂净化方法可按表 2-47 选用。当采用溶剂做清洗剂时，应采取必要的安全防护措施，满足施工安全和 VOC 排放等环保要求。

表面脱脂净化方法 表 2-47

表面脱脂净化方法	适用范围	注意事项
采用汽油、过氯乙烯、丙酮等溶剂清洗	清除油脂、可溶污物、可溶涂层	若需保留旧涂层，应使用对该涂层无损的溶剂。溶剂及抹布应经常更换
采用如氢氧化钠、碳酸钠等碱性清洗剂清洗	除掉可皂化涂层、油脂和污物	清洗后应充分冲洗，并作钝化和干燥处理
采用 OP 乳化剂等乳化清洗	清除油脂及其他可溶污物	清洗后应用水冲洗干净，并作干燥处理

钢结构在涂装前的除锈等级除应符合相关国家标准规定外，尚应符合表 2-48 的规定。工作环境应满足空气相对湿度低于 85%，施工时钢结构表面温度应高于露点 3℃以上。

不同涂料表面最低除锈等级 表 2-48

项目	最低除锈等级
富锌底涂料	Sa2½
乙烯磷化底涂料	
环氧或乙烯基酯玻璃鳞片底涂料	Sa2
氯化橡胶、聚氨酯、环氧、聚氯乙烯萤丹、高氯化聚乙烯、氯磺化聚乙烯、醇酸、丙烯酸环氧、丙烯酸聚氨酯等底涂料	Sa2 或 St3
环氧沥青、聚氨酯沥青底涂料	St2
喷铝及其合金	Sa3
喷锌及其合金	Sa2½

注：1. 新建工程重要构件的除锈等级不应低于 Sa2½；
2. 喷射或抛射除锈后的表面粗糙度宜为 40~75μm，且不应大于涂层厚度的 1/3。

喷砂过程中，喷射清理所用的压缩空气应经过冷却装置和油水分离器处理，油水分离器应定期清理。当喷嘴孔口磨损直径增大 25% 时，宜更换喷嘴。喷射式喷砂机的工作压力宜为 0.50~0.70MPa；喷砂机喷口处的压力宜为 0.35~0.50MPa。

喷射清理所用的磨料应清洁、干燥。磨料的种类和粒度应根据钢结构表面的原始腐蚀程度、设计或涂装规格书所要求的喷射工艺、清洁度和表面粗糙度进行选择。壁厚大于或等于 4mm 的钢构件可选用粒度为 0.5~1.5mm 的磨料，壁厚小于 4mm 的钢构件应选用粒度小于 0.5mm 的磨料。喷嘴与被喷射钢结构表面的距离宜为 100~300mm；喷射方向与被喷射钢结构表面法线之间的夹角宜为 15°~30°。涂层缺陷进行局部修补和无法进行喷射清理时可采用手动和动力工具除锈。

钢构件进行喷砂除锈的过程中应做好操作区通风除尘工作。构件表面清理后，应及时采用吸尘器或干燥、洁净的压缩空气清除浮尘和碎屑，清理后的表面不得用手触摸。清理后的钢结构表面应及时涂刷底漆，表面处理与涂装之间的间隔时间不宜超过4h，车间作业或相对湿度较低的晴天不应超过12h。否则，应对经预处理的有效表面采用干净牛皮纸、塑料膜等进行保护。涂装前如发现表面被污染或返锈，应重新清理至原要求的表面清洁度等级。

对热镀锌、热喷锌（铝）的构件表面宜采用酸洗除锈，并符合下列规定：

1. 经酸洗处理后，钢材表面应无可见的油脂和污垢，酸洗未尽的氧化皮、铁锈和涂层的个别残留点，允许用手工或机械方法除去，最终该表面应显露金属原貌，并在酸洗后立即进行钝化处理；

2. 采用酸洗除锈的钢材表面必须彻底清洗，在构件角、槽处不得有残酸存留；

3. 钢材表面经酸洗除锈后应及时涂装，经酸洗并钝化后到涂装底涂的间隔时间不宜大于48h（室内作业条件）或24h（室外作业条件）；

4. 酸洗后的废液应按国家有关规定采用有效方法进行妥善处理。

2.9.3　防护涂装施工

钢结构构件防护涂装施工工艺应根据所用涂料的物理性能和施工环境进行选择，并符合产品说明书的规定。专项涂装方案应对施工方法、技术要求、工艺参数、施工程序、质量控制与检验、安全与环保措施等内容作出规定。

施工所使用的防护涂装材料，应经复验合格后方可使用。同一涂装配套中的底涂料、中层涂料、面涂料，宜选用同一厂家产品，防火涂料一般是做在防腐的中层上，使用前要测试中层和防火涂料的相容性、面漆与防火涂料的相容性。涂料的涂装施工，可采用刷涂、滚涂、喷涂或无气喷涂，宜采用无气喷涂。涂层厚度均匀一致，不得漏涂或误涂。

防腐涂料的涂装遍数与每遍的厚度应满足设计要求，施工中随时检查湿膜厚度以保证干膜厚度满足设计要求。干膜厚度采用"85-15"规则判定，即允许有15%的读数可低于规定值，但每一单独读数不得低于规定值的85%。对于结构主体外表面可采用"90-10"规则判定，即允许有10%的读数可低于规定值，但每一单独读数不得低于规定值的90%。涂层厚度达不到设计要求时，应增加涂装道数，直到合格为止。另外，漆膜厚度测定点的最大值不能超过设计厚度的3倍。

防火涂料的涂装遍数和每遍的涂装厚度应符合产品说明书的要求。防火涂料涂层的厚度不得小于设计厚度。非膨胀型防火涂料涂层最薄处的厚度不得小于设计厚度的85%；平均厚度的允许偏差应为设计厚度的 ±10%，且不应大于 ±2mm。膨胀型防火涂料涂层最薄处厚度的允许偏差应为设计厚度的 ±5%，且不应大于 ±0.2mm。膨胀型防火涂料涂层表面的裂纹宽度不应大于 0.5mm，且 1m 长度内不得多于 1 条；当涂层厚度小于或等于 3mm 时，不应大于 0.1mm，非膨胀型防火涂料涂层表面裂纹宽度不应大于 1mm，且 1m 长度内不得多于 3 条。

防护涂装施工时的环境条件，应符合涂料产品说明书的要求和下列规定：

1. 当产品说明书对涂装环境温度和相对湿度未作规定时，施工温度宜控制在 5～35℃ 之间，相对湿度不应大于 85%，并且钢构件的表面温度应高于周围空气的露点温度 3℃ 以上，且钢材表面温度不超过 40℃；

2. 被涂装钢构件表面不允许有凝露，涂装后 4h 内应予保护，避免淋雨和沙尘侵袭；

3. 遇雨、雾、雪和大风天气应停止露天涂装，应尽量避免在强烈阳光照射下施工，风力超过 5 级或者风速超过 8m/s 时，停止喷涂施工。

钢构件表面除锈后不得二次污染，并宜在 4h 之内进行涂装作业，在车间内作业或湿度较低的晴天作业时，间隔时间不应超过 8h。不同涂层间的施工应有适当的重涂间隔，最大及最小重涂间隔时间应参照涂料产品说明书确定。涂装施工结束后，涂层应在自然养护期满后，方可到现场装配。

需在工地拼装焊接的钢结构，其焊缝两侧应先涂刷不影响焊接性能的车间底漆，焊接完毕后应对焊缝热影响区进行二次表面清理，并应按设计要求进行重新涂装。

2.9.4 金属热喷涂施工

铝、铝合金或锌合金热喷涂工艺与质量要求应符合现行国家标准《热喷涂 金属和其他无机覆盖层 锌、铝及其合金》GB/T 9793 等的规定。进场的喷涂金属材料（锌粉、铝粉）、封闭涂料、面层涂料等应经检验合格后方可使用。

钢构件金属热喷涂方法宜采用无气喷涂工艺，也可采用有气喷涂工艺或电喷涂工艺。各项热喷涂施工作业指导书应对工艺参数（热源参数、雾化参数、操作参数、基表参数等）、喷涂环境条件及间隔时限等作出规定。首次进行热喷涂金属施工时，应先进行喷涂工艺试验评定，其内容应包括涂层厚度、结合强度、耐蚀性能、密度试验、扩散层检查与外观检查等。

钢构件表面处理后，其表面不得二次污染，并应在规定的时间内进行热喷涂作业。在晴天或湿度不大的环境条件下，间隔时间不应超过 8h；在潮湿或含盐雾环境条件下，间隔时间不应超过 2h。当大气温度低于 5℃、钢构件表面温度与周围空气露点温度之差低于 3℃ 或者空气相对湿度高于 85% 时，应停止热喷涂操作。

金属热喷涂采用的压缩空气应干燥、洁净；喷枪与表面宜成一定的倾角，喷枪的移动速度应均匀，各喷涂层之间的喷涂方向应相互垂直，交叉覆盖。一次喷涂厚度宜为 25～80μm，同一层内各喷涂带之间应有 1/3 的重叠宽度。

钢构件如果焊接连接，在焊缝的两侧，应预留 100mm 宽度用坡口涂料临时保护，当工地拼装焊接后，对预留部分应按相同的技术要求重新进行表面清理和喷涂施工，或以富锌底漆进行补涂。

成型后的钢构件热喷涂层表面应以封闭涂料进行封闭。封闭涂料宜选用渗透性强，抗机械破坏性好并对湿气不敏感的产品。

2.9.5 安全和环境保护

钢构件防护涂装作业的安全和环境保护，应符合现行国家标准《涂装作业安全规程　涂漆工艺安全及其通风净化》GB 6514、《涂漆作业安全规程　安全管理通则》GB 7691、《涂装作业安全规程　涂漆前处理工艺安全及其通风净化》GB 7692、《金属和其他无机覆盖层　热喷涂　操作安全》GB 11375、《建筑防腐蚀工程施工规范》GB 50212 和《钢结构工程施工规范》GB 50755 等规定，施工前应制定严格的安全劳保操作规程和环境卫生措施，确保安全、文明施工。

参加涂装作业的操作和管理人员，应持证上岗，施工前必须进行安全技术培训，施工人员必须穿戴防护用品，并按规定佩戴防毒用品。高处作业时，使用的脚手架、吊架、靠梯和安全带等必须经检查合格后方可使用。

涂料、稀释剂和清洁剂等易燃、易爆和有毒的材料应进行严格管理，应存放在通风良好的专用库房内，不得堆放在施工现场。同时，施工现场和库房必须配备消防器材，并保证消防水源的充足供应，消防道路应畅通。涂料和稀释剂在运输、储存、施工及养护过程中，不得与酸、碱等化学介质接触，并应防尘、防暴晒。

施工现场所有电器设备应绝缘良好，密闭空间涂装作业应使用防爆灯和磨具，安装防爆报警装置，涂装作业现场严禁电焊等明火作业。施工现场应进行有组织通风和 VOC 的排放处理，施工现场有害气体、粉尘不得超过表 2-49 规定的最高允许浓度。

施工现场有害气体、粉尘的最高允许浓度　　　表 2-49

物质名称	最高允许浓度（mg/m³）	物质名称	最高允许浓度（mg/m³）
二甲苯	100	丙酮	400
甲苯	100	溶剂汽油	300
苯乙烯	40	含 50%～80% 游离二氧化硅粉尘	1.5
乙醇	1500	含 80% 以上 游离二氧化硅粉尘	1
环己酮	50		

2.10 单元模块集成式房屋制作

2.10.1 集成式房屋构成

集成式房屋代号由集成式房屋标记、功能、长度、宽度、高度组成，如图 2-169 所示。

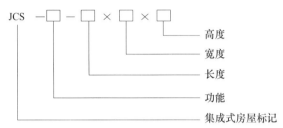

图 2-169 集成式房屋代号图

示例：长度尺寸为 6055mm，宽度尺寸为 2990mm，高度尺寸为 2970mm 的一个标准集成式房屋，标记为 JCS—T—6055×2990×2970。功能代号 T 为通用型，G 为特定功能型。

集成式房屋常用规格尺寸应符合表 2-50 的规定。

<table>
<tr><td align="center" colspan="7">常用规格尺寸</td><td align="right">表 2-50</td></tr>
</table>

规格代号	外部尺寸（mm）			内部尺寸（mm）		
	长度	宽度	高度（组装完成）	长度	宽度	高度（组装完成）
6029 型	6055	2990	2970	≥ 5800	≥ 2750	≥ 2600
5919 型	5995	1930	2970	—	—	≥ 2600

注：5919 型为走廊箱，围护墙板根据实际情况采用。

单元模块集成式房屋主要由箱顶、箱底、角柱、墙板、门、窗组成，如图 2-170 所示。

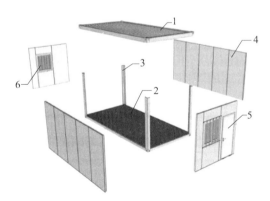

图 2-170 集成打包箱式房屋构造示意图
1—箱顶；2—箱底；3—角柱；4—墙板；5—门；6—窗

2.10.2　技术要求

1. 模块化集成式房屋材料

模块化集成式房屋材料采用的钢材主要为 Q235B 镀锌，其质量标准应分别符合现行国家标准《碳素结构钢》GB/T 700 和《连续热镀锌和锌合金镀层钢板及钢带》GB/T 2518 的规定。墙面主要为复合岩棉板，其质量标准应符合现行国家标准《建筑用金属面绝热夹芯板》GB/T 23932 的规定。底面基层主要为纤维水泥平板，其质量标准应符合现行行业标准《纤维水泥平板　第 1 部分：无石棉纤维水泥平板》JC/T 412.1 的规定。窗户主要为塑料窗，其质量标准应符合现行国家标准《建筑用塑料窗》GB/T 28887 的规定。门主要为钢质门，其质量标准应符合现行国家标准《钢门窗》GB/T 20909 的规定。

2. 模块化集成式房屋焊接要求

手工焊接应采用符合现行国家标准《非合金钢及细晶粒钢焊条》GB/T 5117 及《热强钢焊条》GB/T 5118 规定的焊条。对 Q235 级钢宜采用 E43 型焊条。除非另外说明，焊接工作所采用的焊接方法、工艺参数应符合现行国家标准《钢结构焊接规范》GB 50661 的规定，全部焊接施工与验收应遵循我国国家规范要求。

3. 模块化集成式房屋制作工艺要求

（1）模块化集成式房屋制作单位应根据设计文件和有关规范、规程编制施工详图和制作工艺；

（2）模块化集成式房屋必须放大样加以核对，尺寸无误后，再下料加工；

（3）钢带放样和下料应根据工艺要求预留制作时的焊缝收缩；

（4）电线布置需要满足现行国家标准《建筑电气工程施工质量验收规范》GB 50303；

（5）装修工程需要满足现行国家标准《建筑装饰装修工程质量验收标准》GB 50210。

4. 模块化集成式房屋涂装工艺要求

防腐涂料应满足具有良好的附着力，与防火涂料相容，对焊接影响小等要求。

钢结构防腐涂料、钢材表面的除锈等级以及防腐对钢结构的构造要求等，除应符合现行国家标准《工业建筑防腐蚀设计标准》GB/T 50046 和《涂覆涂料前钢材表面处理　表面清洁度的目视评定　第 1 部分：未涂覆过的钢材表面和全面清除原有涂层后的钢材表面的锈蚀等级和处理等级》GB/T 8923.1 的规定外，尚应满足以下要求：进行钢结构表面处理，钢结构在进行涂装前，必须将构件表面的毛刺、铁锈、氧化皮、油污及附着物彻底清除干净，采用喷砂、抛丸等方法彻底除锈，达到 Sa2½ 级；局部除锈可采用电动、风动除锈工具彻底除锈，达到 St3 级，并达到

50～75μm 的粗糙度。经除锈后的钢材表面在检查合格后，应在规定的时限内进行涂装。

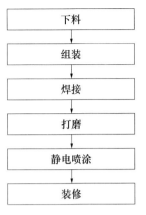

图 2-171　工艺流程图

2.10.3　模块化集成式房屋加工制作工艺流程

模块化集成式房屋制作步骤分为下料、组装、焊接、打磨、静电喷涂、装修 6 个阶段，如图 2-171 所示。

1. 技术准备

模块化集成式房屋加工方案应符合项目施工组织设计文件和现行国家标准《钢结构工程施工质量验收标准》GB 50205 的规定。

2. 材料复试

模块化集成式房屋所用的钢材、焊材、涂料等材料，应对生产厂质量证书、牌号、炉批号、批量进行核对，并按合同和标准进行取样复验。焊接材料进厂时必须有生产厂家的出厂质量证明，并应按有关标准进行复验，做好复验检查记录。涂装材料进厂后，应按出厂材料质量保证书进行验收，并做好复验检查记录备查。

材料复验工作在有相应资质的检测机构进行，复验合格的材料方可入库。材料按牌号、规格、炉批号等分类存放和领用，检测项目包括拉伸、弯曲、冲击、化学性能，应符合表 2-51 的规定。

集成式房屋材料试验要求　　　　　　　　　　　　　　　　表 2-51

序号	材料名称	规格（mm）	材质	检测依据	试样规格（mm）	批次
1	顶主梁	PL2.5	Q235B 镀锌	GB/T 3274	500×30 两块、60×60 三块、50×40 三块	1
2	顶次梁	PL1.5	Q235B 镀锌	GB/T 3274	500×30 两块、60×60 三块、50×40 三块	1
3	底主梁	PL3.0	Q235B 镀锌	GB/T 3274	500×30 两块、60×60 三块、50×40 三块	1
4	底次梁	PL2.0	Q235B 镀锌	GB/T 3274	500×30 两块、60×60 三块、50×40 三块	1
5	钢柱	PL3.0	Q235B 镀锌	GB/T 3274	500×30 两块、60×60 三块、50×40 三块	1

2.10.4　主要制作工序

1. 下料

下料人员必须熟悉施工图纸，下料前应先确认尺寸和规格，按下料加工清单进行下料。因集成式房屋框架的所有材料均可采用冷压成型设备（图 2-172），自动出料，所以主要的控制要点在于零件经过多道滚轴压制，是否会出现裂痕。

零件下料检查要求见表 2-52。

图 2-172　冷压成型设备

零件下料检查要求　　　　　　　　　　　　表 2-52

裂痕	要求
零件长度 L	±1mm
零件宽度 B	±2mm
零件高度 H	±2mm

2. 组装

组装人员应熟悉图纸，按照角件、主梁、次梁拼装要求布置组装胎架。

第一步使用水平靠尺、钢卷尺检验调整胎架，使用水平仪检测胎架是否平整。将角件固定住，用钢卷尺检查固定下胎架尺寸，控制长边，短边及对角线偏差在 ±1mm 范围内（图 2-173）。

图 2-173　固定角件

第二步将角件、主梁放置胎架上，使用快速夹钳固定。观察主梁与角件面是否在同一水平面上（图 2-174）。

第三步在主梁上画出次梁位置。使用卷尺由一侧往另一侧测量 L_1，用记号笔标出第一根次梁位置，往后测量 L_2，依次标记出次梁点位（图 2-175）。

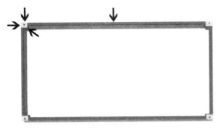

图 2-174　固定主梁

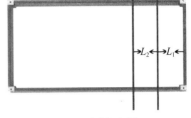

图 2-175　固定次梁

第四步点焊角件、主梁、次梁等零件，使用水平尺检查角件和主梁是否在同一平面（图 2-176）。

第五步挂工艺牌（图 2-177）。

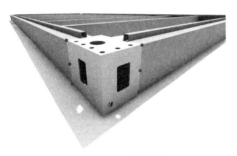

图 2-176　点焊角件与主梁

图 2-177　组装工艺流程牌示意图

3. 焊接

第一步：角件与主梁满焊（内外都焊，使用垫片挡住螺栓孔防止焊渣飞溅）。

第二步：主梁与次梁满焊（不得断弧，收口平滑饱满）。

第三步：翻身焊接，将未焊到部分进行补焊；将框架翻身之后，仔细检查焊接部分，将未完全焊到的位置进行补焊。

4. 打磨

先打磨角件与主梁侧面之间的焊缝；然后打磨角件与主梁上、下面之间的焊缝；最后打磨主梁与次梁之间的焊缝（打磨范围焊缝宽 300mm），打磨范围见图 2-178。

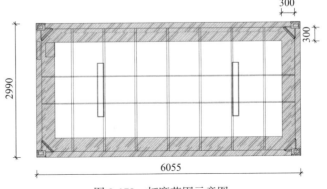

图 2-178　打磨范围示意图

5. 静电喷涂

喷涂前应先清理构件表面毛刺、飞边、焊渣、飞溅，然后将构件挂到静电喷涂设备上，检查喷涂范围内（框架外侧及内侧 300mm 范围内）是否全覆盖，然后进行喷涂作业，静电喷涂示意图如图 2-179 所示。

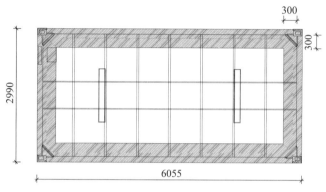

图 2-179　静电喷涂作业示意图

6. 装修

（1）箱底装修步骤

第一步铺玻璃丝绵：两侧满铺 2 块 1200mm 玻璃丝棉＋中间 1 块 600mm 玻璃丝棉，注意锡箔面搭在次梁上，1200mm 玻璃丝绵在下侧，600mm 放在上侧，如图 2-180 所示。

图 2-180　铺玻璃丝绵

第二步铺瓦楞板：先在主梁上将次梁中心位置划线标记，铺 3.3 块 900 型瓦楞板，然后四个角位置根据图纸割豁口，根据主梁标记，在瓦楞板上弹墨线标出次梁位置，搭接处打 M5.5×19 自攻螺钉于次梁上，瓦楞板与主梁边缘搭接处打自攻螺钉，保持间距 500mm，如图 2-181 所示。

第三步铺水泥压力板：在主梁上标记次梁位置，手提锯下料；满铺 5 块水泥压力板，板与板之间搭接在次梁上；根据主梁上的标记在次梁处弹墨线；次梁处打入 M4.2×38 沉头燕尾丝，拼缝处打入 2 道钉；用磨光机抹平缝隙，如图 2-182 所示。

图 2-181　铺瓦楞板

图 2-182　铺水泥压力板

第四步铺地板革：依据工艺流程卡，从工艺流程卡另一侧开始铺 PVC 地板革；使用焊枪焊 PVC 地板革焊线；使用切胶刀切平焊线，如图 2-183 所示。

（a）打底涂胶

（b）地板革摊铺

（c）地板革焊线

（d）焊线切平

图 2-183　铺地板革

（2）箱顶装修步骤

第一步铺塑料薄膜：将塑料薄膜展开，铺于顶框上，要求塑料薄膜全覆盖顶框，且留 40mm，允许偏差 ±5mm，能折弯到主梁下沿，如图 2-184 所示。

图 2-184　满铺塑料薄膜

第二步铺玻璃丝棉：满铺 2 块 1200mm 玻璃丝棉 ＋ 1 块 600mm 玻璃丝棉，1200mm 玻璃丝绵在下侧，600mm 放在上侧，如图 2-185 所示。

图 2-185　满铺玻璃丝绵

第三步固定蒙顶板：

1）将蒙顶板至于顶框上；

2）沿 M 形泛水件将四个角裁剪，留 20mm 收口，允许误差 ＋ 3mm；

3）裁剪四边多余部分，留 20mm 收口，允许误差 ＋ 3mm；

4）使用自制夹钳，将蒙顶板固定在主梁上。

如图 2-186 所示。

图 2-186　铺设蒙顶板

第四步布线：

1）一段用黄腊管穿引，另一端分出 1.5mm^2 线、2.5mm^2 线、4mm^{2}线，如图 2-187 所示；

（a）布置穿线套管　　　　　　　　　　（b）布置灯线

图 2-187　布置线路

2）将 1.5mm^2 灯线穿过 D20 穿线管，穿线管固定于次梁 D30 孔中，使用扎带固定 D20 穿线管；

3）接通电源试灯，如图 2-188 所示；

图 2-188　接通电源试灯

4）将 2.5mm² 插座线从长主梁内侧穿出，如图 2-189 所示；

图 2-189　穿插座线

5）将 4mm² 空调线从配电箱旁主梁侧穿出；

6）第六步安装防爆盒，边缘打胶，将防爆盒孔打胶封住，如图 2-190 所示，打胶要保持线路笔直。

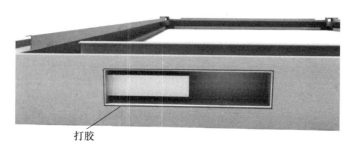

打胶

图 2-190　打胶

7. 墙板施工

第一步调整做平胎架；

第二步根据图纸进行划线；

第三步使用手提锯切割；

第四步使用缠绕膜包裹边角，防止开裂；

具体工序，见表 2-53。

8. 折件施工

第一步根据图纸要求分条，覆膜；第二步折弯；第三步附缠绕膜；第四步打包。

序号	工序名称	注意要点（附图例）	检测方式
1	切割门洞	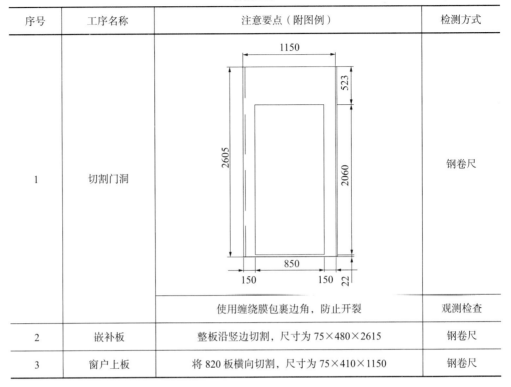	钢卷尺
		使用缠绕膜包裹边角，防止开裂	观测检查
2	嵌补板	整板沿竖边切割，尺寸为 75×480×2615	钢卷尺
3	窗户上板	将 820 板横向切割，尺寸为 75×410×1150	钢卷尺

2.10.5 主要验收标准（表 2-54～表 2-56）

集成式房屋箱底系统验收标准 表 2-54

序号	构件名称	规格	编号	工序	操作人员	验收特性描述			检查工具	检查记录	检查人员	备注
1	底框	6055×2990×165		组装	—	外观尺寸	长度	长 $L = 6055$mm	$-3\sim0$mm	卷尺			
2							宽度	宽 $L = 2900$mm	$-3\sim0$mm				
3							斜长	对角线差 $L = 6753$mm	$-3\sim0$mm				
4							次梁间距	间距 587mm	±2mm				
5						主梁外腹面平面度			$\leqslant 3$mm，且 $\leqslant 1/1000$				
6						自由状态下，底框架上表面平面度			$\leqslant 5$mm，且 $\leqslant 1/1000$				

序号	构件名称	规格	编号	工序		操作人员	验收特性描述	检查工具	检查记录	检查人员	备注
7				焊接		—	满焊，且焊缝均匀	观察检查			
8							焊脚高度 $h_f = 2\sim3mm$	焊缝量规			
9				打磨			角件和主梁处（侧面、正面）焊缝打磨光滑、平整	观察检查			
10							次梁与主梁正面焊缝打磨光滑				
11							主梁打磨				
12							角件外表面将飞溅物打磨彻底				
13				喷漆			按照图纸要求喷涂	观察检查			
14							角件内部全覆盖				
15							漆膜厚度 $50\sim75\mu m$	漆膜测厚仪			
16	底框	6055×2990×165		装修			玻璃丝绵满铺	观察检查			
17					瓦楞板		搭接部位打钉固定				
18							钉子打在主梁、次梁上				
19							钉子间距 ±5mm	卷尺			
20					水泥压力板		在同一平面上，±0.5mm	观察检查			
21							钉子间距 ±5mm	卷尺			
22							钉子打在主梁、次梁上				
23							拼缝处两块板，每侧都打钉固定				
24					地板革		地板革满铺、平整无褶皱	观察检查			
25							地板革焊线满焊				
26							地板革焊线无焦糊现象				
27							焊线与地板革在同一平面上				

注：1. 编号需要质检填写；
2. 检查记录需填数据，检查结果填写"是""否"；
3. 操作人员、检查人员需要填写。

制作班组：　　　　负责人：　　　质检员：　　　日期：

集成式房屋箱顶系统验收标准　　　　表 2-55

序号	构件名称	规格	编号	工序	操作人员	验收特性描述			检查工具	检查记录	检查人员	备注
1	顶框	6055×2990×195		组装		外观尺寸	长度	长 $L=6055mm$　$-3\sim0mm$	卷尺			
2							宽度	宽 $L=2900mm$　$-3\sim0mm$	卷尺			
3							斜长	对角线差 $L=6753mm$　$-3\sim0mm$	卷尺			
4							次梁间距	间距587mm　$\pm2mm$	卷尺			
5						主梁外腹面平面度		$\leqslant3mm$，且 $\leqslant1/1000$	卷尺			
6						自由状态下，底框架上表面平面度		$\leqslant5mm$，且 $\leqslant1/1000$	卷尺			
7				焊接		满焊，且焊缝均匀			观察检查			
8						焊脚高度 $h_f=2\sim3mm$			焊缝量规			
9				打磨		角件和主梁处（侧面、正面、背面）焊缝打磨光滑、平整			观察检查			
10						次梁与主梁焊缝打磨光滑，正反满焊			观察检查			
11						主梁打磨			观察检查			
12						M形泛水件内部打磨，清理飞溅			观察检查			
13						角件外表面将飞溅物打磨彻底			观察检查			
14				喷漆		按照图纸要求喷涂			观察检查			
15						角件内部全覆盖			观察检查			
16						漆膜厚度 $50\sim75\mu m$			漆膜测厚仪			
17				蒙顶		保温、防潮	玻璃丝绵满铺		观察检查			
18							塑料薄膜是否全覆盖，并固定在主梁上		观察检查			
19						蒙皮板	蒙顶板满铺		观察检查			
20							颜色为白灰（RAL 9001）		观察检查			

序号	构件名称	规格	编号	工序	操作人员	验收特性描述		检查工具	检查记录	检查人员	备注
21	顶框	6055×2990×195		蒙顶	蒙皮板	搭接部位用缝边机缝合		观察检查			
22						边缘部位100mm处打结构胶		观察检查			
23						边缘用快速夹钳将蒙皮板固定在顶梁上		观察检查			
24				电路		按图纸要求布设电路		观察检查			
25						检测电路漏电、断电		万能表			

注: 1. 编号需要质检填写;

2. 检查记录需填写数据,检查结果填写"是""否";

3. 操作人员、检查人员需要填写。

制作班组: 　　　　负责人: 　　　　质检员: 　　　　日期:

集成式房屋角柱验收标准　　　　表2-56

序号	构件名称	规格	编号	工序	验收特性描述			检测工具	检查记录	制作人	备注
1	角柱	210×150×2610		组装	外观尺寸	$L=150mm$	±1mm	卷尺			
2						$L=210mm$	±1mm	卷尺			
3					长度$L=2610mm$		−2～0mm	卷尺			
4					柱外腹面平面度		≤1mm,且≤1/1000	卷尺			
5					自由状态下,柱表面平面度		≤2mm,且≤1/1000	卷尺			
6					孔距为±1mm			卷尺			
7					钢柱的两端相互平行			卷尺、三角尺			
8					L连接件与钢柱相互垂直			三角尺			
9				焊接	焊脚高度$h_f=2～3mm$			卷尺			
10					满焊,且焊缝均匀			卷尺			
11				喷漆	按照图纸要求喷涂			观察检查			
12					漆膜厚度50～75μm			漆膜测厚仪			

注: 1. 编号需要质检填写;

2. 检查记录需填写数据,检查结果填写"是""否";

3. 操作人员、检查人员需要填写。

制作班组: 　　　　负责人: 　　　　质检员: 　　　　日期:

2.11 智能制造

2.11.1 钢结构深化设计

钢结构深化设计是钢结构施工全生命周期的起点，经过多年的发展，钢结构深化设计已经具备了较好的基础和条件，所有在建项目 3D 建模率达到了 100%。在钢结构标准化建设方面，规范了 3D 建模的使用和表达方式。而标准化的钢结构三维模型又为智能制造的开展提供了数据支撑。通过数据传递实现多平台的模型数据无损传递，并更深入地将工程进度、设计模型等信息进行整合，形成最终的钢结构 BIM 模型，为深化设计、构件制造、材料管理、项目安装业务上的可视化管控提供依据；并将以工程为单位的结构信息转化为以工序为单位的施工信息，利用 BIM 管理等技术，实现建造过程的钢结构构件的实时跟踪，进一步进行施工进度的全生命周期管理；通过 BIM 模型的信息整理实现施工过程中的资源需求分析、材料清单下达、存量分析、资源接收等功能，并进一步实现施工资源的有效调度。在数字化信息化的基础上，进一步提高生产过程的可操作性、减少车间人工的干预、及时准确地采集钢结构生产线数据，详细地编排生产计划，通过标准化、信息化的方法，提升传统的管理模式。

2.11.2 构件自动化生产

1. 数控切割技术

钢结构零部件的下料是钢结构加工的一项重要环节，随着钢结构的发展，钢结构加工设备不断更新，数控火焰切割下料设备的出现和应用，对提高钢结构的加工精度、材料利用率、生产效率及自动化生产程度提供了有力保障。

（1）切割设备

所用设备包括：数控火焰切割机、切割平台。

所用工具包括：角向磨光机、钢丝刷和其他表面残余物清理工具。

所用检验检测工具仪器包括：游标卡尺、直尺、钢卷尺、角度尺等。

（2）技术特点

数控切割采用了计算机控制系统，避免了手工划线带来的操作误差和手工切割路线的误差，提高了切割加工精度。

通过套料排板优化技术，提高了钢材的利用率，减少了钢材的损耗。

通过共边切割、连续切割的应用，合理的工艺切割路线和切入点的工艺设计，减少了预热时间及穿孔次数，既提高了切割嘴的使用寿命，又减少了切割所用气体的使用量，节约了耗材，并且减少或避免了穿孔翻浆给零件下部带来的质量缺陷。

合理的切割参数设置和控制下料切割变形的方法的应用，提高了切割面质量，减小了切割变形。

（3）工艺流程

零件图形绘制→导入数控计算机系统→套料排板优化→切割文件校验→切割路线选择→程序设置和参数设置→提交切割程序→切割→清理零件→检查切割质量。

（4）切割方法

1）图形绘制。采用与数控切割计算机系统兼容的CAD软件进行零件图的绘制，零件图的绘制要准确无误。

2）将绘制的零件图导入数控计算机系统并进行优化。优化处理时应将不需要切割的线条（例如尺寸线、中心线、标注等）清理删除，图形中不许有重复线条和断点，为了实现割缝补偿必须设置好图层。

3）采用优化套料程序进行整板套料排板。

① 套料时应用合适的套料方法，使用自动套料功能进行套料，当某个零件位置不好时，马上按暂停键暂停自动套料过程，使用手动快捷键迅速移动调整零件到合适的位置，然后按继续键进行自动套料，找到最好的套料方式和套料结果。

② 根据不同切割零件连割、借边、桥接等高效切割方法进行排板优化。

4）切割文件校验。有效利用切割机校核功能对所导入的零件尺寸进行检测，对套料优化后的切割尺寸进行校核检查，以确保下料图形的准确性，保证零件的加工精度。

5）切割路线选择和控制下料切割变形的方法。

① 切割路线和切入点的设置要按照优化设计考虑，尽量减少切入点，且切入点尽可能设置在下料零件的轮廓外。切割路线尽可能采用共边切割等手段并减小空切量。

② 选取切割程序、设置板厚、切割补偿、切割速度并调整切割参数，包括割嘴型号、氧气压力、切割速度和预热火焰的能量等。

③ 在切割路线选择的同时考虑如下控制切割变形的方法。

a. 多割炬冲条下料法。对长条矩形钢板的切割为减小侧弯，获得较好的直线度，采用多割炬同时切割下料，特别是板边的长条板，也应同时进行边切。

b. 为减小变形必要时设置工艺拉筋、预留收缩缝法。

c. 间断切割法。对于长宽比较大的窄条钢板，编程时仅从切割顺序上考虑仍不能有效控制变形时，需要考虑采用间断切割法，在切割边上留几个暂不切割的点，将切割件与钢板连为一个整体，最后切割这几个点，防止割跑零件，减小零件长度方向上的收缩变形。

d. 先内后外法。编制前应分析零件的形状，切割时的变形特点，切割时呈现的状态，确定好切割切入点、切割方向、切割顺序，采取先内后外的切割方法，有限减小切割变形。对于同一零件中间还有切割加工的，也应先切割内部后切割外部。切割前零件与钢板连接为整体，减小切割变形，提高切割精度。

e. 二次切割法。一次切割成型功效低的情况下，考虑采取提高第一次切割的效率，再进行二次切割。

6）数控火焰切割机通过软盘传输，电缆及PNC网络获取信息后按设定的切割路线利用氧气乙炔的火焰把钢板割缝加热到熔融状态，用高压氧吹透钢板进行切割。整个过程为点火→预热→通切割气体→切割→熄火→返回原点，全部自动完成。

7）切割前清除钢材表面的污垢、油脂，保持钢材表面清洁，在进行自动切割时，吊钢板至切割平台上，并进行校正。再用计算机进行微调校正后执行切割命令。切割时，割件表面距离焰心尖端2～5mm为宜，距离太近会使切口边缘熔化，距离太远热量不足，易使切割中断。

8）气割完毕后，清除干净切割面，切边不许有大于1mm的深痕或缺口，如有断焰等特殊情况引起的缺陷，应进行补焊修补后，打磨到切边顺直平整。

9）对切割并清理后的零件进行外观检查，对外形尺寸、平直度、断面质量、表面局部缺口、毛刺和残留氧化物等清理质量进行检查，并做好工艺检查记录，检验合格后，做好零件编号、记号待用。

2. 智能化焊接机器人的应用

（1）焊接机器人的发展

近年来微电子学、计算机科学、通信技术和人工智能控制的迅猛发展，为制造技术水平的提高带来了前所未有的机遇。焊接机器人是机电一体化的高科技成果。它对制造技术水平的提高起到了很大的推动作用。钢结构建筑在大跨度、场馆类、超高层建筑应用得越来越多，构件类型更复杂，其设计、制作精度要求较高。目前，焊接手工操作的低效率和质量的不稳定往往成为生产效率的提高和产品质量稳定性的最大障碍。钢结构制造企业的焊接水平特别是自动焊水平的提高，是实现钢结构技术快速发展的关键所在。

（2）焊接机器人应用

随着焊接机器人行业的发展，在桥梁项目U肋与板单元的焊接中，机器人的应用比较成熟，且在非桥梁项目已有企业将焊接机器人及配套的工装系统投入到实际构件生产线中，小型焊接机器人及新兴技术的涌现，推动着钢结构焊接智能化的应用。

1）Mini型弧焊机器人

目前，在钢结构制造行业中应用性比较高的是Mini型焊接机器人。Mini型焊接机器人由焊接电源、控制箱、机器人本体、示教器、送丝装置、焊枪及线缆组成；其借助直线型轨道可以实现多种焊接位置及焊接坡口形式的自动焊接，主要适用于一些平直构件主焊缝的焊接，在钢结构构件的制造厂及安装现场均可应用，如

图 2-191、图 2-192 所示。

图 2-191　Mini 弧焊机器人应用场景（一）　图 2-192　Mini 弧焊机器人应用场景（二）

Mini 型焊接机器人最大的优点是在有丰富的焊接数据库的前提下，机器人可以自动识别实际的坡口信息，并根据数据库，自动生成焊接层道次及焊接参数，大大提高了焊接的智能化及效率。但它也存在着焊前调试及参数库填充耗费时间长的不足，其优缺点见表 2-57。

Mini 型焊接机器人优缺点对比表　　　　　　　　　　表 2-57

优点	不足
小巧便携、易搬运、易安装	层间需设置停止点清渣
高智能、高效率、高品质	转角焊缝不能连续焊接
可全自动、半自动、手动示教，自动生成焊接参数	焊前调试耗费时间较长
适合较长，平直焊缝多种坡口形式的焊接	对坡口及组装精度要求较高
可完成平焊、横焊及立焊	轨道吸附对平面度要求高
操作简单，一人可同时操作多台机器人焊接	导轨连接需增加灵活性

2）柔性轨道机器人

在钢结构制作构件中，弧形构件占有很大的比例，当下的自动化设备主要适用直线焊缝焊接，此类弧形构件若采用自动化设备需要借助于弧形轨道，不同弧度需匹配相应轨道，导致设备成本增加。柔性轨道机器人借助柔性轨道利用强磁吸附于构件外表面，实现弧形焊缝的自动焊接。应用如图 2-193、图 2-194 所示，其优缺点对比见表 2-58。

3）视觉识别焊接机器人

目前钢结构企业大多是通过在线编程或者离线编程技术将焊接指令传至焊接机器人，即通过示教编程的功能，通过手动操控示教器来指引焊枪到起始点，然后在系统内选择焊枪的摆动方式、焊接工艺参数等，以此来生成焊接程序，实现焊接功能。对于结构复杂、构件形式不一的焊缝，示教编程会耗费大量时间，且需要专业人员进行编程。视觉识别焊接机器人是将视觉拍照、激光扫描与焊接机器人结合在一起，在电脑端通过视觉拍照选取所要焊接的起始点和结束点，并在系统内对焊缝形式进行识别，机器人接收指令进行实际焊缝位置的激光扫描来自动纠偏，最终实现焊缝的自动焊接。此种方式省略了人工示教的程序，减少在线操作编程的时间，但对于激光扫描采集的信息准确性也提出了更高的要求。多家企业正在研发焊缝的三维扫描、实时跟踪反馈、不同焊缝形式的自动焊接等技术（图2-195）。

图 2-193　柔性轨道机器人应用（一）　　图 2-194　柔性轨道机器人应用（二）

柔性轨道机器人优缺点对比　　　　　　　　　　表 2-58

优点	不足
可实现直线、弧形焊缝焊接	轨道可弯曲但弧度有限
焊缝外观成形好，质量高	转角焊缝不能连续焊接
焊前调试时间短	层道焊接需要微调
可完成平焊、横焊及立焊	对组装精度及轨道吸附平面度要求高

图 2-195　视觉识别焊接机器人

2.11.3　数字模拟预拼装

　　钢结构实体预拼装虽然最接近现场安装，但是需要消耗大量的人力、材料、设备以及相应大小的场地，占钢构件制造总成本的 10%～20%。数字模拟预拼装使用精度管理设备、技术和软件，通过全站仪或三维激光扫描仪进行精密三维测量、计算机模拟预拼装的方法，建立精度管理系统。能有效提高拼装的效率，降低实体预拼装成本。

1. 数字模拟预拼装原理

使用全站仪测量单节段节点的尺寸、端面、轴线、精度管理点三维坐标，计算三维偏差、几何特征及三维拼接中多节段节点间的错位量等信息，在计算机中对节段节点进行精度管理，减少误差的累积，按照精度管理的结果，指导节段节点的加工。

计算机模拟预测多节段节点拼接结果，通过控制节段节点加工过程精度，进而实现对安装后整体精度的主动控制。防止由于单个节段节点加工误差的累积造成安装后节段节点的位置、线形、扭转等超差。解决由于场地限制而不能进行实际预拼精度验证的问题，实现三维预拼和整体预拼的计算，避免现场修整，保证工期。

2. 工艺流程

（1）预拼装方案的制定

根据预拼装要求、构件情况、制作周期和扫描任务量等因素，制定预拼装方案。要事先收集工艺设计图纸和深化设计模型，校核构件定位点的关系，确定构件预采集的定位点，并与车间生产确定单根构件的制作完成时间，把所获信息按照构件编号在 Excel 中进行统计。然后将单根构件信息的 Excel 统计表，按照预拼装单元进行分组分类（图 2-196）。

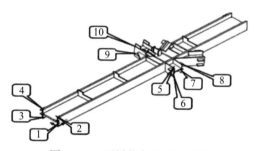

图 2-196　预拼装定位点示意图

（2）坐标点的采集

1）测站与采集点的确定

结合现场情况确定采集器的位置，按照预拼装方案的要求对预定点进行坐标的采集。对于单根构件现场扫描，关键在于确保钢构件定位点云数据的采集，其次再确定测站与标靶的位置。测站应尽量设在能对构件进行较为全面观察的位置并避免过多设站。此部分方案的制定多以现场草图的形式在原始记录上反映。

2）采集标靶的布设

在预拼装过程中，标靶分为拼接标靶和预拼装标靶。两者的位置的变化需要随时反映在扫描方案的草图中，以便后续出现异常情况时进行查证。拼接标靶是两站之间拼接的重要依据，应选择稳定、方便观测的地点设立标靶。2个标靶应拉开距离，以便提升拼接精度，如在测量过程中需要增加标靶，可在某一站位置获取共用标靶后，再次获取新增标靶，在下一站再次扫描新增标靶，确保两站之间正常拼接，一般两站之间的拼接标靶为2枚。

预拼装标靶是在构件定位点上粘贴的纸标靶，其特征参数与拼接标靶相同，其与拼接标靶同步扫描但要分开命名，预拼装标靶可以根据实际需要设置3～5枚（图2-197、图2-198）。

图 2-197　采集设备

图 2-198　采集设备标靶

3）扫描采集

采用三维激光扫描仪或专用全站仪、记录仪进行测点扫描和记录，确定拟定测设点的空间坐标。坐标采集时应确保仪器在整个扫描作业过程中保持稳定状态，并设置扫描精度、标靶类型、扫描范围、拍照像素等参数。构件扫描距离≤10m时，可适当降低扫描精度、减少扫描范围以提高扫描作业效率。

（3）模拟预拼装

构件各端口实际坐标、中心线实际位置得出后，将其反映至软件模型中，并与理论尺寸模型相结合。各构件数据处理完成，进行电脑模拟预拼装，拼装定位时以理论模型为定位依据，将各构件理论模型及实际端口点按已设置完成的相对坐标系进行定位。

利用辅助插件，对构件的端口理论坐标、实际坐标数值进行量取并以三维坐标值体现。AutoCAD坐标数据可通过TrueTable插件实现与Excel数据互通，将数据导入Excel软件。将实际值与理论值进行比较，算出偏差值。检查偏差是否符合规范要求，并与实体预拼装进行对比分析。符合规范要求则预拼装完成。不符合规范要求的先对构件进行位置调整至符合规范要求，若无法调整到位，则构件制作进度不达标，需整改或报废。

2.11.4　生产中信息化应用

信息化是钢结构转型升级的重要手段，把钢结构建造过程中的信息及时准确地汇总至管理层，可以实现跨部门、跨阶段、跨区域的集成管理，提高企业响应市场应变的能力，反映企业信息化、智能化管理水平。

1. 信息化流程管理

钢结构公司应根据生产的流程，全面、系统地打造适应发展需求的新型管理模式，以分层、分类、分级的原则作指导，对公司各职能模块制度流程进行梳理，根据新版制度的实施情况及公司发展的需求，开展智能化落地及集成管理工作，促进公司持续向管理智能化、信息化，产品工业化进军。通过制定标准化的施工流程、构建智能化生产线、搭建业务一体化管理的信息化平台，解决钢结构建造过程中信息共享和协同作业的问题。

2. 物料追溯管理

钢结构企业是面向订单的工程型企业，具有产品结构复杂、生产重复程度低、制造周期长、生产过程中变更频繁等特点，一般是多项目同时运作，产品制造处于多项目环境下，企业管理复杂和难度大。信息化管理为钢结构全生命周期的信息管理，应用信息化技术将构件信息拆分到各个工序，利用二维码提取信息，经过收集、汇总、传递、整合等，各岗位管理人员通过 BIM 平台可以实时监控，对钢构件信息作出正确理解和高效共享，建立起全方位追溯管理体系，信息化反馈和工程预警机制，实现平台可视化的管理。提高施工管理效率，减少人机物料的浪费，增强项目管控力度，为企业运营以及决策提供有力支撑，提升钢结构工程智能化、信息化管理水平。智能制造是钢结构制造转型升级的发展方向。

（1）物料追踪实施目标

通过物料追踪的形式，实现对钢结构构件全面追溯，和全生命周期管理。

（2）物料追踪方法

对构件从加工完成到安装到位使用的信息通常采用两套二维码，第一套二维码在构件加工完成后进行粘贴，可反映从防腐面漆涂刷完成到使用阶段的信息。第二套二维码在第一套二维码的基础上增加"构件安装完成时间"。

第一套二维码主要包含的构件信息有：施工单位、钢构件编号、规格、构件尺寸、重量、材质、出厂时间。第二套二维码主要包含的构件信息在第一套二维码的基础上增加安装时间。

2.12　本章小结

本章主要对装配式钢结构典型构件在工厂制作中涉及的展开、放样、号料和下料切割、制孔、成形加工、组装、焊接、热处理、变形矫正等钣金制造工艺及防腐涂装工艺进行了系统介绍，并对高性能钢材和异种钢材及高强度厚板钢构件焊接技术、复杂构件的预拼装、单元模块集成式房屋制作及智能制造等先进工艺系列技术措施与管理过程进行了阐述，手册中列示了大量工程应用资料、具体操作方法及作业流程图表，可供相关工程人员直接参考借鉴。

第三章 出厂检验与运输

装配式钢结构建筑的特点之一是部品部件工厂化生产，工厂加工制作的质量直接影响工程质量和安全，部品部件的出厂检验是保证加工制作质量的关键环节。建筑部品在工厂加工制作完成后，通过合理的包装措施，对运输组织、人员、车辆安排、运输路线、成品保护及应急预案等方面作出精心部署，保证产品安全无损到达现场，根据现场场地情况制定合理的堆放方式，保证施工安装顺利实施。本章系统介绍钢结构建筑产品的出厂检验、包装、运输以及现场堆放等方面技术和要求。

3.1 钢构件与部品出厂检验

钢构件与部品出厂检验主要包括钢构件实体检验、资料检验和部品部件检验。

3.1.1 钢构件实体检验

钢构件检验应包括构件尺寸、构造、偏差与变形等内容。

1. 构件尺寸检验

构件尺寸检测应包括构件轴线尺寸、主要零部件布置定位尺寸及零部件规格尺寸等项目。零部件规格尺寸的检测方法应符合相关产品标准的规定。

构件外形尺寸允许偏差应符合现行国家标准《钢结构工程施工质量验收标准》GB 50205的规定。构件的变形检测应符合现行国家标准《钢结构现场检测技术标准》GB/T 50621的规定。

大型复杂结构工程的构件在出厂前，应进行预拼装工作。装配式钢结构主要连接方式为螺栓连接，对构件的制作精度与螺栓孔精度要求较高，预拼装中，因构件制作误差导致预拼装不能在自由状态下进行时，应对钢构件形状、尺寸或变形进行矫正处理。

2. 构件涂装质量检验

（1）涂装前钢材表面除锈等级应满足设计要求，处理后的钢材表面不应有氧化皮、铁锈和焊渣、焊疤、灰尘、油污和毛刺，仅能看见点状或线状痕迹。然后立即用吸尘器或高压空气吹扫。当设计无要求时，钢材表面除锈等级应达到 Sa2.5级——近白金属，如图 3-1 所示。

图 3-1　钢材表面除锈等级应达到 Sa2.5 级——近白金属

（2）在常规气候条件下，暴露在空气中的洁净钢构件，容易在表面形成一薄层锈蚀，钢材表面除锈处理后应在 4h 内进行涂装。对超时未涂装或者表面除锈处理后又接触雨水、结露等的钢构件，应在涂装前进行轻度抛丸处理。

（3）涂装首选喷枪喷涂，喷涂时，喷枪稳定并垂直于喷涂表面，喷枪与喷涂面的距离一般应在 150～250mm。

（4）构件涂装检测的取样部位应选择具有代表性的部位，以整个结构为对象，并划分为若干个独立的结构单元。对每个结构单元应按照全数普查、重点抽查的原则进行检测。

（5）后涂涂装层的检测应包括外观质量、涂层附着力、涂层厚度、涂层漏点、涂层老化。并应符合表 3-1 的规定。

（6）钢构件防腐涂装完成后，构件的标志、标记和编号应清晰完整。

装配式钢结构构件涂装层检测项目、方法和要求　　　　　　　表 3-1

序号	检测项目		检测要求	检测方法
1	表面涂层		无脱皮和返锈，涂层应均匀，无明显皱皮、气泡	目测
2	涂层附着力		涂层完整程度达到 70% 以上	《漆膜划圈试验》GB/T 1720 或《色漆和清漆　划格试验》GB/T 9286
3	涂层厚度	室外	应为 150μm，允许偏差 −25μm	用涂层测厚仪。每个构件检测 5 处，每处的数值为 3 个相距 50mm 测点涂层干膜厚度的平均值
4		室内	应为 125μm，允许偏差 −25μm	

3. 焊缝检验

焊缝连接检测项目和方法应符合表 3-2 的规定。

焊缝连接检测项目和方法　　　　　　　表 3-2

序号	检测项目		检测要求	检测方法
1	角角焊缝	外观质量	裂纹、咬边、根部收缩、弧坑、电弧擦伤、表面夹渣、焊缝饱满程度、表面气孔和腐蚀程度等	《钢结构工程施工质量验收标准》GB 50205	目测，辅以低倍放大镜，必要时采用磁粉探伤或渗透探伤
2		焊缝尺寸	焊缝长度、焊脚尺寸、焊缝余高		焊接检验尺检测

序号		检测项目		检测要求	检测方法
3	对接焊缝	外观质量	裂纹、咬边、根部收缩、弧坑、电弧擦伤、接头不良、表面夹渣、焊缝饱满程度、表面气孔和腐蚀程度等	《钢结构工程施工质量验收标准》GB 50205	目测，辅以低倍放大镜，必要时采用磁粉探伤或渗透探伤
4		焊缝内部质量	裂缝、夹层、杂质		《焊缝无损检测 超声检测 技术、检测等级和评定》GB/T 11345、《焊缝无损检测 射线检测 第1部分：X和伽玛射线的胶片技术》GB/T 3323.1
5		焊缝尺寸	焊缝长度、焊缝余高		焊接检验尺检测
6		熔敷金属力学性能	—		截取试样检验

3.1.2 资料检验

建筑部品部件生产检验合格后，生产企业应提供出厂产品质量检验合格证。建筑部品应符合设计和国家现行有关标准的规定，并应提供执行产品标准的说明、出厂检验合格证明文件、质量保证书和使用说明书等具体如下：

（1）原材料的产品合格证或质量证明书。原材料包括：钢材（钢板、H型钢、工字钢、角钢、槽钢、钢管、圆钢及带钢等）、高强度螺栓与普通螺栓、焊材和焊剂、涂装涂料等。材料的合格证或产品质量证明书应与原物相对应。

（2）原材料检查与复验，应按现行国家标准《钢结构工程施工质量验收标准》GB 50205中相关内容执行。复验报告应包括钢材的机械性能、化学成分复验报告；高强度螺栓的复验报告、抗滑移系数试验等；检验、试验单位的营业执照、资质证书（包括单位、试验设备和操作人员）。

（3）焊缝检测记录资料，包括超声波、射线、磁粉探伤。第三方无损检测应备有检验单位的营业执照、资质证书（包括单位、试验设备和操作人员）。

（4）涂层检测资料。

（5）主要构件验收记录。

（6）自检记录（工序检查），包括组焊自检记录、探伤自检记录、拼装及预拼装自检记录、焊接自检记录、除锈自检记录、喷涂自检记录等。

（7）施工图、拼装简图、图纸会审记录、制作过程技术问题处理的协议文件和设计变更文件。

（8）产品合格证。

（9）构件发运和包装清单。

（10）业主（甲方）、监理要求的其他资料。

3.1.3 部品部件检验

部品部件检验主要包括预制楼板与屋面板、预制楼梯、其他预制部品部件等检验。

1. 预制楼板与屋面板

压型钢板组合楼板和钢架桁架楼承板应按现行国家标准《钢结构工程施工质量验收标准》GB 50205 和《混凝土结构工程施工质量验收规范》GB 50204 的有关规定进行验收。

预制带肋底板混凝土叠合楼板应按现行行业标准《预制带肋底板混凝土叠合楼板技术规程》JGJ/T 258 的规定进行验收。预制预应力空心叠合楼板应按国家现行标准《预应力混凝土空心板》GB/T 14040 和《混凝土结构工程施工质量验收规范》GB 50204 的规定进行验收。混凝土叠合楼板应按国家现行标准《混凝土结构工程施工质量验收规范》GB 50204 和《装配式混凝土结构技术规程》JGJ 1 的规定进行验收。

2. 预制楼梯

钢楼梯应按现行国家标准《钢结构工程施工质量验收标准》GB 50205 的规定进行验收。预制混凝土楼梯应按国家现行标准《混凝土结构工程施工质量验收规范》GB 50204 和《装配式混凝土结构技术规程》JGJ 1 的规定进行验收。

3. 其他预制部品部件

其他预制部品部件均应符合相应的国家现行标准及行业标准。

3.2 围护结构检验

围护系统检测应包括预制外墙、门窗、建筑幕墙等相关性能的检测。

3.2.1 预制外墙体

预制外墙应进行抗压性能、层间变形、撞击性能、耐火极限等检测，并应符合现行相关国家、行业标准的规定。

装配式建筑外墙板接缝密封胶的外观质量检测应包括气泡、结块、析出物、开裂、脱落、表面平整度、注胶宽度、注胶厚度等内容，可用观察或尺量的方法进行检测。

装配式建筑外围护系统外饰面粘结质量的检测应包括饰面砖、石材外饰面的外观缺陷和空鼓率检测等内容。外观缺陷可采用目测或尺量的方法检测；空鼓率可采用敲击法或红外热像法检测，红外热像法检测按现行行业标准《红外热像法检测建筑外墙饰面粘结质量技术规程》JGJ/T 277 执行。

装配式建筑外围护系统涂装材料外观质量的检测，应符合现行国家标准《建筑装饰装修工程质量验收标准》GB 50210 的规定。

3.2.2 门窗检测

1. 外门窗检测

外门窗应进行气密性、水密性、抗风性能的检测。检测方法应符合现行国家标准《建筑外门窗气密、水密、抗风压性能检测方法》GB/T 7106 的规定。

外门窗进行检测前，应对受检外门窗的观感质量进行目检，并应连续开启和关闭受检外门窗 5 次。当存在明显缺陷时，应停止检测。每樘受检外门窗的检测结果应取连续 3 次检测值的平均值。外窗气密性能的检测应在受检外窗几何中心高度处的室外瞬时风速不大于 3.3m/s 的条件下进行。

外门窗的检测要求应符合下列规定：

（1）外门窗洞口墙与外门窗本体的结合部应严密；

（2）外窗口单位空气渗透量不应大于外窗本体的相应指标。

2. 内门窗系统检测

内门窗系统检测内容和要求应符合表 3-3 的规定。

内门窗系统检测内容和要求　　　　　　　　　　　　　表 3-3

序号	检测项目	检测要求及偏差	检测方法
1	启闭	开启灵活、关闭严密，无倒翘	目测、开启和关闭检查、手扳检测
2	外表面	无划痕	目测、钢尺检测
3	配件安装质量	安装完好	目测、开启和关闭检查、手扳检测
4	密封条	安装完好，不应脱槽	目测
5	门窗对角线长度差	3mm	钢尺检测
6	门窗框的正、侧面垂直度	2mm	垂直检测尺检测

3. 节能门窗检测

节能门窗检验项目及技术要求应符合表 3-4 的规定。

节能门窗产品出厂质量检验项目　　　　　　　　　　　　表 3-4

项次	项目名称	技术要求	备注
一、主控项目			
1	门窗的品种、类型、规格、尺寸、开启方向、安装位置、连接方式	应符合设计要求	观察、尺量检查
2	型材、玻璃、五金件、密封材料（包括密封胶条和密封胶）	随门窗出厂批次提供材质证明文件	核查

项次	项目名称	技术要求	备注
二、一般项目			
1	附件安装	位置正确、安装牢固、数量齐全、满足使用功能	目测、手试
2	构件连接	门窗框和扇，以及框与扇、中横框、中竖框与边框、中横框与中竖框之间连接牢固、不缺件并符合设计要求	目测、手试
		木门窗框和厚度大于50mm的门窗扇应用双榫连接。榫槽应采用胶料严密嵌合，并应用胶楔加紧	
3	外观	产品表面不应有铝屑、毛刺、油污或其他污迹。连接处不应有外溢的胶粘剂。表面平整，没有明显的色差、凹凸不平、划伤、擦伤、碰伤等缺陷	观察、目测

三、偏差项目

	项目名称	具体项目		允许偏差	
1	门窗宽度、高度构造内侧尺寸（mm）	铝合金门窗、铝木复合窗	＜2000	±1.5	钢板尺
			≥2000，＜3500	±2.0	
			≥3500	±2.5	
		塑料窗、实木窗	≤1500	±2.0	
			＞1500	±3.0	
		塑料门、实木门	＜2000	±2.0	
			≥2000且＜3500	±3.0	
2	门窗宽度、高度构造内侧尺寸对边尺寸之差（mm）	铝合金门窗、铝木复合门窗	＜2000	≤2	钢板尺
			≥2000且＜3500	≤3	
			≥3500	≤4	
3	门窗框、扇对角线尺寸之差（mm）	塑料门窗		≤3.0	钢板尺
4	同一平面高低差（mm）	铝合金门窗、铝木复合窗、实木窗框与扇杆件接缝高度高低差	相同截面型材	≤0.3	钢板尺、塞尺
			不同截面型材	≤0.5	
		塑料窗相邻两构件焊接处的同一平面度		≤0.4	
5	相邻构件装配间隙（mm）	铝合金门窗、铝木复合窗		≤0.3	塞尺
		塑料（PVC-U）窗		≤0.5	
6	平开和悬（门）窗关闭时，框扇四周的配合间隙（mm）	—		±1.0	塞尺

项次	项目名称	技术要求				备注
7	门窗框与扇搭接宽度（mm）	铝合金门窗、铝木复合窗	门		±2.0	游标深度尺测量，测窗扇高度、宽度中点处
			窗		±1.0	
		实木窗、塑料门窗	平开和悬窗		±1.0	游标深度尺测量，测窗扇高度、宽度中点处
			推拉窗		±2.0	
8	推拉门窗锁闭后，框扇上下搭接量的实测值（mm）	门			≥8	游标深度尺测量，测窗扇高度、宽度中点处
		窗			≥6	
9	启闭力（N）	铝合金门窗			≤50	管形测力计（0～100N）每个扇测三次取平均值
		塑料（PVC-U）平开门窗	平铰链的		≤80	
			滑撑铰链的		>30且≤80	
			推拉门窗		≤100	
		其他：带有自动关闭装置（如闭门器、地弹簧）的门和提升推拉门以及折叠推拉门窗和无提升力平衡装置的提升窗等，其启闭力性能指标由供需双方协商确定				

3.2.3 建筑幕墙检测

建筑幕墙的检测项目及方法应符合现行行业标准《建筑幕墙工程检测方法标准》JGJ/T 324 的规定。玻璃幕墙应符合现行行业标准《玻璃幕墙工程技术规范》JGJ 102 的规定。金属与石材幕墙应符合现行行业标准《金属与石材幕墙工程技术规范》JGJ 133 的规定。人造板材幕墙应符合现行行业标准《人造板材幕墙工程技术规范》JGJ 336 的规定。

3.3 设备与管线检验

装配式建筑设备与管线系统的检测应包括给水排水、供暖通风与空调、燃气、电气及智能化等内容。

3.3.1 给水排水系统

给水排水系统的检测应包括室内给水系统、室内排水系统、室内热水供应系统、卫生器具、室外给水管网、室外排水管网等内容。

检测所用的仪器和设备应有产品合格证、检定机构的有效检定（校准）证书。

3.3.2 供暖、通风、空调及燃气设备

空调系统性能的检测内容应包括风机单位风量耗功率检测、新风量检测、定风量系统平衡度检测等。检测方法和要求应符合现行行业标准《居住建筑节能检测标准》JGJ/T 132 的规定。

通风系统检测应包括下列内容：

1. 可对通风效率、换气次数等综合指标进行检测；

2. 可对风管漏风量进行检测；

3. 其他现行国家标准和地方标准规定的内容。

检测用仪器、仪表均应定期进行标定和校正，并应在标定证书有效期内使用。

3.3.3 电气和智能化系统

装配式住宅建筑的电气系统的检测方法应符合现行国家标准《建筑电气工程施工质量验收规范》GB 50303 的规定。

3.3.4 内装部品系统

1. 轻质隔墙系统和墙面系统

轻质隔墙系统和墙面系统检测内容和要求应符合下列规定：

（1）固定较重设备和饰物的轻质隔墙，应对加强龙骨、内衬板与主龙骨的连接可靠性进行检测，预埋件位置、数量应符合设计要求；

（2）用手摸和目测检测隔墙整体感观，隔墙表面应平整光滑、色泽一致、洁净、无裂缝，接缝应均匀、顺直；

（3）用手扳和目测检测墙面板关键连接部位的安装牢固度，且墙面板应无脱层、翘曲、折裂及缺陷。

2. 集成厨卫系统

（1）集成厨卫系统应包括集成厨房系统和集成卫浴系统，检测内容和要求应符合表 3-5 和表 3-6 的规定。

集成厨房系统检测内容和要求   表 3-5

序号	检测项目	检测要求及偏差	检测方法
1	橱柜和台面等外表面	表面应光洁平整，无裂纹、气泡，颜色均匀，外表没有缺陷	目测
2	洗涤池、灶具、操作台、排油烟机等设备接口	尺寸误差满足设备安装和使用要求	钢尺检测
3	橱柜与顶棚、墙体等处的交接、嵌合，台面与柜体结合	接缝严密，交接线应顺直、清晰	目测

序号	检测项目		检测要求及偏差	检测方法
4		外形尺寸	3mm	钢尺检测
5		两端高低差	2mm	钢尺检测
6	柜体	立面垂直度	2mm	激光仪检测
7		上、下口垂直度	2mm	
8		柜门并缝或与上部及两边间隙	1.5mm	钢尺检测
9		柜门与下部间隙	1.5mm	钢尺检测

集成卫浴系统检测内容和要求　　　　　　　　　表 3-6

序号	检测项目	检测要求及偏差	检测方法
1	外表面	表面应光洁平整，无裂纹、气泡，颜色均匀，外表没有缺陷	目测
2	防水底盘	＋5mm	钢尺检测
3	壁板接缝	平整，胶缝均匀	目测
4	配件	外表无缺陷	目测、手扳

（2）集成厨卫系统其他性能检测应符合现行行业标准《住宅整体卫浴间》JG/T 183 和《住宅整体厨房》JG/T 184 的规定。

3.4　产品包装

装配式钢结构部品部件出厂前应进行包装，保证部品部件在运输及堆放过程中不破损、不变形。合理的包装有利于油漆的保护，也方便现场多次倒运。

3.4.1　包装类型及包装材料

钢结构件的包装形式一般有裸装、托盘装、笼装、箱装等多种形式，每种包装方式均应根据构件的形状、外形尺寸和刚度大小、运输方式等特点来确定。

1. 外形尺寸较大的构件宜采用裸装或捆装（图 3-2）。

2. 外形尺寸较小、数量较多的构件宜采用钢封闭箱（图 3-3）。

3. 大型钢结构部件以其自身作为单件货物进行发运的包装（图 3-4）。

包装材料主要有木材和钢材两种。对于出口钢构件，由于海关要求包装用木材需在构件发货前 15 日之内熏蒸，因此受工期、船期等各种因素的限制，除少数货物采用木材进行包装之外，其余基本上采用钢材进行包装。

（a）

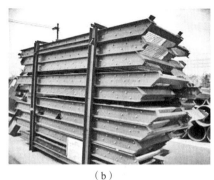
（b）

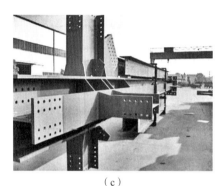
（c）

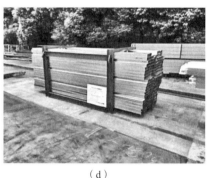
（d）

图 3-2　钢结构框架包装示例图

图 3-3　钢结构箱装示例图

图 3-4　钢结构裸装包装示例图

（1）钢结构产品中的小件、零配件，一般指安装螺栓、垫圈、连接板、接头角钢等重量在 25kg 以下者，用箱装或捆扎，并应有装箱单。箱体上标明箱号、毛重、净重、构件名称、编号等。

（2）木箱的箱体要牢固、防雨，要留有下方铲车孔及能承受本箱总重的枕木，枕木两端要切成斜面，以便捆吊或捆运，重量一般不大于 1t。

（3）铁箱一般用于外地工程，箱体用钢板焊成，不易散箱。在工地上箱体钢板可作安装垫板、临时固定件。箱体外壳要焊上吊耳。

（4）捆扎一般用于运输距离比较近的细长构件，如网架的杆件、屋架的拉条等。捆扎中每捆重量不宜过大，吊具更不宜直接钩在捆扎铁丝上。

（5）如果钢结构产品随制作随即安装，其中小件和零配件，可不装箱，直接捆扎在钢结构主体的需要部位上，但要捆扎牢固，或用螺栓固定，且不影响运输和安装。

（6）包装应在涂层干燥后进行，包装应保护构件涂层不受损伤，保证构件、零件不变形、不损坏、不散失；包装应符合运输的有关规定。

3.4.2　包装通用要求

1. 通用尺寸要求

建筑产品通常采用公路、铁路和轮船三种运输方式。不同的运输方式对于货物的尺寸要求不同。选择包装尺寸时首先应考虑工程当地的运输能力和运输成本，选择合适的运输方式，进而确定货物的尺寸大小。

汽车运输，一般长度≤12m，个别件≤18m，宽度≤2.5m，高度≤4m。铁路运输，一般长度≤13m，宽度≤3.4m，高度≤3.6m。对于轮船运输构件，一般需要提前和港口联系，了解清楚轮船运输能力以及码头吊运能力，进而确定构件的最大尺寸及重量。另外，每个包装的重量一般≤25t。上述要求均应将包装材料考虑在内。

对于采用集装箱运输构件，根据国际上通常使用的干货柜尺寸确定出厂单元重量及最大尺寸（表3-7）。

国际标准干货柜参数　　　　表 3-7

国际标准干货柜尺寸代码	国际标准干货柜外形尺寸 长×宽×高（m）	国际标准干货柜类型	净空尺寸 长×宽×高（m）	配货毛重 （t）	体积 （m³）
22G0	6.00×2.44×2.60	普通箱	5.69×2.13×2.18	17.5	24～26
22U1	6.00×2.44×2.60	开顶箱	5.89×2.32×2.31	20	31.5
22P1	6.00×2.44×2.60	端部固定的板架集装箱	5.85×2.23×2.15	23	28
42G0	12.00×2.44×2.60	普通箱	11.8×2.13×2.18	22	54
42U1	12.00×2.44×2.60	开顶箱	12.01×2.33×2.15	30.4	65
42P1	12.00×2.44×2.60	端部固定的板架集装箱	12.05×2.12×1.96	36	50
45G0	12.00×2.44×2.90	高柜	11.8×2.13×2.72	22	68

2. 通用包装形式要求

（1）建筑产品包装时需要根据构件长度不同设置不同的支撑点，一般对于6m以内的构件，可只设置2个支撑点。对于6m以上的构件，需设置3个以上支撑点。

（2）采用螺杆打包的钢构件，当高度大于400mm，吊装时为防止单螺杆受力不均，引起螺母的松动，应采用双螺杆作拉杆或者采用点焊等防松动方式。

（3）在包装材料和构件面接触处，需要采用加垫柔性材料（如橡胶、泡沫）等进行保护。

（4）构件可用吊索或吊带进行吊装。采用吊索时，包装结构上可设置吊耳，吊耳的布置位置和样式以不增大包装尺寸为宜。采用吊带时，在构件吊点处边角应采用大约300mm宽的胶皮等柔性材料作保护，防止吊带在吊装过程中被构件边角割断。吊点间距应适中，并考虑吊索等的承载力及夹角要求，一般10m以上的构件，吊点设置在离端头 $L/4$ 处左右。

3. 包装标志

（1）包装的外表面上按需要喷涂包装号，向上、防雨等符号。

（2）包装要标明重心位置和吊装点位置。吊装点或吊耳需满足吊装强度要求。

（3）标志通常包括下列内容：工程名称、构件编号、外廓尺寸、净重、毛重、始发地点、到达港口、收货单位、制造厂商、发运日期等。

（4）对于国内钢结构用户，标志可用标签或用油漆直接写在钢结构产品上。

（5）对于出国的钢结构产品，必须按海运要求和国际通用标准，标明标记。

4. 出口货物包装储运图示标志的规范要求

（1）包装储运图示标志的一般要求

1）包装宜使用必要的和适当的标志。

2）标志应清晰醒目，尺寸与包装的大小相协调，并且应在可预见的使用环境中和规定的有效期内保持完好状态。

3）出口商品包装装潢的图案和颜色：包装装潢的图案和颜色应尊重进口国及消费者的宗教信仰和民族文化；包装装潢的图案和文字应相互协调。

4）包装标志应采用印刷或模板喷刷，不应使用蜡笔、粉笔等。

5）具体货物信息应根据各个项目的唛头格式要求填写，务必确保唛头上显示的信息与实际货物信息完全一致。

6）包装储运图示标志应符合现行国家标准《包装储运图示标志》GB/T 191 的规定。该标准适用于出口商品（不包括危险品）包装标志要求。

（2）标志的名称和图形符号

标志由图形符号、名称及外框线组成，根据货物特性，指示在储运过程中应注意的事项，见表3-8。

标志名称及图形   表3-8

序号	图示标志	中文/Chinese	英语/English	含义
1		易碎物品	Fragile	表明运输包装间内装易碎物品，搬运时应小心轻放
2		禁用手钩	Use No Hand Hooks	表明搬运运输包装件时禁用手钩

序号	图示标志	中文 /Chinese	英语 /English	含义
3		向上	This Way Up	表明该运输包装件在运输时应竖直向上
4		怕晒	Keep Away From Sunlight	表明该运输包装件不能直接照晒
5		怕辐射	Protect From Radioactive Sources	表明该物品一旦受辐射会变质或损坏
6		怕雨	Keep Away From Rain	表明该运输包装件怕雨淋
7		重心	Centre Of Gravity	表明该包装件的重心位置，便于起吊
8		禁止翻滚	Do Not Roll	表明搬运时不能翻滚该运输包装件
9		此面禁用手推车	Do Not Use Hand Truck Here	表明搬运货物时此面禁止放在手推车上
10		禁用叉车	Use No Forks	表明搬运时禁止使用叉车
11		由此夹起	Clamp As Indicated	表明搬运货物时可用夹持的面
12		此处不能卡夹	Do Not Clamp As Indicated	表明搬运货物时不能用夹持的面
13	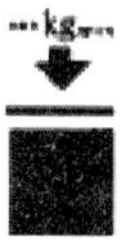	堆码质量极限	Stacking Limit By Mass	表明该运输包装件所能承受的最大质量极限
14		堆码层数极限	Stacking Limit By Humber	表明可堆码相同运输包装件的最大层数

序号	图示标志	中文 /Chinese	英语 /English	含义
15		禁止堆码	Do Not Stack	表明该包装件只能单层放置
16		由此吊起	Sling Here	表明起吊货物时挂绳索的位置
17		温度极限	Temperature Limits	表明该运输包装件应该保持的温度范围

（3）标志尺寸和颜色

关于标志尺寸和颜色的具体要求如下。

1）标志尺寸

根据现行国家标准《包装储运图示标志》GB/T 191 要求，标志外框为长方形，其中图形符号外框为正方形，尺寸一般分为 4 种，见表 3-9。如果包装尺寸过大或过小，可等比例放大或缩小。

图形符号及标志外框尺寸 表 3-9

序号	图形符号外框尺寸（mm）	标志外框尺寸（mm）
1	50×50	50×70
2	100×100	100×140
3	150×150	150×210
4	200×200	200×280

2）标志颜色

标志颜色一般为黑色。如果包装的颜色使得标志显得不清晰，则应在印刷面上用适当的对比色，黑色标志最好以白色作为标志的底色。必要时，标志也可使用其他颜色，除非另有规定，一般应避免采用红色、橙色或黄色，以避免同危险品标志相混淆。

（4）标志的应用

关于标志的显示方式、数目和位置的要求如下。

1）标志的使用

可采用直接印刷、喷涂的方法（因采用粘贴、拴挂及钉附等方式的标志在运输过程中易脱落，故此类方式不建议采用）。喷涂时，外框线及标志名称可以省略。

2）标志的数目和位置

一个包装件上使用相同标志的数目，应根据包装件的尺寸和形状确定。

标志应标注在显著位置上，下列标志的使用应按如下规定：

① 标志 1 "易碎物品" 应标在包装件所有的端面和侧面的左上角处；

② 标志 3 "向上" 应标在与标志 1 相同的位置，当标志 1 和标志 3 同时使用时，标志 3 应更接近包装箱角；

③ 标志 7 "重心" 应尽可能标在包装件所有六个面的重心位置上，否则至少应标在包装件 2 个侧面和 2 个端面上；

④ 标志 11 "由此夹起" 只能用于可夹持的包装件上，标注位置应为可夹持位置的两个相对面上，以确保作业时标志在作业人员的视线范围内；

⑤ 标志 16 "由此吊起" 至少应标注在包装件的两个相对面上，指向应为吊装时的方向。

3.5 运　　输

建筑部品部件的运输方式应根据部品部件特点、工程要求等确定。按施工组织设计编制运输计划和专项运输方案。应针对运输组织、人员、车辆安排、运输路线、成品保护及应急预案等方面作出精心部署。运输计划按使用时间要求预留提前量，以保证按计划达到指定地点，避免天气、路阻等因素影响交货时间。

1. 国内钢结构产品，一般是陆路车辆运输或者铁路包车皮运输。

2. 根据钢结构构件的形状、重量及运输条件、现场安装条件，有些钢结构构件可采取总体制造、拆成单元运输或分段制造、分段运输。

3. 通常框架钢结构产品的运输多用活络拖斗车，实腹类或容器类多用大平板车辆。

4. 柱子构件长，常采用拖车运输。一般柱子采用两点支承，当柱子较长，两点支承不能满足受力要求时，可采用三点支承。

5. 钢屋架可以用半挂车平放运输，但要求支点必须放在节点处，而且要垫平、加固好。钢屋架还可以整榀或半榀挂在专用架上运输。

6. 现场拼装是散件运输，使用一般货运车，车辆的底盘长度可以比构件长度短 1m，散件运输一般不需装夹，只要能满足在运输过程中不产生过大的残余变形即可。

7. 对于成型大件的运输，可根据产品不同而选用不同车型。由于制造厂对大件运输能力有限，有些大件则由专业化大件运输公司承担，车型也由该大件公司确定。

8. 对于特大件钢结构产品，在加工制造以前就要与跟运输有关的各个方面取得联系，并得到认可，其中包括与公路、桥梁、电力，以及地下管道如煤气、自来水、下水道等的诸方面的联系，还要查看运输路线、转弯道、施工现场等有无障碍物。

9. 为国外制作的钢结构产品以及国内部分沿海地区产品，则利用船运输。国外船运要根据离岸码头和到岸港口的装卸能力，确定钢结构产品运输的外形尺寸。

10. 为避免在运输、装车、卸车和起吊过程中造成自重变形而影响安装，一些钢结构构件要设置局部加固的临时支撑，以确保安装。待总体钢结构安装完毕，然后拆除临时加固撑件。

11. 运输时行车速度要平稳，中途要在服务区多次检查包装和构件。

12. 选用的运输车辆应满足部品部件的尺寸、重量等要求，卸货与运输时应符合下列规定：

（1）装卸时应采取包装车体平衡的措施；

（2）应采取防止构件移动、倾倒、变形等的固定措施；

（3）运输时应采取防止部品部件损坏的措施，对构件边角部或锁链接触处宜设置保护衬垫。

13. 典型构件的运输方式，见表3-10。

典型构件的运输方式　　　　　　　　　　　　表3-10

序号	内容	图示
1	钢柱，绑扎（裸装）	
2	钢梁，捆装（裸装）	
3	连接板、高强度螺栓等零部件（装箱）	

3.6 现场堆放与施工现场布置设计

装配式钢结构部品部件堆放应符合下列规定。

1. 堆放场地的地基要坚实，地面平整干燥，排水良好。

2. 堆放场地内备有足够的垫木、垫块，使构件得以放平、放稳，以防构件因堆放方法不正确而产生变形。

3. 钢结构产品不得直接置于地上，要垫高 200mm 以上（图 3-5）。

图 3-5　钢构件堆放要求——加垫木

4. 侧向刚度较大的构件可水平堆放，当多层叠放时，必须使各层垫木在同一垂线上（图 3-6）。

图 3-6　钢构件水平堆放

5. 不同类型的钢构件一般不堆放在一起。同一工程的构件应分类堆放在同一区域内。

6. 预制构件进场后，应按品种、规格、吊装顺序分别设置堆垛，存放堆垛宜设置在吊装机械工作范围内（图 3-7）。

图 3-7　不同构件堆放

7. 预制墙板宜采用堆放架插放或靠放，堆放架应具有足够的承载力和刚度；预制墙板外饰面不宜作为支撑面，对构件薄弱部位应采取保护措施。

（1）当采用靠放架堆放或运输时，靠放架应具有足够的承载力和刚度，与地面倾斜角度宜大于80°；墙板宜对称放置且外饰面朝外，墙板上部宜采用木垫块隔开（图3-8）。

（2）当采用插放架直立堆放或运输时，宜采取直立方式运输；插放架应有足够的承载力和刚度，并应支垫稳固（图3-9）。

图3-8　预制墙板靠放架堆放　　　　图3-9　预制墙板插放架直立堆放

（3）采用叠层平放的方式堆放或运输时，应采取防止产生损坏的措施。

8. 预制叠合板、柱、梁宜采用叠放方式。预制叠合板叠放层不宜大于6层，预制柱、梁叠放层数不宜大于2层。底层及层间应设置支垫，支垫应平整且应上下对齐，支垫地基应坚实。构件不得直接放置于地面上（图3-10）。

图3-10　预制叠合板堆放

9. 预制异形构件堆放应根据施工现场实际情况按施工方案执行。

10. 预制构件堆放超过上述层数时，应对支垫、地基承载力进行验算。

3.7 本 章 小 结

本章主要介绍了部品部件的出厂检验、包装、运输和现场堆放等方面的内容。

出厂检验包括钢构件与部品出厂检验、围护结构检验、设备与管线检验三方面。

钢构件与部品出厂检验包括钢构件的实体检验、资料检验和部品部件检验三部分内容，钢构件实体检验主要包括构件尺寸、构造、涂装与焊缝等方面检测；资料检验主要包括原材料的产品合格证或质量证明书、原材料检查与复验资料、焊缝检测记录资料、涂层检测资料、主要构件验收记录、产品合格证、构件发运和包装清单等内容；部品部件检验主要包括预制楼板与屋面板、预制楼梯、其他预制部品部件等检验。

围护结构检测应包括预制外墙、门窗、建筑幕墙等相关性能的检测。

装配式建筑设备与管线系统的检测包括给水排水、供暖通风与空调、燃气、电气及智能化、内装部品系统等内容。其中内装部品系统检测包括轻质隔墙系统、墙面系统以及集成厨卫系统检测。

部品部件的包装主要从包装形式、包装材料和包装通用要求和包装标志等方面介绍。包装形式一般有裸装、托盘装、笼装、箱装等多种形式，每种包装方式均应根据构件的形状、外形尺寸和刚度大小、运输方式等特点来确定，包装材料主要有木材和钢材两种。重点给出采用集装箱运输构件时国际上通常使用的干货柜尺寸参数要求和出口货物包装储运图示标志的规范要求。

运输方面重点介绍运输过程中的注意事项，保证货物安全无损地运达施工现场，并给出典型构件的运输方式。

现场堆放重点介绍堆放场地地基要求、分类堆放要求、堆放位置和不同部品部件堆放方式等。

第四章　主体结构施工安装

本章主要介绍钢结构建筑施工安装方案设计，主要安装设备选择与安装，现场安装技术，复杂气候环境（大风雨、低温等）现场拼装技术，轻型装配式钢结构体系的安装与施工，单元模块化集成式房屋安装，混合结构与组合结构施工，装配式钢结构施工安全与应急处理。

4.1　钢结构建筑施工安装方案设计

装配式钢结构施工方案应符合项目施工组织设计文件和现行国家标准《钢结构施工质量验收标准》GB 50205 的规定。

4.1.1　单层及多层钢结构施工方案设计

1. 编制依据

（1）相关工程施工图纸和公司技术资料：施工图纸及应用的标准图集，工程技术资料（如图纸会审、设计洽商记录、设计变更等）。

（2）相关的标准、规范、规程：与分部、分项工程密切相关的国家、行业、地方及企业的建筑施工标准、规范、规程。

（3）国家相关规定，住房城乡建设部相关发文。

2. 工程概况

工程概况应包括工程的主要情况、工程简介和工程施工条件等。

（1）工程项目主要情况

工程名称、项目地点，建设、设计、监理、施工等单位名称；工程的施工范围，施工合同、招标文件或总包单位对工程施工的重点要求等。

（2）工程简介

主要介绍施工范围内的工程设计内容和相关要求。装配式钢结构建筑功能，主要围护体系、排水坡度。结构类型、支承形式，钢结构建筑长、宽、面积，跨数、跨度、柱距、柱脚高度、层数、层高，檐口高度、屋脊高度，结构的主要截面尺寸等。

（3）材料概况

钢材明确抗拉强度与屈服强度比值，伸长率要求，焊材符合的规范要求。明确本工程使用的螺栓材质。油漆种类及涂刷层数符合设计说明，防火涂料根据防火等级选用。钢结构在使用过程中应定期进行油漆维护。使用油漆及防火涂料在工厂内对施工中损伤的部位应按上述要求修补。

（4）工程施工条件

重点说明与分部（分项）工程或专项工程的相关内容。钢结构工程施工前应具备施工的现场条件：确定施工道路、起重机停靠点，明确现场总包情况及进行交接等。

3. 施工安排

（1）项目目标

根据施工图、标准图、设计文件、施工组织设计和工程技术资料，简述必有的、针对本方案的分部工程概况及装配式钢结构工程施工应达到的施工目标（包括进度、质量、安全、环境和成本等目标），各项目标应满足施工合同、招标文件和总承包单位对工程施工的要求。

（2）施工工序及施工流水

施工段应以分部工程中可分割的单元划分，安排各分项工程或工序的流水作业施工，附施工段划分平面示意图。

施工顺序：表述装配式钢结构工程施工在平面和竖向的施工开始部位和进展方向，安排各工序的施工先后顺序。

（3）重点、难点分析

按施工方法进行分析，分析施工方案应该控制的重点和难点，简述主要管理和技术措施。

（4）施工管理体系

工程管理的组织机构及岗位职责应在施工安排中确定，并应符合总承包单位的要求。

4. 进度计划

应依据施工合同、施工组织设计、总包施工单位的要求，编制装配式钢结构工程施工进度计划，并有相应的说明。施工进度计划可采用网络图或横道图等形式表示。

5. 施工准备与资源配置计划

（1）施工准备

施工准备应包括下列内容。

1）技术准备：包括施工所需技术资料准备，施工图和技术文件审查、施工工艺的学习，图纸深化和技术交底要求、试验检验和测试工作计划、样板制作计划及与相关单位的技术交接计划。

2）现场准备：包括生产、生活等临时设施的准备及与相关单位进行现场交接的计划等。

3）资金准备：编制资金使用计划等。

（2）资源配置计划

1）劳动力计划

确定工程用工量并编制专业劳动力计划表，一般应根据施工技术要求和施工进度的计划要求，描述装配式钢结构工程施工各阶段的劳动力需要量，应含人员（工种）类别、工作内容等。装配式钢结构工程必须由专业队伍施工，持证上岗。

2）物资配置计划

包括工程材料和设备的配置计划、周转材料和施工机具的计划以及计量、测量和检验仪器配置计划等。

装配式钢结构工程施工需用的材料、设备的进场计划。周转材料的周转计划。施工需用的机械、主要工具的名称、型号规格、单位、数量、用途、进场时间等。施工需用的计量、测量和检验仪器的名称、型号规格、单位、数量、用途、使用时间、仪器精度等。

6. 施工方法及工艺要求

（1）装配式钢结构加工方法

根据构件实际情况，主要有螺栓／埋件、H型钢、钢管、冷弯薄壁型钢、箱形结构、桁架结构、异形结构、集成单元等形式。

具体工艺根据钢结构加工作业指导书及工艺卡片进行制造。同时应明确钢结构焊缝等级、检测部位及检测批次。

（2）装配式钢结构安装方法

1）主要构件重量清单

列出分段后小型单元构件的重量表。明确单次起吊吊装单元的重量。

2）钢结构拼装

根据现场场地，明确拼装场地情况、处理要求，拼装机械选择。明确拼装工艺、拼装胎架选择，拼装尺寸控制。

3）主要构件安装方法

根据构件重量清单及现场实际情况，按需要选择最重构件吊装、最远构件吊装、特殊环境（有障碍物）下构件的吊装进行分析，以选择最合理的施工机械。

特殊环境下需要采用土法安装的，需复核土法安装工具的强度及稳定性，并根据下部楼层荷载，确定是否要加固。卷扬机及滑轮组等工具施工，需要描述滑轮组导向，卷扬机固定等情况。

起重机在栈桥上吊装的，需要对栈桥荷载进行复核。在地下室顶板或楼面安装的，需要复核地下室顶板或楼面的强度，并根据计算做好加固工作。

采用临时支撑、高空散装工艺的需要对临时支撑布置、吊装单元分段情况、吊装过程及卸载过程施工模拟分析，对卸载方法、顺序、监测进行叙述。

采用滑移工艺进行施工的，需要设计滑移轨道、节点，并布置牵引或顶推仪器，并做好滑移过程同步性控制。滑移过程及滑移到位后卸载过程需要进行施工模拟分析，对卸载方法、顺序、监测进行叙述。

采用整体提升方法进行施工的，提升前要进行全面细致的检查，试提升离开胎架20cm后锁定，保证桁架与安装胎架完全脱开，测量桁架的变形情况。提升到位后，锁定千斤顶，然后进行水平方向的调整并加临时固定，然后进行合拢。提升过程及卸载过程需进行施工模拟分析，对卸载方法、顺序、监测进行叙述。

4）装配式钢结构吊装计算

主要包括钢丝绳验算、吊耳板焊缝及强度验算、卡环验算等。吊装工况较为复杂时，需采用施工模拟分析进行验算，必要时对结构进行加固。

5）装配式钢结构吊装工艺

钢柱的起吊、扶直、吊耳板的设置，格构柱吊装，需要双机辅助吊的，需明确主吊及辅吊的作用及钢柱竖立过程。同时需明确缆风绳设置及上下节钢柱的对接连接。

钢柱吊装前应将登高爬梯固定在钢柱预定位置，起吊就位后临时固定地脚螺栓，用缆风绳、经纬仪校正垂直度。利用柱底垫板对底层钢柱标高进行调整，安装上节柱时钢柱两侧装有临时固定连接板，上节钢柱对准下节钢柱柱顶中心线后，即用螺栓固定连接板作临时固定，并用缆风绳成三点对钢柱上端进行稳固。垂直起吊钢柱至安装位置与下节柱对正就位用临时连接板、临时螺栓进行临时固定，先调标高，再对正上下柱头错位、扭转，再校正柱子垂直度，高度偏差到规范允许范围内，固定牢固后卸吊钩。

为了便于调整安装公差，要求深化设计时在柱接头的上下临时连接耳板间留有15~20mm的间隙，以便于安装，耳板和连接板的栓孔直径要大于螺栓直径4mm，以增加标高的调节量。

钢梁/桁架安装层次包括拼装、绑扎、吊装等，需明确钢梁/桁架的吊点及绑扎位置、绑扎方式，起吊的注意事项。明确钢丝绳夹角，梁柱连接注意点。

（3）围护系统龙骨吊装

明确吊装方法（起重机吊装，捯链吊装），确定单次起吊数量。

（4）测量工艺

投影基准点布置形式，各分段层面高空施工控制点设置和传递，高程测量基准网的设置；高空施工控制点传递误差分析，施工测量时减小日照和温差影响的对策，钢柱、钢梁的测量及矫正。

（5）现场焊接及螺栓连接工艺

根据板厚制定现场焊接工艺，明确焊接机械、电压、电流及焊接层数、焊前预热、焊后保温等，制定相应措施防止焊接变形及焊接累计误差。根据工程螺栓形式

（大六角、扭剪型）确定连接工艺，并需根据检测报告计算紧固力。

（6）压型钢板安装工艺

明确压型型号，铺设方式、栓钉焊接方法、边模形式、洞口节点。

（7）对开发和使用的新技术、新工艺以及采用的新材料、新设备应通过必要的试验或论证并制定计划。

（8）对季节施工应提出具体要求，特别是冬季焊接作业。

7. 钢结构工程质量管理

对质量目标、质量组织机构、岗位职责进行概述（如质检员负责钢结构工程的质量检查、验收；试验员负责材料的取样、送检）。

对钢结构工程施工质量验收的程序、组织和标准加以说明，包括钢结构工程的检验批、分项工程、分部（子分部）工程质量验收，隐蔽工程验收，观感质量检查，安全功能检测等内容。

质量管理措施：以公司的相关质量管理要求为基础，结合工程的实际概要表述技术交底，材料、设备进场检验、防水材料生产质量的控制、施工样板制、施工挂牌制、施工检查、验收、成品保护、工程竣工资料等管理措施。简述在施工过程中钢结构成品保护的注意事项与要点。构件装车及卸车、构件的临时堆放等。

8. 安全文明管理

确定安全目标，安全组织机构及管理人员表，表内应含序号、姓名、项目职务、资格证书及编号；制定安全管理措施（技术交底，安全检查，安全培训教育，班前安全活动，特种作业持证上岗，安全标志设置与管理）；制定安全防护用品计划。

明确重大危险源（如防火、防坠落、倒塌、爆炸等），然后描述针对重大危险源采取的安全防护技术措施。

材料的堆放与标志设置安排、材料保管、防止噪声超标、防尘、防火、防污染环境等文明施工措施。

9. 应急预案

根据现行国家标准《生产经营单位生产安全事故应急预案编制导则》GB/T 29639 中的要求，对钢结构工程专项施工中的事故风险分析、应急指挥机构及职责、救援路线图、危险源分析及处置程序和措施、应急演练、救援物资储备等内容加以表述。

4.1.2 高层钢结构施工方案设计

1. 编制依据、工程概况、施工安排、进度计划、施工准备及资源配置计划

高层钢结构施工方案设计的编制依据、工程概况、施工安排、进度计划、施工准备及资源配置计划可以根据 4.1.1 小节的第 1～5 条要求进行编制。

2. 施工方法及工艺要求

（1）装配式钢结构加工方法

构件主要有螺栓／埋件、H型钢、钢管、箱形结构、桁架结构、异形结构、集成单元等形式。具体根据钢结构加工作业指导书及工艺卡片进行制造。应明确钢结构焊缝等级、检测部位及检测批次。

（2）装配式钢结构安装方法

1）装配式高层钢结构安装流程

明确塔式起重机位置、核心筒结构、外框架结构、压型钢板、涂料施工等工序的相对关系（表4-1）。

安装流程示意　　　　　　　　　　　　　　　　表4-1

流程	楼层标高	施工工序
1		安装塔式起重机
2		核心筒施工
3		钢结构安装
4		钢结构焊接
5		压型钢板安装
6		涂料施工
……		……

2）钢柱垂直方向分段及主要构件重量清单

高层钢结构钢柱应进行分段安装，一般考虑2～3层为一节柱，且重量在吊装设备性能覆盖范围内，长度不宜超过12.5m，同时分段位置需要得到设计确认（表4-2）。

钢柱分段表　　　　　　　　　　　　　　　　表4-2

层数	楼层标高（m）	钢柱	分段长度（m）
−1	−3.600	第1节	9.400（3.6＋5.0＋0.8）（标高−3.600～＋5.800）
1	5.000		
2	9.000	第2节	11.200（4.0＋3.6＋3.6）（标高＋5.800～17.000）
3	12.600		
4	16.200		
5	19.800	第3节	10.800（3.6＋3.6＋3.6）（标高＋17.000～27.800）
6	23.400		
7	27.000		
8	30.600	第4节	……
……	……		
……	……		

列出分段后各节钢柱的重量及各层主要构件的重量清单。

3）垂直运输设备分析

根据钢柱分段、现场材料堆放位置及构件重量，选取合理的塔式起重机进行施工（表4-3）。

单节柱范围吊装分析表   表 4-3

构件位置	构件名称	构件长度（m）	构件重量（t）	主吊设备	工作半径（m）	起重能力（t）	起吊位置（m）	备注
轴线及标高								
……								

注：1. 主吊设备的工作半径和起重能力需要满足构件重量及附属设施的重量总和；
2. 起吊位置（一般为构件临时堆放点），应该在吊装设备吊装能力覆盖范围内。

吊装构件需要考虑吊具重量及吊装动载系数，并保证足够的安全余量。

4）吊具计算

主要包括钢丝绳验算、吊耳板焊缝及强度验算、卡环验算等。

5）装配式钢结构安装工艺

钢柱、钢梁吊装工艺详见 4.1.1 小节第 6 条。

（3）安装过程计算分析

1）预调值的确定

施工过程中，各种荷载的动态变化，导致高层钢结构变形非常复杂。为了保证完工后结构的几何尺寸符合建筑设计要求和施工期间的结构变形在要求范围内，以设置结构预调值的形式对主体结构进行变形控制，并给出了高层钢结构初始预调值；施工中各阶段，将按照实际的施工步骤及变形监测的结果进行预调值修正。

根据结构最终设计状态、设计标高的定义及相应的荷载工况，计算钢结构外框架和钢筋混凝土内筒的预调值，再给出选定控制点的坐标，用于指导后续施工过程分析、结构位移跟踪监测及钢构件的加工制作和混凝土的浇筑，并根据按照结构高度预留的相应的后期变形余量等确定预调值。

2）地震作用分析

结构施工跨越时间较长，钢结构框架、钢筋混凝土内筒的刚度、荷载情况及动力特性等都与结构完全竣工或使用状态有很大区别，若在期间发生地震作用，结构的振动模态及地震反应可能完全不同于整体结构。

3）温度作用分析

在施工过程中，考虑实际构件安装时由于温度变化而导致的变形和应力。温度差根据施工状态以及安装构件的暴露情况取值，分析在升温或降温情况下，结构的变形和应力分布。

4）风荷载作用分析

与地震作用类似，施工期间风荷载的作用也不容忽视。风荷载作用的计算考虑了在塔体主体结构施工完后，结构在主坐标方向上风力作用的影响。

5）施工过程的动态跟踪模拟

根据设计文件相关的技术要求和施工次序，包括核心筒、钢结构框架、组合楼板等分部工程在各阶段施工的安装就位情况，逐步进行有限元动态跟踪模拟分析。计算每一个施工阶段结构及构件的内力、变形的变化和发展过程。

（4）测量工艺

投影基准点布置形式，各分段层面高空施工控制点设置和传递，高程测量基准网的设置；高空施工控制点传递误差分析，施工测量时减小日照和温差影响的对策，钢柱、钢梁的测量及矫正。

（5）现场焊接及螺栓连接工艺

根据板厚制定现场焊接工艺，明确焊接机械、电压、电流及焊接层数、焊前预热、焊后保温等，制定相应措施防止焊接变形及焊接累计误差。根据工程螺栓形式（大六角、扭剪型）确定连接工艺，并需根据检测报告计算紧固力。

（6）压型钢板安装工艺

明确压型型号，铺设方式、栓钉焊接方法，边模形式、洞口节点。

（7）新技术应用

对开发和使用的新技术、新工艺以及采用的新材料、新设备应通过必要的试验或论证并制定计划。

（8）特殊环境施工

对特殊环境，包括冰雪、霜冻、高温、台风、雷雨季节等环境下施工应提出具体要求，特别是冬季焊接作业。

3. 钢结构工程质量管理、安全文明管理、应急预案

高层钢结构施工方案设计的质量管理、安全文明管理、应急预案参见4.1.1小节的要求进行编制。

4.2 主要安装设备选择与安装

4.2.1 吊装设备

钢结构安装工作中，根据钢构件的种类、重量、安装高度，现场的自然条件，来选择起重机械。选择应用起重机械，除了考虑安装件的技术条件和现场自然条件，更主要是要考虑起重机的起重能力，即起重量（t）、起重高度（m）、工作幅度（m）和回转半径（m）四个基本条件。钢结构安装主要设备见表4-4。

序号	名称	介绍	用途	图例
1	汽车式起重机	汽车式起重机把起重机构装在汽车底盘上，起重臂杆采用高强度钢板做成箱形结构，吊臂可根据需要自动逐节伸缩	单层／多层	
2	履带式起重机	履带式起重机由动力装置、工作机构以及动臂、转台、底盘等组成	单层／多层	
3	行走式塔式起重机	行走式塔式起重机是指能依靠自身的行走机构行走的塔式起重机。由塔身、动臂和底座、起升和变幅及回转与行走部分、电动机、控制器、配电柜、连接线路、信号及照明装置等组成	单层／多层	
4	固定式起重机 附着式塔式起重机	附着式塔式起重机是固定在建筑物近旁的混凝土基础上的起重机械，顶部有套架和液压顶升装置	高层／超高层	
5	内爬式塔式起重机	内爬式塔式起重机，简称内爬吊，是一种安装在建筑物内部电梯井或楼梯间里的塔机，可以随施工进程逐步向上爬升	高层／超高层	

4.2.2　简易起重设备

1. 千斤顶

千斤顶有油压、螺旋、齿条三种形式，其中螺旋式、油压式两种千斤顶最为常用。安装作业时，千斤顶常常用来顶升工件或设备，矫正工件的局部变形。千斤顶使用前，应该进行检查，千斤顶的构造应保证在最大起升高度时，齿条、螺杆、柱塞不能从底座的筒体中脱出。齿条、螺杆、柱塞在试验荷载下不得失去稳定。当千斤顶置于与水平面成 60° 角的支承面上，齿条、螺杆、柱塞在最大起升高度，顶头中心受垂直于水平面的额定荷载，并且不少于 3min 时，各部位不得有塑性变形或其他异常现象。

千斤顶应放在坚实平坦的平面上，在地面使用时，如果地面土质松软，应铺设垫木，以扩大承压面积。不同类型的千斤顶应避免放在同一端使用。

2. 卷扬机

卷扬机分为电动卷扬机和手动卷扬机。电动卷扬机由卷筒、减速器、电动机和电磁抱闸等部件组成。为确保吊装工作安全，使用前应根据吊装物的重量计算起重机的荷载能力，禁止超荷载运行。定期检查维修，至少每月检查一次，在检查过程中，对每次提升临界荷载也要进行复核。手动卷扬机由卷筒、钢丝绳、摩擦止动器、止动齿轮装置、小齿轮、大齿轮、变速器、手柄等组成，注意事项与电动卷扬机一致。

3. 起重滑轮

在起重作业中起重滑轮与索具、吊具、卷扬机等配合，是对各种小型结构设备、构件进行运输及吊装工作不可或缺的起重工具之一。常见滑轮有开口吊钩型、闭口吊环型滑轮。滑轮按使用性质分为定滑轮、动滑轮、导向轮和滑轮组。

4. 捯链

捯链是由链条、链轮及差动齿轮等构成的人力起吊工具，可分为链条式和涡轮式两种。捯链体积小、重量轻、效率高、操作简便、节省人力。捯链应经常加注润滑油，以保护良好的使用状态，每年进行负荷试验一次。

简易起重设备图例见表 4-5。

简易起重设备   表 4-5

序号	名称	照片	序号	名称	照片
1	千斤顶		3	起重滑轮	
2	卷扬机		4	捯链	

4.2.3 吊装辅助用具

1. 钢丝绳

单股钢丝绳是由多根直径为 0.3～2mm 的钢丝搓绕制成的。整股钢丝绳是用六根单股钢丝绳围绕一根浸过油的麻芯拧成整股钢丝绳。钢丝绳以丝细、丝多、柔软为好。钢丝绳具有强度高，不易磨损，弹性大，在高速下受力时平稳，没有噪声，工作可靠等特点，是起重吊装中常用的绳索。钢丝绳承载计算如下。

1）钢丝绳最小破断拉力计算公式为：

$$F_0 = \frac{K' \cdot D^2 \cdot R_0}{1000} \qquad (4\text{-}1)$$

式中：F_0——钢丝绳最小破断拉力；

D——钢丝绳公称直径；

R_0——钢丝绳公称抗拉强度；

K'——某一指定结构钢丝绳的最小破断拉力系数。

2）每根钢丝绳的拉力可用下式计算：

$$F = G/n\cos\beta \qquad (4\text{-}2)$$

式中：F——一根钢丝绳的拉力；

G——构件重力；

n——钢丝绳根数；

β——钢丝绳与垂直线的夹角。

3）钢丝绳允许拉力按下列公式计算：

$$[F_g] = \alpha F_g/K \qquad (4\text{-}3)$$

式中：$[F_g]$——钢丝绳的允许拉力；

F_g——钢丝绳的钢丝破断拉力总和；

α——换算系数；

K——钢丝绳使用安全系数，卡环吊装使用时取6，捆绑使用时取8～10。

4）比较 F 与 $[F_g]$ 的大小，确认钢丝绳的选取是否合理。

2. 牵引绳

起吊装卸长度9m以上的吊物，必须使用牵引绳。牵引绳材质为麻绳或塑料绳，绳径8～12mm，长度5～8m，牵引绳要专人保管，经常检查，确保安全有效，磨损超过安全范围的要及时更换。起吊前将牵引绳挂在吊物的一端，吊物吊起后由指定司索工牵绳掌握操控吊物方向以适应装卸目标，操作时，牵引绳要保持拉紧，确保能操纵吊物方向，操纵的司索工要与吊物保持安全距离。根据安全作业需要调整吊物方向。吊绳到达目标上空下降到一定高度而牵引绳无法安全操作时，应放开牵引绳，改用拉钩操作。吊物放下后，先解开牵引绳再由吊机拉出吊索。

3. 卡环

卡环由一个弯环和一根横销组成。卡环按弯环形式分为直形和马蹄形，按上动销与弯气环连接方法的不同，又分螺栓式和活络式两种。

4. 吊钩

吊钩按形状分为单钩和双钩；按制造方法分为锻造吊钩和叠片式吊钩。单钩制造简单、使用方便，但受力情况不好，大多用在起重量为80t以下的工作场合；单钩起重量大于80t时，常采用受力对称的双钩（见表4-6中4）。叠片式吊钩由数片切割成形的钢板铆接而成，个别板材出现裂纹时整个吊钩不会破坏，安全性较好，但自重较大，大多用在大起重量的起重机上。吊钩在作业过程中常受冲击，需采用韧性好的优质碳素钢制造。

吊装辅助用具图例见表 4-6。

吊装辅助用具

表 4-6

序号	名称	照片	序号	名称	照片
1	钢丝绳		3	卡环	
2	牵引绳		4	吊钩	

4.2.4　主要吊装设备对比分析

通过对吊装设备的起重量（t）、起重高度（m）、工作幅度（m）、回转半径（m）、场地要求、转运速度等条件进行对比分析，梳理各种形式吊装设备的优缺点，便于实现更合理的起重机选型。吊装设备对比分析表见表 4-7。

吊装设备对比分析表

表 4-7

序号	吊装设备	优点	缺点
1	汽车式起重机	（1）汽车式起重机行走速度快，转向方便，对路面没有损坏。 （2）汽车式起重机具有良好的机动性和灵活性，能迅速地从一个工作地点转移到另一个工作地点，且为进行转移和投入工作所需要的准备时间很短，可以较充分地提高起重机的利用率	（1）汽车式起重机行走时，不可负载行驶。汽车式起重机吊装构件时，必须要求有较好的路面条件。 （2）在进行吊装作业时，几乎都要将支腿放下，因而限制了起重机在吊装作业时的活动范围，使其不能行走，车体需在固定的位置上工作，必须事先周密地考虑构件与安装位置的距离，构件应放到起重机的工作半径范围内
2	履带式起重机	（1）履带式起重机操作灵活，使用方便。在一般的平整结实路面上均可以通行。 （2）吊装构件时可退可避，对施工场地要求不严	（1）起重机自重大，行驶时速度慢、转向不方便，在硬化路面上行走时，有压痕。 （2）与汽车式起重机相比，不能在公路上行驶，需要使用其他交通工具转场，转场后要重新安装和调试，这也增加了履带式起重机的成本
3	行走式塔式起重机	（1）自行式塔式起重机工作状态下在工作现场可围绕作业目标作水平移动，以扩大作业范围。可在邻近作业目标之间短距离整体转移，适于建筑物较多、较分散的大面积建筑工地。 （2）轨道式塔式起重机塔身固定于行走底架上，可在专设的轨道上运行，稳定性好，能带负荷行走，工作效率高	（1）起重机只能直线行走或移动，工作面受到限制。 （2）轨道修筑麻烦、要求严格，起重机转移搬运、拆卸和组装不方便，较费工费时。 （3）吊装场地利用率低

序号	吊装设备	优点	缺点
4	附着式塔式起重机	（1）建筑物只承受塔式起重机传递的水平荷载，即塔式起重机附着力。 （2）附着在建筑物外部，附着和顶升过程可利用施工间隙进行，对于总的施工进度影响不大。 （3）因起重机小幅度可吊大件，可以把重大件放在起重机旁，吊装大件或组合件。某些小件可在地面拼成大件吊装，减少了高空的工作量，提高效率。 （4）塔式起重机司机可以看到吊装全过程，有利塔式起重机操作。 （5）拆卸是安装的逆过程，比内爬式塔式起重机方便	吊臂更长，且塔身高，塔式起重机结构用钢多，塔式起重机的造价和重量都较高
5	内爬式塔式起重机	（1）塔式起重机布置在建筑物中间（安装在室内电梯井中），在施工场地小的闹市中心使用尤为适宜。 （2）吊物的有效施工覆盖面积大，能充分地发挥塔式起重机的起重能力，提高塔式起重机的工作效率。 （3）由于是利用建筑物向上爬升，爬升高度不受限制，塔身也短不少。因此整体结构轻，整个机械投入费用小	（1）由于塔式起重机直接支承在建筑上，需对结构进行验算，必要时应临时加固，增加费用。 （2）内爬式塔式起重机安装在电梯井道内，由于安装构造要求，必须在电梯井剪力墙上开设一定数量的孔洞，给主体结构带来一定的不良影响，而且洞口需采取加固措施，塔式起重机提升后，又需及时修补，给施工带来不便。 （3）由于塔式起重机安装在建筑物的电梯井内，所以塔式起重机的安装将影响地下室结构的施工进度。 （4）司机与地面的通信联系不方便，司机视野不够开阔，吊装有一定的安全隐患。 （5）工程完工后，拆机下楼需要辅助起重设备，较难拆卸且不安全

4.2.5 履带式起重机组装

起重机组装场地需满足起重机本体站位宽度及人员操作空间，在大臂组装方向，需要有 90～100m 长、5.5m 宽的直线道路，以满足辅吊站位及大臂支撑。起重机组装场地要求地面平整、坚实，场地没有与安装施工相干涉的障碍物，满足施工需求。辅助起重机工作区域地基坚实可靠。

1. 组装流程

履带式起重机安装流程图如图 4-1 所示。

2. 组装方法

由于履带式起重机自重较重，要求地基承载力高，安装场地不得有不稳定土质，下层不得有淤泥夹层。因此需要在原路面上铺设路基板，最好是浇筑混凝土，且在上方铺设钢板。

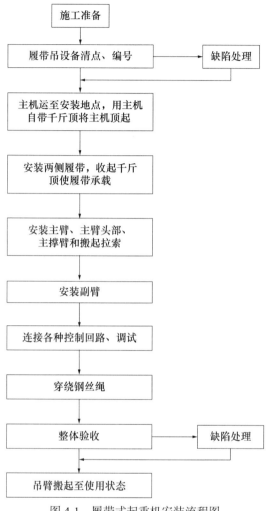

图 4-1 履带式起重机安装流程图

4.2.6 附着式塔式起重机安装

附着式塔式起重机是紧靠拟建的建筑物布置，塔身可借助顶升系统自行向上升高，随着建筑物和塔身的升高，每隔 20m 左右采用附着支架装置，将塔身固定在建筑物上，以保持稳定。附着式塔式起重机是目前广泛应用到高层、超高层建筑工程中的垂直运输设备，作为特种设备其安装得规范与否，直接关系着施工安全。

安装塔机前，必须检查安装场地及安装后的自由转动是否有充足的空间保证。塔机安装前，要注意周围风速，是否符合安装规范要求。塔机安装的司机、安装工、起重工、指挥工等都必须取得劳动人事部门认可的专业证书方可上岗，并保证安装全过程专人指挥。塔机应安装在平整的地面上。

安装前需要一台轮式起重机，其性能应适应起吊部件的需要。附着式塔式起重机安装流程见表 4-8。

序号	组装流程	组装内容	图例
1	塔机基础安装	要求承载塔机基础的土质应坚硬牢固，具备所要求的承载能力，要求放置后表面平整，平面度误差控制在允许范围内	
2	安装基础节	用起重设备将塔身基础节吊至底盘上方并对好方向后缓慢下降基础节，要求安装、对位准确，不影响地脚螺栓的紧固	
3	安装标准节	在已安装的塔身基础节顶部安装一个塔身标准节，对好方向，使标准节主弦杆与基础节的主弦杆保持一致	
4	安装套架	首先将套架竖直放置，并将操作平台安装在套架上，然后将套架吊已安装好的塔身标准节上方，并保证与标准节方向一致	
5	安装塔尖及回转部分	陆续安装回转平台，驾驶室。电器线路、护栏、平台以及塔尖	
6	安装平衡臂、平衡臂拉杆	在地面上拼装好平衡臂，并将卷扬机构、配电箱、电阻箱等安装在平衡臂上，接好各部分所需的电线，然后将平衡臂吊起来与回转塔身用销轴固接完毕后，再抬起平衡臂至平衡臂拉杆安装位置，安装好平衡臂拉杆后，再将起重机卸载	
7	吊装平衡重	吊起首块平衡重放置在最后面	
8	吊装起重臂	在地面拼装好起重臂、装好小车及钢丝绳。接好起重臂拉杆，并用钢丝绳将拉杆固定在起重臂的弦杆上。在地面进行试吊，试吊平衡后用油漆做好吊点标记	

序号	组装流程	组装内容	图例
9	安装其余配重	依次吊装其余平衡重	
10	顶升标准节	塔式起重机主臂吊起一个标准节,送往塔身驾驶室下面的顶升工作台。重复顶升,完成加节升高	
11	安装附着架	当塔机超过40m时,就应当安装第一道附着架,安装时首先清理埋件,将附着杆接头焊在预埋件上,然后利用塔式起重机将附着套架安装在与预埋水平一致的塔身标准节上,此时将附着杆安装在套架与预埋件接头上打入销轴撬开开口销,安装全部就位以后,调节连杆螺栓使附着杆受力	

4.2.7 内爬式塔式起重机安装

1. 安装前的工作

清理塔式起重机安装现场的障碍物,满足安装塔式起重机所使用场地的要求,对现场土质情况进行观察,观察地面承载能力是否能承受塔式起重机安装时的荷载,安装时地面不应塌陷而危及安全。根据塔机基础节相对结构的位置,在结构上给定控制塔式起重机垂直度、标高、中心线位置,然后按结构上所给的测量控制点进行塔式起重机安装。

内爬式塔式起重机采用塔楼部位的附着式塔式起重机进行吊装。准备辅助吊装设备、枕木、木楔以及足够的铁丝、索具、绳扣等常用工具。核心筒混凝土基础强度必须达到70%才能安装塔式起重机。塔式起重机使用电源配置:按照塔式起重机供电电源方案要求,选择好塔式起重机使用的二级配电箱位置,塔式起重机用电电源安全装置应配备齐全,便于操作和安全防护。

2. 内爬式塔式起重机设备安装前的检查

(1)塔身金属结构检查

有无伤痕、裂缝、锈蚀严重和其他削弱结构强度的情况。

(2)塔式起重机其他金属配件检查

金属结构连接件,金属结构连接件数量、质量、规格、型号必须满足塔式起重机使用说明书要求,配件清洁后做好防锈处理备用。

(3)塔式起重机机械系统检查

机械变速系统润滑情况：机械在地面缠绕钢丝绳时，检查润滑油质量和数量是否符合要求，电动机和变速箱运转时声音是否正常，是否有杂音和温度是否高于设备说明书的要求，轴瓦光洁度是否达到设备制造标准，出现问题时应有供货商进行调整。

机械设备顶升系统检查：油压顶升设备油封和活塞是否工作正常，油路供油是否正常，顶升工作是否正常；传动轴润滑系统是否正常，机械设备的制动系统是否正常，检查滑轮转动及滑轮的润滑情况是否正常，机械设备安装制作部位是否符合要求。

起重小车检查：小车卷扬机系统、润滑系统、卷筒、车轮运行是否正常。

滑轮组检查：滑轮组润滑系统及转动是否正常。

（4）电气设备及配件检查

塔式起重机电气设备和配件检查准备：按照塔式起重机电气设备说明书要求，各使用功能的电器配件必须齐全，配件的型号、技术参数必须符合塔式起重机说明书要求，并通过检验、监测合格，其中重点检查用于塔式起重机安全装置的电气配件；检查配电设备有无损坏、缺少配件情况，输入和输出功能是否正常，保持好配电设备干净，线路整齐。

3. 塔式起重机安装程序

塔式起重机安装应严格按照安装方案和塔式起重机说明书所规定的顺序和要求进行，每一道安装工序准确无误后方能进行下道安装工序。塔式起重机安装注意事项：在安装过程中，作业人员应佩戴安全帽与安全带，起重过程中起重臂下不得站人。

内爬式塔式起重机安装程序：技术交底→复核基础节中心、标高→安装内爬顶升节→检查合格→安装普通加强节→检查合格→安装第一道内爬支撑框架→检查合格→安装内爬加强节→检查合格→安装第二道内爬支撑框架→检查合格→安装标准节→安装回转总成→安装塔帽→安装平衡臂总成→安装司机室→安装起重臂总成→安装配平衡→起升钢丝绳缠绕→电器设备调试→试运行→安全装置调试、检验合格→现场检验→专业验收。

塔式起重机验收程序：塔式起重机安装完毕调试合格，工地验收合格，再经专业验收人员验收合格。其中：有关安全功能的机械设备制动系统和电气安全装置应检验三遍才能进行专业验收和正常使用。

塔身连接螺栓和电器线路安装程序：螺栓应边安装边用力矩扳手检查拧紧力矩，线路和电气设备应用仪器进行逐项检测，减少返工程序。

4. 内爬式塔式起重机安装

（1）基础节埋设

基础节埋设前应先进行测量定位放线，按照放线位置固定好基础节，基础节施工如下：基础节固定支架采用直径 45 扣件式钢管制作；按要求埋设铁件，铁件为 200mm×200mm×10mm 钢板 4 块和部分加劲板。基础节的安装：基础节在核心筒基础底网钢筋绑扎完成后安装，为了保证基础节的正确位置和标高，基础节应与内爬顶升连接后，同时进行安装，基础支撑架与水平钢筋焊接连接，组成牢固的水平和竖向支撑系统，保证基础节安装的稳定性。安装完成校正合格交下道工序施工。

（2）安装塔身

塔身有普通加强节、内爬加强节和标准节，将吊具挂在加强节和标准节上，将其吊起每节用 12 件 10.9 级高强度螺栓连接牢固，确保每一节标准节上有踏步的一面应在同一平面，以便于塔机的顶升、下降和操作时操作人员上下，每根高强度螺栓均应装配两个垫圈、两个螺母。双螺母拧紧防松，用经纬仪或吊线法检查其垂直度，主弦杆 4 个侧面的垂直度误差应小于 1.5/1000。

（3）安装回转总成

回转包括下支座、回转支承、回转机构、上支座共四部分。下支座为整体箱形结构，下支座下部分与标准节和套架通过高强度螺栓和销轴连接，上部与回转支承外圈的下平面通过高强度螺栓连接。将下支座、回转支承、上支座用 10.9 级的高强度螺栓连为整体。切记，爬梯与套架引进平台在同一方向。用 10.9 级的高强度螺栓将下支座与标准节连接牢固。

（4）安装回转塔身

回转塔身总成包括回转塔身和起重量限制器，回转塔身上端面分别有用于安装起重臂和平衡臂的耳板，上面用 4 根销轴与塔帽相连。在回转塔身的横梁上安装有起重量限制器，限制各速度的最大起重量。将吊具挂在回转塔身 4 根主弦杆处，拉紧吊索。吊起回转塔身（吊装回转塔身时注意安装平衡臂和起重臂耳板的方向），使靠近起重量限制器一边的耳板与上支座的起重臂方向一致，用 4 根销轴将回转塔身与上支座连接牢固。

（5）吊装塔帽

塔帽为四棱锥形结构，顶部有拉板架和起重臂拉板，通过销轴分别与起重臂、平衡杆拉杆相连，为了安装方便，塔帽上部设有工作平台，工作平台通过螺栓与塔帽连接。塔帽上部设有起重钢丝绳导向滑轮和安装起重臂拉杆用滑轮，塔帽后侧主弦杆下部设有力矩限制器，并设有带护圈的扶梯，塔帽下端有 4 个耳板，通过 4 根销轴与回转塔身连接。吊装前在地面上先把塔帽上的平台、栏杆、扶梯及力矩限制器装好，为使安装平衡器方便，在塔帽的后侧左右两边各装上 2 根平衡臂拉杆，将塔帽吊到回转塔身上，应注意将塔帽垂直的一侧对准回转塔身的起重臂的方向。用 4 根销轴将塔帽与回转塔身连接，穿好并充分张开开口销。

（6）安装平衡臂总成

平衡臂分两节，用销轴连接。平衡臂上设有栏杆及走道，还设置了工作平台，平衡臂的一端用两根销轴与回转塔身连接，另一端则用两根组合刚性拉杆同塔帽连接。尾部装有平衡重、起升机构，电阻箱和电气控制箱布置在根部。起升机构本身有独立的底架，用螺栓固定在平衡臂上。平衡重的重量随起重臂长度的改变而变化。

在地面上把两节平衡臂组装好，将起升机构、电控箱、平衡臂拉杆装在平衡臂上，并固接好。回转机构接上临时电源，将回转支承以上部分回转到便于安装平衡臂的位置。吊起平衡臂（上设有 4 个安装吊耳），用定轴架和销轴将平衡臂与回转塔身固定连接好。将平衡臂逐渐抬高至适当的位置，便于平衡臂拉杆顺利相连，将拉杆用销轴铰接，穿好并张开开口销。缓慢地将平衡臂放下，再吊装平衡重至平衡臂最前面的安装位置上。

（7）安装司机室

把司机室吊到上支座平台的前端，对准耳板上孔的位置，然后用 3 根销轴连接并穿好开口销（也可在底下先将司机室与回转支承总成组装好后，作为一个整体，一次性吊装）。

（8）安装起重臂总成

起重臂总成包括起重臂、起重臂拉杆、载重小车和变幅机构，起重臂拉杆安放在起重臂上弦杆托架上。起重臂为三角形变截面空间结构，为了提高起重机性能，减轻起重臂的重量，起重臂采用双吊点、变截面空间桁架结构。

（9）安装配重平衡

平衡重的重量随起重臂长度的要求进行安装，特别注意：平衡重的安装销不能超过销轴挡板；安装销必须超过平衡臂上安装平衡重的三角支撑块。

（10）起升机构绕绳系统

塔身吊装完毕后，进行起升钢丝绳的穿绕。起升钢丝绳由起升机构卷筒放出，经机构上排绳滑轮，绕过塔帽导向滑轮向下进入回转塔身上起重限制器滑轮，向前再绕到载重小车和吊钩滑轮组，最后将绳头通过绳夹、契套和契，用销轴固定在起重臂头部的防扭装置上。

（11）接电源及试运行

当整机按前面的步骤安装完毕后，在无风状态下，检查塔身轴线的垂直度，垂直度允许偏差为 4/1000；再按电路图的要求接通所有电路的电源，试开动各机构进行运转，检查各机构运转是否正确，同时检查各处钢丝绳是否处于正常工作状态，是否与结构件有摩擦，所有不正常情况均予以排除。

（12）安全装置调试

主要包括行程限位器和载荷限制器。行程限位器有：起升高度限位器、回转限位器、幅度限位器。载荷限制器有：起重力矩限制器、起重量限制器。此外还包括风速仪。

4.3 现场安装技术

钢结构高空现场拼装技术主要可分为高空原位拼装以及高空分块拼装等方法。

高空原位拼装法：一般在待安装的结构的下方（或者水平投影附近）搭设格构式支撑架（或满堂脚手架），以支撑架（或脚手架）作为拼装平台，利用拼装平台进行拼装，拼装连接后即安装到位。

高空分块拼装法：在地面（楼面）完成构件分块单元组装，利用起重机械将组装单元吊装至指定位置进行安装。

4.3.1 拼装场地加固

拼装场地一般要承受拼装构件、拼装胎架、拼装机械、构件临时堆放等的各种荷载，为了保证构件拼装精度，防止构件在拼装过程中由于胎架、脚手架等的不均匀沉降导致的精度误差，拼装场地要求具有足够的刚度以及承载力。

对于拼装场地，一般均需进行硬化处理，对于硬化处理要求不高的场地，一般经过压平、压实处理即可。对于硬化处理要求较高的场地，其硬化过程主要包括：地面标高测量控制、土方挖运平整、水泥稳定碎石基层施工、水泥混凝土面层施工等（对部分超限结构，可能要设置路基箱）。待拼装场地处理、硬化验收完毕后，即可进行拼装胎架（脚手架）的搭设。

4.3.2 拼装胎架（脚手架）的搭设

胎架设置时先根据 X、Y 的坐标投影点铺设钢板路基箱或格构柱底座（地面必须先压平、压实或经过硬化处理），路基箱板或格构柱底座铺设后，进行 X、Y 的投影线、放标高线、检验线及支点位置的放线工作，形成田字形控制网，提交验收。竖胎架（立柱），根据支点处的标高设置胎架及斜撑。胎架设置应与相应的拼装构件曲面、分段重量及高度进行全方位优化选择，另外胎架高度最低处应能满足全位置焊接所需的高度，胎架搭设后不得有明显的晃动，并经验收合格后方可使用。

为防止刚性平台沉降引起胎架变形，胎架旁应建立胎架沉降观察点。在施工过程中结构重量全部加载于路基板上时观察标高有无变化，如有变化应及时调整，待沉降稳定后方可进行焊接。

拼装前测量要求：拼装胎架搭设完成开始进行拼装前，需对拼装胎架的总长度、宽度、高度等进行全方位测量校正，然后对需拼装杆件的搁置位置建立控制网格，然后对各点的空间位置进行测量放线，设置好杆件放置的限位块。拼装完成的测量：除原位拼装的胎架外，其余胎架在完成一次拼装后，均必须对其尺寸进行一次检测复核，复核满足要求后才能进行下一次拼装。

4.3.3 构件高空原位拼装

对于构件高空拼装工艺，按照由下而上，由中心向四周扩大安装（具体拼装方向根据现场作业面条件综合确定）。在此仅以某工程结构原位拼装为例，进行结构高空原位拼装顺序及流程说明，其具体流程示意见表4-9。

高空原位拼装流程 表4-9

序号	步骤及技术要点	图示
1	搭设满堂脚手架：在结构下方的楼层板上搭设满堂脚手架拼装平台，平台搭至比结构下弦略低位置。 胎架搭设：根据设计图和平面控制网在平台上放出结构投影线，根据投影线搭设结构拼装胎架	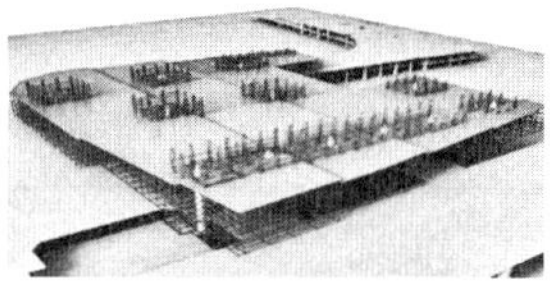
2	结构拼装从各个柱顶开始，根据柱顶坐标确定节点坐标	
3	结构安装顺序由柱顶向四周扩散，距离较近的钢柱可先连成一片	
4	安装嵌补区域结构	
5	继续安装剩余结构，各柱顶结构同步扩散安装	
6	整体结构安装完成	

构件拼装时，其主要控制点如下。

1. 拼装焊接顺序

对拼装结构特点，制定详细的焊接工艺及焊接顺序，以控制焊接变形。首先进行节点的焊接试验，并进行试件超声波检测，根据检测结果来制定相应的焊接工艺规程。制定施工现场构件安装焊接节点焊缝的质量要求和检验评定标准。严格按制定的焊接工艺顺序焊接，拼装焊接过程中尽量采用二氧化碳气体保护焊进行焊接，以减少焊接变形，结构分块焊接时，均按照先焊中间节点，再向结构分块两端节点扩散的焊接顺序，以避免由于焊接收缩向一端累积而引起的各节点间的尺寸误差。

2. 拼装过程质量控制

拼装过程中，严格按质量管理条例进行质量跟踪测量检查，不合格的产品不得进入下道工序进行施工，坚持预防为主，防止质量事故的发生。高空拼装时测量工作的质量是钢结构高精度拼装的重要工作，测量验收应贯穿各工序的始末，对各工序的施工测量、跟踪检测全方位进行监测。明确检验项目、检验标准、检验方案和检验方法。对保证项目、基本项目和允许偏差项目，认真做好原始记录，记录操作时间、条件、操作人等，对不合格品做好标记，分别堆放，按规定处理。

3. 拼装安全管理措施

对于高空拼装作业，在高空拼装施工阶段，操作人员的安全必须始终放在第一位，安全控制是拼装作业的重点。

4. 施工临时上下通道的设置

在临时支撑、钢柱上设置钢爬梯用于施工人员上下通道；在钢结构楼层钢梁上布置以木跳板和生命线钢丝绳组成的连续、封闭的水平通道，并与设置在钢柱和临时支撑架上的钢爬梯上下连通。

5. 吊篮、安全网及其他防护设施

对于一些特殊的部位，由于操作平台无法搭设，因此需要借用临时简易吊篮等设施，施工人员如需高空作业时，安全带上应配置自锁器挂于安全绳上，在部分作业面下方应设置安全平网用于高空防坠以及上下施工面隔离。焊接部位的下方应设置焊接接火盆等安全防护措施。水平通道及吊篮如图 4-2 所示。

图 4-2 水平通道及吊篮设置图

6. 操作平台安全防护措施

对于采用搭设支撑胎架的拼装作业，在支撑胎架顶部设置操作平台，操作平台四周设围护结构，在支撑胎架上设置垂直爬梯，供人员上下使用。相关安全管理措施示意见图 4-3。

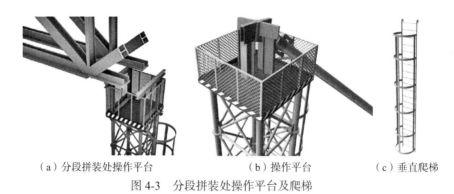

（a）分段拼装处操作平台　　　　　　　（b）操作平台　　　　　（c）垂直爬梯

图 4-3　分段拼装处操作平台及爬梯

4.3.4　构件高空分块拼装

一些高空拼装结构下方没有操作面或高空原位拼装所需措施料较大时，可采用高空分块拼装的方案进行安装。在此仅以某项目为例，进行高空分块拼装方案描述。

1. 拼装方法

高空分块拼装示意见表 4-10。

高空拼装流程　　　　　　　　　　表 4-10

工艺名称	技术要求	图示及说明
拼装胎架位置定位	在拼装场地按胎架布置图放线，定位胎架所放位置的中心线	
球节点胎架安装及定位	胎架布置在放线位置并定位固定	
安装分块胎架	按上述方法安装每块拼装场地的其余胎架并全部固定	
拼装球节点	将网格结构的球节点吊装到胎架上，定位后固定	

工艺名称	技术要求	图示及说明
拼装网格下弦杆	将网格结构的下弦杆吊到胎架上，定位后固定	
拼装网格结构直腹杆和上弦杆	将网格结构的直腹杆和上弦杆吊装至胎架上，定位后固定	
拼装网格结构的斜腹杆	拼装网格结构的斜腹杆，定位后固定	
完成一块网格结构的拼装	将一片网格的弦杆腹杆相交节点焊接完成，准备利用汽车式起重机（履带式起重机）进行分块吊装	

2. 分块吊装方法

钢结构单元完成拼装后，采用履带式起重机站位在跨外进行分块吊装（履带式起重机在悬挑侧由中间向两边进行跨外吊装）。履带式起重机分块吊装示意图见图 4-4。

图 4-4　履带式起重机分块吊装示意图

4.3.5　现场模拟安装技术

模拟安装技术流程如下。

通过激光跟踪仪对构件的关键部位（需现场拼装的部位）进行测量，获取激光点云的坐标数据，通过软件系统自动生成 3D 模型，与原始设计模型进行拟合对比，从而直观分析点云模型以及理论模型的偏差。点云模型的整体形状代表了钢结构实际加工形状，通过点云模型与理论模型的偏差分析，即可得出实际构件与理论模型的偏差。

通过对两个相邻需要现场拼装的模块的实际反求模型进行连接口的对比分析，判断拼装误差，实现模拟预拼装。预拼装技术见图4-5。

（a）实际制造模型　　　　（b）理论模型　　　　（c）接口制造偏差示意

图 4-5　预拼装技术

4.4　复杂气候环境（大风、雨天、低温等）现场拼装技术

工程现场气候气象情况，历来为工程施工顺利进行的先决条件之一。风力大，直接影响结构吊装的安全；另外，钢结构材料的自身特性决定其对气温变化敏感。因此，如果不掌握施工地区的气候气象特点，忽略结构对温度变化的敏感程度，将会给工程施工安装工作带来重大偏差。钢结构水上拼装的防护若没做好，构件的焊接性能、防腐性能将受到很大影响。

4.4.1　大风、雨天现场拼装技术

1. 大风施工安全等级界定

现场施工地点所在地区的气象表显示，施工时的安全界定分为3个级别。

遇＜6级风力的地区为一般安全作业区；6～8级大风的地区为非安全作业区，禁止起重吊装作业、高空作业、脚手架作业、模板支护作业、汽车泵浇筑混凝土作业、运架梁作业、明火作业、防腐保温作业、高危作业，其他施工作业必须采取可靠防风措施方可进行；≥8级大风的地区为禁止作业区，停止所有施工作业，所有人员进入安全避风场所，所有机械设备、车辆撤离现场，停止运行，集中停放在避风区并采取可靠固定措施；所有用于施工的材料、小型设备、工器具和易被大风吹走的物品，必须采取可靠固定措施。

2. 大风、雨期施工准备措施

（1）气象信息通畅，措施得力。专人及时了解天气预报，提前掌握阴雨气象资料。专人雨前对现场专项进行检查，落实防风防雨措施，防雷电措施必须认真全方

位检查。

（2）做好现场排水

1）根据施工平面图、排水总平面图，利用自然地形确定排水方向，按规定坡度挖好排水沟，确保排水畅通无阻。

2）雨期施工现场临近高地，应在高地边挖好排水沟，处理好危石防止发生滑坡、塌方等灾害。

3）保证道路畅通，路面根据实际情况加铺沙砾、炉渣或其他材料，并按要求加高起拱。确保构件运输和起重机行走安全。

4）原材料、成品、半成品的防护。对材料库全面定期检查、及时维修，四周排水良好，墙基坚固，不漏雨渗水。钢材等材料存放采取相应的防雨措施，确保材料的质量安全。

5）严格按防汛要求设置连续、畅通的排水设施和准备应急物资，如水泵及相关的器材、塑料布、油毡等材料。

6）机电设备的配电箱要采取防雨、防潮等措施，并安装接地保护装置。

3. 钢结构安装

为确保雨期施工的正常进行，保证工程质量。对于各主要工序及对气候敏感的工序，应针对冬、雨期施工的特点，编制相应的工艺措施。雨期气候恶劣，不能满足工艺要求及不能保证安全施工时，应停止施工，注意保证作业面的安全，设置必要的临时加固措施。

雨期施工，应保证施工人员的防雨水具的需求，注意施工用电防护。降雨时，除特殊情况外，应停止高空作业，并将高空人员撤到安全检查地带，拉断电闸。

对要起吊的构件，应首先清理构件表面的水，尤其是构件摩擦面应清理干净，并保证面层的干燥。如遇上大风天气，柱、主梁、支撑等大构件应立即进行校正，校正到位后立即进行永久固定，以防止发生单侧失稳。当天安装的构件，应形成空间稳定体系。

4. 钢结构焊接

雨天不进行露天的焊接作业，雨后焊接前将焊缝处的雨水杂物清理干净，并进行烘干处理。在施工前，应在操作平台高于焊口 1m 处用阻燃编织布绕柱子包严，并将平台平面上的洞、缝用石棉布盖严，以便防风及防止焊渣下溅。对焊完的焊缝，要加强保温工作，避免焊缝温度骤降导致脆裂，先用石棉布将焊缝周围包严，再用岩棉被包严。

焊丝、焊条、焊剂应放在专用的棚内，以免焊接材料受潮。焊接材料使用前应按规定进行烘干，焊条经烘干后存放在保温筒内随用随取。如焊条生产厂家无烘焙规定或有关技术规范，则遵循表 4-11 的烘干要求。

焊条烘干要求		表 4-11
焊条类别	酸性焊条	碱性焊条
保温时间	1h	1h
烘干温度	150～200℃	350～400℃

5. 高强度螺栓的安装

使用高强度螺栓前，应对高强度螺栓进行外观检查，不得有生锈、损伤丝扣的现象，如有应修复后使用。操作前，应清除连接件连接部位的水分、杂质，保持连接面的清洁干燥。

6. 涂装

涂料施工环境相对湿度不能大于 85%，涂装后 4h 内应保护免受雨淋，雨、大雾、大风天气不能进行露天除锈和涂装施工。

4.4.2 低温天气现场拼装技术

1. 低温天气构件切割

冬期使用放样的样板用 0.5～0.75mm 铁皮制作，低温下塑料板易脆裂，不宜使用。制作样板及放样时应注意由于气温影响产生的温度收缩量。

氧气切割：在冬季使用氧－乙炔气时，乙炔发生器放置环境温度应≥0℃，除了防止水结冻外，由于温度降低会影响乙炔气的产出量，影响使用效果；通常氧气瓶在使用时应置于暖棚中，露天放置时注意检查氧气瓶的出气口是否因氧气中含有水分冻结，堵塞出气口。

氧－乙炔气切割时氧气的纯度对氧气的消耗量有很大影响，当氧气纯度较低时，相应要调整氧气压力，但切割要放慢，同时氧气消耗量也要相应增多，氧气纯度与切割速度、氧气压力和消耗量关系见表 4-12。

氧气纯度与切割速度、氧气压力和消耗量关系			表 4-12
氧气纯度（%）	切割速度（%）	切割时氧气压力（%）	氧气消耗量（%）
99.5	100	100	100
99.0	95	110～115	110～115
98.5	91	122～125	122～125
98	87	138～140	138～140
97.5	83	158～160	158～160

2. 钢构件的矫正和成型

钢结构零件及构件的矫正成型分为冷矫正和热矫正。在冬期施工中，钢材随着温度的降低，强度增高，塑性和韧性会降低，在低温下进行钢构件矫正时，产生裂纹和断裂的倾向性更大，所以对冷加工的温度环境要加以限制。碳素结构钢当环境温度低于-16℃，低合金结构钢当环境温度低于-12℃时，不得进行冷弯曲和冷矫正。

钢材的热矫正主要是用氧-乙炔火焰进行烘烤加热矫正。碳素结构钢和低合金结构钢进行加热矫正时，加热温度控制不得超过900℃，因超过900℃后，特别是长时间过热，易引起钢材组织的晶粒变粗，即魏氏组织出现，钢材质量下降，脆性增加。800～900℃正是奥氏体和铁素体的共混区，是钢材热缩变形的理想区域。当温度低于600℃时，钢材的金相组织主要转变为珠光体和铁素体组织，矫正效果不理想。

冬期进行热矫正时，应注意以下事项：冬期在室外进行热矫正时，应搭设棚罩，要防风、防雨雪；加热后的钢材，矫正后应缓慢降温，不得使冰雪碰上；当气温较低时，因钢材冷却速度较快，根据烘烤区域大小，应使用2把以上烤枪同时烘烤，焊嘴应选用大号。

矫正后的钢材表面不应有明显的凹面和损伤，划痕深度不得大于0.5mm。钢材矫正后允许偏差见表4-13。

钢材矫正后允许偏差 表4-13

项目		允许偏差（mm）	图例
钢板的局部平面度	$t \leqslant 14mm$	1.5	
	$t > 14mm$	1.0	
工字钢、H型钢翼缘对腹板的垂直度		$b/100$ 且不大于2.0	

3. 钢结构安装

在冬期施工中，钢结构的安装工作除应遵守现行国家标准《钢结构工程施工及验收标准》GB 50205 要求外，尚应考虑以下的一些要求。

（1）构件的运输和存放

1）冬期气温较低，大型设备和大型构件移动运输比较困难，钢结构的安装工程在安装前必须多方面考虑，编制安装工艺流程图，并严格按流程图进行安装工作。构件的堆放顺序亦应按照流程图要求堆放，尽量避免在现场二次或多次倒运，以免在倒运过程中损伤构件。

2）构件堆放场地必须平整坚实，无水坑，地面无结冰，无积雪。如果构件堆放在已结冰的软土或冰层上，解冻时构件的垫块会下沉，会使构件产生变形和损坏。

3）多层构件堆放时，构件之间垫块要注意选用防溜滑材料。

4）构件运输时，要注意清除运输车厢上的冰雪。垫块更应注意防滑垫稳。要用拉结绳拉牢以免运输中产生碰撞使构件局部损坏。

（2）安装前的检查及准备

1）钢结构在安装前，检查工作甚为重要。施工中经常出现由于安装前检查工作被忽视，致使构件吊到高空安装时发现问题，在高空中风大、寒冷无法修补，不得不再将构件吊到地面进行修补工作，既影响安装进度，又不易保证质量，所以在钢结构构件起吊安装前一定要重视检查工作。

2）构件在安装前应对其外形尺寸、螺栓孔位置及直径、连接件的位置及尺寸、焊缝、焊钉、摩擦面处理、防腐涂层等进行详细检查并做好记录，与施工图纸仔细校对，如发现问题必须在地面上进行处理。

凡是在制作、运输、装卸、堆放过程中产生构件的变形、损伤、脱漆等缺陷，要在地面进行修理，矫正后，符合规范和设计要求方可起吊安装。冬期钢结构的安装工作中应尽量减少高空作业。所以在起重设备能力允许条件下，尽可能在地面组拼成扩大的单元。为防止构件吊装过程中，扩大单元的局部受力过大产生变形，必要时应进行验算，或采取临时加强措施。构件起吊前应清理场地冰雪。构件上的冰雪及损伤涂层亦应在地面上清理和补涂好。

低温下安装使用的机具、设备使用前应进行调试，必要时要试运转，发现问题及时修整。对有特殊要求的高强度螺栓、扳手、超声波探伤仪、测温计等，要在低温下进行调试和标定。

（3）绑扎起吊

1）低温下安装用的吊环必须用韧性好的钢材制作，如 Q235 号钢，防止低温脆断。

2）用捆绑法起吊钢构件时，要用防滑隔垫，防止吊索打滑。和构件连接在一起的起吊附件，如节点板、校正用的卡具、安装人员用的挂梯、绳索等应绑扎牢固，防止碰动掉落发生事故。

3）构件起吊前要仔细检查吊环、吊耳有无裂纹及损伤。特别注意检查焊缝有无裂纹及其他焊接缺陷。这些缺陷在低温下起吊时，由于受动荷载及冲击作用极易造成裂纹急剧扩展断裂。

（4）安装固定

1）在低温下安装的钢结构主要构件如柱子、主梁、支撑等，安装就位后应立即校正，位置校正后应立即进行永久性固定。如果安装时不进行同步安装校正临时固定后继续安装其他构件，待安装一大片后，再组织校正每个单体构件，由于各构件都连在一起，校正起来很困难，既达不到要求精度，也不能当天形成稳定的空间体系，给施工带来不安全因素。

2）对于高强度螺栓的接头，在安装螺栓前，仔细检查构件的摩擦面是否干净、干燥，不得有泥土、积雪、冰、油污等脏物。检查符合要求后，方可安装螺栓拧紧，以保证达到设计要求的抗滑移系数。

3）钢结构安装焊接应遵守前述有关焊接内容的要求。要在平面上从建筑物中心各构件焊缝往四周扩散焊接，并注意梁两端焊缝要先焊一端，待冷却到环境温度后，再焊另一端。这样可使建筑物外形得到良好的控制。否则会使结构产生较大的变形，并产生较大的焊接应力，严重时会把焊缝拉裂造成事故。

4）钢结构材料对温度较敏感。我国北方地区冬期每日最高温度和最低温度差一般为10~15℃，东北地区北部有时高达20℃，所以对钢结构安装的外形尺寸影响很大。构件由于温差引起的伸长、缩短、弯曲而产生的偏差绝不可忽视，特别是对于高、长、大构件影响更甚。在冬期安装钢结构时，必须有调整尺寸偏差的措施。焊接结构中各种焊缝的预放收缩量见表4-14。

焊接结构中各种焊缝的预放收缩量　　　　　　　　　　　表4-14

序号	结构种类	特点	焊缝收缩量
1	实腹结构	断面高度在1000mm以下，钢板厚度在25mm以下	纵长焊缝——每米焊缝为0.1~0.5mm（每条焊缝）；接口焊缝——每一个接口为1.0mm；加劲板焊缝——每对加劲板为1.0mm
2		断面高度在1000mm以上，钢板厚度在25mm以上	纵长焊缝——每米焊缝为0.05~0.2mm（每条焊缝）；接口焊缝——每一个接口为1.0mm；加劲板焊缝——每对加劲板为1.0mm

4. 钢结构的低温焊接

（1）焊接预热

在冬期施工中，由于气温较低，钢材焊后热区降温速度较快，稍有不当易造成质量事故。室外焊接作业，应选择在天气较好且气温较高时进行。对于厚钢板、中厚钢板、厚皮钢管要进行焊前预热。预热方法：对于室外施工的钢结构，采用喷灯、氧-乙炔等直接加热方法预热。

焊接作业区环境温度低于0℃时，应将构件焊接区各方向大于等于2倍钢板厚度且不小于100mm范围内的母材，加热到20℃以上后方可施焊，且在焊接过程中均不应低于这一温度。室外施工的钢结构焊接后，用石棉带等保温材料对焊口进行保温。

（2）引弧板、熄弧板设置

在低温条件下进行结构的组装和定型需进行焊接时，应严格按照冬期焊接施工工艺进行。工人在焊接操作时，极易造成起弧和熄弧处产生焊接缺陷而留隐患，所以在焊接时必须在焊缝两端设置的起弧板和熄弧板上进行起弧和熄弧操作。严禁在母材上起弧和熄弧。起弧板和熄弧板应设置在焊缝两端，长度一般不小于50mm，起弧和熄弧长度不小于30mm。起弧板和熄弧板所用的材料应和母材一致，一般厚度不小于8mm。

（3）焊接防护

钢结构焊接严格按规范执行，掌握焊接顺序，防止变形，低于-10℃时，应在焊接区域采取相应保温措施；当环境温度低于-30℃时，宜搭设临时防护棚。严禁雨水、雪花飘落在尚未冷却的焊缝上。

（4）低温焊接特点及要求

1）低温焊接由于气温较低，热量损失较快。当钢材厚度大于9mm时，应采用多层焊接工艺，焊缝由下往上逐层推焊，并注意控制层间温度。

2）为防止降温过快产生缺陷，原则上一条焊缝应一次焊完，不得中断，如有人为中断应有人及时接替，空时不可过长。

3）如遇有停电、下雨雪等不可抗拒因素导致中断时，在重新施焊之前，应仔细清渣检查焊缝有否缺陷，如有缺陷按要求处理合格后，方可重新进行预热后施焊。

（5）焊后热处理

1）由厚钢板组成的结构，在低温下焊接完成后，应立即进行焊后热处理。焊后热处理一方面可消除焊接产生的残余应力，另一方面亦可使残留的氢逸出，以免产生氢脆事故。

2）焊后热处理应在焊缝的两侧板厚的2～3倍范围内，用氧－乙炔火焰进行烘烤。加热温度为150～300℃，保持1～2h。

3）热处理后立即用石棉覆盖保证其保温，使焊缝缓慢冷却，冷却速度控制在不大于10℃/min。

（6）冬期施工中使用焊条的原则

1）在低温条件下进行钢结构工程施工时，在满足设计要求的前提下，应选择屈服强度较低、冲击韧性较好的低氢型或钛钙型焊条。对于要求塑性、韧性、抗裂性较高的重要结构，要选用低氢型焊条，并用直流焊机施焊。当要求焊缝表面光滑美观，以及在一些薄板结构焊接时，可选用钛型或钛钙型焊条。

2）进行结构焊接，当无法清除焊接部位的油、锈等脏物，且要求焊接熔深较大时，要选用氧化铁型焊条。在低温下施工，焊条应随取随用，超过2h应重新烘焙且焊条烘焙次数不应超过3次。

5. 钢结构涂刷

冬季气温低，涂料易发粘不宜涂刷，涂刷后漆膜又往往产生各种疵病。如涂刷后漆膜不易干燥，漆的流动度增加而产生流坠现象。油漆工程冬期施工时，气温不能有剧烈变化，当产品说明书对涂装环境温度和相对湿度未作规定时，环境温度宜为5～38℃，相对湿度不应大于85%，钢材表面温度应高于露点温度3℃。

4.5 轻型装配式钢结构体系的安装与施工

4.5.1 轻型钢结构的分类

1. 按结构体系分类

按照承重构件组成的结构体系不同，装配式轻钢建筑体系大致分为四类，包括：轻钢龙骨板式承重体系、轻型错列桁架承重体系、轻型钢框架承重体系、轻型钢框架－钢板剪力墙承重体系。其中，轻钢龙骨板式承重体系、轻型错列桁架承重体系可统称为"冷弯薄壁型钢龙骨体系"，轻型钢框架承重体系、轻型钢框架－钢板剪力墙承重体系可统称为"轻钢框架体系"。

（1）轻钢龙骨板式承重体系

轻钢龙骨板式承重体系是指以轻钢龙骨为骨架，两侧辅以纤维增强水泥平板、硅钙板等轻质高性能面板，中间填充泡沫混凝土或轻质保温隔热建材等组成的"板肋式"复合承重墙板所形成的类似于剪力墙结构的轻钢龙骨板式承重体系建筑。其中，轻钢龙骨通常为镀锌冷弯薄壁型钢，厚度 0.5～3.5mm，截面包括 C 形、B 形、U 形、Z 形、钢管等，龙骨间距通常为 400～600mm（图 4-6）。

（a）轻钢龙骨板式承重体系建筑示意图

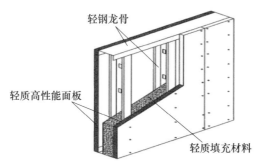

（b）轻钢龙骨复合承重墙板构造示意图

图 4-6 轻钢龙骨板式承重体系

（2）轻型错列桁架承重体系

轻型错列桁架承重体系指由冷弯薄壁型钢构成的小型桁架（通常为平面桁架，

包括桁架柱、桁架梁等）作为承重构件，辅以工业化轻质墙板、楼板围护体系所组成的装配式新型轻钢建筑（图 4-7）。

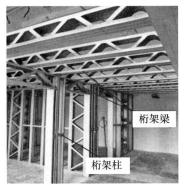

图 4-7　轻型错列桁架承重体系建筑示意图

（3）轻型钢框架承重体系

轻型钢框架承重体系指以小截面 H 型钢、角钢、矩管或异形截面等轻型钢构件构成的纯框架或框架－支撑结构作为承重体系，辅以工业化轻质墙板、楼板围护体系所组成的装配式新型轻钢建筑（图 4-8）。

（a）轻型钢框架承重体系模块分解示意图　　　（b）轻型钢框架承重体系建筑示意

图 4-8　轻型钢框架承重体系

（4）轻型钢框架－钢板剪力墙承重体系

轻型钢框架－钢板剪力墙承重体系指在由小截面 H 型钢、角钢、矩管或异形截面等轻型钢构件构成的钢框架结构基础上，局部加以钢板组成的轻型钢框架－钢板剪力墙承重体系，辅以工业化轻质墙板、楼板围护体系所组成的装配式新型轻钢建筑（图 4-9）。

2. 按制造方式分类

按照制造方式不同，装配式轻钢建筑体系又可分为两类：部品部件预制建筑体系、模块化集成建筑体系。

（1）部品部件预制建筑体系

部品部件预制建筑体系是指梁、柱、墙板、楼板等部品部件在工厂进行独立生产，运输至现场后再将各个部品部件连接成一体的装配式轻钢建筑（图 4-10）。

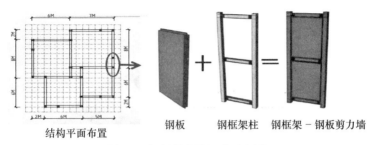

结构平面布置　钢板　钢框架柱　钢框架－钢板剪力墙

图 4-9　钢板剪力墙组成示意图

图 4-10　装配中的装配式轻钢建筑

（2）模块化集成建筑体系

模块化集成建筑体系通常是指以具有自身完善的建筑功能的空间为一模块，在工厂将其结构体系、围护体系以及装修进行一体化生产成型，如客厅模块、卫生间模块、厨房模块等，再运输到现场进行模块吊装、"搭积木式"平立面组合、集成为一体的装配式轻钢轻混凝土建筑（图 4-11）。

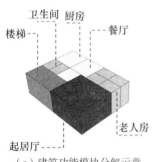

（a）建筑功能模块分解示意　　　　　　　（b）模块组合成型

图 4-11　模块化集成建筑体系

4.5.2　轻型钢结构安装准备工作

轻型钢结构安装准备工作的内容和要求与普通钢结构安装工程相同。钢柱基础施工时，应做好地脚螺栓定位和保护工作，控制基础和地脚螺栓顶面标高。基础施工后应按以下内容进行检查验收：

（1）各行列轴线位置是否正确；

（2）各跨跨距是否符合设计要求；

（3）基础顶标高是否符合设计要求；

（4）地脚螺栓的位置及标高是否符合设计及规范要求。

构件在吊装前应根据现行国家标准《钢结构工程施工质量验收标准》GB 50205中的有关规定，检验构件的外形和截面几何尺寸，其偏差不允许超出规范规定值之外；构件应依据设计图纸要求进行编号，弹出安装中心标记。钢柱应弹出两个方向的中心标记和标高标记；标出绑扎点位置；丈量柱长，其长度误差应详细记录，并用油笔写在柱子下部中心标记旁的平面上，以备在基础顶面标高二次灌浆层中调整。

构件进入施工现场，须有质量保证书及详细的验收记录；应按构件的种类、型号及安装顺序在指定区域堆放。构件的底层垫木要有足够的支撑面以防止支点下沉；相同型号的构件叠层时，每层构件的支点要在同一直线上；对变形的构件应及时矫正，检查合格后方可安装。

4.5.3　轻型钢结构安装机械选择

轻型钢结构的构件相对自重轻，安装高度不大，因而构件安装所选择的起重机械多以行走灵活的自行式（履带式）起重机和塔式起重机为主。所选择的塔式起重机的臂杆应具有足够的覆盖面，要有足够的起重能力，能满足不同部位构件起吊要求。多机工作时，臂杆要有足够的高度，有能不碰撞的安全转运空间。对有些重量比较轻的小型构件，如檩条、彩钢板等，也可以直接由人力吊升安装。起重机的数量，可根据工程规模、安装工程大小及工期要求合理确定。

4.5.4　轻型钢结构安装

1. 结构安装方法

轻型钢结构安装可采用综合吊装法或分件安装法。综合吊装法是先吊装一个单元（一般为一个柱间）的钢柱（4～6根），立即校正固定后吊装屋面梁、屋面檩条等，等一个单元构件吊装、校正、固定结束后，依次进行下一单元。屋面彩钢板可在轻型钢结构框架全部或部分安装完成后进行。

分件安装法是将全部的钢柱吊装完毕后，再安装屋面梁、屋面（墙面）檩条和彩钢板。分件安装法的缺点是行机路线较长。

2. 构件的吊装工艺

（1）钢柱的吊装

钢柱起吊前应搭好上柱顶的直爬梯；钢柱可采用单点绑扎吊装，扎点宜选择在距柱顶1/3柱长处，绑扎点处应设软垫，以免吊装时损伤钢柱表面。当柱长比较大时，也可采用双点绑扎吊装。钢柱宜采用旋转法吊升，吊升时宜在柱脚底部拴好拉绳并垫以垫木，防止钢柱起吊时，柱脚拖地和碰坏地脚螺栓。

钢柱对位时，一定要使柱子中心线对准基础顶面安装中心线，并使地脚螺栓对孔，注意钢柱垂直度，在基本达到要求后，方可落下就位。经过初校，待垂直度偏差控制在 20mm 以内，拧上四角地脚螺栓临时固定后，方可使起重机脱钩。柱就位后主要是校正钢柱的垂直度。用 2 台经纬仪在两个方向对准钢柱两个面上的中心标记，同时检查钢柱的垂直度，如有偏差，可用千斤顶、斜顶杆等方向校正。钢柱校正后，应将地脚螺栓紧固，并将垫板与预埋板及柱脚底板焊接固定。

（2）屋面梁的吊装

屋面梁在地面拼装并用高强度螺栓连接紧固。屋面梁宜采用两点对称绑扎吊装，绑扎点宜设软垫，以免损伤构件表面。屋面梁吊装前设好安全绳，以方便施工人员高空操作；屋面梁吊升宜缓慢进行，吊升过柱顶后由操作工人扶正对位，用螺栓穿过连接板与钢柱临时固定，并进行校正。屋面梁的校正主要是垂直度检查，屋面梁跨中垂直度偏差不大于 $H/250$（H 为屋面梁高），并不得大于 20mm。屋架校正后应及时进行高强度螺栓紧固，做好永久固定。高强度螺栓紧固、检验应按规范进行。

（3）屋面檩条、墙面梁的安装

薄壁轻钢檩条，由于重量轻，安装时可用起重机或人力吊升。当安装完一个单元的钢柱、屋面梁后，即可进行屋面檩条和墙梁的安装。墙梁也可在整个钢框架安装完毕后进行。檩条和墙梁安装比较简单，直接用螺栓连接在檩条挡板或墙梁托板上。檩条的安装误差应在 ±5mm 之内，弯曲偏差应为 $L/750$（L 为檩条跨度），且不得大于 20mm。墙梁安装后应用拉杆螺栓调整平直度，应按由上向下的顺序逐根进行。

4.5.5　装配式轻型钢结构别墅施工实例

1. 产品特点介绍

（1）重量轻、方便快捷

所使用结构材料强度高，厚度薄，用钢量省（通常低层房屋总体用钢量在 $30kg/m^2$ 以内，多层建筑用钢量在 $40kg/m^2$ 以内），房屋整体重量轻，降低了运输和吊装费用及基础造价。对地基要求较低，尤其适合山地、河滩、沙地、海岛等地形复杂的恶劣区域。

（2）安全耐用

轻钢别墅墙体、屋架结构与内外墙板组成坚固的板肋结构，抗水平荷载和垂直荷载的能力大大提高，故抗震、抗风性能较好。经过试验证明，该结构可抵抗 9 级地震和 12 级飓风。结构件均采用自修复锌铝镁轻钢，装配时采用自攻螺钉，不使用焊接技术，有效保护锌膜完好性，因此抗腐蚀能力极佳。再加上所有结构件全部封闭在不透水气的复合墙体内，不会腐蚀、不会霉变、不怕虫蛀，建筑物使用寿命可达到 90 年以上。

（3）节能环保

轻型钢结构可100%循环再利用。性能优良的墙面、屋面组合方案，提供卓越的保温、隔声、防水性能，与传统砖混结构相比耗能减少65%。

（4）预制程度高、省工

整个轻钢集成式房屋的所有建材都可以实现工厂化批量生产和预制，机械化程度高，现场没有湿法作业，真正实现住宅工业化，整个施工过程环境高度环保。

（5）高品质、高舒适度

由于使用了优良的保温隔声节能结构和材料，其室内的居住舒适度大大提高。管线内置以及墙体变薄有效提高了房屋的使用面积。再加上钢结构具有可塑性特点，使得房屋造型可以多样、更加美观。

2. 施工方法及流程

（1）地基与基础施工

施工流程：基坑放线—基坑挖槽、验槽—放线—垫层浇筑与养护—定位放线—红砖施工—钢筋施工—模板与预埋件安装—混凝土浇筑与模板拆除—水电管道预埋 室内地面混凝土浇筑（聚乙烯塑料膜作为防潮层）。主要流程如图4-12所示。

（a）地基放线　　　　　　　　　　（b）基坑验槽

（c）垫层养护　　　　　　　　　　（d）基础浇筑

（e）基础支模　　　　　　（f）钢筋施工及混凝土浇筑

图4-12　地基施工主要流程

（2）主体结构施工

1）构件组装

构件在工厂加工完成，运输至施工现场，根据现场的实际条件将构件组成方便的安装单元（图4-13）。

2）安装主体轻钢龙骨

在做完防水处理后的平整地基上测量定位放线，安装立面钢柱及连接梁，先安装主构件，再安装次构件。梁与梁、梁与柱靠结构件固定。相邻龙骨之间采用自攻螺钉进行连接，自攻螺钉沿钢骨双排布置（图4-14）。

图4-13　安装前构件组装　　　　　图4-14　安装主体轻钢龙骨

3）安装楼面体系

楼面板应垂直于次梁横向错缝铺设，板与邻板之间必须留有间隙。楼板开孔尽量避开主、次梁。屋面板安装时，首先确定安装起始点。屋面板应垂直于椽子横向铺设，板与板之间错缝并留缝隙。一般从一侧山墙往另一侧山墙方向安装。确定好安装方向后，把山墙边的封口板先安装固定好，接着将第一块板安装就位，并将其固定。第一块板安装完后，接着安装第二块板、第三块板……。

具体每块屋面板的安装都按下述要求进行：先把板材放平放直并搭接好，然后与固定架咬口。安装时要保证两块板的外沿完全接触，并且平直，从而保证重叠好，有利于咬合机咬合。楼面体系安装如图4-15所示。

（a）楼面体系安装示意（一）　　　（b）楼面体系安装示意（二）

图4-15　安装楼面体系

4）防水、保温隔热处理

为达到保温效果，别墅的墙体和屋面要使用保温隔热材料。除了在外墙的钢骨架中填充玻璃棉外，在墙外侧又铺设了保温板，可有效隔断钢骨架至外墙板的热桥。对于所有内墙墙体，在其钢骨架中填充玻璃棉，减少户墙之间的热传递。

在卫生间、厨房和阳台的结构板上铺设隔汽防潮膜（防水性：不透水。透气性：每 24h 的水蒸气透过量 $\geqslant 1100\mathrm{g/m^2}$），并涂刷 JS 防水涂料进行设防。地漏口周围、直接穿过墙面防水层的管道与找平层之间，预留凹槽并嵌填密封材料。地漏半径 1m 范围内的楼地面应做 1% 排水坡度向地漏，地漏口应低于楼面 20mm；地面防水层要延续墙面高出 300mm；洁具、器具等设备周边和门框、穿过防水层的螺钉周边均应采用密封材料密封。

在屋面板上铺设 SBS 改性沥青防水卷材。防水卷材应先行试铺，留足立面高度。先铺贴平面卷材至转角处，再由下至上铺贴立面卷材，平、立面处应交叉搭接，接缝尽量留在基层表面上。所有转角处、屋面与水落口连接处、檐口、天沟、突出屋面的结构等均应铺贴卷材防水附加层。隔墙、防水处理如图 4-16 所示。

（a）隔墙体系示意图　　　　　　（b）防水处理示意图

图 4-16　隔墙、防水处理

5）室内、室外装饰

室内、室外装饰主要包括墙面、楼面刮耐水腻子、刷乳胶漆或涂料，地面铺设地砖、地板，屋面安装屋面瓦等。内装的各种饰面如地砖、地板等，表面应平整、吻合、伸缩缝紧凑。在封石膏板前，给水排水管道、电线、风管应基本安装完毕。室内、室外装饰如图 4-17 所示。

（a）室内装饰　　　　　　　　　（b）外墙装饰

图 4-17　室内、室外装饰

4.6 单元模块化集成式房屋安装

模块化集成式房屋安装方案设计

模块化集成式房屋安装方案应符合项目施工组织设计文件和国家现行标准的规定。

1. 编制依据

（1）相关工程施工图纸及企业技术标准。

（2）相关的规范、图集。

（3）国家的相关规定，住房城乡建设部相关发文。

2. 工程概况

工程概况应包括工程的主要情况、工程简介和工程施工条件等。

（1）项目主要情况

工程名称、项目地点、建设单位名称等；工程的施工范围，施工合同、招标文件或总包单位对工程施工的重点要求等。

（2）工程简介

主要介绍施工范围内的工程内容和相关要求，集成式房屋的种类、规格、数量。

（3）材料概况

钢材明确抗拉强度与屈服强度比值，伸长率要求，焊材符合的规范要求。明确本工程使用的螺栓材质。油漆种类及涂刷层数符合设计说明，防火涂料根据防火等级选用。钢结构在使用过程中应定期进行油漆维护。

（4）工程施工条件

应重点说明与分部（分项）工程或专项工程的相关内容。描述钢结构工程施工前应具备的施工现场条件——"三通一平"。

3. 施工安排

（1）项目目标

根据建筑方案图、施工图、施工组织设计和工程技术资料，简要描述集成式房屋施工应达到的施工目标（包括进度、质量、安全、环境和成本等目标），各项目标应满足施工合同、招标文件和总包单位对工程施工的要求。

（2）施工工序及施工流水

施工段，应以分部工程中可分割的单元划分，安排各分项工程或工序的流水作业施工，附施工段划分平面示意图。

施工顺序：表述集成式房屋施工在平面和竖向的施工开始部位和进展方向，安排各工序的施工先后顺序。

（3）重点、难点分析

对施工方法进行分析，分析施工方案应该控制的重点和难点，简述主要管理和技术措施。

（4）施工管理体系

工程管理的组织机构及岗位职责应在施工安排中确定，并应符合总包单位的要求。

4. 进度计划

依据施工合同、施工组织设计、总包施工单位的要求，编制集成式房屋施工进度计划，并有相应的说明。施工进度计划可采用网络图或横道图等形式表示。

5. 施工准备和资源配置计划

（1）施工准备

施工准备应包括下列内容

1）技术准备：包括施工所需技术资料准备，施工图和技术文件审查、施工工艺的学习，图纸深化和技术交底要求、试验检验和测试工作计划、样板制作计划及与相关单位的技术交接计划。

2）现场准备：包括生产、生活等临时设施的准备及与相关单位进行现场交接的计划等。

3）资金准备：编制资金使用计划等。

（2）资源配置计划

1）劳动力计划

确定工程用工量并编制专业劳动力计划表，一般应根据施工技术要求和施工进度的计划要求，描述装配式钢结构工程施工各阶段的劳动力需要量，应含人员（工种）类别、工作内容等。装配式钢结构工程必须由专业队伍施工，持证上岗。

2）物资配置计划

包括工程材料和设备的配置计划、周转材料和施工机具的计划，以及计量、测量和检验仪器配置计划等。施工需用的材料、设备的进场计划。周转材料的周转计划。施工需用的机械、主要工具的名称、型号规格、单位、数量、用途、进场时间等。施工需用的计量、测量和检验仪器的名称、型号规格、单位、数量、用途、使用时间、仪器精度等。

6. 施工方法及工艺要求

模块化集成式房屋安装方法主要采用机械安装和土法安装。安装步骤为：测量放线、安装框架、调节间隙、放置防水胶条（打胶）、设置防水扣件（打胶）、吊装二层、安装落水管、安装墙板（丝杆）、安装门窗、安装灯具、安装室内扣件11个阶段。如图 4-18 所示。

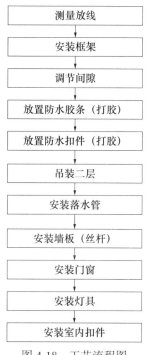

图 4-18　工艺流程图

（1）测量放线

1）技术人员应熟悉图纸，按照地基图纸，确定项目外轮廓起始点、终点，确定建筑红线，如图 4-19 所示。

2）使用墨线在地基上标记出所有房屋的外轮廓线，如图 4-20 所示。

图 4-19　确定建筑外轮廓线

图 4-20　标记房屋外轮廓线

（2）安装框架

1）拆开打包箱，使用手电钻将 4 根角柱与底框相连固定，如图 4-21 所示。

2）将顶框吊至底框上方，使用手电钻将角柱与顶框、底框固定，如图 4-22 所示。

（3）调节间隙

将框架吊装就位，外轮廓与之前测量放线位置相同；重复吊装第二个房屋，利用工具，调整房屋前后、左右之间的缝隙（15mm）。

图 4-21　固定角柱和底框

图 4-22　固定角柱和顶框

（4）放置止水胶条

1）放置止水胶条，并用橡皮锤夯实，见图 4-23。

2）打结构胶，见图 4-24。

图 4-23　放置止水胶条

图 4-24　打结构胶

（5）放置防水扣件

1）放置防水扣件，见图 4-25。

2）打结构胶，见图 4-26。

图 4-25　放置防水扣件

图 4-26　打结构胶

（6）吊装第二层

安装好二层的框架后，将框架吊装至第二层，见图4-27。

（7）安装落水管

1）安装保温棉，见图4-28。

2）安装落水管，见图4-29。

图4-27　吊装第二层　　　　　图4-28　安装保温棉　图4-29　安装落水管

（8）墙板安装

1）安装S形泛水件，见图4-30。

2）安装墙板，见图4-31。

3）安装丝杆，见图4-32。

图4-30　安装S形泛水件　　　图4-31　安装墙板　　　图4-32　安装丝杆

（9）安装门窗

1）安装门，见图4-33。

2）安装窗户下墙板，见图4-34。

3）安装窗户上墙板，见图4-35。

4）安装窗户，见图4-36。

（10）安装灯具

1）安装吊顶板，见图4-37。

2）在第二块和第四块吊顶板上安装灯卡，见图4-38。

3）安装控制箱，见图4-39。

图4-33 安装门

图4-34 安装窗户下墙板

图4-35 安装窗户上墙板

图4-36 安装窗户

图4-37 安装吊顶板

图4-38 安装灯卡

图4-39 安装控制箱

（11）安装室内包件

1）用激光确定出扣件的位置，见图4-40。

2）安装折件，见图4-41。

3）打胶固定，见图4-42。

（12）对季节施工应提出具体要求，特别是冬季焊接作业

图 4-40　激光定位　　　　图 4-41　安装折件　　　　图 4-42　折件打胶固定

7. 集成式房屋质量管理

对质量目标、质量组织机构、岗位职责进行概述（如质检员负责集成式房屋的质量检查、验收）。

对集成式房屋质量验收的程序、组织和标准加以说明，包括集成式房屋的工程质量验收、隐蔽工程验收、观感质量检查、安全功能检测等内容。

明确质量管理措施（应以公司的相关质量管理要求为基础，结合工程的实际概要表述技术交底，材料进场检验，施工检查、验收，成品保护，工程竣工资料等管理措施）。

简述施工过程中成品保护的注意事项与要点。构件装车及卸车、构件的临时堆放等。

8. 集成式房屋安全文明管理

确定安全目标，安全组织机构及管理人员表，含序号、姓名、项目职务、资格证书及编号。

制定安全管理措施（技术交底，安全检查，安全培训教育，特种作业持证上岗，安全标志设置与管理），安全防护用品计划。

明确重大危险源（火灾、坠落、倒塌、爆炸等），以及针对重大危险源采取的安全防护措施。

材料堆放与标志设置安排、材料保管、防止噪声超标、防尘、防火、防污染环境等施工措施。

9. 集成式房屋应急预案

根据现行国家标准《生产经营单位生产安全事故应急预案编制导则》GB/T 29639 中的要求，对集成式房屋施工中的事故风险分析、应急指挥机构及职责、救援路线图、危险源分析及处置程序和措施、应急演练、救援物资储备等内容加以表述。

4.7 混合结构与组合结构施工

用型钢或钢板焊（或冷压）成钢截面，再通过外包混凝土或内填混凝土或通过连接件连接，使型钢与混凝土形成整体共同受力，这种结构通称钢与混凝土组合结构。由于组合结构有节约钢材、提高材料利用率，降低造价，抗震性能好，施工方便等优点，在工程建设中得到迅速发展。混合结构中的钢结构施工与混凝土施工、幕墙施工、机电施工交叉进行，安装精度要求高。

4.7.1 混合结构钢结构安装特点

混合结构与组合结构在我国超高层建筑中应用非常广泛，尤其是钢－混凝土核心筒的混合结构（图 4-43），因现浇混凝土强度发展缓慢，一般墙体施工必须超前于钢框架 6 层左右，这种结构中主体钢结构与相关的混凝土结构施工、幕墙施工、机电施工及装修施工等都有密切的联系，混凝土内需要留置大量预埋件与周边结构连接（图 4-44）。

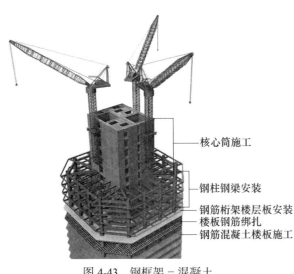

图 4-43　钢框架－混凝土
核心筒结构

核心筒施工

钢柱钢梁安装

钢筋桁架楼层板安装
楼板钢筋绑扎
钢筋混凝土楼板施工

图 4-44　某工程混凝土核心筒外
预埋件示意图

这种钢－混凝土组合结构施工时，钢结构必须与混凝土结构穿插配合施工。钢结构预制性强，构件成型在工厂中进行，很多相关的钢筋连接器、机电、幕墙等连接件及搭接构造在工厂内完成焊接，从而减少现场的焊接工作量。因此加工制作就应在发包方的协调管理下提前介入，并对原设计图纸进行审核，使其满足加工制作的要求和其他相关单位的需求。

另外劲性钢骨外框柱及外框钢梁等，其在施工过程中与混凝土的搭接条件较多，钢结构构件都是在工厂内加工完成，同时还要为混凝土浇筑施工提供施工条件，设置钢筋连接器等配套的工艺设施，因此在前期就必须和混凝土工程配合，根据混凝土结构施工的具体方案设置合理的节点形式，以及留设合适的搭筋板、穿筋孔及模板连接器的位置，提前确定混凝土的浇筑方案、模板施工方案，在钢结构构件上设置流淌孔、灌浆孔和透气孔、模板连接器、钢筋开孔、钢筋连接器等设施（图4-45、图4-46）。

图4-45　钢筋接驳器　　　　　图4-46　钢筋预留穿孔

1. 钢结构工程安装协调

应根据总体进度计划确定钢结构施工计划并制定详细的塔式起重机需求计划，对于局部吊装不稳定的部位，吊装完成后，需设置临时连系梁或缆风绳，若需土建施工预埋拉环，应提前做好沟通。及时提交相关的施工面，供相邻专业开展工作。

对于核心筒钢骨结构，因与机电、幕墙结构等联系紧密，幕墙构件与主体钢结构连接措施的连接件、机电管线开孔等，都是在加工制作前应着重考虑的问题，钢结构深化过程中，应针对不同的相关专业进行接洽，确保把各个问题解决在安装之前。并通过施工BIM模型的共享将连接的措施等进行总体的协调和体现，供后续施工参考。

2. 结构安装变形控制与整体精度分析

组合结构中混凝土工程与钢结构工程之间存在很多交叉问题，如施工速度不同步及主体结构不同材质而存在的变形不协调问题，特殊较长结构形体引起的扭转问题，在结构自重荷载、温度荷载、风荷载作用下的结构变形和安全问题，在施工荷载（如起重机械、混凝土机械等）作用下对结构整体或局部安全的影响问题，因此进行各施工过程的结构验算和分析非常必要，为了确保结构在施工阶段全面受控，必须建立贯穿施工全过程的施工控制系统，以信息化施工为主要控制手段，并根据结构验算和分析结果，对结构温度、结构应力和变形的特征点进行施工监测。

另外，施工监测宜与结构的健康监测相结合，一般借助有限元分析软件首先从全面的结构分析入手，充分了解该结构的受力特点，再具体模拟各种工况进行施工阶段的分析，确保施工之前对可能出现的情况分析透彻。

3. 施工监测

由于钢结构存在安装误差、制作误差、分析误差以及受施工环境等因素的影响，实际结构状态与分析模型是有差异的。因此，有必要对施工过程予以监测，对比理论分析值和实际结构响应的差异，即时掌握各关键施工阶段的结构状态，保证施工全过程处于可控状态，保证施工过程结构安全，为下阶段施工和最后的施工验收提供依据。

4.7.2　型钢混凝土组合结构施工工艺

型钢混凝土组合结构又称劲性混凝土结构或包钢混凝土结构，是在型钢结构外面包裹一层钢筋混凝土外壳形成的型钢混凝土组合结构（图 4-47、图 4-48）。由于在钢筋混凝土中增加了型钢骨架，使得这种结构具有钢结构和混凝土结构的双重优点，型钢混凝土组合结构受力性能好，普通的钢结构构件常具有受压失稳的弱点，而型钢混凝土结构构件内的型钢因周围混凝土的约束，受压失稳的弱点得到了克服。型钢的设置使其延性比钢筋混凝土结构有明显提高，因此在大震中此种结构呈现出较好的抗震性能。另外型钢外包裹的混凝土具有抵抗有害介质侵蚀，防止钢材锈蚀等作用，同时型钢外混凝土的保护层厚度也决定了结构构件的耐火性能。

图 4-47　型钢混凝土组合结构框架安装　　图 4-48　型钢混凝土组合结构混凝土浇筑

型钢混凝土组合结构是在钢结构和混凝土结构基础上发展起来的一种新型结构体系。适用于框架结构、框架剪力墙结构、底层大空间剪力墙结构等结构体系，可以应用于全部构件，也可以应用于部分构件。

1. 工艺原理及工艺流程

（1）工艺原理

由钢筋混凝土包裹型钢所形成的结构被称为型钢混凝土组合结构，它的核心部分为型钢构件，它是在型钢外侧配置适当的纵向受力筋并配以合适的箍筋加以约束的混凝土结构。在施工时，宜先在专业的钢结构加工厂根据设计要求事先将型钢加工好，由钢结构专业吊装队伍进行吊装，完成后再交由土建施工队伍进行外包的钢筋混凝土施工。

采用的施工工艺应依据国家现行规范，并在图纸设计要求的基础上应用切实可行的施工工艺。应采用可靠吊装方法分次将型钢柱、梁起吊到设计的标高和轴线位置。型钢梁与柱对接焊接前，校核柱轴线位置、型钢柱翼缘的垂直度以及钢柱型钢梁钢板顶面标高。用设置在型钢柱上的绳子配合起重机来调整柱子的垂直度，将误差严格控制在规范允许的范围内。选用科学、合理的运输、安装工艺和焊接方法来控制施工中型钢梁的变形。型钢梁、柱受气温影响有一定的热胀冷缩，应制定合理的测量方法和选择适当的吊装和焊接时间，来保证型钢梁、柱施工中的精确度。

（2）工艺流程

型钢梁、柱制作→预埋地脚螺栓→浇筑底板→安装钢垫板、柱脚灌浆→安装第一节型钢柱→安装型钢梁→绑扎柱子钢筋→安装柱模→安装水平结构模板→绑扎梁、板钢筋→浇筑柱、梁、板混凝土→安装第二节型钢柱→⋯⋯

2. 工艺要点

（1）预埋地脚螺栓

钢结构地脚螺栓与常规预埋柱节点（图 4-49）安装不同，各预埋锚栓之间需要采用工装，预先拼在一起安装。安装地脚螺栓，需专人在纵横两个方向用经纬仪和水准仪控制预埋件轴线及标高。并在四个方向加固，安放调节螺母，利用水准仪调节螺杆的高度，保证埋件标高校正并加固牢固，检查合格后，请监理工程师验收。预埋验收合格后，在螺栓丝头部位上涂黄油并包上油纸保护，以避免混凝土浇捣时对螺栓丝口的污染（图 4-50）。固定牢固后方可确认其位置及标高准确性，在浇筑混凝土前再次复核，在浇捣混凝土之时，要精心施工，派有经验的专人值班，既要振实混凝土又不要碰撞螺栓，以避免预埋螺栓的位移及标高的改变。

图 4-49　十字形钢柱预埋段安装示意图　　图 4-50　型钢柱预埋锚栓安装示意图

浇筑基础混凝土时注意在柱脚部位预留 50～60mm（与钢柱底设计标高相比），用于填充型钢柱底板和基础顶面空隙，该高度即微膨胀无收缩细石混凝土的高度。基础混凝土浇捣之后，重新复核预埋件的标高及轴线位置，确保混凝土浇筑过程中埋件无位移。同时清理预埋螺栓杆及丝口上的残留混凝土。

（2）型钢柱的安装

为充分利用塔式起重机及起重机的能力和减少连接，型钢柱多采用十字形或H形，结合工程实际层高，一般制成两层一节（或一层一节）。第一节柱安装标高从现场水准点引入楼层，将型钢柱的就位轴线弹在柱基表面，然后安装钢垫板（该钢垫板的截面尺寸及螺栓孔位与第一节柱的柱脚完全相同，因此只需保证钢垫板的安装精度即可。保证钢板轴线、标高、水平度符合要求后与螺杆点焊接临时固定），基础顶面与钢垫板的空隙采用无收缩细石混凝土（高于基础混凝土一个强度等级）进行二次灌浆。灌浆时将基础混凝土表面清洗干净，清除积水，然后浇筑混凝土，浇筑无收缩细石混凝土时，从一侧浇灌并振捣，至另一侧溢出且明显高于垫板板下表面为止，开始浇筑后必须连续进行，并从两个以上方向轮流浇筑。

型钢柱吊装方法采用直吊法，吊装设备为现场布置的塔式起重机和汽车式起重机。钢柱起吊时钢丝绳固定在起重机吊钩上，起重机收钩，直到柱身呈直立状态，然后将其移50cm时应停机检查吊索具是否安全可靠，确认无误后升到安装高度，柱吊离地面到就位柱上方，缓慢下降，将型钢柱底板的4个点与钢垫板轴线对正，用捯链与缆风绳配合经纬仪校正，校正完毕，柱底板安装螺栓进行临时固定，即可脱钩（型钢柱缆风绳松开不受力），柱身呈自由状态，再用经纬仪复查，如有偏差，重复上述过程直至无误，将螺栓拧紧，全部拧紧后焊牢。

引测控制轴线继续安装第二节柱：每节柱的定位轴线使用下节柱的定位轴线，应从地面控制线引至高空，以保证每节柱正确无误，避免产生过大累积误差。为使上下柱不出现错口，尽量做到上下柱中心线重合，如有偏差调整每次控制在3mm以内。

（3）型钢梁的安装

型钢梁吊装前在型钢梁翼缘处适当位置焊接耳板作为吊点。并对型钢梁的规格型号、长度、截面尺寸和牛腿的位置标高进行检查。型钢梁与型钢柱的连接，次梁与主梁、主梁与主梁一般上、下翼缘采用坡口焊接，而腹板采用高强度螺栓连接。当一节型钢梁吊装完毕后，即需要对已吊装的柱、梁进行误差检查和校正。校正内容包括标高、垂直度、轴线及净跨。型钢梁校正完毕后，采用高强度螺栓连接再进行柱子校正。

安装高强度螺栓，应用尖头撬棒及冲钉对正上下或前后连接板的螺孔，将螺栓自由插入。对于连接构件不重合的孔，应用钻头或铰刀扩孔或修孔，使其符合要求后方可安装。高强度螺栓紧固时应分两次拧紧（初拧和终拧），每组拧紧时应从节点中心开始逐步向边缘施拧。整体结构的不同连接位置或同一节点的不同连接位置有两个连接构件时应先紧主要构件再紧次要构件。当日安装的螺栓应在当日终拧完毕，以防止构件摩擦面、螺纹沾污、生锈和螺栓漏拧。螺栓初拧、终拧后要作不同的标记，以便识别，避免重拧或漏拧，并在48h内进行终拧扭矩检查。高强度螺栓紧固后应按现行国家标准《钢结构工程施工质量验收标准》GB 50205 中钢结构螺栓连接工程质量和检查方法进行检查和测定，若发现欠拧、漏拧应补拧；超拧时要更换。处理后的扭矩值要符合设计要求。紧固连接高强度螺栓，高强度螺栓要经过（当天初拧的螺栓当天终拧）终拧并用扭矩扳手验收合格。

柱两侧对称的梁应同时焊接，同一根梁的两端不能同时焊接。同一根梁的一端应先焊接下翼缘板，后焊上翼板。柱两端钢梁应采用对称焊接，防止焊接变形引起柱弯曲，焊前应检查坡口角度、钝边、间隙及错口量，坡口内和两侧的锈斑、油污、氧化铁皮等应清除干净。焊前用气焊或特制烤枪对坡口预热。焊接完成后应进行焊缝探伤。

（4）安装柱子钢筋

柱主筋的安装与普通钢筋工程基本相同，水平方向设有多肢箍筋组成的箍筋组及拉钩。柱箍筋是型钢混凝土组合结构中对混凝土起约束作用的重要钢筋构件，必须保证其完全闭合，并与主筋牢固连接。柱箍筋常由矩形箍筋、八边形箍筋和拉筋组成，大部分的钢筋，硬度大，可调性差。钢筋加工时严格控制下料长度和弯折，为加快工程进度方便施工，一般常用开口箍，然后现场焊接成封闭箍筋的办法来解决。焊接位置宜避开主筋，以免伤及主筋。箍筋安装过程中要注意保护主筋连接丝头，一旦破坏将无法修复。梁柱节点核心区范围内箍筋对提高型钢混凝土框架的延性和节点的抗震能力起着非常重要的作用，因此箍筋的构造要求非常重要，由于核心区内型钢梁柱的存在，其封闭箍筋穿过型钢十分困难。因此，我们常采用将柱箍筋加工成 90° 开口箍然后焊接在型钢梁的腹板上。

（5）安装梁钢筋

钢筋在上部或下部遇有型钢梁时，需要提前进行深化设计，若主筋无法穿过腹板则可在型钢柱腹板上主筋标高处打眼，此时根据普通钢筋混凝土的规范要求核实柱边到腹板的长度能否满足锚固长度，柱边到腹板的长度无法满足锚固要求则可采用单面搭接焊，将梁的主筋焊接在型钢牛腿上，焊缝长度必须满足相关规范要求。

若型钢混凝土梁柱节点处主筋不能穿过，即当钢筋必须穿过型钢时，穿孔位置及穿孔直径必须符合混凝土标准，要求穿孔位置应尽量避开型钢的翼缘。在柱内型钢腹板上预留孔时，穿过钢筋公称直径加最简单的补强钢截面损失而不能满足承载能力要求时，应对型钢采取型钢截面局部加厚的加固补强措施，但是要注意两个问题，一是型钢梁柱刚度不宜突变过大，二是确保不影响混凝土的浇筑质量。梁箍筋必须做开口，且须先将梁筋连接好后方可施工，由于梁底模已经安装完成，梁的主筋套好后再将箍筋焊接封闭并绑扎牢固。

（6）柱模板施工

柱模板在钢筋安装完毕后施工，安装专业预留预埋完成，并经监理单位验收合格同意隐蔽验收后安装竖向结构模板，型钢混凝土结构模板施工与普通钢筋混凝土结构模板施工基本相同，但要注意竖向结构模板安装前，上部的型钢梁已经安装完毕，因此配板尺寸要考虑混凝土浇筑要求，另外对拉螺栓按焊接长度焊接在型钢柱上，模板配制高度能够满足层高要求即可，不要过高，否则将与柱顶部的增强型钢梁发生冲突。

（7）混凝土施工

柱混凝土浇筑前先浇筑 50mm 厚的水泥砂浆，其配合比与混凝土相同，并用铁锹入模，以避免烂根现象。柱混凝土采用分段浇筑法施工，同时在混凝土浇筑过程中，要加溜槽保证混凝土在浇筑过程中不出现离析现象，混凝土下落高度控制在 3m 左右。混凝土下料点应分散布置，间距控制在 2m 以内，混凝土的振捣时间以混凝土表面出现浮浆，不再下沉为止。振捣棒不得触及模板钢筋；浇筑时应设专人看护模板、钢筋有无位移、变形，发现问题应及时处理。振捣棒插点要均匀排列，逐点移动，插入点的间距以 450mm 为宜，十字形钢柱应在柱四角进行插棒振捣。振捣棒插入混凝土的深度控制在进入下一层混凝土 50mm 左右为宜，做到快插慢拔，振捣密实。

型钢梁混凝土的施工同普通梁板混凝土的施工，但由于节点核心区混有型钢梁柱通过，而且梁柱钢筋也在此交汇，混凝土浇筑比较困难，常采用高坍落度细石混凝土。

4.7.3　混合结构中组合楼板安装技术

为充分发挥钢结构施工周期短的优点，多高层钢结构楼板一般采用肋高 51mm 和 76mm，板厚 0.8～1.2mm 的闭口式或开口式压型钢板的组合和非组合楼板。压型钢板组合楼板省去了支模脚手架，加快了楼板施工的速度。但由于压型钢板本身的材料和截面特性，作为钢结构配套产品也存在以下不足之处：综合造价偏高；楼板厚度比现浇混凝土楼板厚 20～50mm，使得建筑楼层净高降低；下表面不平整；抗火与防腐性能有待研究探讨；楼板的双向刚度不同，对传递水平力有一定的影响；现场有较大的钢筋绑扎工作量，且支座处上部负筋位置不易保证准确；压型钢板的肋高对管线布置等存在一些不利影响。

钢筋桁架楼承板是将楼板中的受力钢筋在工厂内焊接成钢筋桁架，并将钢筋桁架与镀锌钢板焊接成整体，形成模板和受力钢筋一体化建筑制品。钢筋桁架楼承板是在施工阶段能够承受湿混凝土及施工荷载，在使用阶段钢筋桁架成为混凝土配筋，承受使用荷载的新技术。采用钢筋桁架楼承板的混凝土楼板兼有传统现浇混凝土楼板整体性好、刚度大、防火性能好，及压型钢板组合楼盖无模板、施工快的优势，钢筋桁架楼承板桁架受力模式合理，可调整桁架高度与钢筋直径，实现更大跨度。采用钢筋桁架楼承板的钢－混凝土组合楼盖，可减少次梁，抗剪栓钉焊接速度快，施工质量稳定。作为一种成熟的新技术，钢筋桁架楼承板已在国内外建筑工程中大量应用，在多高层建筑中具有广阔的应用前景。

钢筋桁架楼承板是将混凝土楼板中的钢筋与施工模板组合为一体（图4-51），所以在施工阶段能够承受湿混凝土自重及施工荷载的承重构件，并且该构件在施工阶段可作为钢梁的侧向支撑使用。在使用阶段，钢筋桁架与混凝土共同工作，共同承受使用荷载。与传统的施工方法不同，在施工现场，可以将钢筋桁架楼承板直接铺设在梁上，然后进行简单的钢筋工程，便可浇筑混凝土，楼板施工不需要架设木模板及脚手架，底部镀锌钢板仅作模板用，不替代受力钢筋，故不需考虑防火喷涂及防腐维护的问题，可采用最薄的钢板。并且，楼板的主要受力钢筋在自动控制生产线上进行定位和焊接成型，钢筋排列均匀，位置准确，施工快速，可减少现场钢筋绑扎工作量70%左右，大大缩短工期，并节省成本。上下两层钢筋间距及混凝土保护层厚度能充分得到保证，为提高楼板施工质量创造了有利条件。钢筋桁架楼承板将钢筋骨焊成整体，整体刚度大，楼板浇筑混凝土时变形小，一般无需加临时支撑，而且可承受更大的施工阶段荷载（图4-52）。

图 4-51　钢筋桁架楼承板示意图　　　图 4-52　钢筋桁架组合楼板示意图

钢筋桁架楼承板的经济和技术优势如下。

1. 施工速度快

钢筋桁架楼承板直接支承在钢梁或混凝土梁上，本身既是混凝土楼板的受力钢筋，也是施工脚手架更是混凝土楼板的模板，节省了搭设脚手架和支模板的时间。

钢筋桁架楼承板实现了在工厂钢筋下料、定位成型和定尺，钢筋废料少，有利于环保，楼板的施工现场只需布置横向分布筋和连接筋，钢筋绑扎工作量可减少60%～70%，提高了整体施工速度（图4-53、图4-54）。

钢筋桁架楼承板直接支承在楼层梁上，其桁架合理的受力模式，为多工种作业提供了宽敞的安全工作平台，浇筑混凝土及其他工种均可多层立体施工，楼板可多层同时浇筑，可充分发挥商品混凝土的优势，大大缩短了工期，尤其对规模较大的高层、超高层建筑具有明显的工期优势。

2. 受力性能好

混凝土楼板的自重完全由钢筋承受，不在混凝土内产生拉应力，使用阶段负弯矩区和正弯矩区混凝土拉应力显著降低，裂缝宽度减小，镀锌钢板的存在避免了楼板下面的暴露裂缝，改善了楼板的使用性能和耐久性。

图 4-53　楼承板铺设图

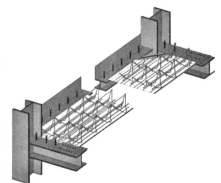
图 4-54　楼承板与梁、柱搭接示意图

采用钢筋桁架楼承板后可根据需要将楼板设计成双向板，等同于传统的现浇钢筋混凝土双向配筋楼板，而压型钢板组合楼板是难以实现双向板的，采用双向板不仅可以减小楼板结构层厚度、降低结构自重，增大跨度和开间，而且更加经济合理。

钢筋完全被混凝土包裹，具有可靠的耐火性能，与传统现浇楼板等同。钢筋桁架楼承板采用镀锌钢板，具有防腐蚀功能，但在使用阶段不考虑镀锌钢板的作用，无需防腐处理。相对于压型钢板组合楼板，钢筋桁架楼层板具有更优越的防腐蚀性能。

3. 经济性好

钢筋桁架楼承板下表面平整美观，无需压型板肋和波纹，镀锌板展开面积利用率达到 96%，厚度仅需 0.5mm。与厚度为 0.8~1.2mm 的普通压型钢板相比，改变了压型钢板的用途，仅作为楼板施工阶段的模板，减少了钢板厚度和镀锌层厚度，单位面积楼板钢板用量少，降低了成本，具有更好的经济性。

使用钢筋桁架楼承板的楼板与使用普通压型钢板的混凝土楼板相比总厚度可减少 30~50mm，即在相同净空要求的情况下建筑层高仍可降低 30~50mm。对高层建筑与抗震设防区的建筑更有明显的节省投资优势。

镀锌钢板仅 0.5mm 厚，现场栓钉穿透焊接耗电量大量减少，减少现场对电的需求，节省能源。楼板混凝土施工完毕并达到设计强度后，镀锌钢板可拆除回收利用，不仅可满足结构楼板底面观感的需要，又有利于环保。

4. 楼板施工质量高

楼板受力钢筋是在工厂下料加工，材料质量容易保证，受力钢筋采用自动机械化加工和焊接定位，间距排列均匀，上下层钢筋位置固定准确，钢筋不会在浇筑混凝土过程中移位，上下层钢筋混凝土保护层厚度能保证符合设计要求。有效地避免了混凝土漏浆现象的发生。

钢筋桁架楼承板重量轻，搬运、堆放及安装都非常方便，节省了大量劳动力，改善了工人施工条件，提高了工程质量，实现了文明施工。

4.7.4 某高层混合结构施工工艺

1. 工程概况

某大型综合性项目，塔楼共 78 层，高度 357m，框架－核心筒结构，外框柱采用钢骨混凝土柱，框架梁为钢梁，核心筒为钢骨柱－混凝土剪力墙形式，楼板为钢筋桁架楼承板。塔楼全高范围内共设置 3 道伸臂桁架，分别为 L21～L22、L40～L41 和 L60～L61 层。塔楼外框为钢骨混凝土柱，外框架梁均为钢梁（结构构件布置如图 4-55 所示）。

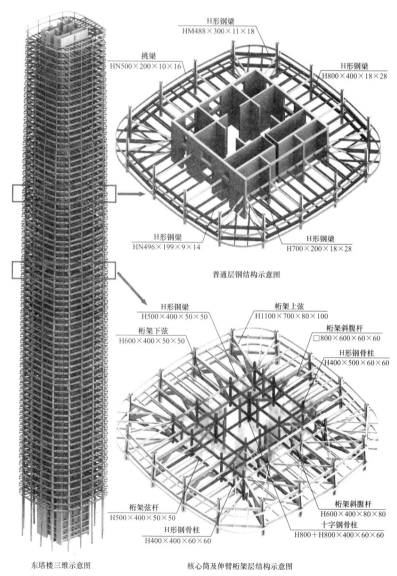

图 4-55 某高层混合结构构件布置示意图

2. 钢结构安装总体思路与施工部署

（1）安装总体思路

现场钢结构的安装塔楼立面方向上分为 5 个分区（图 4-56），根据塔楼结构特点，分区段组织钢结构的流水施工。框架柱、钢桁架均分段场内制作，现场分段吊装；预埋件、吊挂件与斜撑散件吊装，楼面梁均采用散件安装。外框钢柱安装采用每安装 1 根钢柱接着安装该柱与其他柱、框架梁相连的钢梁，以固定外框柱（图 4-57）。

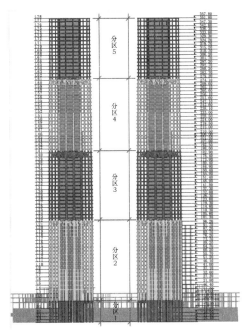

图 4-56　结构分区示意图

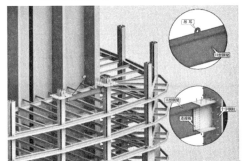

图 4-57　钢构件安装示意图

（2）施工部署

根据该工程施工总体思路，施工主要分为地下部分和地上部分两个阶段，对于塔楼吊装主要采用两台 ZSL650 型塔式起重机。根据塔式起重机吊装性能分析，外框柱地下部分均为一层一节（塔式起重机布置如图 4-58 所示），地上主要分为三种布置类型进行分段，L10 以下一层一节或两层一节，L10 以上采用两层一节或三层一节。核心筒钢骨柱地下部分采用两层一节，地上部分主要采用三层一节，重量均需满足要求。伸臂桁架主要为单元杆件吊装，为减少吊次，在满足吊重的情况下亦可将多个杆件单元预先拼装后再吊装以减少高空作业量（塔式起重机布置如图 4-59 所示）。

3. 预埋件安装精度控制技术

首先根据原始轴线控制点及标高控制点对现场进行轴线和标高控制点的加密，然后根据控制线测放出的轴线再测放出每一个埋件的中心十字交叉线和至少两个标高控制点（图 4-60）。地脚螺栓用安装支架控制相互之间的定位误差，支架采用∟125×80×12 角钢，全部在工厂进行加工制作。

利用定位线及水准仪使固定支架准确就位后，将其固定在柱子周围的钢筋上，形成上下两道井字架，支托地脚螺栓，锚栓安装后对锚栓螺纹做好保护措施，最后一次浇筑混凝土时，应对地脚螺栓进行检查，发现偏差及时校正（图 4-61）。

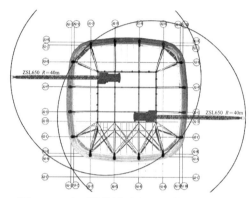

图 4-58　地下结构塔式起重机布置示意图　　图 4-59　地上结构塔式起重机布置示意图

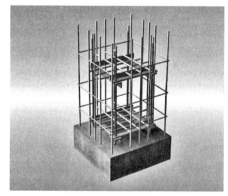

图 4-60　十字形钢柱预埋段安装示意图　　图 4-61　型钢柱预埋锚栓安装示意图

4. 梁柱预埋件安装精度控制技术

鉴于该工程的高度和结构形式属典型的超高层建筑，仅符合目前国家施工规定的安装要求已经满足不了实际要求。影响结构安装精度的因素非常多，除钢结构构件的制作精度必须保证外，现场安装精度将直接影响整个工程的施工质量和施工进度。现场预埋件的安装精度控制是安装施工过程的重点。

该工程钢结构与混凝土的连接大量采用预埋件连接，预埋件的安装精度将直接影响钢柱、钢梁的顺利安装。该工程中出现的预埋件主要有钢柱柱底预埋件和钢梁与核心筒之间的预埋件，现场安装应采取措施保证预埋件的安装精度。

（1）钢柱预埋件的安装技术

钢柱预埋件安装工艺流程如图 4-62 所示。

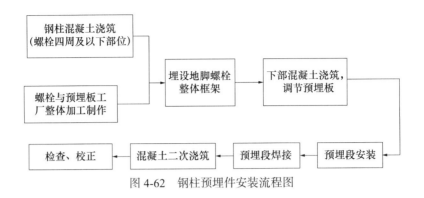

图 4-62　钢柱预埋件安装流程图

预埋板的固定与安装：螺栓与预埋板在工厂整体加工制作，检验合格后交现场进行安装，利用定位线及水准仪使预埋件准确就位，锚栓安装后对锚栓螺纹做好保护措施，最后一次浇筑混凝土时，应对地脚螺栓进行检查，发现偏差及时校正。安装结束后进行混凝土的浇筑（图 4-63、图 4-64），浇筑时需采取措施保证预埋螺栓的位置尺寸。

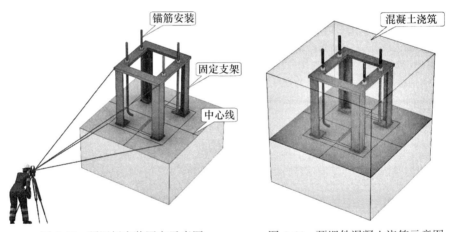

图 4-63　预埋板安装固定示意图　　　　图 4-64　预埋件混凝土浇筑示意图

预埋板的安装调节：采用调节预埋板下部螺母的方法调节预埋板的标高，测量预埋板的位置尺寸，发现偏差及时校正；对钢柱的底部混凝土进行二次灌浆，并确保钢柱底部的水平标高准确，对钢柱预埋段进行整体测量，发现偏差及时校正（图 4-65、图 4-66）。

（2）钢梁预埋件的安装技术

钢梁预埋件安装工艺流程如图 4-67 所示。

钢梁预埋件的定位、测量：利用定位线及水准仪使预埋件准确就位后，将其与混凝土绑扎钢筋等进行固定，然后浇筑核心筒混凝土，预埋件在混凝土浇筑施工时，应随时检查，必须保证埋件的定位轴线不产生偏移；最后一次浇筑混凝土时，应对埋件进行检查，发现偏差及时校正（图 4-68、图 4-69）。

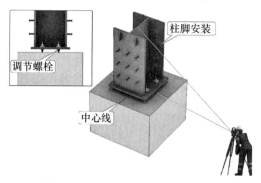
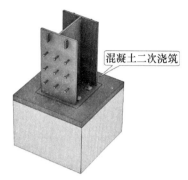

图 4-65　柱脚预埋安装定位示意图　　　　图 4-66　柱脚混凝土二次浇筑示意图

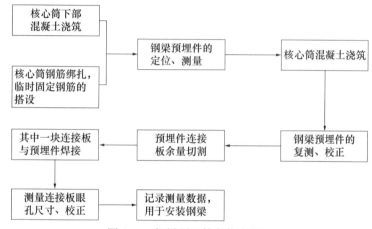

图 4-67　钢梁预埋件安装流程图

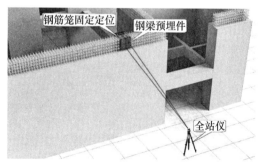
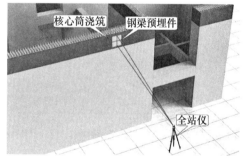

图 4-68　钢梁预埋件初始定位示意图　　　图 4-69　钢梁预埋件混凝土浇筑示意图

混凝土浇筑完成后，现场实测钢梁预埋件，根据测量的数据切割连接板的余量，然后焊接钢梁预埋件连接板：焊接连接板，焊后复测连接板眼孔尺寸，记录数据（图 4-70、图 4-71）。

（3）预埋件安装精度控制技术

预埋件定位控制技术：预埋件通过锚筋或抗剪件与主体混凝土结构连接，埋件预埋板必须与主体钢筋点焊（绑扎）牢固，埋件的允许误差应严格控制，即标高 $\leqslant \pm 5mm$，水平分格 $\leqslant \pm 10mm$，应根据预埋件布置图，进行预埋件的测量放线。

当混凝土结构开始施工时，即开始预埋件放样工作。放样时若发现模板施工尺寸有误差，应及时提出并要求整改。此项工作中，将派专人跟进施工进度，避免漏埋、误埋，并做好测量记录。

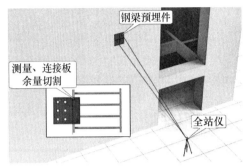
图 4-70　钢梁预埋件余量切割示意图

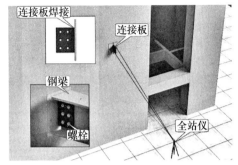
图 4-71　钢梁预埋件最终安装示意图

预埋件的施工控制技术：依据工地提供的水平基准，丈量出预埋高度，并将预埋件安装位置之水平高度标示于侧模上；预埋的高度及中心基准线测量时，均使用底层原水平点向上延伸，不得以邻近楼层为基准；预埋件施工时，其位置应注意保持准确，不得任意挪动，预埋件安装后，复核尺寸无误后，将其锚固钢筋点焊在结构的钢筋上，以免浇筑混凝土时发生位移，预埋板下面的混凝土应注意振捣密实；拆模后，应复测预埋板之位置是否正确，如有因灌浆或模板破裂所造成的误差，即详细记录，作为设计施工时之参考；在已埋入混凝土构件内的预埋件的预埋板面上施焊时，应尽量采用细焊条、小电流、分层施焊，以免烧伤混凝土。

5. 钢柱安装技术措施

（1）施工工艺概述

钢柱起吊前应将登高爬梯和缆风绳等挂设在钢柱预定位置并绑扎牢固，钢柱起吊时柱根部必须垫实，尽量做到回转扶直，根部不拖。起吊时钢柱应垂直，吊点设在柱顶，利用临时固定连接板上的螺孔。起吊回转过程中应注意避免同其他已吊好的构件相碰撞，吊索保持一定的有效高度。

钢柱起吊就位后临时固定，带好缆风绳，并初校垂直度，松开吊钩，进行下一根钢柱吊装。

（2）钢柱安装施工工艺

测量放线：根据钢柱布置图，进行钢柱的测量放线；当基坑开挖后，即开始钢柱安装放样工作；放样时若发现模板施工尺寸有误差，应及时整改，并做好测量记录。

吊装准备：详细核对构件编号，确保无误；清理钢柱表面的渣土、浮锈等，检查钢柱长度、几何尺寸、油漆等，对变形、油漆破损等在吊装前进行校正和修补，并对钢柱的中线、轴线、标记进行检查。

钢丝绳绑扎：一般钢柱吊装采用 4 点吊装方法，根据构件的重量计算选定合适的钢丝绳；钢丝绳长度要保证绑扎完钢柱后相邻两根绳间的夹角不大于 60°。

安装临时设施：在钢柱吊装前，先在钢柱上绑扎软爬梯，软爬梯与钢柱的连接必须牢固可靠；除软爬梯本身的卡扣与钢柱相连外，每隔 3m 左右用 8# 铁丝把钢柱与软爬梯连接，以防软爬梯飘动；绑扎软爬梯的目的是摘除吊装钢柱的吊绳。

钢丝绳绑扎好后起钩，钢柱头高出地面 1m 左右停止起钩，安装操作平台、缆风绳、溜绳等，位置为靠近柱头或者构件中上部不影响操作的部位。安装钢柱定位板等，钢柱上定位板穿上高强度螺栓一并吊装就位用（图 4-72、图 4-73）。

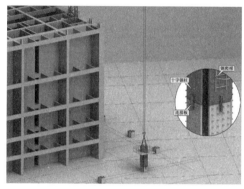
图 4-72　钢柱吊装示意图

图 4-73　钢柱定位安装示意图

6. 钢梁安装技术措施

（1）施工工艺概述

楼层钢梁包括外框梁、次梁等，每个区域外框钢柱安装时，及时安装上柱顶的外框梁、次梁，形成稳定的结构体系。在核心筒钢梁埋件下方用脚手架管搭设操作架，钢梁安装时，安装人员通过核心筒洞口进入操作架安装钢梁。钢梁安装就位后，沿钢梁上翼缘拉设安全绳，安全绳两端拉杆与钢梁采用钢夹具紧固连接。

（2）钢梁安装施工工艺

钢梁在地面穿好端头连接板并绑扎吊绳，检查吊索具后起吊，钢梁吊至安装位置后，用临时螺栓固定钢梁与外框连接一端，用临时螺栓固定钢梁与核心筒连接一端，待钢梁调校后，将临时螺栓更换为高强度螺栓并按设计和规范要求进行初拧及终拧。钢梁的吊装顺序应严格按照钢柱的吊装顺序进行，及时形成框架，保证框架的垂直度，为后续钢梁的安装提供方便（图 4-74、图 4-75）。

（3）钢梁校正

吊装前每根钢梁标出钢梁中线，钢梁就位时确保钢梁中心线对齐钢柱牛腿上的轴线。主次梁、牛腿与主梁的高低差用精密水平仪测量，并使用自制简易校梁器进行校正。在钢梁的标高、轴线的测量校正过程中，要保证已安装好的标准框架的整体安装精度（图 4-76）。

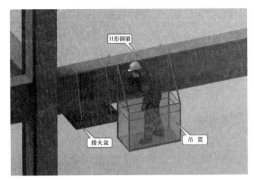

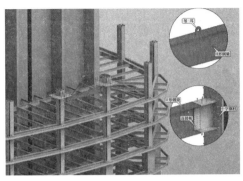

图 4-74　钢梁临时固定吊装示意图　　　　图 4-75　钢梁工艺措施示意图

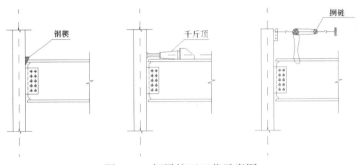

图 4-76　钢梁校正工艺示意图

7. 伸臂桁架安装技术措施

（1）施工工艺概述

该工程钢桁架层为伸臂桁架，伸臂桁架跨越 2 层结构，钢桁架弦杆分为上弦、下弦和腹杆，弦杆和腹杆为 H 形构件或箱形构件，与钢柱连接节点处牛腿断开，采用连接板固定。

单榀桁架施工流程：核心筒钢骨柱及外框柱安装→桁架下弦杆件（单件）安装→上弦杆件（单件）安装→斜腹杆（单件）安装。

（2）桁架安装施工工艺

详细核对构件编号，确保无误。清理钢柱表面的渣土、浮锈等，检查钢柱长度、几何尺寸、油漆等，对变形、油漆破损等在吊装前进行校正和修补，并对钢柱的中线、轴线、标记进行检查。桁架构件两点吊装，通过在杆件上表面设置吊耳，钢桁架与柱牛腿间设置临时连接板进行固定（图 4-77、图 4-78）。

（3）桁架的测量校正

根据桁架的安装总体流程，首先进行下弦杆的安装，由于是安装的第一榀桁架，四周没有可靠的支撑，因此其测量校正是关键点。可以作为其他桁架安装测量校正的参考。

标高控制：标高主要以引测至楼层的高程控制点为基准点，通过水准仪对桁架结构标高进行测控，施工过程中发现安装标高与设计存在误差，应采取技术措施进行调整；为了将标高精度控制在误差范围之内，应该严格控制与桁架连接的钢柱标高，对该部分钢柱的调整应在到达相应楼层以下两节钢柱的位置开始进行（即24层钢桁架应该从22层开始调整），通过渐进调整，使最终的钢柱标高的相对误差控制在2mm以内，绝对误差控制在5mm。

图4-77　桁架立杆安装示意图

图4-78　桁架弦杆安装示意图

垂直度控制：垂直度主要通过经纬仪和水准仪等仪器控制；对于桁架柱事先在柱身上放线，然后利用经纬仪对上下两端点进行观测，看两点是否在同一垂直面内；如有偏差，应该校正，柱子采取边吊边校的方法进行，垂直度的控制通过钢楔、千斤顶或者捯链进行。

轴线控制：轴线控制主要通过架设3台经纬仪进行测量校正，对于桁架的轴线控制主要通过控制构件上的3个点（2个端点和1个中间点）进行，3个点的控制可以利用3台经纬仪两两打线相交进行控制，一台经纬仪架设在地面上，另两台经纬仪架设在桁架楼层上。

偏转度控制：桁架测量工艺方面，除了测标高、轴线、垂直度外，对带有大型连接节点的构件，还要测偏转值，因为若在连接件上发生3mm以上的偏转，就会影响与之连接桁架部分构件的安装。

8. 钢筋桁架楼承板的施工

在深化设计阶段，每块楼承板均有对应的编号，清单编制时，将按照轴线划分区域，分区域打包。成叠包装捆扎的钢筋桁架模板，每捆应在侧面挂标签，标签上注明标准号、公司名称、产品规格、批号、长度、张数、重量等信息，为防变形扎包堆放不得超过3层。

（1）安装施工工艺

应依照楼板平面布置图铺设自承式模板、绑扎钢筋。平面形状变化处，应将自承式模板切割后，再安装。自承式模板伸入梁边的长度，必须满足设计要求。

钢筋桁架模板进场时应检查每个部位钢筋桁架模板的型号是否与图纸相符合。经检验的钢筋桁架模板，应按安装位置以及安装顺序存放，并有明确的标记。钢筋桁架模板在现场露天存放时，应略微倾斜放置（角度不宜超过10°，如图4-79

所示），以保证水分尽快地从板的缝隙中流出，避免钢筋桁架模板产生冰冻或水斑。成捆钢筋桁架模板触地处要加垫木，保证模板不扭曲变形，叠放高度不得超过3捆。堆放场地应夯实平整，不得有积水。模板存放必须做好防水保护措施。

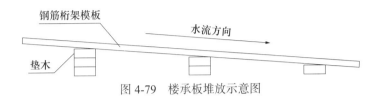

图 4-79　楼承板堆放示意图

（2）桁架楼承板安装施工工艺

对运输过程中造成的板边缘弯曲或变形，可用自制的简单校正工具进行校正，然后再铺设。楼承板铺设时根据排板详图从每个区域的排板起始基准线开始，连续铺设，第一块板铺好后要及时点焊两端的支座钢筋。支座钢筋为钢筋桁架模板在钢梁上的固定构件，需要现场点焊固定，栓钉必须穿透镀锌板焊接在钢梁上（图 4-80、图 4-81）。

图 4-80　楼承板铺设示意图

图 4-81　栓钉安装示意图

边模板采用点焊方式固定在钢梁上，对于模板铺过去的洞口，可用钢丝网留出洞口位置（图 4-82、图 4-83）。

图 4-82　边模安装示意图

图 4-83　洞口安装示意图

铺设水、暖、电管线，可在桁架空隙间穿越，然后根据施工图要求，绑扎分布筋、连接钢筋等现场附加钢筋，验收合格后浇筑混凝土，混凝土浇筑过程中应随时将混凝土铲平，防止堆积过高；应采用平板振捣方式（图4-84、图4-85）。

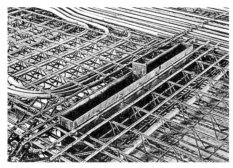

图 4-84　板内水电管线安装示意图　　　　图 4-85　混凝土浇筑示意图

（3）防锈技术措施

钢筋桁架模板组合楼板的三角形钢筋桁架浇筑在楼板混凝土内，其防腐性能与传统现浇混凝土楼板等同，需满足混凝土设计使用年限要求。底模为镀锌钢板，镀锌钢板本身具有一定的防腐蚀性能，对底部混凝土起到保护作用，其防腐蚀年限优于传统的现浇混凝土楼板。对于钢筋桁架模板组合楼板，主要从材料、加工方法、成品保护、现场施工方面进行防锈，其防锈技术措施如下。

材料：钢筋桁架楼承板上、下弦和腹杆钢筋严格按照规范要求，严格控制磷、硫等削弱钢筋耐腐蚀性能的有害物质，镀锌应均匀，最薄处满足设计要求。混凝土的各种组成材料满足规范要求，严格控制混凝土中的碱含量、pH值、Cl^-含量、SO_4^{-2}含量。

加工方法：三角形钢筋桁架所用钢筋在加工前先用电刷除锈和人工除锈相结合的方法对钢筋进行除锈，清除钢筋上的氧化层，使钢筋表面洁净无锈蚀现象；钢筋桁架焊接完成后对焊点进行人工打磨除锈，保证镀锌板的镀锌层不被破坏，钢筋与镀锌钢板间的连接采用电阻点焊，应清除镀锌板上的杂质，并对连接焊点进行喷锌处理。

成品保护：成品出厂前应打包成捆，每捆不超过3层，为防止运输、堆放过程中生锈，每捆都用塑料纸打包；成品在放置时，在构件下安置一定数量的垫木，禁止构件直接与地面接触，并采取一定的防止滑动和滚动措施，如放置止滑块等；构件与构件需要重叠放置的时候，在构件间放置垫木或橡胶垫以防止构件间碰撞；堆放场地应夯实平整，不得有积水；成品存放必须做好防水保护措施；存放、吊装过程中注意保护构件，施工前才可打开包装。

现场施工：施工过程中保持钢筋桁架楼承板上清洁，无杂物，无积水；雨天禁止露天进行钢筋桁架楼承板的施工，对外露已施工的钢筋桁架采取塑料布覆盖的方法，雨后晾干后方可施工，对出现钢筋生锈的地方采用人工除锈；附加配筋与底模应保持一定的间隙，间隙的大小为楼承板钢筋保护层的厚度，施工时用混凝土垫块代替短钢筋摆放；楼层预留洞口，以及与钢柱、混凝土墙连接处采用角钢垫底，选用的角钢采用镀锌处理，角落处混凝土振捣应充分，防止角落处存留气泡。

4.8 装配式钢结构施工安全与应急处理

4.8.1 危险源分析

装配式钢结构施工过程中存在的危险源见表 4-15。

装配式钢结构施工过程中的危险源 表 4-15

序号	危险源	内容
1	工人安全意识薄弱	工人大多受教育程度低，安全意识薄弱，对于施工安全存有侥幸心理
2	机械伤害	钢结构现场经常布置多台吊装机械，起吊或落钩这段时间内，吊装高度低，几乎和工人身高相差无几，极其容易造成吊钩伤人
3	现场钢结构高空安装及交叉作业	工人高空作业违章施工，管理人员安全意识淡薄、违章指挥，防护设施设置不当或防护产品不合格均会造成一定的危害
4	施工现场临时用电	钢结构施工临时供电系统规模较大。由于露天配电、供电系统、用电设备遇雨天或空气湿度大，容易出现漏电现象；高空钢结构构件安装施工中，极易发生触电事故
5	火灾与爆炸	（1）钢结构施工主要是焊接作业。焊接作业面多在高空位置，焊接产生的火花未采取措施收集，从高空散落下来，遇到易燃物质极容易造成火灾。 （2）钢结构施工多切割等用火作业，现场布置了氧气丙烷瓶，氧气丙烷瓶都是高压下的储气瓶罐，在外力打击、阳光暴晒或火灾等作用下可能爆炸，是现场不可忽视的安全隐患。 （3）现场易燃物品如油漆的堆放和施工管理不到位造成起火爆炸
6	其他危险源	其他常规性生产安全危害亦不可忽视，如高温烈日作业中暑、食堂管理不到位造成群体中毒等，都足以影响工程的施工进度和工程质量，因此要安全生产，生产必须安全。台风也是一个危险源，台风能够造成户外高大设备（起重机、标语牌、线杆）倒塌、松散物飞扬从而造成设备损害或人员伤害、输配电系统损坏

4.8.2 安全管理制度

1. 安全技术交底制度

工程开工前，应随同施工组织设计，向参加施工的职工认真进行安全技术措施的交底。实行逐级安全技术交底制，开工前由技术负责人向全体职工进行交底，两个以上施工队或工种配合施工时，要按工程进度进行交叉作业交底，班组长每天要向工人进行施工要求、作业环境的安全交底。

2. 安全检查制度

项目经理部每半月由项目经理组织一次安全大检查；各专业工长和专职安全员每天对所管辖区域的安全防护进行检查，督促各施工班组对安全防护进行完善，消除安全隐患。对检查出的安全隐患落实责任人，定期进行整改，并组织复查。

3. 安全教育管理制度

新工人入场应进行安全教育制度学习，特殊工种工人必须参加主管部门的培训班，经考试合格后持证上岗。严禁无证上岗作业。生产过程中安全教育要结合安全合同，每年进行一次安全技术知识理论考核，并建立考核成绩档案。

4. 安全用电制度

工地的用电线路设计、安装必须经有关技术人员审定验收合格后方能使用。电工、机械工必须持证上岗。

5. 班组安全活动制度

组织班组成员学习并贯彻执行企业、项目工程的安全生产规章制度和安全技术操作规程，制止违章行为。组织并参加安全活动，坚持班前讲安全，班中检查安全，班后总结安全。

6. 安全报告制度

安全管理机构内各责任人，按规定填写每天的安全报告，报项目质安组长。对当天的安全隐患巡视结果制作统计报表，对当天的生产活动进行因素分析，提出防范措施。在现场无重大安全事故的前提下，项目安全主管编写每月安全报告，经项目经理审批后报集团公司和上级安全科。如果现场发生重大安全事故，事故报告同时按国家规定的申报程序向上级主管部门申报。

4.8.3　安全教育与安全交底

广泛开展安全生产宣传教育，使项目管理人员和广大职工群众，真正认识到安全生产的重要性、必要性，懂得安全生产、文明生产的科学知识，牢固树立安全第一的思想，自觉地遵守各项安全生产法令和规章制度。

1. 三级安全教育

三级安全教育由公司教育、项目部教育、现场岗位教育三部分组成，是对新工人所进行的安全教育，是公司必须坚持的安全教育制度。

（1）公司教育

1）安全生产的重大意义，国家关于安全生产的方针、政策和安全生产法规、标准、指示等；

2）公司施工生产过程及安全生产规章制度，安全纪律；

3）企业的生产特点及安全生产正反两方面的经验教训；

4）一般规定以及高空坠落、物体打击、触电、火灾、爆炸、机械伤害常识等。

公司教育后，进行考核，再进行项目部教育。

（2）项目部教育

1）项目部生产特点，项目部安全生产规章制度；

2）项目部的机械设备状况，危险区域，以及有毒有害作业情况；

3）项目部的安全生产情况和问题，以及预防事故的措施。

项目部教育后进行考核。再到班组进行现场岗位安全教育。

（3）现场岗位安全教育

1）岗位安全生产状况，工作性质和职责范围；

2）岗位的安全生产规章制度和注意事项；

3）岗位各种工具及安全装置的性能及使用方法；

4）岗位发生过的事故及其教训；

5）岗位劳动保护用品的使用和保管。

三级教育完毕后，由安全部门将各级教育的考核卡片存档备查。

2. 特殊工种安全教育

公司中的工种不同，根据国家规定，对从事电气、起重、锅炉、压力容器、电焊等特殊工种的职工必须进行专门的安全教育和安全操作技能训练，并经过考试合格后方能上岗操作，这是安全教育的一项重要制度，也是保证安全生产，防止工伤事故的重要措施之一。

3. 安全技术交底制度

建立安全技术交底制度，确定工程应进行安全技术交底的分项工程，在进行工程技术交底的同时要按部位、专业进行安全技术交底。

（1）由技术负责人向项目有关管理人员进行交底。

（2）施工用电、机械设备、安全防护等应由技术员对操作使用人员进行专项安全技术交底。

（3）施工员要对施工班组进行分部分项工程安全技术交底并监督指导其安全操作，遵守安全操作规程。

（4）各级安全技术交底工作必须按照规定程序实施书面交底签字制度，接受交底人必须全数在书面交底上签字确认。未经交底人员一律不准上岗。

4.8.4 现场安全防护措施

1. 个人安全防护措施

（1）进入施工现场必须戴好安全帽，扣好帽带，正确使用个人劳动保护用品，严禁穿"三鞋"（高跟鞋、硬底鞋、拖鞋）上岗作业或赤脚作业。

（2）遵守劳动纪律，服从领导和安全检查人员的指挥，工作时思想集中，坚守岗位，未经许可不得从事非本工种作业，严禁酒后上班。

（3）2m以上高处作业、悬空作业，无任何安全防护措施时，必须系好安全带，扣好保险钩（安全带要高挂低用）。

（4）非专业人员严禁使用各种机电设备。

（5）施工现场的各种设施，"四口""五临边"防护、安全标志、警示牌、安全操作规程牌等，未经同意，任何人不得任意拆除或挪动。

（6）高处作业，严禁往下或往上乱掷工具、材料等物体，不得站在高空作业下方操作，暴风雨过后，上岗前要检查自己的操作地点或脚手架等，如有发现变形等隐患要及时上报管理人员。

2. 垂直方向交叉作业防护

交叉施工时禁止在同一垂直面的上下位置作业，否则中间应有隔离防护措施。在进行钢结构构件焊接、气割等作业时，其下方不得有人操作，并应设立警戒标志，专人监护。楼层堆物（如施工机具、钢管等）应整齐、牢固，且距离楼板外沿的距离不得小于 1m。高空作业人员应带工具袋，严禁从高处向下抛掷物料。具体防护措施内容见表 4-16。

交叉作业危险源及防护　　　　　　　　　　　表 4-16

序号	垂直方向交叉作业危险源	主要防护措施
1	起重机械超重或误操作造成机械损坏、倾倒、吊件坠落	对于重要材料、大件吊装须制定详细吊装施工技术措施与安全措施，并有专人负责，统一指挥，配置专职安监人员；非专业起重工不得从事起吊作业
2	各种起重机具（钢丝绳、卸扣等）因承载力不够而被拉断或折断导致落物	应严格控制对各种起重机具安装验收时的验收程序，并进行现场试验检查以验证是否符合安全使用规范设计要求
3	用于卸料的平台承载力不够而使物件坠落	高空作业所需机具、设备等，必须根据施工进度随用随运，严禁卸料平台超负荷使用
4	吊物上零星物件没有绑扎或清理而坠落	起吊前对吊物上杂物及小件物品清理或绑扎，对于零散物品要用专用吊具进行起吊
5	高空作业时拉电源线或皮管时将零星物件拖带坠落或行走时将物件碰落	（1）加强高空作业场所及脚手架上小件物品清理、存放管理，做好物件防坠措施。 （2）高空作业地点必须有安全通道，通道不得堆放过多物件，垃圾和废料及时清理运走
6	在高空持物行走或传递物品时将物件跌落	从事高空作业时必须佩工具袋，大件工具要绑上保险绳，上下传递物件时要用绳传递
7	在高处切割物件材料时无防坠落措施	切割物件材料时应有防坠落措施
8	向下抛掷物件	不得抛掷，传递小型工件、工具使用工具袋
9	作业人员施工安全意识、防护措施欠缺	（1）高空作业场所边缘及孔洞设栏杆或盖板。 （2）脚手架搭设符合规程要求并经常检查维修，作业前先检查稳定性。 （3）高空作业人员应衣着轻便，穿软底鞋。 （4）患有精神病、癫痫病、高血压、心脏病及酒后、精神不振者严禁从事高空作业。 （5）距地面 2m 及以上高处作业必须系好安全带，将安全带挂在上方牢固可靠处，高度不低于腰部。

序号	垂直方向交叉作业危险源	主要防护措施
9	作业人员施工安全意识、防护措施欠缺	（6）六级以上大风及恶劣天气时停止高空作业。 （7）严禁人随吊物一起起吊，吊物未放稳时不得攀爬。 （8）高空行走、攀爬时严禁手持物件。 （9）垂直作业时，必须使用差速保护器和垂直自锁保险绳

3. 高空作业安全防护

（1）操作平台的设置

在钢结构构件吊装及焊接施工过程中，在定位安装部位和钢构件校正及焊接部位必须设置稳固的操作平台，操作平台考虑焊接、悬挂或搁置在钢柱、临时支撑架上（图 4-86）。

（2）施工安全通道的设置

在临时支撑、钢柱上设置钢爬梯用于施工人员上下通道；在钢结构楼层钢梁上布置以木跳板和生命线钢丝绳组成的连续、封闭的水平通道，并与设置在钢柱和临时支撑架上的钢爬梯上下连通（图 4-86）。

（3）吊篮、安全网及其他安全防护设施

对一些特殊部位，操作平台无法搭设，高强度螺栓安装、钢梁焊接等作业则借助简易吊篮、简易钢爬梯等；施工人员高空作业时安全带配置自锁器挂制于安全绳上（图 4-87）；在楼层钢梁间还需张挂安全网用于高空防坠及上下施工隔离（图 4-88）。

图 4-86　施工操作平台

图 4-87　安全绳

图 4-88　水平安全网

（4）高空构件的稳定保证措施

1）构件高空就位后，不连接牢靠不能松钩，当天要尽可能实现所吊装的构件连接成比较稳定的体系；

2）按照施工方案合理安排吊装顺序，加快吊装作业，并尽快形成构件自身稳定体系保证安全；

3）对于焊接工作量大的构件，保证轴向焊接固定，侧向采用缆风绳或刚性支撑临时固定。

（5）高空作业注意事项

1）高处作业中的安全标志、工具、仪表、电气设施和各种设备，必须在施工前加以检查，确认其完好，方能投入使用；

2）攀登和悬空高处作业人员以及搭设高处作业安全设施人员，必须经过专业技术培训及专业考试合格，持证上岗，并必须定期进行体格检查，禁止无证上岗或者带病上岗，保证作业安全；

3）施工中对高处作业的安全技术设施，发现有缺陷和隐患时，必须及时解决，危及人身安全时，必须停止作业；

4）施工作业场所有有坠落可能的物件，应一律先行撤除或加以固定，高处作业中所用的物料，均应堆放平稳，不妨碍通行和装卸，工具应随手放入工具袋，作业中的走道、通道板和登高用具，应随时清扫干净，拆卸下的物件及余料和废料均应及时清理运走，不得任意乱置或向下丢弃，传递物件禁止抛掷；

5）雨天进行高处作业时，必须采取可靠的防滑措施，事先设置避雷设施，遇有五级以上强风、浓雾等恶劣气候，不得进行露天攀登与悬空高处作业，强风暴雨后，应对高处作业安全设施逐一加以检查，发现有松动、变形、损坏或脱落等现象，应立即修理完善；

6）因作业必须临时拆除或变动安全防护设施时，必须经施工负责人同意，并采取相应的可靠措施，作业后应立即恢复；

7）钢爬梯脚底部应垫实，不得垫高使用，梯子上端应有固定措施，主要项爬梯设置环形保护罩；

8）同一区域尽量避免立体交叉施工，实在不能避免的应流水错开，同时设置看护人，随时排除安全隐患，高空焊缝下部安全网上铺设阻燃布，覆盖焊渣坠落范围以免烫伤下部施工人员。

4. 焊接施工安全保证措施

（1）电焊机

1）电焊机必须有独立专用电源开关，确保"一机一闸一漏一箱"；

2）电焊机外露的带电部分应设有完好的防护（隔离装置），电焊机裸露接线柱设防护罩；

3）接入电源网路的电焊机不允许超负荷使用，焊接运行时的温升，不应超过相应焊机标准规定的温升限值；

4）必须将电焊机平稳地安放在通风良好、干燥的地方，不准靠近高热以及易燃易爆危险环境；

5）禁止在电焊机上放置任何物品和工具，启动前，焊钳与焊件不能短路；

6）工作完毕或临时离开场地时，必须及时切断焊机电源；

7）各种电焊机外壳必须有可靠的接地，防止触电事故；

8）电焊机的接地装置必须经常保持连接良好；

9）必须随时保持清洁，清洁时必须切断电源；

10）电焊机棚必须放置足量的电气灭火器；

11）电焊机棚需设置在安全范围内，顶棚应有一定强度；

12）电焊机应专人看管，非作业人员不得使用。

（2）电缆

1）电缆线外皮必须完整、绝缘良好、柔软，外皮破损时应及时修补完好；

2）电缆线应使用整根导线，中间不应有连接接头，如需接头时，连接处应保持绝缘良好，且每根焊把线不超过 3 个接头；

3）禁止焊接电缆与油、脂等易燃物料接触；

4）现场电缆必须布置有序，不得互相交错缠绕；

5）焊接完毕，应将电缆整齐盘挂在电焊机棚内；

6）开始作业前和作业结束后对电缆进行外观检查。

（3）电焊枪

1）焊枪、电焊钳必须有良好的绝缘性和隔热性，手柄有良好的绝缘层；

2）电焊钳与焊接电缆连接应简便牢靠，接触良好，螺丝必须拧紧；

3）禁止将过热的焊钳放入水中冷却。

4.8.5 应急处理

1. 应急准备

（1）成立应急小组

建立以项目经理为组长，项目主要管理人员为组员的项目应急领导小组，在有关部门、建设单位的领导监督下，形成纵横网络管理体制。

（2）应急物资准备

1）足够的消防器材、必要的卫生防护品和救援措施；

2）足够的防暑降温物资和御寒防冻物资；

3）其他防护物资；

4）必要的资金保证。

2. 应急演练

定期在项目部组织进行应急预演，预演内容主要有以下几项：高空坠落、触电、火灾、集体中毒、机械伤害、中暑。

3. 安全事故应急处置

在施工过程中发生的突发事件，应根据有关规定做好各项应急预案，包括伤亡事故应急预案、火灾爆炸事故应急预案。

（1）伤亡事故应急预案

1）应根据吊装现场存在的隐患采取相应的控制，以防止人员伤亡事故的发生。设置应急通道，充分考虑通道的迅速疏散能力，甚至可以考虑应急出口，通道上应该设置明显的方向标志，应急出口应该有相应的设施。安全员对现场安全设施、应急设施、应急通道进行日常的检查，将检查的情况反映在日常安保检查记录中。对于检查不符合的地方，填写《事故隐患整改通知单》进行整改。

2）伤亡事故报警

员工一旦发生事故，必须第一时间内拨打报警号码，告知事故发生的部位、状况，并到路口接应救护车。值班人员接听后，立即通报伤亡事故应急领导小组，直接启动伤亡事故应急预案。

3）伤亡事故应急措施

事故发生后应采取措施立即封锁现场，禁止无关人员进入，禁止围观，控制事态的恶化。一旦发生安全事故，由项目经理统一指挥、协调安全员统一指挥，并对事故人员采取急救措施。

（2）火灾爆炸事故应急预案

1）预测与预警。项目部应当加强对重大危险源的监控，对可能引发特别重大火灾爆炸事故的险情，或者其他可能引发火灾爆炸事故的信息应及时进行分析，对火灾爆炸事故进行预测，开展风险评估，做到早发现、早报告、早处置。

2）发生火灾爆炸事故应立即报"119"火警，发生人员中毒或伤亡应报"120"救护。

3）现场员工在第一时间应开展自救，可使用应急救援器材与设施，将损失降到最小。

4）应急处置应坚持"以人为本"的原则，进入现场救援前应判断灾情并佩戴相应个体防护用品，在可控阶段进行救援，在保证人身安全的前提下进行应急处置。严禁爆炸阶段进入现场。

5）对因危险化学品引发的火灾爆炸事故，必须加强应急处置全过程的可燃气体与毒气的监控以及环境检测；

6）处置过程中应采取必要措施，避免发生人员中毒伤亡、环境污染等次生灾害。尤其对于气相物质火灾时，应先冷却，采取必要的生产工艺措施，控制火势，不得立即扑救明火，经现场应急指挥部全面分析方案后再实施扑救，避免发生二次爆炸。

4.9 本章小结

本章根据装配式钢结构施工流程，针对单层及多层钢结构和高层钢结构的不同特点介绍了安装方案设计及施工方案设计的重点内容，结合装配式钢结构构件特点，介绍了安装设备选用参考；针对不同外界因素（高空作业、特殊气象）条件下的施工注意事项，介绍了轻型结构的分类、安装前准备、安装机械选择、轻型钢结构安装，模块化集成式房屋安装方案设计，混合结构与组合结构施工、绿色施工等技术及施工安全与应急处理等施工管理；结合案例进行编写，为广大施工企业提供可操作的参考。

第五章　围护体系和部品部件及设备安装

本章介绍金属围护结构安装，包括屋面和墙面金属结构施工；非金属围护结构安装，包括蒸压加气混凝土板材、轻质空心墙板、轻钢龙骨石膏板隔墙、SP 预应力墙板以及轻质复合节能墙板安装等技术；内装系统安装，包括内装装配式墙面、内装装配式顶面、内装装配式地面、装配式集成厨房、装配式集成卫生间等技术；设备与管线系统安装，包括一般要求、给水排水及供暖工程施工、通风和空调及燃气工程施工、电气和智能化工程施工、设备及管线装配一体化、设备与管线系统安装质量检验与验收等。

5.1　金属围护结构安装

5.1.1　屋面金属结构

1. 屋面细部设计

细部设计是工程制作、安装过程中最重要的环节，是将原初步设计细化以指导生产和施工的过程。根据屋面形式和尺寸，设计屋面板排板图及相关节点。排板图应精确，各种收边板、包角板、泛水板尺寸准确，切合实际。详细节点图待工程中标后提供并经设计院或监理审定后方可进行施工。

2. 安装准备

板材搬运时应轻拿轻放，避免磕碰，严禁拖拉，以免损伤板材。安装前检查龙骨安装的直线度，待复查合格后在屋面上设纵横控制点（每个柱子处设一点）形成控制网，施工中严格控制屋面板的直线度和起始位置，便于包角、泛水、屋脊板及屋面与山墙泛水板安装。

金属板要轻拿轻放，施工人员不许穿硬底鞋，铺板后必须当天固定；固定时应先校核控制线后钻孔，板与板之间搭接要紧密无缝，中心对正，彩板要按要求安装封头板、挡水板等。彩板在屋面上的临时堆放位置应靠近梁的位置。

金属板吊至屋面准备开始安装时，确保所有的钢板正面朝上，且所有的搭接边朝向将要安装的屋面这边。否则不仅会翻转钢板，还会使钢板调头。在固定第一块钢板之前，要确保其位置的垂直和方正；并将它正确地落在与其他建筑构件相关的位置上。沿挑口板或端墙横向安放时，注意泛水板的型号或盖板的安装方式。

3. 金属屋面系统安装要求

当第一块钢板固定就位时，在屋顶的较低端拉一根连续的准线，这根线和第一块钢板将成为引导线，便于后续钢板的快速安装和校正，然后对每一屋面区域在安装期间要定位检测，方法是测量已固定好的钢板宽度，在其顶部和底部各测一次，保证不出现移动和扇形。

在某些阶段，如安装至一半时，还要测量从已固定的钢板顶、底部至屋面的远边或完成线的距离，以保证所固定的钢板与完成线平行。若需调整，则可以在以后安放和固定每一块板时很轻微地作扇形调整，直到钢板达到平直度。

沿天沟、屋脊、挑口板、女儿墙或横向墙纵向安放时，屋面板应伸入天沟约50mm。

5.1.2 墙面金属结构

1. 墙面金属板排板

墙面排板设计是将施工图转化成工厂金属板加工的二次加工图纸。根据排板图在金属板加工车间生产出标准板材，然后将标准板件在施工现场进行拼装，不仅可以保证金属板的安装速度又可以保证金属板的加工质量。

2. 安装准备

板材外侧的保护膜在运输和起吊过程中保护板材免于灰尘和化学腐蚀，但要在出厂后 2 个月将其去除。根据金属板的物理特征，为了防止施工完成后板材间会产生空气对流，需要在板材所有节点（如檐口、收边、滴水等位置）处安装密封胶条。

现场采用点式锯切割板材，如果刀口适合板材，曲线锯在技术支持下可以代替点式锯。不能使用圆锯进行切割。切割时会产生高温，而且切掉的高温碎屑溅入涂层中产生燃烧造成涂层腐蚀。

板材现场安装完成后，工厂提供的自粘式保护膜可以在自然条件下很快分解。板材在保护膜撕开后会被其他结构覆盖，如门框等。

3. 金属外墙系统安装要求

用螺栓将预留连接孔的板托水平固定在基本结构上，安装前在结构与板材之间粘贴橡胶条，防止内外对流。下部支托作为泛水收边不仅用于集中排水，还可以用于在安装时支撑板材，并在板材调平时起支撑作用，同时可以覆盖掉板材切割部分，保证建筑外形美观。用抽芯铆钉将滴水收边水平固定在拖板上。为保持良好的排水和通风效果收边与板材之间要保留 10mm 空隙。

板材安装一般从转角部分开始，安装时要注意用线坠和水平线控制板材的平整度和板材接缝处的平整度。金属板安装时要垂直放基准线，每三张板铺设后要校正垂直。基准线和第一块板将成为引导线，便于后续板的快速安装和校正。当第一块金属板固定就位后，在墙面的较低端拉设连续的基准线，对每一安装区域在安装期间要定段检测，方法是测量已固定好的金属板宽度，在金属板的顶部和底部各测一次，以保证不出现移动和扇形。

墙角位置一般要求对称处理，第一块和最后一块板材要相应地调整宽度。此处是建筑调整宽度最有利的位置。其余板材就用板撑沿着锁口排列固定在主结构上，然后再安装竖向盖缝。板材安装时要调整好，然后用水平尺来复核。当板材外侧有 1msm 误差时就可以放心安装了。根据定位基准线安装金属板示意图，如图 5-1 所示。

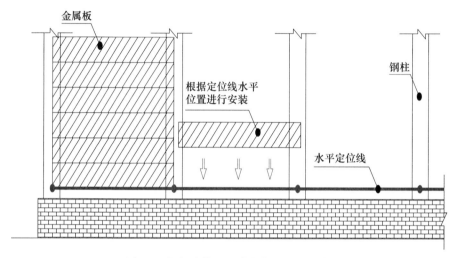

图 5-1　根据定位基准线安装金属板示意图

4. 细部处理

板材安装一般从转角部分开始，安装时要注意用线坠和水平线控制板材的平整度，更要注意板材在接缝处的平整度。压顶板一般会向屋面轻微倾斜。这部分通过铆钉固定在墙板上，然后在上方用防锈螺钉锚固在结构上，最后用硅胶密封。

5. 注意事项

板材在非正常使用条件下会出现破坏。避免温度应力超限，要检查容易破坏的部位。材料使用时要避免积水和非正常的冷凝水。在可能受到严重腐蚀的板材切割部分要用适当的油漆或硅胶封堵。

5.2　非金属围护结构安装

非金属围护结构按照材料特点分为两大类，第一类是将几种不同材料通过挤压、蒸压等手段加工而成的复合墙板，包括蒸压加气混凝土板材（ALC 板）、玻璃纤维增强混凝土板（GRC 板）、轻质空心墙板（KPB 墙板）、轻质陶粒混凝土墙板等，其中蒸压加气混凝土板材目前应用最为广泛。这类板材基本都是不同厚度的统一宽度板材，它们的安装方式也大致相同。另一类板材是采用钢龙骨的形式，在龙骨两面铺设不同板材形成墙面，内部填充不同轻质材料，包括轻钢龙骨石膏板隔墙、轻钢龙骨纤维增强板、CCA 轻质灌浆墙系统等。这类墙板一般需要先安装钢龙骨，再铺设不同的墙面板。另外还包括 SP 预应力墙板、复合型板材系统等。下面就不同类型的板材介绍一下其安装程序。

5.2.1 蒸压加气混凝土板材

1. 施工准备及劳动组织

（1）劳动力需求计划及劳动组织

板材的施工必须由熟悉板材性能的人员进行。施工人员根据工程大小配备，一般一个流水作业段由以下几个班组组成：负责现场边角下料约 4～6 人；负责安装及焊接固定连接件约 3～5 人；负责起吊、就位板材约 2～4 人；负责校正每一块板材并固定约 5～6 人；负责墙面的修补、板缝的填嵌约 2 人。

（2）主要机具和仪器需求计划

板材安装需要的机具及仪器，见表 5-1，数量应根据工程规模适当增减。

板材安装需要的机具仪器   表 5-1

序号	机具仪器名称	单位	数量
1	电动吊装机	台	4
2	小型切割机	台	10
3	搂槽器	把	10
4	现场配电箱	只	5
5	运输车	台	6
6	移动脚手架	副	6
7	人字梯	副	6
8	射钉枪	台	10
9	检测尺	把	4
10	激光射线仪	台	2
11	钢齿磨板	把	6
12	磨砂板	把	6
13	卸货吊带	副	4
14	橡皮锤	把	8
15	搅拌机	台	6
16	电焊机	台	2

2. 运输、进场、堆放及吊装要求

板材在工厂内过保养期后才可出厂外运，雨天运输需加盖防雨布防止板材吸湿。板材进入施工现场，要尽可能地减少转运，竖立后不可长距离调整移动以防缺棱掉角。原则上安装前先检查板材的破损位置和破损程度，修补时应进行板材破损部位基层清扫，修补完成后等修补材料达到强度后用钢齿磨板和磨砂板进行外观尺寸的修正。板材安装过程中的边角破损，可以等安装完成后进行修补，修补时注意不要污染周围的墙面。对于下道工序施工时会对产品造成污染与损坏的，应做好铺垫、包扎等保护措施。

板材进入施工现场前应提供产品合格证和产品性能检测报告，并对全部板材进行外观检查。板材宜采用专用工具平稳装卸，吊装时应采用宽度不小于 50mm 的尼龙吊带兜底起吊，严禁使用钢丝绳吊装。运输过程中宜侧立竖直堆放，多块打包捆扎牢固，尽量不采用平放。板材宜堆放于室内或不受雨雪影响的场所；露天存放时应采用覆盖措施，防止雨雪和污染；堆放场地应坚硬平整无积水，不得直接接触地面堆放，并宜靠近施工现场，以减少搬运次数。堆放时应设置垫木。拼装大板应放入插放架内。板材应按品种、规格及强度等级分别堆放，堆放高度不宜超过 3m。屋面板可分层平放，每层高度不超过 1m，每垛高度不超过 2m。垫木长约 900m，截面尺寸为 100m×100m，每点设置 2 根，设置点距板边不超过 600m，应分层设置垫木，每层高度不超过 1m。

ALC 隔墙板安装分为横装板及竖装板，通常固定两端，图 5-2 为 ALC 墙板横装与竖装示意图。ALC 墙板常用固定法为 U 形卡法、管卡法及勾头螺栓法。其中勾头螺栓法因需要焊接故主要用于钢结构工程。

（a）ALC 板横装图　　　　　　　（b）ALC 板竖装图

图 5-2　ALC 墙板横装与竖装示意图

3. 图纸深化

（1）蒸压加气混凝土板材安装前进行图纸深化的主要目的是结合水电专业预埋预留以及墙板连接构造的需要合理布置排板。应根据土建及精装修施工图纸进行墙板深化设计，绘制出墙板排板图。并据此指导墙板生产、安装和水电专业施工。

（2）排板图可由生产厂家设计，但应充分征询设计及施工单位意见。最终完成的排板图需设计、总包、监理及项目部签字确认。

（3）总包应根据排板图，把电气专业甩管的定位尺寸标注在施工图中。并经厂家、监理及项目部确认。

（4）排板图应包括平面布置图及立面图。图中应标明墙板编号、类别、规格尺寸；门洞口位置和尺寸；预埋管线、插座及开关底盒的位置和尺寸；预埋件的位置、数量、规格种类等。

（5）排板原则。

1）没有门洞口的墙体，应从墙体一端开始沿墙长方向顺序排板；对于有门洞口的墙体，应从门洞口开始分别向两边排板。当墙体端部的墙板不足一块板宽时，应设计补板。补板宽度不应小于300mm。

2）应以保证电气管线布置在墙板的孔芯为前提。当电气点位的设置与之冲突时，应先考虑调整电气点位。确实不能调整的，再考虑通过调整板块尺寸来解决。

3）严禁将电盒、过线盒、空调预留孔等设置在墙板板缝内。

4）使用两联或三联开关时，预埋电盒的宽度不应超过板宽的1/2。

5）位于结构梁下、板下的门头板，在隔墙板安装完成后进行二次浇筑。

6）结构墙体边小于300mm的门垛采用现浇钢筋混凝土浇筑或实心砌体砌筑。

7）墙体高度大于标准板的长度时，需进行专项设计，以保证墙体稳定性。

8）墙体长度超过2.4m时，应设置20mm宽的伸缩缝。后每增加1.2m即增设一道构造缝。有构造缝的墙板按顺序由两头向中间安装。

9）墙板安装的起步板要紧顶结构墙体，最后一块板与结构墙体的缝尽量放在阴角处，预留10~15mm构造缝。

4. 内墙板施工方法

内墙板施工工艺流程

内墙板的安装施工工艺流程大致如下：墙体定位、放线→安装管卡→涂刷专用胶粘剂→板材就位安装→调整→固定管卡→勾缝、修补→清理墙面→报验。图5-3为内墙板安装施工工艺流程的图片示意。

| （a）放线 | （b）运板 | （c）切割 | （d）上浆 |

图 5-3　内墙板安装施工工艺流程（一）

（e）批浆	（f）立板	（g）调整	（h）测量
（i）就位	（j）补地缝	（k）退木楔	（l）补缝
（m）竖缝	（n）完成	（o）水电开槽安装	（p）装修完成效果

图 5-3　内墙板安装施工工艺流程（二）

1）放线。墙体施工前放线人员应根据建筑图放出墙体边线、控制线、门窗洞口（门窗洞口尺寸为建筑图中所标门洞尺寸）位置线及柱边线。放线完毕后需报项目部测量室进行验收复核，并经监理验收通过后方可进行下一道工序的施工。

2）安装管卡。内隔墙安装，一般采用 ALC 板竖装工艺，板材从一端向另一端顺序安装。安装第一片板材时应在板材上端两侧各 80mm 处分别钉入一只管卡，管卡示意图如图 5-4 所示。如板材与结构柱或外墙体连接，还应在板材靠结构一侧的上下端距板端 80mm 处各加一个管卡，两个管卡之间间距大于 1500mm，还需在中间部位另增加一只。

3）涂刷专用胶粘剂。第二片板材安装时，需于板材接缝处涂刷专用胶粘剂，专用胶粘剂要随配随用，配置的胶粘剂应在说明书要求时间内用完。墙板拼接时板缝缝宽不应大于 5mm，安装时应以缝隙间挤出砂浆为宜。在墙体粘缝没有达到一定强度前，严禁碰撞振动，造成松脱。

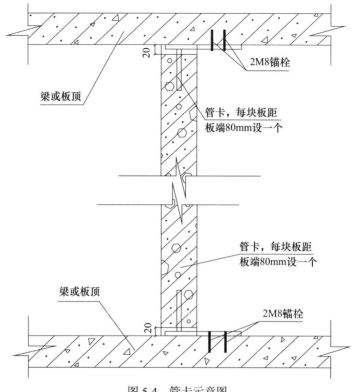

图 5-4　管卡示意图

4）板材就位安装。板材安装采用电动卷扬机吊装方式，板材扶起后，在板材上下端垫入木楔。在次梁的梁底等突出部位需使用专用切割工具对板材进行切割。

5）调整。根据安装控制线，通过调整木楔对板片的平面安装位置、垂直度作调节，从而减少因对板材的直接驱动而造成的板材损伤，直至将板片调整到正确位置。

6）固定管卡。第一片板材调整合格后，用锚栓将管卡固定在结构上。靠近下一片板材一侧的管卡，应顺安装方向固定在墙体上部的楼（梁）底上。板材安装后上下端应留 20～30mm 缝隙。第一片板材固定后，就可以安装第二片板材。从第二片板材起，只在靠近下一片板材一侧的 80mm 处安装一只管卡，用同样的方法接板，并对板片作调整，相邻两片板材之间应靠紧。用 2m 靠尺检查平整度，用线坠和 2m 靠尺吊垂直度，用橡皮锤调整直至合格后，用射钉枪固定管卡。以此类推安装。

7）勾缝、修补。当一面墙体板材安装好后，全面检查墙体平整度、垂直度。并对板面和边棱损坏处用修补粉进行修补，其颜色、质感宜与板材产品一致，性能应匹配。板材接缝处采用耐碱玻璃纤维网格布压入抗裂砂浆以防止接缝处开裂，抗裂砂浆及耐碱玻璃纤维网格布加强部位位置、宽度如图 5-5 所示。

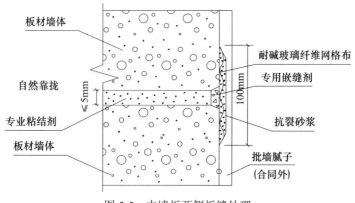

图 5-5　内墙板两侧板缝处理

8）验收。单项工程完工后应由项目部进行自检，检查项目主要有墙面轴线位置，隐蔽工程（连接铁件、膨胀螺栓、防锈等）验收记录。墙面平整度、垂直度、接缝误差、内墙勾缝等按规定数量检查做好记录。

9）其他构造。在蒸压加气混凝土板上开槽时，应沿板的纵向切槽，深度不大于 1/3 板厚；当必须沿板的横向切槽时，外墙板槽长不大于 1/2 板宽，槽深不大于 20mm，槽宽不大于 30mm；内墙板槽深度不大于 1/3 板厚。

内墙板与其他墙、梁、柱相连接时，端部必须留有 10～20mm 缝隙，缝中应用专用嵌缝剂填充。板材与钢筋混凝土墙、柱、梁交接处采用耐碱玻璃纤维网格布压入抗裂砂浆以防止接缝处开裂。

板材下端与楼面处缝隙用 1∶3 水泥砂浆嵌填密实。木楔应在水泥砂浆凝固后取出，且填补同质材质。

10）墙面处理。总包单位及后期装修施工单位在板材拼缝处粘贴 100mm 宽耐碱玻璃纤维网格布；开管、线槽处粘贴不小于 200mm 宽耐碱玻璃纤维网格布，且管、线槽每边不小于 100mm；板墙转角处、与不同墙体连接处粘贴不小于 300mm 宽耐碱玻璃纤维网格布；轻质隔墙满铺耐碱玻璃纤维网格布。

5. 外墙安装

ALC 外墙板主要通过 U 形卡、管卡、直角钢件和螺栓等固定在结构上，实现板材的平整、稳固。外墙板施工时，从弹线到安装，每一步与内墙安装的做法相似，不再详细叙述。

（1）放线。据工程平面布置图和现场定位轴线，确定 ALC 板安装位置和相应的固定构件的安装位置。

（2）排板。从门洞处向两端依次进行，无门洞口的应从一端向另一端顺序安装，当不符合模数时，可适当调整洞口构造柱或自由端构造柱截面尺寸。

（3）安装。

1）若采用 U 形卡法，按照弹好的墙体位置线安装 U 形卡，每块板 1 只 U 形卡与钢梁焊接，或用 2 只钉与混凝土连接。U 形卡的中间位置尽量对着板与板的拼缝，卡住板材的高需 ≥ 20mm。固定 U 形卡件的方式如果是钉固定，则不得少于 2 个固定点；如果是点焊固定，不得少 4 个固定点，焊波应均匀，不得有裂纹、未溶化、夹渣、焊瘤、咬边、烧穿和针状气孔等缺陷，焊接处清理干净且作防锈处理。若采用直角钢件法，待板材垫起后，用钉或焊接进行固定。若采用钩头螺栓法，先通过钉或焊接固定角钢，再固定钩头螺栓。若采用管卡法，管卡应先固定在板材端面上，板材垫起后，通过钉或焊接固定在结构梁上。以上四种方法，可以两种同时使用。

2）依次安装板材，板材的顶部与混凝土或钢梁之间的间隙填充聚氨酯材料或其他柔性材料，板材的底部与混凝土或钢梁用木楔固定，板材底部与混凝土、钢梁或楼板之间的间隙均填充膨胀砂浆。一般 3～5 天后可拔出木楔，并对木楔洞和螺栓安装槽口补入聚合物砂浆。

3）无论平口或槽口，都需要在板缝处粘接宽度为 100～200mm 网格布压入聚合物水泥砂浆，总厚度约 5～10mm，宽度约 100～200mm。

6. 墙板安装质量要求

（1）主控项目

1）使用的蒸压加气混凝土板及专用胶粘剂、嵌缝剂的强度等级、技术性能、品种必须符合设计要求，并有出厂合格证，规定试验项目必须符合标准。

2）蒸压加气混凝土板应与主体结构可靠连接，其连接构造应符合设计要求。

3）板材胶粘剂涂刷应密实饱满。

4）管卡、锚栓等的锚固件的品种、规格、数量和设置部位应符合设计要求。

5）板底嵌缝的水泥砂浆强度等级应符合设计要求。

（2）一般项目

蒸压加气混凝土板材安装允许偏差及检验方法见表 5-2。

蒸压加气混凝土板材安装允许偏差及检验方法　　　　表 5-2

项次	项目名称	允许误差（mm）	检验方法
1	墙面轴线位置	3	经纬仪、拉线、尺量检查
2	层间墙面垂直度	3	2m 托线板、吊垂线检查
3	板缝垂直度	3	2m 托线板、吊垂线检查
4	板缝水平度	3	拉线、尺量检查
5	表面平整度	3	2m 靠尺、塞尺检查
6	拼缝误差	1	尺量检查
7	洞口位移	±8	尺量检查

（3）板材尺寸、外观质量的允许偏差及检验

蒸压加气混凝土板外观缺陷限值和外观质量见表5-3。

蒸压加气混凝土板外观缺陷限值和外观质量　　　　　　　表5-3

项目	允许修补的缺陷限值	外观质量
大面上平行于板宽的裂缝（横向裂缝）	不允许	无
大面上平行于板长的裂缝（纵向裂缝）	宽度＜0.2mm，数量不大于3条。总长≤$L/10$	无
大面凹陷	面积≤150cm^2，深度t≤10mm，数量不得多于2处	无
大气泡	直径≤20mm	无直径＞8mm、深＞3mm的气泡
掉角	每个端部的板宽方向不多于1处，在板宽方向尺寸为b_1≤150mm、板厚方向d_1≤$4D/5$、板长方向的尺寸为l_1≤300mm	每块板≤1处（b_1≤20mm，d_1≤20mm，l_1≤100mm）
侧面损伤或缺棱	≤3m的板不多于2处，＞3m的板不多于3处；每处长度l_2≤300mm，b_2≤50mm	每侧≤1处（b_2≤10mm，l_2≤120mm）

7. 墙板安装施工要点

（1）墙板平缝拼接时板缝缝宽不应大于5mm，安装时应以缝隙间挤出砂浆为宜。

（2）施工前应进行排板设计，并绘制相关图纸，以方便配料并减少现场切锯工作量，计算板材和配件重量。

（3）板材安装前应保证基层底面平整，不平整可先做1:3水泥砂浆找平层再安装板材。

（4）板材安装前应复核板材尺寸和实际尺寸，板材和主体结构之间应预留缝隙，宜采用柔性连接，并应满足结构设计要求。

（5）板材间涂抹胶粘剂前应先将基层清理干净，胶粘剂灰应饱满均匀，厚度不应大于5mm，饱满度应大于80%。

（6）无洞口隔墙，板材从一端向另一端顺序安装。

（7）在墙板上钻孔开槽等，应在板材安装完毕后且板缝内胶粘剂达到设计强度后方可进行，并应使用专用工具，严禁剔凿。

（8）当内墙板纵横交错时，应避免十字墙或丁字墙两个方向同时安装，应先安装其中一个方向的墙板，待胶粘剂达到设计强度后再安装另一个方向的墙板。

8. 防开裂措施

水电开洞必须由机械开洞，布管完毕后再进行堵洞；水电施工前先放线，检验无差错后进行切槽（严禁直接打凿）；提前在结构面做好强电箱、弱电箱标记，隔墙

板施工时单块整板错开箱体施工，以免后期水电开凿造成断层与开裂。

9. 安全文明施工措施

（1）施工人员必须进行入场安全教育，经考试合格后方可进场。进入施工现场必须戴合格安全帽，系好下颌带，锁好带扣。

（2）所有洞口临边防护按安全交底执行。施工中注意风洞口等各种安全围护措施，并设专人检查。

（3）室内脚手架必须采用双排，脚手架不得与墙相连。

（4）施工电梯司机必须严格遵守纪律，按照规程操作。

（5）楼梯间及光线较差的房间必须接通低压电，保证房间施工及通行的照明。

（6）墙身高度超过 1.2m 以上时，应搭设脚手架；高度超过 4.0m 时采用的脚手架必须设安全网，采用外脚手架时应设防护栏杆和挡脚板方可进行砌筑作业，高处作业无防护时必须系好安全带。

（7）同一块脚手板上的操作人员不应超过 2 人。不准站在墙顶上做划线、刮缝及清扫墙面或检查大角垂直度等工作。

（8）脚手架上堆料量（均布荷载每平方米不得超过 200kg，集中荷载每平方米不得超过 150kg）。不准用不稳固的工具或物体在脚手板面上垫高作业。

（9）安装作业面下方不得有人，交叉作业必须设置可靠、安全的防护隔离层。挂线的坠物必须牢固。不得站在墙顶上行走、作业。

5.2.2　轻质空心墙板

KPB 建筑用轻质隔墙条板，简称 KPB 墙板。KPB 墙板是以硫铝酸盐水泥、脱硫石膏粉、机制砂（或矿渣、粉煤灰）、农作物秸秆（稻壳粉或花生壳等）为主要原材料，采用挤压法生产的一种轻质内隔墙板。KPB 轻质隔墙条板与蒸压加气混凝土板材十分相似，板型稍有差别，图 5-6 为 KPB 轻质隔墙条板几种常见板型。安装施工程序也大致相同，下面介绍 KPB 墙板的安装工艺。

1. 安装工艺

（1）安装流程

结构主体完工验收→放线→隔墙板安装→板材校正、固定→板材修补→勾缝、网格布加强带→墙体面层施工。

（2）隔墙板的安装工艺要求

通常 2～4 人为一个安装小组，进行干作业施工。以地面弹线为基准进行墙体定位。在顶部侧面刷胶粘剂后立起与前一块条板对接挤紧，接缝处用砂浆填实。墙板纵向对接不超过一次，相邻错缝间隔 300mm 以上。接缝处用砂浆填实。对有抗震要求的抗震墙采用定位钢板卡进行定位，并采取措施对墙板的连接进行加强。

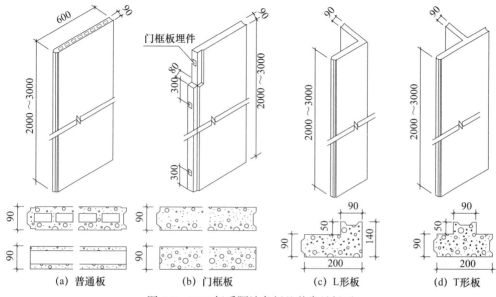

图 5-6　KPB 轻质隔墙条板几种常见板型

2. 施工要点

（1）KPB 墙板安装应符合下列规定。

应按排板图在地面及顶棚板面上放线，墙板应从主墙、柱的一端向另一端按顺序安装；当有门洞口时，宜从门洞口向两侧安装。

应先安装定位板，可在墙板与剪力墙、梁、柱以及楼板接触面空隙内均匀填充发泡胶，上下对准定位线立板，墙板下端距地面的预留安装间隙宜为 10～30mm，并可根据需要调整。可在墙板下部打入木楔，并应楔紧。利用木楔调整位置，两个木楔为一组，使墙板就位，可将板垂直向上挤压，顶紧梁、板底部，调整好板的垂直度后再固定。

按顺序安装墙板，将板桦槽对准桦头拼接，墙板与墙板之间应紧密连接；应调整好垂直度和相邻板面的平整度，并应待墙板的垂直度、平整度检验合格后，再安装下一块墙板。按排板图在墙板与顶板、结构梁，主体墙、柱的连接处设置连接件等。墙板与楼地面空隙处，可用粘结砂浆或细石混凝土填实。木楔可在立板养护 7 天后取出，并应填实楔孔。

（2）双层墙板安装时应先安装好一侧墙板，确认墙体外表面平整、墙面板与板之间接缝处粘结处理完毕后，再按设计要求安装另一侧墙板。双层墙板隔墙两侧墙板的接缝错开距离不应小于 200mm。

（3）当双层 KPB 墙板设计为隔声或保温墙时，应在安装好一侧墙板后，根据设计要求安装固定好内管线、留出空气层或铺装吸声或保温功能材料，验收合格后再安装另一侧墙板。

（4）门、窗洞口安装。应选用与墙体厚度一致的门、窗洞实心板。实心板靠门、窗框一侧设置预埋 C 型钢或木砖，实心板可采用射钉与门、窗框固定。应根据门、窗洞口大小确定固定位置和数量，每侧的固定点不应少于 3 个。门、窗洞口处宜采用低收缩专用砂浆连接，按照构造安装并保证砂浆缝密实，砂浆缝表面粘贴抗裂玻璃纤维网格布以控制墙板开裂。

（5）接板安装。竖向接板不宜超过一次，相邻墙板接头位置应错开 300mm 以上，顶端与梁连接处采用 U 形钢卡（有吊顶时）或管卡（无吊顶时）加固。

（6）接缝处理。在门框、窗框、管线等安装完毕及主体验收合格后，先清理接缝部位，补满破损孔隙，然后进行接缝的防裂带粘贴施工。

5.2.3 轻钢龙骨石膏板隔墙

轻钢龙骨是以优质的连续热镀锌板带为原材料，经冷弯工艺轧制而成的建筑用金属骨架。用于以纸面石膏板、装饰石膏板等轻质板材作饰面的非承重墙体。其主要的安装过程有轻钢龙骨安装、内部填充物的安装、表面石膏板材安装。

1. 技术准备

（1）安装施工开始之前应进行图纸会审，并编制轻钢龙骨石膏板隔墙专项施工方案。对施工班组进行技术交底、安全交底。

（2）材料及主要机具

轻钢龙骨主件有沿顶龙骨、沿地龙骨、加强龙骨、竖（横）向龙骨、横撑龙骨。轻钢龙骨配件有支撑卡、卡托、角托、连接件、固定件、护角条、压缝条等。轻钢龙骨的配置应符合设计要求，龙骨应有产品质量合格证，龙骨外观应表面平整，棱角挺直，过渡角及切边不允许有裂口和毛刺，表面不得有严重的污染、腐蚀和机械损伤。

射钉、膨胀螺栓、镀锌自攻螺丝等紧固材料，应符合设计要求。矿棉等填充材料按设计要求选用。纸面石膏板应有产品合格证。接缝材料常用接缝腻子、玻璃纤维带（布）、108 胶等。主要机具常用板锯、电动剪、电动自攻钻、电动无齿锯、手电钻、射钉枪、直流电焊机、刮刀、线坠、靠尺等。

（3）作业条件

主体结构已完成，屋面已做完防水层，顶棚、墙体抹灰已完成。室内弹出＋50cm 标高线。作业的环境温度不应低于 5℃。根据设计图和提出的备料计划，查实隔墙全部材料，使其配套齐全。安装各种系统的管线盒及其他准备工作已到位。隔墙龙骨施工前先做地枕带，将高 200mm 的 C20 细石混凝土地枕带施工完毕，厚度保证 120mm 无差错，强度要达到 10MPa 以上，方可进行轻钢龙骨的安装。先做样板墙一道，经鉴定合格后再大面积施工。

2. 施工工艺流程

（1）龙骨施工的工艺流程

地上、两端墙上弹线→确定墙体位置、门洞位置→安装沿顶、沿地龙骨→安装竖龙骨→安装贯通龙骨及支撑→门窗接点和特殊接点处理→石膏板安装。龙骨布置示意图如图 5-7 所示。

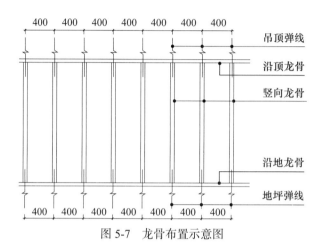

图 5-7　龙骨布置示意图

1）弹线、分档。在隔墙与上、下及两边基体的相接处，应按龙骨的宽度弹线。弹线清楚，位置准确。按设计要求，结合罩面板的长、宽分档，以确定竖向龙骨、横撑及附加龙骨的位置。

2）浇筑地梁。当设计有要求时，按设计要求做豆石混凝土地枕带。做地枕带应支模，豆石混凝土应浇捣密实。地梁构造示意图如图 5-8 所示。

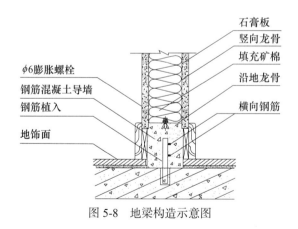

图 5-8　地梁构造示意图

3）固定沿顶、沿地龙骨。沿弹线位置固定沿顶、沿地龙骨，可用射钉或膨胀螺栓固定，固定点间距应不大于 600mm，龙骨对接应保持平直。

4）固定边框龙骨。沿弹线位置固定边框龙骨，龙骨的边线应与弹线重合。龙骨的端部应固定，固定点间距应不大于 1m，固定应牢固。沿顶及侧龙骨的顶部节点构造示意图如图 5-9 所示。

5）支撑卡系列龙骨。选用支撑卡系列龙骨时，应先将支撑卡安装在竖向龙骨的开口上，卡距为 400～600mm，与龙骨两端的距离为 20～25mm。支撑卡系列龙骨安装效果图如图 5-10 所示。

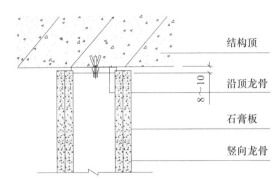

图 5-9　顶部节点构造示意图

图 5-10　支撑卡系列龙骨安装效果图

6）安装竖向龙骨。竖向龙骨应垂直，龙骨间距应按设计要求布置。设计无要求时，其间距可根据板宽确定，如板宽为 900mm、1200mm 时，其间距分别为 453mm、603mm。竖向龙骨安装效果图如图 5-11 所示。

图 5-11　竖向龙骨安装效果图

7）穿心龙骨。选用通贯系列穿心龙骨时，低于 3m 的隔断安装一道；3～5m 隔断安装两道；5m 以上安装三道。通贯系列穿心龙骨安装效果图如图 5-12 所示。

图 5-12　通贯系列穿心龙骨安装效果图

8）罩面板横向接缝处理。罩面板如不在沿顶、沿地龙骨上，应加横撑龙骨固定板缝。

9）门窗或特殊节点处理。使用附加龙骨，安装应符合设计要求。附加门（窗）龙骨安装效果图如图 5-13 所示。

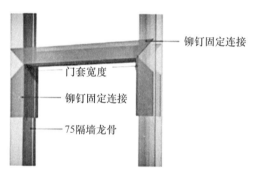

图 5-13　附加门（窗）龙骨安装效果图

10）电气铺管、安装附墙设备。按图纸要求预埋管道和安装附墙设备。要求与龙骨的安装同步进行，或在另一面石膏板封板前进行，并采取局部加强措施，固定牢固。电气设备专业施工中在墙中铺设管线时，应避免切断横、竖向龙骨，同时避免在沿墙下端设置管线。预埋管道和附墙设备布置图如图 5-14 所示。

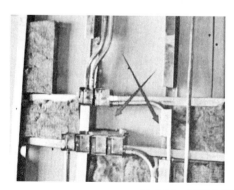

图 5-14　预埋管道和附墙设备布置图

11）龙骨检查校正补强。安装罩面板前，应检查隔断骨架的牢固程度，门窗框、各种附墙设备、管道的安装和固定是否符合设计要求。如有不牢固处，应进行加固。龙骨的立面垂直偏差应≤3mm，表面不平整度应≤2mm。龙骨加固示意图如图5-15所示。

图5-15　龙骨加固示意图

（2）石膏罩面板的安装工艺

1）石膏板安装方向。石膏板宜竖向铺设，长边（即包封边）接缝应落在竖龙骨上。仅隔墙为防火墙时，石膏板应竖向铺设。曲面墙所用石膏板宜横向铺设。石膏板安装示意图如图5-16所示。

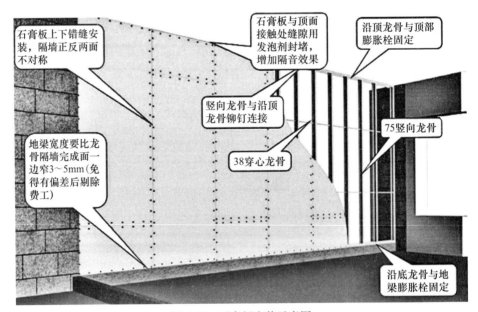

图5-16　石膏板安装示意图

2）石膏板接缝处。龙骨两侧的石膏板及龙骨一侧的内外两层石膏板应错缝排列，接缝不得落在同一根龙骨上。石膏板边接缝示意图如图5-17所示。

3）石膏板用自攻螺钉固定。沿石膏板周边螺钉间距不应大于200mm，中间部分螺钉间距不应大于300mm，螺钉与板边缘的距离应为10~16mm。

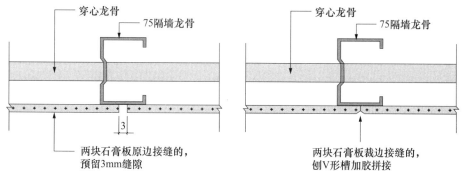

图 5-17 石膏板边接缝示意图

（左图标注）穿心龙骨　75隔墙龙骨　3　两块石膏板原边接缝的，预留3mm缝隙

（右图标注）穿心龙骨　75隔墙龙骨　两块石膏板裁边接缝的，刨V形槽加胶拼接

4）自攻丝深度及顺序。安装石膏板时，应从板的中部向板的四边固定，钉头略埋入板内，但不得损坏纸面。

5）石膏板拼接。石膏板宜使用整板。如需对接时，应紧靠，但不得强压就位。

6）隔墙端部的石膏板与周围的墙或柱。应留有 3mm 的槽口。施工时，先在槽口处加注嵌缝膏，然后铺板，挤压嵌缝膏使其和邻近表层紧密接触。

7）安装防火墙石膏板时石膏板不得固定在沿顶、沿地龙骨上，应另设横撑龙骨加以固定。

8）石膏板封板位置。隔墙板的下端如用木踢脚板覆盖，罩面板应离地面20~30mm；如用大理石、水磨石踢脚板，罩面板下端应与踢脚板上口齐平，接缝严密。

9）铺放墙体内的玻璃棉。矿棉板、岩棉板等填充材料与另一侧纸面石膏板安装同时进行，填充材料应铺满铺平。

10）接缝及护角处理。纸面石膏板墙接缝做法有三种形式，即平缝、凹缝和压条缝。一般做平缝较多，可按以下程序处理：纸面石膏板安装时，其接缝处应适当留缝（一般 3~6mm），并必须坡口与坡口相接；接缝内浮土清除干净后，刷一道 50% 浓度的 108 胶水溶液；用小刮刀把 WKF 接缝腻子嵌入板缝，板缝要嵌满嵌实，与波口刮平；待腻子干透后，检查嵌缝处是否有裂纹产生，如产生裂纹要分析原因，并重新嵌缝；在接缝坡口处刮约 1mm 厚的 WKF 腻子，然后粘贴玻璃纤维带，压实刮平；当腻子开始凝固又尚处于潮湿状态时，再刮一道 WKF 腻子，将玻璃纤维带埋入腻子中，并将板缝填满刮平。阴角的接缝处理方法同平缝。

11）阳角处理。阳角粘贴两层玻璃纤维布条，角两边均拐过 100mm，粘贴方法同平缝处理，表面亦用 WKF 腻子刮平。当设计要求做金属护角条时，按设计要求的部位、高度，先刮一层腻子，随即用镀锌钉固定金属护角条，并用腻子刮平。

12）待板缝腻子干燥后检查板缝是否有裂缝产生，如发现裂纹，必须分析原因，采取有效的措施加以克服，否则不能进入板面装饰施工。

3. 质量标准

（1）主控项目

1）隔声要求较高的部位轻钢龙骨石膏板要选用 Z 形隔声龙骨。

2）骨架隔墙所用龙骨、配件、墙面板、填充材料及嵌缝材料的品种规格性能和木材的含水率应符合设计要求。有隔声、隔热、阻燃、防潮等特殊要求的工程材料应有相应性能等级的检测报告。

3）骨架隔墙工程边框龙骨必须与基体结构连接牢固，并应平整、垂直、位置正确。检验方法有手扳检查、尺量检查、检查隐蔽工程验收记录。

4）骨架隔墙中龙骨间距和构造连接方法应符合设计要求。骨架内设备管线、门窗洞口等部位加强龙骨应安装牢固、位置正确，填充材料的设置应符合设计要求。

5）骨架隔墙的墙面板应安装牢固。无脱层、翘曲、折裂及缺损。

6）墙面板所用接缝材料和接缝方法应符合设计要求。

（2）一般项目

1）骨架隔墙表面应平整光滑、色泽一致、洁净、无裂缝，接缝应均匀、顺直。

2）骨架隔墙上的孔洞、槽、盒应位置正确、套割吻合、边缘整齐。

3）骨架隔墙内的填充材料应干燥，填充应密实、均匀、无下坠。

4）轻钢龙骨石膏板罩面隔墙安装的允许偏差和检验方法应符合表 5-4 的规定。

轻钢龙骨石膏板罩面隔墙安装的允许偏差和检验方法　　　　表 5-4

项次	项目		允许偏差（mm）	检验方法
1	轻钢龙骨	龙骨垂直	3	2m 托线板检查
2		龙骨间距	3	尺量检查
3		龙骨平直	2	2m 靠尺检查
4	罩面板	表面平整	3	2m 靠尺检查
5		立面垂直	4	2m 托线板检查
6		接缝平直	3	拉 5m 线检查
7		接缝高低	1	塞尺检查
8	压条	压条平直	3	拉 5m 线检查
9		压条间距	2	尺量检查

（3）各分项工程的检验批应按下列规定划分：同一品种的轻质隔墙工程每 50 间（大面积房间和走廊按轻质隔墙的墙面 30m^2 为一间）应划分为一个检验批，不足 50 间也划分为一个检验批。

（4）民用建筑轻质隔墙工程的隔声性能应符合现行国家标准《民用建筑隔声设计规范》GB 50118 的规定。

（5）轻钢龙骨石膏板罩面隔墙工程的检查数量应符合下列规定：每个检验批应至少抽查 10% 并不得少于 3 间；不足 3 间时应全数检查。

4. 成品保护

（1）轻钢骨架隔墙施工中，各工种间应保证已安装项目不受损坏，墙内电线管及附墙设备不得碰动、错位及损伤。

（2）轻钢龙骨及纸面石膏板入场，存放使用过程中应妥善保管，保证不变形、不受潮、不污染、无损坏。

（3）施工部位已安装的门窗、地面、墙面、窗台等应注意保护，防止损坏。

（4）已安装好的墙体不得碰撞，保持墙面不受损坏和污染。

5. 安全生产、现场文明施工要求

（1）隔墙工程的脚手架搭设应符合建筑施工安全标准。

（2）脚手架上搭设跳板应用铁丝绑扎固定，不得有探头板。

（3）工人操作应戴安全帽，骨架施工有严格的防火措施。

（4）施工现场必须工完场清。设专人洒水、打扫，不能扬尘污染环境。

（5）有噪声的电动工具应在规定的作业时间内施工，防止噪声污染、扰民。

（6）机电器具必须安装触电保护装置，发现问题立即修理。

（7）现场保持良好通风，但不宜有过堂风。

（8）现场严格执行《中华人民共和国消防法》。加强消防工作的领导，建立义务消防队组织，现场设消防值班人员，对进场职工进行消防知识教育，建立现场安全用火制度。

（9）现场设专用消防用水管网，配备消火栓，较大工程要分区设消火栓，较高工程要设立消防竖管，随施工进度接高，保证水枪射程遍及高大建筑的各部位。

（10）各类电气设备、线路不准超负荷使用，线路接头要接实接牢，防止设备、线路过热或打火短路等引起火灾，发现问题立即修理。

（11）现场木料堆放不宜过多，垛之间应保持一定的防火间距。木料加工的废料应及时清理，以防自燃。

6. 主要工程质量通病治理措施

（1）板缝开裂

原因分析：轻钢龙骨结构构造不合理，刚度差，石膏板受潮变形，接缝腻子质量差。

预防措施：首先轻钢龙骨结构构造要合理，符合设计要求，且具备一定刚度；其次石膏板应干燥干透，不得受潮，且安装要牢固，接缝腻子必须是质量好的合格产品。

（2）墙面竖向通缝，轻钢骨架不稳

原因分析：墙体过长，温差过大，轻钢骨架连接不牢。

预防措施：超过6m的墙体应设控制变形缝，进入冬季供暖期应控制供热温度，注意开窗通风，防止温差和湿度过大造成墙体变形裂缝，轻钢龙骨架必须连接牢固，节点严格按设计要求及构造要求施工。

（3）墙板面不平，裂缝凹凸不均

原因分析：龙骨安装横向错位，石膏板厚度偏差大。

预防措施：龙骨安装应拉通线，上下弹好黑线，石膏板安装设专人验收质量，检测厚度，注意板块分档尺寸，保证板间拉缝一致。

5.2.4 SP预应力墙板

1. 加工制作

（1）一般规定

SP复合墙板加工制作单位应具备健全的检测手段及完善的质量管理体系。SP复合墙板在加工前应进行构件加工图深化设计，编制构件制作计划及生产方案，做好工程技术交底。制作混凝土复合墙板所用的原材料及配件应满足设计要求。SP复合墙板应进行样品试制和试生产，验收合格后方可批量生产。

（2）构件制作

混凝土所用原材料、混凝土配合比设计、混凝土强度等级、耐久性和工作性应满足国家标准和工程设计要求。在浇筑混凝土前，应进行钢筋及预埋件隐蔽工程验收。钢绞线的品种、级别、规格和数量，混凝土保护层，复合墙板上的预埋件和预留孔洞的规格、位置和数量必须满足设计要求。复合墙板放松预应力钢绞线时板的混凝土立方体抗压强度必须达到混凝土设计强度等级值的75%，并应同时在两端左右对称放张，严禁采用骤然放张。构件堆放及运输时采用专用支架侧立码放固定，平放时不可叠层码放。

（3）成品验收

在复合墙板混凝土强度、结构性能、装饰面层质量、外观质量及尺寸偏差等项目均验收合格时，复合墙板应在明显部位标明加工单位、型号、加工日期和质量验收合格标志。SP复合墙板的尺寸偏差应按设计要求或表5-5推荐值验收。

SP复合墙板的尺寸偏差验收要求 　　　　　　　　表5-5

项次	项目	允许偏差（mm）	检验方法
1	板高	±3	钢尺检查
2	板宽	±3	钢尺检查
3	板厚	±2	钢尺检查
4	肋宽	±4	钢尺检查
5	板正面对角线差	4	钢尺检查
6	板正面翘曲	$L/1000$	拉线、钢尺检查
7	板侧面侧向弯曲	5	拉线、钢尺检查

项次	项目		允许偏差（mm）	检验方法
8	板正面面弯		$L/1000$	拉线、钢尺检查
9	表面平整		5	2m靠尺、塞尺检查
10	预埋件	中心位置偏移	25	钢尺检查
11		与混凝土面平	5	钢尺检查
12	预埋螺母中心位置偏移		25	钢尺检查
13	预留孔洞	中心位置偏移	25	钢尺检查
14		尺寸	±5	钢尺检查

2. 施工安装

（1）安装施工准备

1）复合墙板安装前应编制复合墙板安装方案，确定复合墙板水平运输、垂直运输的吊装方式，进行设备选型及安装调试。

2）主体结构及预埋件，应在主体结构施工时按设计要求埋设；墙板安装前应在施工单位对主体结构和预埋件验收合格的基础上进行复测，主体结构及预埋件施工偏差应符合现行国家标准《混凝土结构工程施工质量验收规范》GB 50204 要求。

3）复合墙板在进场安装前应进行检查验收，不合格的构件不得安装使用，安装用连接件及配套材料应进行现场报验，复试合格后方可使用。

4）复合墙板安装人员应提前进行安装技能和安全培训工作，安装前施工管理人员要做好技术交底和安全交底。施工安装人员应充分理解安装技术要求和质量检验标准。

（2）构件安装

1）在复合墙板正式安装之前要根据施工方案要求进行试安装，经过试安装检验并验收合格后可进行正式安装。

2）SP复合墙板应按顺序分层或分段吊装，采取保证构件稳定的临时固定措施，根据水准点和轴线校正位置精确定位后，可将连接节点按设计要求施工固定。

3）复合墙板起吊时应采用有足够安全储备的钢丝绳，钢丝绳与构件的水平夹角不应小于60°，否则应采用专用成套吊具或经验算确定。

4）节点连接处露明铁件均应作防腐处理，对于焊接处镀锌层破坏部位必须涂刷三道防腐涂料防腐，有防火要求的铁件应采用防火涂料喷涂处理。

（3）板缝防水施工

1）板缝防水施工人员应经过培训合格后上岗，具备专业打胶资格和防水施工经验。

2）板缝防水施工前应将板内侧清理干净，破损部位用专用修补剂修理硬化后，在板缝中填塞适当直径的背衬材料，严格控制背衬塞入板的深度。

3）为防止密封胶施工时污染板面，打胶前应在板两侧粘贴防污胶条，注意保证胶条上的胶不转移到板面。

4）采用符合设计要求的密封胶填缝时应保证板十字处 30cm 范围内水平缝和垂直缝一次完成，要保证胶的厚度尺寸、板缝粘结质量及胶缝外观质量符合要求。

（4）安全规定

1）SP 复合墙板安装施工应符合现行行业标准《建筑施工高处作业安全技术规范》JGJ 80、《建筑机械使用安全技术规程》JGJ 33 及《施工现场临时用电安全技术规范》JGJ 46 的有关规定。

2）安装施工机械在使用前，应进行严格检查和吊装设备试吊装验收，采用外脚手架施工时，要进行脚手架设计，并与主体结构可靠连接，采用落地式钢管脚手架时，应双排布置。采用吊篮施工时，要验算和验收吊篮的承载能力及安全性，施工时要由专业人员操作并严格按照操作规程执行。

3）安装施工现场要根据工程特点采取挂防护网或设防护栏杆等安全措施，高空操作人员必须佩戴安全带和安全帽。

（5）安装质量验收

1）SP 复合墙板进场安装验收应符合现行国家标准《混凝土结构工程施工质量验收规范》GB 50204 的相关规定。

2）SP 复合墙板工程在节点连接构造检查验收合格、板防水检查验收合格的基础上，可进行复合墙板安装外观质量和尺寸偏差验收。

3）SP 复合墙板不应有影响装饰或使用功能的尺寸偏差，对存在外观质量缺陷的部位必须采用专用材料进行修补后重新验收。

4）SP 复合墙板施工安装尺寸允许偏差应符合表 5-6 规定。

复合墙板施工安装尺寸允许偏差及检验方法　　　　　　表 5-6

项次	项目		尺寸允许偏差（mm）	检验方法
1	接缝宽度		±5	尺量检查
2	相邻接缝高差		4	尺量检查
3	墙面平整度		3	2m 靠尺检查
4	墙面垂直度	层高	5	经纬仪或吊线、钢尺检查
5		全高	$H/2000$，且≤ 15	
6	标高（窗台）	层高	±5	水准仪或拉线、钢尺检查
7		全高	±20	
8	板中心与轴线距离		5	尺量检查
9	预留孔洞中心		10	尺量检查

5）SP复合墙板工程验收时应提交下列资料。

工程设计单位确认的SP复合墙板工程深化设计施工图，设计变更文件；预制混凝土外墙工程安装所用各种材料、连接件的产品合格证书、性能测试报告、进场验收记录和复验报告，SP复合墙板合格证；预制混凝土复合墙板连接构造节点、防水节点、防火节点的隐蔽工程验收记录，后补埋件的现场拉拔检测报告，预制混凝土外墙安装施工记录，其他质量保证资料。

3. 保养与维修

SP复合墙板表面或饰面应定期进行清洗和维护保养。SP复合墙板工程竣工3年时，应对其进行全面检查，以后每5年检查一次。SP复合墙板的板缝和窗洞口处的防水密封材料应在面层清洗时进行检查，如发现损坏或失效应立即更换。

5.2.5 轻质复合节能墙板

轻质复合节能墙板是以薄型纤维水泥板或硅酸钙板为两面板，中间填充轻质芯材一次复合而成的非承重板材。这种板材具有可任意开槽、干作业、施工便捷等特点。

1. 施工准备

安装施工开始之前应编制专项施工方案，制定墙板的排板方案。对施工班组进行技术交底、安全交底。

轻质复合板施工主要工具：水泥粘结剂、铁桶、手提式搅拌机，用于制作板材的粘结材料；电缆、手提式切割机，用于对板材进行切割；钢筋、锤子、撬棍、木塞、电钻，用于安装板材；卷尺、2m靠尺、水准仪，用于定位检测；另外还需要墨斗、推车、脚手架等工具。

2. 施工工序

（1）施工流程

轻质复合节能墙板的施工流程如图5-18所示。

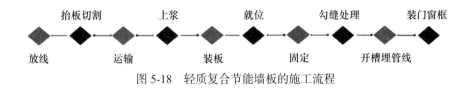

图5-18 轻质复合节能墙板的施工流程

（2）施工要求

1）放线运输。在墙板安装部位用水平仪找平，用墨斗弹出基线，保证后期墙板施工的平整度与垂直度，根据板材的重量，工人将墙板抬到小推车上，运输到施工地点。

2）切割。轻质隔墙板材长度为 2440mm，宽度为 610mm，当安装部位不足整板尺寸时，根据要求用手提切割机切割出所需补板的宽度和高度，使墙板损耗率降低。

3）上浆。把水泥粘结砂浆用搅拌机调成浆状，然后用湿布抹干净墙板凹凸槽的表面粉尘，并刷水湿润，再将砂浆涂到板材凹槽与结构连接处。

4）装板。将上好砂浆的墙板搬到安装位置后，用撬棍将墙板从底部撬起用力使板与板之间靠紧，使砂浆聚合物从接缝挤出，然后刮去凸出墙板面的浆料，一定要保证板与板之间接缝浆饱满，最后用木塞临时固定。

5）就位。墙板初步拼装好后，要用专业撬棍进行调整校正，用 2m 靠尺检查墙体平整度和垂直度。

6）固定。安装固定后，用木塞临时固定墙板，在相邻两块板材上下、左右，板材与结构体之间除用砂浆填满外，还应该用钢筋钉打入作加强处理，墙板上钢筋钉直接用榔头打入，墙板上下与结构层应先直接用电钻打孔，再打入钢筋钉。安装固定图示如图 5-19 所示。

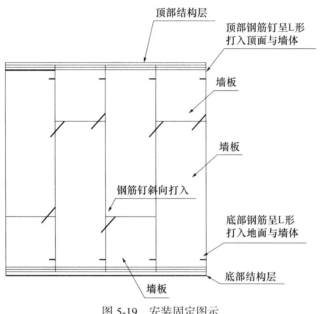

图 5-19　安装固定图示

7）墙板间缝处理。在用上述方法固定好墙板后，刮去溢出墙板外的砂浆，再用砂浆填好所有墙板间缝隙，作抹平处理。

8）开槽埋线管。如果需要在墙板内埋设线管、开关插座盒，应先在墙板上画出全部强、弱电和给水排水的各类线管槽、箱、盒位置，不得在同一位置两面同时开槽开洞，且应在墙体养护最少 3 天后进行。如遇有墙体两侧同一位置同时布线管、箱体、开关盒时，应在水平方向或高度方向错开 100mm 以上，以免降低墙体隔声性能。开槽时，应先弹好要开槽的尺寸宽度，并用（小型）手提式切割机切割出框线，再用人工轻凿槽，严禁暴力开槽开洞，一般凿槽深度不宜大于墙板厚的2/3，宽度不宜大于400mm。线管的埋设方式和规范应按相关要求进行，线管水平走向不应大于350mm，线管埋设好后用聚合物水泥砂浆按板缝处理方式分层回填处理。开槽埋线图如图5-20所示。

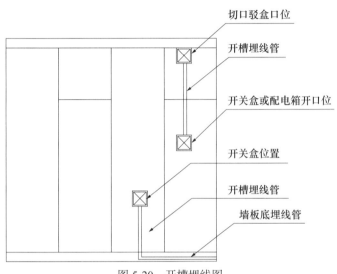

图5-20　开槽埋线图

9）装门框、门套。墙板完成安装后安装设计需要的门框、门套，如木质门、玻璃弹簧门、防火门等。门框安装图示如图5-21所示。

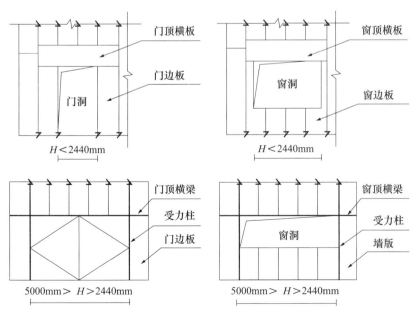

图5-21　门框安装图示

5.3 内装系统安装

装配式的内装系统设计是集建筑、结构、机电设备为一体的集成设计，该系统是实现绿色环保的集成装配空间。分为内装装配式墙面、内装装配式顶面、内装装配式地面以及集成厨卫系统。各装配部件工业化定制生产，根据空间需求组成所需要的功能单元，现场装配安装。按照设计要求在室内管线排好之后进行室内装配系统的安装。

5.3.1 内装装配式墙面

1. 特点

具有墙面装饰造型多样、色彩丰富、材质肌理美观、质地轻巧、施工快捷方便、装饰效果好的特点，除此之外内装装配式墙面还有保温、防水、防潮、防眩、耐热、耐磨、隔声、抗静电等特点。装配式墙面由工业化生产的功能部件单元产品，组装完成不同功能空间的室内墙面。与传统墙面施工技术比，具有生产效率高、组装快、能最大化减少材料耗损、节约人工工时、运输方便、拆装便捷、污染少、绿色环保等优点。

装配式内装墙体现阶段一些技术产品有待研发和检验，特别是传统的生产设备不能完全对应生产新产品，来满足多样化的用户需求，目前装配式墙体产品有时不能快速匹配用户的实际需求，存在一定的局限性。装配墙面的单元部件标准不统一，导致不同企业产品的部件在连接件组合使用上不匹配，墙体个性化装配效果有待改进。

2. 材料要求

根据墙面材料可以分为模块化涂料墙板（石膏板）、木饰面装饰墙板、金属装饰墙板、石材复合装饰墙板（蜂窝板）等，用户可以根据装饰需要进行选用。

（1）室内装配式墙体以龙骨作为建筑钢结构墙体与室内装饰墙面的连接主体，应该满足室内空间的分割，灵活多变的要求。

（2）室内装配式墙体的材料应该满足防火、隔声的要求和国家规范要求。

（3）室内装配式墙体与建筑钢结构墙体之间应采用常规的连接构件，能够满足抗震要求，符合国家规范标准。

（4）室内装配式墙体的材料应满足各地区建筑节能标准的要求，有保温、隔热的构造。

（5）室内装配式墙体配合装配化钢结构建筑，能够隐藏室内空间电气设计线路，满足电气插座或接线盒的使用要求。

（6）室内装配式墙体能够满足潮湿功能空间（卫生间、厨房）的防潮、防水要求，符合国家规范标准。

（7）室内装配式墙体能够满足用户不同的配套装饰要求，根据具体的设计，实现墙体饰面的多样化。

3. 安装与施工

（1）内装装配式墙面主要是装饰板材的安装，装配式内装墙面可用的板材包括木纹板、金属板、石材板以及复合板材等，安装也大多采用挂墙龙骨的形式进行。装饰板材的安装示意如图 5-22、图 5-23 所示。

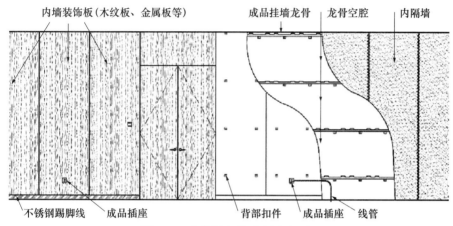

图 5-22　装饰板安装示意图（一）

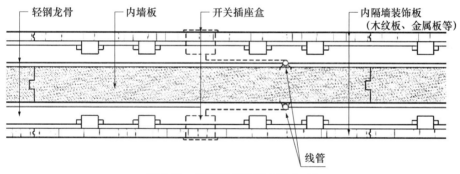

图 5-23　装饰板安装示意图（二）

（2）施工步骤

基层处理→放线→安装固定件→安装竖向龙骨→安装配套连接件→安装墙面板→清洁验收。

1）基层处理：利用红外线水平仪进行墙面找平，墙面垂直度偏差不超过 5mm。

2）放线：按照施工图纸进行现场定位放线，确定墙面的竖向龙骨位置。

3）安装固定件：按照竖向龙骨位置确定固定件的数量与位置，并用膨胀螺丝固定在墙体上，固定前做好开孔的准备。

4）固定竖向龙骨：在固定件的基础上安装竖向龙骨，并对龙骨进行防锈处理，用螺栓将固定件和龙骨连接固定在相应的位置，确保位置准确，安装牢固，安装完毕进行测量调整，符合相关安装要求。

5）安装配套连接件：根据现场的实际测量用自攻螺钉固定安装配套连接件，作装饰墙板的挂点。

6）安装墙面板：安装前对固定件、竖向龙骨、配套连接件进行检查、测量、调整，检查无误后安装装配式墙板。

7）清洁验收：安装完毕对墙板面进行由上到下的清洁，防止表面发生异常，装配式墙板安装质量经过验收方可交工。

（3）施工要点

1）内装装配式墙面的安装方法有干挂法、卡扣法、粘贴法。

2）干挂法是将成品装配面板直接挂在龙骨上；卡扣法是将模块墙体通过连接件卡夹夹紧在龙骨中，完成装配式墙体的安装；粘贴法是将装饰面板直接粘贴在龙骨上。这些方法都方便墙体面材拆装和重复利用。

3）用于连接建筑墙体与室内装配墙面的龙骨要符合现行国家标准《建筑用轻钢龙骨》GB/T 11981 的要求。

4）固定连接件、卡扣时，用红外线水平仪对龙骨进行定位，根据装饰面板的宽度用螺钉在龙骨上安装固定连接件、卡扣，钉子的距离不应该大于 300mm，钉头与龙骨表面平齐。

5）安装成品装饰面板，方向保持一致，预留电源开关和插座的位置，待整面装配式面板安装完毕，在电源开关和插座预留位置开孔。

6）完成阴阳角的安装，如有装饰扣条的按照从左到右、先水平后垂直、先长后短的顺序完成，完成装配式墙面的安装。

4. 案例

内装装配式墙面可用广泛地应用于居住建筑和公共建筑室内空间的墙面装饰设计与施工。包括商业楼、展览楼、综合楼、医院病房楼、教学楼、办公楼、图书馆、住宅、普通旅馆等室内场所。各装饰效果如图 5-24～图 5-26 所示。

图 5-24　住宅装饰效果

图 5-25　商业餐饮门店装饰效果

图 5-26　商业办公空间装饰效果

5.3.2　内装装配式顶面

内装装配式顶面以无机矿物质、复合板材、金属材料、无机微孔新型材料作为吊顶面板的均质材料，装配式顶面的单元部件在工厂生产完成，根据不同功能空间的实际需要，现场装配在建筑钢结构室内空间的顶面上，与立面装配式墙体衔接组合，完成装配式吊顶的搭建。内装装配式顶面根据顶面材料的不同可以分为矿物质合成吊顶、无机矿物质吊顶板、金属复合吊顶板，新型工业化模块装饰板吊顶。

1. 特点

满足不同功能空间吊顶造型需要，材料装饰种类丰富、纹理色彩多样、材质肌理美观、外形清简，切割造型自如，适合任何空间的色调搭配，板材质轻、无毒、防水、防火、防尘使用寿命长，特殊均质材料还能有吸声的效果，满足声学要求较高的场所，并具有施工便捷、拆装方便、环保节能等特点。

装配式吊顶与传统室内装修的吊顶相比，装饰面板材料选用无机微孔材料、专利金属铝、无机纤维等合成均质材料，具有耐高温、防火、阻燃、保温、隔声的作用，能满足使用者的实际需求。吊顶与电器板一体化装配，分为取暖模块、照明模块、换气模块，改变了传统吊顶上电器外露的缺点，实现了不同功能空间吊顶面的整体、美观、统一空间的区域功能化。吊顶装饰板材款式多样，色彩纹理丰富，可以根据空间陈设的风格随意进行换装，实现不同风格模块的天花板进行空间装饰。吊顶拆装便捷，将工厂生产好的单元部件在施工现场直接安装，减少对室内空间的污染，同时在使用的过程中对顶面的电器维修与检查操作更加灵活。装配式吊顶与传统的吊顶相比，使用寿命时间更长，并且在新材料的选用上，更适合产品的回收再利用，降低产品成本与人工成本，实现装饰行业的绿色环保。

目前来自不同企业的装配式吊顶产品之间相互匹配性有待提高，具有通用性的产品部件还需要进一步研发。装配式吊顶施工技术在测量、放线、安装上要求精准，需要技术人员能够熟练掌握安装技能，因此需要加强这方面的人才管理和人才培养。

2. 材料要求

（1）室内装配式吊顶单元部件规格、质量需要符合国家规范标准，禁止使用国家发布的有害、有毒和淘汰的材料。

（2）室内装配式吊顶应该满足室内功能空间顶部的不同造型，灵活多变的要求。

（3）室内装配式吊顶装修应防止环境污染，所用的材料标注国家环境认证标识，其有害物质限量符合现行国家标准《民用建筑工程室内环境污染控制标准》GB 50325 要求。

（4）室内装配式吊顶材料的选用需要符合现行国家标准《建筑内部装修设计防火规范》GB 50222 相关规定。

（5）室内装配式吊顶龙骨的选用要符合国家相关标准要求，主龙骨和副龙骨的规格、尺寸可以按照设计安装要求确定。

（6）室内装配式吊顶的面材选用能够满足室内功能空间的实际需要，根据具体的设计，实现顶面饰面模块的多样化。

3. 安装与施工

（1）内装装配式顶面一般是以吊顶的形式安装，包括吊顶龙骨、吊顶扣板以及集成灯具等，轻钢龙骨吊顶示意如图 5-27 所示。

（2）施工步骤

测量定位→吊杆安装→主龙骨安装→专用 V 形龙骨／卡件龙骨安装→装配式模块吊顶板安装→清洁验收。

1）测量定位：现场进行测量，确定吊顶的位置，利用 4 个立面墙体确定标高线并弹出，根据吊顶板的厚度确定专用 V 形龙骨／卡件龙骨安装的下边沿标准线，以此为标准对吊顶龙骨进行调平，安装边龙骨，确定吊点位置。

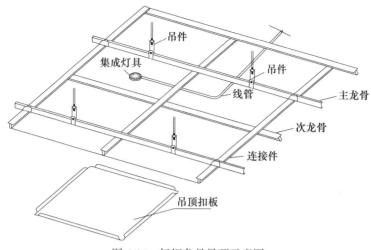

图 5-27　轻钢龙骨吊顶示意图

2）吊杆安装：吊杆平直，根据吊顶的高度计算切割，将吊杆的上端固定在顶棚上，吊杆螺栓进行防锈处理，进行吊件与吊杆的安装，安装完毕进行测量调整，符合相关安装要求。

3）主龙骨安装：对主龙骨进行调平、安装，注意吊件与龙骨的固定衔接。

4）主龙骨安装完成，再次进行调整。

5）专用 V 形龙骨／卡件龙骨安装：用专用连接件将专用 V 形龙骨／卡件龙骨与主龙骨进行垂直安装，注意受力均衡。

6）装配式模块吊顶板安装：安装前对吊杆、主龙骨、专用 V 形龙骨／卡件龙骨、配套连接件进行检查、测量、调整，检查无误后安装装配式吊顶板。

7）清洁验收：安装完毕对吊顶板进行清洁，防止表面发生异常，装配式吊顶板安装质量经过验收方可交工。

（3）施工要点

1）吊顶下沿的标准线确定后，边龙骨顺墙用螺栓钉固定安装，螺栓间距为600mm，龙骨两端保持 50mm 的距离。

2）主龙骨吊点位置的确定，一般横、竖向间距为 900～1200mm，吊点位置必须和主龙骨平行方向一致。安装时预留管线设备位置，龙骨与侧墙需要保持200mm 间距，第一吊点、最后吊点与主龙骨的端头保持 300mm。

3）主龙骨配套的吊杆和吊件选用符合国家质量标准要求，吊杆根据顶面承重选用不同直径的镀锌通丝吊杆。

4）主龙骨调平安装时，注意平吊与竖吊龙骨与吊件的连接，主龙骨安装完毕后根据标高再次调节吊件，注意有强烈震动荷载的设备，严禁安装在吊顶龙骨上。

5）专用 V 形龙骨／卡件龙骨安装间距均匀，可以按照顶面装饰板的尺寸模数确定，符合受力均匀的要求。检查吊杆、龙骨的间距及水平度、连接位置是否符合设计要求，并紧固连接件。

6）装配式吊顶板安装前，对各种管线、灯架管道设备进行调试，验收合格后再进行吊顶板的安装，用龙骨加强检修口与灯口，与相关设备配合施工。

4. 案例

内装装配式顶面可广泛应用于商业、医疗、家居、餐饮、酒店、办公、教育、文娱、地产、医养等建筑室内空间。各种装饰效果如图 5-28～图 5-31 所示。

图 5-28　高速服务区室内设计效果

图 5-29　教育空间装饰效果

图 5-30　商业空间装饰效果

图 5-31 医疗空间装饰效果

5.3.3 内装装配式地面

装配式地面由工厂生产的单元部件组成，根据各个功能空间的实际需要，将部件现场组装在建筑钢结构室内空间的地面上，完成室内各功能空间地板装配。根据地面材料可以分为块状地毯、锁扣式木地板、公母槽木地板、保温复合地砖／瓷砖、铝蜂窝复合石材木地板等，用户可以根据装饰需要进行选用。

1. 特点

装配式地面材质肌理美观、质地轻巧、施工快捷方便、避免了传统地面铺装湿法施工的弊端，具有保温、防水、防潮、耐热、耐磨、隔声、抗静电等特点。通过连接件，支撑件、支托、设备管线整体装配实现模块化、系列化、个性化的施工搭建，将室内装修与建筑设备、管线安装结合实现整体化搭建。

装配式地面由工业化生产的功能部件单元组装完成不同功能空间的室内地面。装配式技术实现了模块化、系列化、个性化的干作业施工，减少现场安装的时间，提高安装的效率，材料的选择依照使用需求进行配置，降低材料、人工的消耗，施工过程无污染、无毒气、无噪声。同时装配式地面拆装便捷，电力管线布设免开槽，不会造成原建筑的损坏，运输方便，减少污染，具有绿色环保的特点。

由于装配式地面是在钢结构建筑地面的基础上通过地面支架的形式完成所使用地面的铺装，其架空层用来走管线和安装地暖模块，在使用效果上用户在该地面上踩踏的感受与传统地面的脚感不同。

2. 材料要求

（1）室内装配式地面以龙骨作为建筑钢结构地面与室内装配地面的连接主体，应满足室内地面空间的分割，灵活多变的要求。

（2）室内装配式地面材料应满足阻燃、隔声的要求，符合国家规范要求。

（3）室内装配式地面与建筑钢结构地面之间采用常规的连接构件，能够满足抗震要求，符合国家相关规范标准要求。

（4）室内装配式地面材料满足各地区建筑节能标准的要求，有保温、隔热的构造。

（5）室内装配式地面配合装配化钢结构建筑，能够隐藏室内地面电气设计线路，满足电气地插插座的使用要求。

（6）室内装配式地面能够满足潮湿功能空间（卫生间、厨房）的防潮、防水要求，符合国家规范标准要求。

（7）室内装配式地面能够满足用户不同的配套装饰要求，实现地面的多样化。

3. 安装与施工

（1）装配式地面多是以架空地板结合集成管线为主，铺设石材面层或地毯面层。装配式地面结构示意如图 5-32、图 5-33 所示。

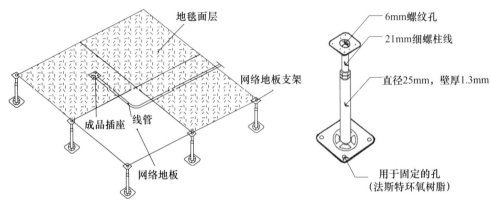

图 5-32　网络地板安装示意图　　　图 5-33　网络地板支架示意图

（2）施工步骤

放线→安装支架→调平→调平板围护→安装地面板→清洁验收。

1）放线：按照施工图纸进行现场定位放线。

2）安装支架：按照施工图纸确定边龙骨和支架的数量与位置，并用膨胀螺丝固定在建筑钢结构地面上，支架间隔400mm。

3）调平：边龙骨、支架安装完毕，架空地面高度100mm，使用水平尺进行调平，地面架空层铺设管线或者暖气模块，可根据模块的高度，调整架空层的高度。

4）调平底板围护：在支架上固定调平底板，在沿边沿角的底板之间安装加固片，用自攻螺丝将条平板与底板固定，并将已铺设的底板表面清理干净，若安装时有立管和支架冲突，需要多增加安装支架；安装完毕进行精细调整，要求表面干净平整，符合相关安装要求。

5）安装地面板：安装前对支架、调平板进行检查、测量、调整，检查无误后安装装配式地板；根据施工图纸进行地面面材的安装，面材板用直铺法直接铺设在底板上。

6）清洁验收：安装完毕对地面板进行全面的清洁，防止表面发生异常，装配式地板安装质量经过验收方可交工。

（3）施工要点

1）内装装配式地面安装时是将成品装配地板直接铺在调平板上，不同饰面地板要求铺贴饱满均匀。

2）用于连接钢建筑围合地面与调平板的支架要符合国家标准的相关要求。

3）固定支架、龙骨、调平板、装饰面板使用水平尺调平，固定支架的间距为400mm，包含共用支架，沿边角的支架固定要牢固，如遇到管线较多的情况要多加支架作为补充加强。

4）安装成品装饰地面板，预留插座的位置，待整面装配式地板面安装完毕，在插座预留位置开孔。

5）装配式地板安装前，对各种管线、管道设备进行调试，验收合格后再进行地面板的安装，地面开孔与相关设备配合施工。

4. 案例

室内装配式地面适用于居住建筑和公共建筑室内空间的地面设计与施工。各种装饰效果如图 5-34、图 5-35 所示。

图 5-34　酒店空间装饰效果

图 5-35　医养空间装饰效果

5.3.4 装配式集成厨房

1. 特点

装配式整体厨房将厨房内各个构件、配件、设备、设施等部件集成为建筑部品，形成独立操作单元。装配式整体厨房墙体的材料通常采用瓷砖面材、铝蜂窝芯、聚氨酯和玻璃纤维等材料复合而成，按照设计尺寸，在模具里反打瓷砖并通过热压成型。铝蜂窝复合结构配合不同的面材可作为装配式整体厨房的墙板和顶板使用。蜂窝复合材料饰面材可复合瓷砖、石材等各种饰面材料，外观和敲击感与传统厨房无异。不受尺寸形状制约，可用于生产较大面积、形状不规则的厨房。

安装快，1套厨房仅需2人4h即可安装完成；搭积木式安装，代替传统现场零散施工；干法施工，无噪声，不扰民；无垃圾，更节能，省空间。全定制，规格大小完全按照建筑基础尺寸量身定制，专业设计；面材有瓷砖、大理石等多种，可自由选择定制；橱柜、厨具和各种厨用家电等可根据客户需求定制，多品牌可选。防火性能好，墙板防火等级可达V0级（最高等级）；通过添加阻燃剂及无机填料，燃烧性能可达B1级。墙板吊挂力强，单钉吊挂力可达80kg，能满足厨房吊柜、油烟机的安装需求。工法精细，采用瓷砖反打技术，自动化生产线生产，使得瓷砖拼缝精细，产品一致性高，大大超越传统工法。

装配式集成厨房包含的新技术、新做法、新部品较多，很多产品缺乏工程应用的经验和数据支撑，影响推广应用。装配式集成厨房的产品数量和类型越来越多，但具有成套技术体系和能提供整体解决方案的企业偏少。装配式集成厨房尚在推广阶段，其带来的维修管理成本降低以及由规模效应等因素所带来的成本降低等优势尚未体现出来。

2. 材料要求

集成厨房应与内装设计进行统筹，与结构系统、外围护系统、公共设备与管线系统协同设计。集成厨房应遵循人体工程学的要求，合理布局，并应进行标准化、系列化和精细化设计。集成厨房宜适应人口老龄化的需求。集成厨房的设计应满足易维护更新的要求。集成厨房布置形式可采用单排型、双排型、L形、U形和壁柜型，厨房的净尺寸应符合标准化设计和模数协调的要求。集成厨房墙面、地面应选用易清洁材料，地面应防滑，集成橱柜宜采用防火、耐水、耐磨、耐腐蚀、易清洁的材料。

3. 安装与施工

（1）装配式集成厨房一般将厨具、橱柜等厨房家具与墙面板材集成在一起。装配式集成厨房结构示意如图5-36所示。

（2）施工步骤

图 5-36　装配式厨房安装示意图

固定下框体→安装立柱→安装框体→调整框架→安装墙板→安装厨房吊顶→安装厨房地板。

1）固定下框体：沿厨房的完成面线固定框体限位件，通过多根型材和多个三通角码按照所述完成面板的形状组成下框体，将下框体安装至框体限位件的凹槽内。

2）安装立柱：将立柱、阳角收边条和墙板组装成阳角收边组件，将阳角收边组件安装至下框体上，安装其他立柱，在立柱上卡件、拉铆螺母和调节脚，安装连接柱。

3）安装框体：通过多根型材和多个三通角码按照所述完成面板的形状组成上框体，将上框体安装至所述立柱上。

4）调整框架：使立柱垂直于厨房地面，通过红外水平仪调整框架的立柱，使立柱垂直于厨房地面，通过调节脚固定件将所述调节脚固定至厨房墙体上。

5）安装墙板：在墙板的背面安装固定好水管和电管，安装墙板，在立柱处通过阴角收边条收边，安装窗套。

6）将厨房吊顶安装至框体上。

7）安装厨房地板和门套。

（3）施工要点

1）整体厨房系统设计应合理组织操作流线。

2）操作台宜采用 L 形或 U 形布置。

3）应设置洗涤池、灶具、操作台、排油烟机等设施。

4）预留厨房电器设施的位置和接口等满足设计规范的要求。

4. 案例

装配式集成厨房可应用于装配式建筑，以及厨房改造等项目。装配式厨房样板间装饰效果如图 5-37 所示。

图 5-37　装配式厨房样板间

5.3.5　装配式集成卫生间

装配式集成卫生间是指地面、吊顶、墙面和洁具设备及管线等通过设计集成，具有洗浴、洗漱、如厕三项基本功能或其他功能的任意组合卫生间。洁具设备等安装到位，墙面、顶面和地面采用干式工法的应用比例大于 70% 的卫生间，即为装配式集成卫生间。

1. 特点

集成卫生间是独立结构，不与建筑的墙、地、顶面固定连接，采用瓷砖、铝蜂窝、玻璃纤维、PUR 等在模具里一次压制复合成型，所有部件全部在工厂内生产，现场进行装配，有利于实现住宅产业化，建筑工业化。节省劳动力，干法作业，安装速度快，质量有保证，绝不渗漏，耐用、环保、节能、低碳、安全，外形、尺寸、颜色等可根据客户需求定制。

装配式集成卫生间定制标准化，现场组装几乎没有建筑垃圾和污染，节约资源和能源，且大大地提高了材料利用率。现场拼装或整体吊装，施工快速，大大提高了劳动生产效率，缩短工期。结构配件工厂标准化生产，产量和质量都有保障，装配式底盘一体成型，可以有效防止渗漏，提高安全性能，有利于提高工程质量。后期维护简便，只需要通过部品等更换即可完成维护，成本低。

装配式集成卫生间现阶段一些技术产品有待继续研发和检验，来满足多样化的用户需求。

2. 材料要求

（1）室内装配式卫生间所用的材料应满足防火、隔声的要求，符合国家规范要求。

（2）金属材料和配件应采取表面防腐蚀处理措施，金属板的切口及开口部位应进行密封或防腐处理。木质材料应进行防腐、防虫处理。

（3）密封胶的粘结性、环保性、耐水性和耐久性应满足设计要求，并应具有不污染材料及粘结界面的性能，且应满足防霉要求，防水盘的性能应满足现行行业标准《装配式整体卫生间应用技术标准》JGJ/T 476 要求。

（4）卫生间的壁板与壁板、壁板与防水盘、壁板与顶板的连接构造应满足防渗漏和防潮要求，结构设计能够满足抗震要求，符合国家相关规范标准要求。

（5）装配式卫生间设计应协调结构与设备等，确定布局方案、设备管线敷设方式和路径、主体结构孔洞尺寸预留及管道井位置等。

3. 安装与施工

（1）装配式集成卫生间由顶板、壁板与防水盘组成结构主体，具体的结构如图 5-38 所示。

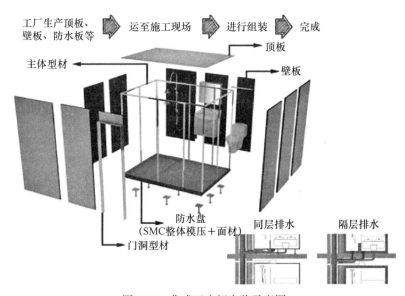

图 5-38　集成卫生间安装示意图

（2）施工步骤

安装防水盘，连接排水管（前期施工管线敷设到位）→闭水试验→安装壁板，连接管线→安装顶板，连接电器设备→安装门套和窗套等收口→安装内部洁具及功能配件→清洁验收及成品保护。

1）安装防水盘，连接排水管：底盘的高度及水平位置调整到位，确保底盘完全落实、水平稳固、无异响，地漏孔、排污孔与楼面预留孔对正，排水管与预留管道的连接部位密封处理。

2）闭水试验：进行不少于 24h 的蓄水试验，底盘防水侧翻边最低高度应满足使用要求，避免出现地漏出水缓慢导致底盘积水溢出情况的发生。

3）安装壁板，连接管线：按照施工图纸预先在壁板上开好各管道接头的安装孔，安装过程避免壁板表面变形损伤，确保表面平整、缝隙均匀。

4）安装顶板，连接电器设备：安装顶板，确保顶板平整，缝隙均匀，安装卫生间集成电器。

5）安装门套和窗套等收口：粘贴门下框水密封材料，窗套基层连接缝隙涂硅胶，门框、窗框安装纵向、水平接缝应符合标准。

6）安装内部洁具及功能配件：安装龙头、花洒、置物架、马桶等。

7）清洁验收及成品保护：安装完毕对集成卫生间进行由上到下的清洁，防止表面发生异常，安装质量经过验收方可交工；做好成品保护，避免后续工序对其造成污染和破坏。

4. 案例

装配式集成卫生间适用于居住建筑和公共建筑的集成卫生间设计与施工。包括商业楼、展览楼、综合楼、医院病房楼、教学楼、办公楼、图书馆、住宅、普通旅馆等室内场所。装配式集成卫生间装饰效果如图 5-39 所示。

图 5-39　装配式集成卫生间装饰效果

5.4　设备与管线系统安装

装配式钢结构建筑主要由钢框架结构、钢框架支撑结构等组成，包含部分钢筋桁架楼承板组合楼板、预制隔墙等装配式构件，导致设备与管线预留预埋部位结构形式多样，为机电设备及管线系统安装带来了诸多挑战，有必要运用建筑信息化技术，实现全专业、全产业链的信息化管理，以及机电安装的预制装配式施工，提高技术水平和工程质量。

5.4.1　一般要求

设备及管线系统安装宜采用深化设计，工厂化预制加工，现场装配式安装。

1. 深化设计工厂化生产

设备及管线深化设计过程中，应尽可能减少规格种类和加工难度，使其具有代换性，实现设计标准化、生产工厂化、施工装配化、质量精细化。设备与管线深化设计应用应遵守和执行国家有关设计规范、规程及相关施工验收规范的规定，统一考虑各专业系统（建筑、结构、风、水、电气、消防等专业）的合理排布及优化，针对施工各节点细部做法进行认真研究，优化设计方案，确保建立的深化设计施工模型与现场施工相一致。

深化设计应与相关专业及装配式构件的生产方进行协调，深化设计模型应清楚反映所有安装部件的尺寸标高、定位及与有关结构及装饰的准确关系。设备与管线宜与主体结构相分离，减少平面交叉，满足机电各系统使用功能、运行安全、维修管理等要求，且在维修更换时应不影响主体结构。

设备及其管线和预留洞口（管道井）设计应做到构配件规格标准化和模数化。对设计图纸进行施工深化并报审，根据审核意见，及时完善机电深化设计图纸，深化设计图经项目设计管理方审核批准即为正式施工图。

宜采用 BIM 技术，对机电各专业管线在预制构件上预留的套管、开孔、开槽位置尺寸进行综合及优化，形成标准化方案，并做好精细设计以及定位。深化设计图应由 BIM 软件直接生成导出，包括二维图和必要的三维模型视图，通过二维图结合局部 BIM 三维模型视图明确构件安装位置及附近其他管线的空间信息。

2. 装配式钢结构机电工程预留预埋

钢结构机电工程预留预埋包括两部分内容，第一部分预留预埋工作在预制构件加工厂完成，第二部分内容是现场实施部件的预留预埋。工厂化预制构件应按设计图纸中管道的定位、标高，同时结合装饰、结构专业，绘制预留套管或预留洞图，在工厂完成套管预留及质量验收。现场设备与管线安装施工前应按设计文件核对设备及管线参数，并应对结构构件预埋套管及预留孔洞的尺寸、位置进行复核，合格后方可施工。

基于 BIM 综合模型，可对施工工艺进行三维可视化的模拟展示或探讨验证，模拟主要施工工序，协助各施工方合理组织施工，并进行施工交底，从而进行有效的施工管理。装配式钢结构不同类型设备及管线安装存在的共性要求如下。

（1）设备与管线宜在架空层或吊顶内设置，当设备管线受条件限制必须暗敷设时，宜敷设在建筑垫层内。

（2）设备与管线工程需要与预制构件连接时宜采用预留埋件或管件的连接方式。当采用其他连接方法时，不得影响预制构件的完整性与结构的安全性。

（3）穿越结构变形缝时，应根据具体情况采取加装伸缩器、预留空间等保护措施。

（4）管道波纹补偿器、法兰及焊接接口不应设置在钢梁或钢柱的预留孔中。

（5）建筑部品与配管连接、配管与主管道连接及部品间连接应采用标准化接口，且应方便安装与使用维护。

（6）管道穿越穿过钢梁时的开孔位置、开孔直径和补强措施，应满足设计图纸要求并符合现行行业标准《高层民用建筑钢结构技术规程》JGJ 99 的规定。

（7）装配式钢结构建筑的设备与管线穿越楼板和墙体时，应采取防水、隔声、密封等措施，防火封堵应符合现行国家标准《建筑设计防火规范》GB 50016 的有关规定。

（8）在有防腐防火保护层的钢结构上安装管道或设备支吊架时，宜采用非焊接方式固定；采用焊接方式时应对被损坏的防腐防火保护层进行修补。

（9）设备与管线施工应做好成品保护。

5.4.2 给水排水及供暖工程

1. 施工工艺流程

装配式钢结构建筑给水排水及供暖工程施工的常用施工工艺流程如下：施工准备→深化设计→工厂预制→相关预制构件进场及验收→现场装配安装→相关试验与检验→系统调试→竣工验收。

2. 深化设计

装配式钢结构建筑给水排水及供暖工程设备和管线深化设计除了满足原则性要求外，尚应遵循如下规定。

（1）建筑部件与设备之间的连接宜采用标准化接口，给水系统宜采用装配式管道及其配件连接，立管与部品水平管道的接口应采用活接连接。

（2）宜采用集成式厨房、卫生间，并应预留相应的给水、热水、排水管道接口。卫生间宜采用同层排水方式，给水、供暖水平管线宜暗敷于本层地面下的垫层中。同层排水管道设置在架空层时，宜设积水排出措施。污废水排水横管宜设置在本层套内，当敷设于下一层的套内空间时，其清扫口应设在本层，并应进行夏季管道外壁结露验算和采取相应的防结露的措施。

（3）太阳能热水系统安装应与建筑一体化设计，做好预留预埋。供暖系统主干供水、回水采用水平同层敷设或多排多层设计时，采用工厂模块化预制加工、装配成组，编码标识。

3. 工厂预制

工厂预制应从预制加工图设计、材料验收及预制加工三个方面进行环节把控，具体如下。

（1）基于 BIM 进行深化设计，并在取得现场工程师认可后，通过二次开发插件完成管线尺寸标记、标注等工作并生成预制加工图纸，并编制模块二维码。

（2）按照业主或招标文件要求，进行现场测绘，同时选择合格的、符合业主或招标文件要求的供应厂商，及时收集资料，及时送审，经确认后及时订货。

（3）管段加工图经确认后，交付给预制加工厂，由其按图进行加工。预制加工过程中，质量检验人员依据国家规范、设计要求、施工深化图以及预制加工图，对回工后的成品和半成品及时进行质量检验。

4. 预留预埋

装配式钢结构建筑以钢结构为主，同时包含了部分装配式隔墙、楼地面等非金属预制结构，给水排水及供暖设备和管线预留预埋涉及同类型构件预埋、不同类型构件预埋串联对接等，精度要求高，预埋工作量大。

给水排水及供暖设备和管线预留预埋应保证结构安全。管线必须穿越预制构件时应预留套管或孔洞，预留的位置应准确且不应影响结构安全；在相应的预制构件上应预埋用于支吊架安装的埋件，且预埋件与支架、部件应采用机械连接。下面以水管道为例，介绍预留预埋要求。

（1）施工工艺流程

水管道的预留预埋主要为管道井、穿楼板的预留孔洞，外墙套管、人防套管的安装，以及穿预制隔墙的套管预留预埋。预留预埋施工主要包括绘制预埋图、加工、定位、预埋、复核等，施工工艺流程如图5-40所示。

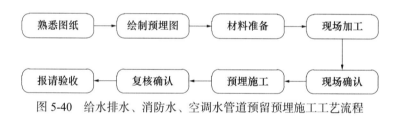

图 5-40　给水排水、消防水、空调水管道预留预埋施工工艺流程

（2）预留预埋要求

在施工过程中应从以下几个方面进行控制，见表5-7。

预留预埋要求表　　　　　　　　　　　　　　　　　　　　　　　　　表 5-7

序号	工作内容	要点
1	预留预埋准备	专业人员同深化设计人员认真熟悉施工图纸，找出所有预埋预留点，并统一编号，将管道及设备的位置、标高尺寸测定，标好孔洞的部位，在预留预埋图中标注清晰，便于各专业的预留预埋。同时与其他专业沟通，避免日后安装冲突
2	加工制作预埋件	严格按图纸设计要求或标准图集加工制作模盒、预埋铁件及穿墙体、水池壁、楼板或结构梁的各种形式钢套管
3	穿楼板孔洞预留	预留孔洞根据尺寸做好木盒子或钢套管，确定位置后预埋，并采用可靠的固定措施，防止其移位。为了避免遗漏和错留，在核对间距、尺寸和位置无误并经过相关专业认可的情况下，填写《预留洞一览表》，施工过程中认真对照检查。在预制过程中要有专人配合复核校对，看管预埋件，以免移位。发现问题及时沟通并修正

给水、消防管穿预制墙、楼板可预留普通钢套管或预留洞，预留套管尺寸参见表5-8中的 DN_1。管材为焊接钢管、镀锌钢管、钢塑复合管（外径）。

给水、消防管穿墙、楼板预留普通钢套管尺寸表 表 5-8

管道公称直径 DN（mm）	15	20	25	32	40	50	65	80	100	125	150	200
钢套管公称直径 DN_1（适用无保温）（mm）	32	40	50	50	80	80	100	125	200	225	250	300

注：保温管道的预留套管尺寸，应根据管道保温后的外径尺寸确定。

排水管穿预制墙预留普通钢套管尺寸参见表 5-8 中的 DN_1；排水管穿预制楼板预留孔洞尺寸参见表 5-9。管材为塑料排水管和金属排水管。

排水管穿楼板预留孔洞尺寸表 表 5-9

管道公称直径 DN（mm）	50	75	100	150	200	—
预留圆洞 ϕ（mm）	125	150	200	250	300	—
普通塑料套管公称直径（mm）	100	125	150	200	250	带止水环或橡胶密封圈

排水立管、通气立管穿屋面预留刚性防水套管尺寸参见表 5-10。管材为柔性接口机制排水铸铁管。

排水立管、通气立管穿屋面刚性防水套管尺寸表 表 5-10

管道公称直径 DN（mm）	75	100	150
D_2（mm）	93	118	169
D_3（mm）	140	168	219
D_4（mm）	250	280	330

注：其余管道穿越预制屋面楼板时，应预埋刚性防水套管。

阳台地漏、采用非同层排水方式的厨卫排水器具及附件预留孔洞尺寸参见表 5-11。

排水器具及附件预留孔洞尺寸表 表 5-11

排水器具及附件种类	大便器	浴缸、洗脸盆、洗涤盆	地漏、清扫口			
所接排水管管径 DN（mm）	100	50	50	75	100	150
预留圆洞 ϕ（mm）	200	100	200	200	250	300

消火栓箱应于预制构件上预留安装孔洞，孔洞尺寸为各边大于箱体尺寸20mm，箱体与孔洞之间间隙应采用防火材料封堵。

5. 预制构件进场及验收

二维码技术可以承载大量信息，在工厂制作加工时，将构件的生产厂家、大小、属性等信息录入到二维码中，通过查阅二维码可以获得管道的基本信息，如管径、材质、重量、生产厂家、上段以及下段对应管道等，工作人员通过扫描的形式，将实时监控、更新的构件的相关信息上传至云端。出厂运输时，运输人员通过扫描的形式对构件的运送信息、实时动态上传至云端，项目管理人员通过后台可以知晓管道是否已经运输到现场，管道数量、规格、型号等信息是否与原计划一致，存放时，将相同的管段放在同一位置，便于查找。

6. 现场装配安装

管道安装应遵循"先大管、后小管，先主管、后支管，先地下、后地上，有压管让无压管"的原则，管道外观要求横平竖直。配合实际施工要求，分段进行施工、试压，保证施工质量和施工进度。管道安装时需注意未完工的管道敞口处要临时封闭，防止杂物掉入管内。

（1）给水排水设备管道安装

1）管道安装必须按图纸设计要求之轴线位置、标高、坡度进行定位放线。安装按主管、支干管、分支管、直管、横管、试压的顺序进行。卫生间管道安装顺序一般是立管安装、立管灌水试验、卫生间地坪防水、支管安装、支管灌水试验、套管填塞、套管补防水、隐蔽回填。

2）管道安装时，如遇到管道发生安装交叉问题，小口径管避让大口径管，有压管让自流管，水管让风管，不保温管让保温管；经常要检修的或引出支管较多的管道及所接仪表多的管道，都应安装在便于安装、维修的地方。

3）室内与走廊敷设管道要满足设计要求的高度，尽量做到合理、美观。

4）给水管采用钢骨架 PPR 及配套管件，采用热熔连接方式。

5）排水立管的排出口转弯处应用两个 45° 的弯头过渡。上述管道安装时应了解清楚排水方向，以防出现反坡。部分管道完工后要做好防止开口处丢进杂物的成品保护措施。部品内设置给水分水器时，分水器与用水器具的管道应一对一连接，管道中间不得出现接口，并宜采用装配式的管线及其配件连接；管道连接方式应符合设计要求，当设计无要求时，其连接方式应符合相关的施工工艺标准，新型材料宜按产品说明书要求的方式连接。

6）集成式卫生间的同层排水管道和给水管道，均应在设计预留的安装空间内敷设，同时预留与外部管道接口的位置并作出明显标识。

7）同层排水管道安装当采用整体装配时，其同层管道应设置牢固支架于同一个实体底座上。

8）在架空地板内敷设给水排水管道时应设置管道支（托）架，并与结构可靠连接。

9）卫生器具安装。

① 卫生间管道分支管安装，具体位置要求十分精确，必须严格按照图样设计施工。配管前，先弹出面层基准线，洁具定位坐标，给水排水留口位置等。定位

后，再进行配管，先将其预制组合加工好，安装一次到位，并做好保护措施，卫生间内给水排水留头管口要严密封堵，做好试压准备。

② 卫生器具安装前，先将器具规格、型号、色彩仔细核对清楚，所用的器具配件要配套一致，外观检查无误伤方可安装。

③ 卫生器具排出口与排水承口连接处严密不漏，接口材料采用配套胶粘剂。

④ 对卫生器具镀锌配件进行安装时，要注意保护，先用棉布缠牢，再用工具小心安装，器具安装坐标、水平度、垂直度应符合规范要求。

⑤ 在卫生间安装期间或安装完毕后，应将卫生间房门上锁，时刻注意成品保护工作。

（2）供暖系统管道安装

1）装配整体式居住建筑设置供暖系统，供水、回水主立管的专用管道井或通廊，应预留进户用供暖水管的孔洞或预埋套管。

2）装配整体式建筑户内供暖系统的供水、回水管道应敷设在架空地板内，并且管道应作保温处理。当无架空地板时，供暖管道应作保温处理后敷设在装配式建筑的地板沟槽内。

3）室内供暖管道敷设在墙板或地面架空层内时，阀门部位应设检修口。

4）隐蔽在装饰墙体内的管道，其安装应牢固可靠，管道安装部位的装饰结构应采取方便更换、维修的措施。

5）采用散热器供暖系统的装配式建筑，散热器的挂件或可连接挂件的预埋件应预埋在实体墙上；当采用预留孔洞安装散热器挂件时，预留孔洞的深度应不小于120mm。

6）散热器组对后，以及整组出厂的散热器在安装之前应作水压试验，试验压力如设计无要求时应为工作压力的 1.5 倍，但不小于 0.6MPa。

7）地面下敷设的盘管埋地部分不应有接头。

8）供暖管道固定于梁柱等钢构件上时，应采用绝热支架。

9）管道安装坡度，当设计未注明时，应符合下列规定：

① 气、水同向流动的热水供暖管道和汽、水同向流动的蒸汽管道及凝结水管道，坡度应为 3‰，不得小于 2‰；

② 气、水逆向流动的热水供暖管道和汽、水逆向流动的蒸汽管道，坡度不应小于 5‰。

（3）管道安装注意事项

1）散热器支管的坡度应为 1%，坡向应利于排气和泄水。

2）地下室或地下构筑物外墙有管道穿过的，应采取防水措施。对有严格防水要求的建筑物，必须采用柔性防水套管。

3）上管前，应将各分支口堵好，防止泥沙进入管内；在上管时，要将各管口清理干净，保证管路的畅通。

4）预制好的管子要小心保护好端口螺纹，上管时不得碰撞。可用加装临时管件的方法加以保护。

5）安装完的管道，不得有蹋腰、拱起的波浪现象及左右扭曲的蛇弯现象。管道安装应横平竖直。水平管道纵横方向弯曲的允许偏差当管径小于100mm时为5mm，当管径大于100mm时为10mm，横向弯曲全长25m以上时为25mm。

6）支架应根据设计图纸要求或管径正确使用，其承重能力必须达到设计要求。

以某工程为例，管道安装示意图及技术要点见表5-12。

管道安装示意图及技术要点　　　　　　　　　　　表5-12

管材连接	安装流程	安装示意图			安装要点说明
PPR给水管热熔连接					
		清理管头	断管下料	热熔	
		连接	保持直至冷却	热熔效果	
HDPE管电热熔管件连接	管道切割 ↓ 管口打磨 ↓ 清洁管道 ↓ 管道对接 ↓ 热熔连接 ↓ 检查				1. 在对接焊机上夹紧管材和管件的插口端，清洁插口端。 2. 移动可动夹具，将管材、管件连接面在铣刀上刨平，取下铣刀，检查管端连接面，使其间隙不大于0.3mm。 3. 校直对接焊机上两个对应的待接件，使其在同一轴线上，错边不宜大于壁厚的10%。 4. 将加热工具放在两连接面之间。使对接焊机上的管材靠近加热工具并施加一定的压力，直到融化形成沿管材外圆周平滑对称的翻边为止。 5. 加热完毕，待连接件应迅速脱离对接连接加热工具，并应用均匀外力使其完全接触，形成均匀凸缘

5.4.3　通风、空调及燃气工程

1. 施工工艺流程

装配式钢结构建筑通风、空调及燃气工程的施工工艺流程如下：施工准备→深化设计→加工图绘制→工厂化预制→预制品进场与验收→现场装配安装→试验与检验→系统调试→竣工验收。

2. 深化设计

装配式钢结构建筑通风、空调及燃气工程设备和管线深化设计除了满足原则性要求外，尚应遵循如下规定。

（1）在进行空调专业的设计时，要充分考虑空调设备冷凝水盘的标高，要确保在足够水封高度的前提下，保证冷凝水管的坡向能够满足要求。

（2）遵循小管让大管，有压让无压原则，并考虑检修空间。尽量利用梁内空间，在满足弯曲半径条件下，空调风管和有压水管均可以通过翻转到梁内空间的方法，避免与其他管道冲突，满足层高要求。

（3）先定位排水管（无压管），再定位风管或其他大管，然后定位其他有压管线和桥架，风管上方有排水管的，安装在排水管之下；风管上方没有排水管的，尽量贴梁底安装，以保证吊顶内绝对安装空间的优化；保温管靠里，非保温管靠外，金属管靠里，非金属管靠外，大管靠里小管靠外；检修少的管道靠里，支管多、检修多的管道靠外。

3. 通风、空调系统加工图绘制与工厂化预制

通风、空调系统加工图绘制与工厂化预制参考给水排水与供暖系统相关要求，且应满足下列要求。

（1）应绘制预埋套管、预留孔洞、预埋件布置图，向建筑结构专业准确提供预留预埋参数，协助建筑结构专业完成建筑结构预制件加工图的绘制；预留套管应按设计图纸中管道的定位、标高同时结合装饰、结构专业，绘制预留图，在结构预制构件上的预留预埋应在预制构件厂内完成，并进行质量验收。

（2）装配式居住建筑中设置机械通风或户内中央空调系统时，宜在结构梁上预留穿越风管水管（或冷媒管）的孔洞。

（3）穿越预制混凝土墙体的管道应预留套管，外墙新风口的位置、标高和预留洞口的几何尺寸应符合设计要求；穿越预制混凝土叠合楼板的管道应预留洞口，洞口的位置应避开预制混凝土外墙的钢筋，严禁人为切断钢筋。

（4）单品预制完成之后，应进行构件装配式组装，根据单个预制构件的支吊架装配图纸及构件组合图纸，在装配工作台上进行模块组装，组装流程为：

1）按照模块长度先放置2根可拆卸横担，作为整个模块的基座，可起到定位及临时固定模块、方便运输的作用；

2）按照图纸所示每隔一段距离安装模块组中的装配式支吊架框架，呈卧"F"形状固定于临时横担上；

3）先组装下层管道，空调水管用保温管托固定在支吊架横担上；

4）安装支吊架立柱及中间横担，组装上层桥架和限位装置；

5）组装最上层支吊架横担，管道两头预安装沟槽接头即完成一个模块的组合；

6）对管道进行编码，打印出 BIM 模型中对应模块的二维码，贴于模块的显眼位置（图 5-41）。

图 5-41　模块二维码

4. 预留预埋

（1）主要工艺流程。通风、空调预留预埋施工主要包括绘制预埋图、加工、定位、预埋、复核等，施工工艺流程如图 5-42 所示。

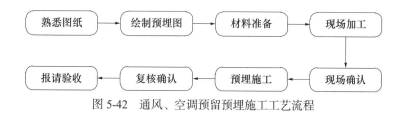

图 5-42　通风、空调预留预埋施工工艺流程

（2）施工方法。通风、空调预留预埋工作主要包括风管穿越预制防火墙、墙体或楼板的预埋或防护套管，施工方法见表 5-13。

风管预留套管施工方法　　　　　　　　　　　　表 5-13

序号	工艺流程	施工要点
1	熟悉图纸	熟悉图纸，确定预留套管尺寸大小、数量、位置，进行深化设计工作
2	管理流程	根据套管尺寸、大小、数量，绘制风管预留洞图纸，提交给结构专业进行施工

序号	工艺流程	施工要点
3	配合预留	（1）根据预留孔洞的尺寸先将套管的标高及尺寸确定好，并将模板固定，然后用水泥砂浆填实并抹平。 （2）配合土建专业进行定位，加强检查复核，防止错位
4	增设过梁	混凝土浇筑时专人看护，过大洞口增设过梁
5	复核检查	预留洞施工完成后，进行二次复核，预留洞尺寸、位置无误后，进行交接验收

（3）质量保证措施

预留预埋质量保证措施见表5-14。

预留预埋质量保证措施 表5-14

序号	施工过程质量控制
1	各相关专业之间应进行交接质量检验，并形成记录
2	隐蔽工程应在隐蔽前经验收各方检验，合格后方能隐蔽，并形成记录
3	管道穿过墙壁和楼板，宜设置金属或塑料套管。安装在楼板内的套管，其顶部应高出装饰地面20mm；底部应与楼板底面相平；安装在墙壁内的套管其两端与饰面相平。穿过楼板的套管与管道之间缝隙应均匀且应用阻燃密实材料和防水油膏填实，端面光滑平整。穿墙套管与管道之间缝隙应均匀，宜用阻燃型密实材料填实，且端面应光滑平整
4	在预埋期间，一个重点工作是防止管路堵塞。在施工过程中，要密切与土建单位配合，在每个套管安装完毕后，要随时用堵头封堵，不得有遗漏现象，所有套管在剪力墙中不得有焊缝
5	在施工中，要熟悉土建的平面布置，套管坐标位置要到位，特别是后砌墙部位，在平板放完线后，要专人复核，以防被破坏
6	套管的切口要垂直，刮铣光滑，无毛刺，在安装前套管内应刷防锈漆两道

5. 预制品进场验收

预制构件进场后应组织验收，应符合现行国家标准《通风与空调工程施工规范》GB 50738、《通风与空调工程施工质量验收规范》GB 50243 的相关制作要求，并满足下列规定：装配式钢结构建筑供暖、通风和空气调节设备均应选用节能型产品；进场的绝热材料应具有产品质量证明书、检测报告、合格证等资料，并应进行见证取样复试，其绝热材料的导热系数、密度、吸水率等技术参数应符合设计要求及现行国家标准《通风与空调工程施工质量验收规范》GB 50243、《建筑节能工程施工质量验收标准》GB 50411 的规定；绝热材料应色泽均匀，表面应平整、干净，无污染、破损等现象。

6. 现场安装要求

（1）风管及部件安装

风管安装前，应清除内外杂物，并做好清洁和保护工作；风管安装的位置、标高、走向，应符合设计要求。现场风管接口的配置，不得缩小其有效截面；为保证法兰接口的严密性，法兰之间应有垫料。一般空调系统及送风、排风系统（温度低于70℃的洁净空气或含尘含湿气体）采用3mm厚闭孔海绵胶条，防排烟系统（温度高于70℃的空气或烟尘）采用3mm厚石棉胶条。法兰连接时，把两个已安装垫料的法兰先对正，穿上几条螺栓并戴上垫片、螺母，暂时不要上紧。然后用尖冲塞进穿不上螺栓的螺孔中，把两个螺孔撬正，直到所有螺栓都穿上后，再把螺栓拧紧。为了避免螺栓滑扣，紧螺栓时应按十字交叉逐步均匀地拧紧。连接好的风管，应以两端法兰为准，拉线检查风管连接是否平直。风管各类调节装置应安装在人工便于操作的部位，阀体外壳上开启方向、开启程度的标志应设在明显的位置。

集成厨房、集成卫生间排风道的结构、尺寸应符合设计要求，其内壁应平整；各层支管与风道应连接严密，并应设置防倒灌的装置；薄钢板法兰形式风管的连接宜采用弹簧夹连接，连接的间隔不应大于150mm，分布应均匀且无松动现象，弹簧夹宜采用正反交叉固定方式。各类风管部件及执行机构的安装应保证其使用功能，且应便于操作；斜插板风阀安装时，阀板必须向上拉启；水平安装时，应顺气流方向插入；止回阀、定风量阀的安装方向应正确。

（2）设备安装

设备安装程序如图5-43所示。

图5-43 设备安装主要施工流程图

1）新风机组安装应符合下列规定：

① 新风机在吊顶内安装时，风机附近应预留检修口，检修口尺寸不应小于500mm×500mm；

② 新风机应固定牢固，宜设置防共振支吊架；

③ 壁挂式新风机安装时，预制混凝土墙体预埋挂板的位置、标高应符合设计要求，新风机与挂板连接应平整、牢固。

2）多联分体式空调系统安装应符合下列规定：

① 多联空调机组系统的室内、室外机组安装位置应符合设计要求，送风、回风装置不得有短路回流现象；

② 室外机底座与混凝土基础平台或型钢基础平台应连接可靠，室外机金属外壳应接地可靠，标识清晰；

③ 室内机底座应采用双螺母进行固定，防止共振造成固定螺母发生松脱现象。

3）风机安装应符合下列规定：

① 屋顶风机安装应垂直，风机与竖井接触面应垫 6mm 橡胶垫，连接螺栓应为镀锌螺栓或不锈钢螺栓。

② 通风机传动装置的外露部位以及直通大气的进口、出口必须装设防护罩或其他安全设施，风机采用减振器减振，减振符合规范要求，减振器压缩量应均匀，偏差不得大于 2mm。

4）金属风管支吊架安装应符合下列的规定：

① 空调风管吊架安装，风管吊架角钢上下都应加螺母而且下面应加双螺母固定，吊架安装应垂直，间距符合规范要求，风管木托符合规范要求；

② 当风管弯头大于 400mm 时，应单独加支吊架，风管三通处应单独加吊架，风管系统安装位置正确，支吊架构造合理，风管吊装应水平，吊架垂直；

③ 保温风管应加木拖，木拖厚度不小于保温材料厚度，吊架间距不大于 3m，风管吊杆直径不得小于 6mm，吊杆与风管之间距离为 30mm，吊杆螺栓孔应钻孔，固定吊杆螺栓上下加锁母；

④ 在钢结构上设置固定件时，钢梁下翼宜安装钢梁夹或钢吊夹，预留螺栓连接点、专用吊架型钢，吊架应与钢结构固定牢固，并应不影响钢结构安全；

⑤ 当矩形风管的截面积 $\geqslant 0.38m^2$、圆形风管的直径 $\geqslant 0.7m$ 时，宜选用抗震支吊架；

⑥ 通风与空调工程的风管应采用内衬氟橡胶限位卡将风管锁定在横担上，防止风管发生位移；

⑦ 空调风管及冷热水管道与支吊架之间，应有绝热衬垫，其厚度不应小于绝热层厚度，宽度应不小于支吊架支承面的宽度。

5.4.4　电气和智能化工程

1. 施工工艺流程

装配式钢结构建筑电气和智能化工程施工工艺流程如下：施工准备→深化设计→预制构件预留预埋验收→现场预留预埋→电器设备安装及管线敷设→单机调试运行→联合调试运行→竣工验收。

2. 深化设计

装配式钢结构建筑电气和智能化设备和管线深化设计除了满足原则性要求外，尚应遵循如下规定。

（1）建筑电气工程各系统施工前应进行深化设计，对预制构件内的电气和智能化设备、管线和预留洞槽等准确定位，减少管线交叉；预埋构件、预留洞口的位置应符合设计要求，电气导管集中穿越预制墙体、叠合楼板的区域应采用填充物做好预留，严禁在预制墙体、叠合楼板剔凿沟槽、打孔开洞。

（2）预制墙体上预留孔洞和管线应与建筑模数、结构部品及构件等相协调，同类电气设备和管线的尺寸及安装位置应规范统一，在预制构件上准确和标准化定位。

（3）当电气和智能化管线受条件限制必须暗敷设时，宜敷设在现浇层或建筑垫层内，并应符合现行有关规范要求。

（4）配电箱等电气设备不宜安装在预制构件内。当无法避免时，应根据建筑结构形式合理选择电气设备的安装形式及进出管线的敷设方式。

（5）不应在预制构件受力部位和节点连接区域设置孔洞及接线盒，隔墙两侧的电气和智能化设备不应直接连通设置。

（6）当大型灯具、桥架、母线、配电设备等安装在预制构件上时，应采用预埋件固定。

（7）集成式厨房、集成式卫生间相应的机电管线、等电位连接、接口及设备应预留安装位置、配置到位。

（8）开关、电源插座、信息插座及其必要的接线盒、连接管等应结合内装设计进行预留和预埋。

3. 预制构件预留预埋验收

预制构件预留预埋验收应符合下列要求。

（1）导管、槽盒、电线电缆等产品质量证明书、检测报告及合格证等应齐全有效。

（2）焊接钢管表面、内壁不得有锈蚀现象；镀锌钢管表面镀锌层应附着完整，表面不得有锈蚀现象；钢导管表面不得有压扁现象，内壁应光滑；塑料 PVC 导管表面不得有划痕，且应有阻燃标识和制造厂家标识。

（3）配件应齐全，表面应光滑、无变形；金属槽盒表面涂层应完整，无划痕、锈蚀等现象。

（4）电线绝缘层表面应完整无损，厚度应均匀；电缆绝缘保护层应无压扁、扭曲等现象；铠装电缆应无铠甲保护层松卷等现象，电线、电缆外护层表面应有明显标识和制造厂标。

（5）电缆的绝缘性能应符合现行国家标准《电缆和光缆绝缘和护套材料通用试验方法》GB/T 2951 的有关规定。

（6）消防系统的供电线路、消防联动控制线路的规格、型号应符合设计要求，报警总线、消防应急广播和消防专用电话等传输线路应采用电压等级不低于交流 450V/750V 的阻燃电线或电缆。

（7）管段模块组装完成后，首先在预制厂进行吊装试验。以电缆桥架为例，予以说明。

1）捯链及工具。捯链选用 2t 型号，满足吊装重量，见图 5-44。

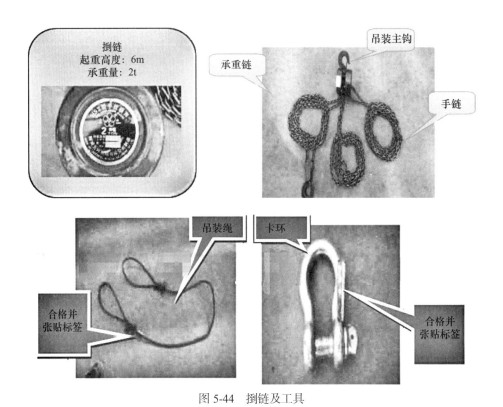

图 5-44 捯链及工具

2）吊索检查。在吊装前必须全面仔细地检查吊装锁具，见图 5-45。

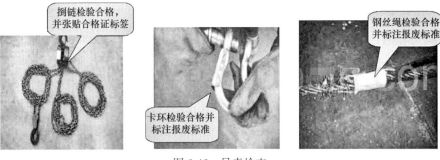

图 5-45 吊索检查

3）吊装过程。在预制厂内宽敞平整的地面上空挂好捯链，捯链安装高度 6m，间距 4m，共 2 个，见图 5-46（a）；挂耳上系吊装链，将吊装钩挂在吊耳吊装链中间位置上，见图 5-46（b）；操作人员手拉手链，离地 20cm，检查吊物平稳后，继续进行吊装，见图 5-46（c）；操作人员手拉手链至指定高度，见图 5-46（d）。

整个吊装过程若无异响，装配段管线无变形，接口无异常，紧固件无松动或位移，即试吊完成，模块可入库存放，并做好成品保护措施。

4. 现场预留预埋

现场预留预埋应符合下列要求。

（a）   （b）

（c）   （d）

图 5-46　吊装过程

（1）沿叠合楼板现浇层暗敷的电气管路，应在叠合楼板电气设备相应位置预埋深型接线盒，暗敷的电气和智能化线路宜选用可弯曲电气导管保护。

（2）接线盒应固定在预制构件模具上，根据管线走向将管线敷设在预制墙钢筋夹层内，向上（下）出墙端的接口预留直接头并做好封堵。

（3）预制墙板内的开关盒、强弱电箱体、套管直接固定在钢筋上时，盒口或管口应与墙体平面平齐。

（4）叠合楼板、预制墙体中预埋电气接线盒及其管路与现浇层中电气管路连接时，预埋盒下（上）宜预留空间，便于施工接管操作。

（5）楼地面内的管道与墙体内的管道有连接时，应与预制构件安装协调一致，保证位置准确。

（6）当设计要求箱体和管线均暗装在预制构件时，应在墙板与楼板的连接处预留出足够的操作空间，以方便管线的施工。

（7）当室内消防工程各系统线缆沿吊顶或地面架空层敷设时，应与建筑电气工程各系统线缆分开敷设，并穿金属导管或金属槽盒进行保护，严禁消防工程线缆外露明敷设。

（8）模具安装位置、高度等应符合设计要求，混凝土强度达到 70% 及以上方可拆除模具。

（9）预制混凝土墙体吊装就位后，应对预制混凝土墙体上的预留洞口位置进行核对，电气系统预留导管、接线盒及配电箱的位置、标高等应符合设计要求。

5. 导管、槽盒敷设要求

（1）预制混凝土墙体内 PVC 导管敷设应符合下列规定。

1）预制混凝土墙体内敷设的 PVC 导管应采用 B1 级及以上的刚性塑料导管。

2）导管埋设深度与混凝土墙体表面的距离不应小于 15mm。

3）预制混凝土墙体内导管与叠合楼板内导管连接时，应在预制混凝土墙体预留 100~200mm 的操作空间，并沿竖向钢筋绑扎固定导管，导管端口应采取封堵措施。

4）竖向相邻预制混凝土墙体需上下接驳的导管，在竖向相邻墙体对接处应预留 200mm×250mm×100mm 洞口，并应利用填充物填实。

（2）预制混凝土叠合楼板内 PVC 导管敷设应符合下列规定。

1）敷设于混凝土叠合楼板内的 PVC 导管应采用 B1 级及以上的刚性塑料导管。

2）导管埋设深度与混凝土叠合楼板表面的距离不应小于 15mm，消防系统导管埋设深度与混凝土叠合楼板表面的距离不应小于 30mm。

（3）预制混凝土墙体、叠合楼板内金属导管敷设应符合下列规定。

1）镀锌钢导管、可弯曲金属导管不得熔焊连接，应采用专用镀锌管箍、锁母连接。

2）当镀锌钢导管与镀锌槽盒连接时，宜采用专用镀锌连接卡作跨接联结导体；当非镀锌钢导管与槽盒连接时，应采用熔焊连接作跨接联结导体。

3）当专用镀锌连接卡作跨接联结导体时，跨接联结导线为截面不小于 $4mm^2$ 的绝缘铜芯软导线。

4）以熔焊焊接的跨接联结导体宜为圆钢，其直径不得小于 6mm，搭接长度应为圆钢直径的 6 倍。

5）敷设于预制混凝土墙体、叠合楼板内的焊接钢导管，其内壁必须作防腐处理，外壁不需作防腐处理；敷设于二次结构墙体内的焊接钢管外壁、内壁均应作防锈处理。

（4）金属槽盒敷设应符合下列规定。

1）当金属槽盒全长不大于 30m 时，不应少于 2 处与保护接地导体（PE）可靠连接；当金属槽盒全长大于 30m 时，应每隔 20~30m 增加 1 处连接点，起始端、终点端均应可靠接地。

2）非镀锌槽盒连接板的两端跨接联结导线为截面不小于 $4mm^2$ 的绝缘铜芯软导线，跨接线与槽盒连接板处应采用爪形垫固定。槽盒间连接板的固定螺栓应紧固，防松垫圈应齐全，螺母应位于槽盒外侧。

3）当管线在叠合楼板现浇层中暗敷设时，应避免管线交叉部位与桁架钢筋重叠，同一地点不得有 3 根及以上电气管路交叉敷设；低压配电系统及智能化系统的功能单元内终端线路较多时，宜采用金属槽盒敷设，较少时可统一预埋在预制板内或装饰墙面内，墙板内竖向电气和智能化管线布置应保持安全间距。

6. 导管、槽盒内配线要求

（1）同一交流回路的绝缘电线应敷设于同一金属槽盒内或穿于同一金属导管内，不同回路、不同电压等级，交流与直流的绝缘电线严禁穿在同一导管内。电线接头应设置在专用接线盒或器具内，严禁设置在导管或槽盒内，接线盒的设置位置应便于检修。

（2）槽盒内电线或电缆的总截面应≤槽盒内截面的 40%，且载流导体不宜超过 30 根。

（3）电线或电缆在槽盒内应按回路编号分段绑扎，绑扎点间距不应大于 1.5m；当槽盒垂直或大于 45º 倾斜敷设时，应将电线或电缆分段固定在槽盒内专用部件上，每段至少应有一个固定点。

（4）直线段长度超过 3.2m 时，其绑扎点间距不应大于 1.6m，且应排列整齐、有序。

（5）预制混凝土墙体、叠合楼板洞口有机堵料封堵应符合下列规定。

1）柔性有机堵料应均匀密实地包裹在电缆贯穿部位和嵌入电缆之间的孔隙中，包裹电缆厚度不得小于 20mm。

2）当柔性有机堵料与防火板配合封堵时，柔性有机堵料高出防火板不得小于 10mm，柔性有机堵料的封堵面应成形、平整、规整。

3）槽盒预留洞口缝隙采用有机堵料封堵应密实、平整；电缆保护管预留洞口缝隙采用有机堵料封堵应密实、平整；堵料嵌入保护管口的深度不应小于 50mm，且封堵应密实、平整。

7. 电气设备安装要求

电气设备主要包括配电箱、开关、插座等。

（1）配电箱安装应符合下列规定。

1）箱体安装位置、安装高度应符合设计要求。

2）导管与箱体连接应采用专用开孔器开孔，箱体开孔与导管管径应相适配，一管一孔。多根导管与箱体连接应排列整齐、间距合理，箱体接地应可靠。

3）箱体安装应牢固，垂直度允许偏差应为 1.5‰。

4）垫圈下压接的不同导线截面应相同，同一端子上导线连接不得多于 2 根，且防松零件应齐全。

5）低压配电箱线路的线间和线对地间绝缘电阻，馈电线路不应小于 0.5MΩ；二次回路不应小于 1MΩ；二次回路的交流试验电压应为 1000V。

6）安装在预制板上的配电箱体，应使用预留螺栓进行固定；安装在轻钢龙骨隔墙内的箱体，应设置独立支架，不应使用龙骨固定。

（2）开关面板安装应符合下列规定。

1）预制混凝土墙体接线盒内的填充物应清理干净、无锈蚀现象；开关面板与饰面间安装应牢固，表面应无污染。

2）当设计无要求时，开关面板边缘距门框边缘的距离应为 0.15～0.20m，底边距地面安装高度应为 1.3m。

3）相线应经开关控制，开关面板的位置应与灯位相对应，同一室内的开关面板高度宜一致。

（3）集成卫生间应选用防水型插座，底边距地面安装高度不得低于 1.5m。

（4）当电气设备易高温发热部位靠近钢结构构件时，应采取隔热、散热等防护措施。

以某工程为例介绍配电工程施工方法，见表 5-15。

表 5-15

配电工程施工方法

序号	流程步骤	施工方法
1	施工准备	准备施工机械设备（液压平板推车、水准仪、万用表、卷尺、绝缘电阻摇表等）及施工材料。并对柜体、箱体进行内外观检查，确保内部电器装置及元件齐全，外观无损伤及变形。同时，对施工人员进行技术交底，确保安装过程的安全性、准确性
2	箱体定位	根据工程的施工图纸及规范要求，用卷尺及水准仪测量，确保柜体基础钢的尺寸、水平度符合图纸及柜体要求
3	箱体安装	柜体搬运前，确保搬运路径平整畅通。缓慢使用平板推车运输。将柜体垂直放置在固定好的基础钢上，调整好位置并使用焊接或螺栓的方式固定。箱体安装须明确明装或暗装的方式，配合土建施工的预留预埋进行。将箱体调平、调正、固定稳妥，再将电线管与箱体连接可靠，再把电器安装板装入箱内 柜体安装示意图　　　　　　配电箱安装示意图
4	绝缘检测	接线完成后，检查配电柜里面固定元件的螺母是否紧固（螺母与螺杆上的直线标志是否错位）；用螺丝刀和扳手检查断路器上的铜排、导线是否连接紧固，二次回路接线是否紧固；用兆欧表测试，确保每个空气开关的三相间、三相对地、三相对零的绝缘阻值大于 5MΩ，并作记录
5	试电检测	（1）在市配电箱（施工用市电）的输出端空气开关下接入临时电缆。 （2）闭合市配电箱的空气开关和配电柜的总空气开关。查看配电柜的指示灯、显示仪表工作是否正常。显示的数据和实际测量数据是否一致。 （3）闭合配电柜的各支路空气开关，测量空气开关下端电压是否正常

8. 火灾自动报警系统安装要求

（1）独立式或无线传输的光电（点型）感烟、感温火灾探测器安装应符合下列规定。

1）探测器至墙面、梁边的水平距离不应小于 0.5m。

2）探测器周围水平距离 0.5m 范围内不应有遮挡物。

3）探测器至空调送风口边沿的水平距离不应小于 1.5m；至多孔送风口的水平距离不应小于 0.5m。

4）点型感温火灾探测器的安装间距不应大于 10m，至墙面垂直距离不应大于 5m；点型感烟火灾探测器的安装间距不应大于 15m，至墙面垂直距离不应大于 7.5m；当室内走廊顶棚宽度小于 3m 时，探测器宜居中安装。

5）当探测器因受周围环境的限制，需倾斜安装时，探测器的倾斜角不应大于 45°。

（2）独立式或无线传输的可燃气体探测器安装应符合下列规定。

1）当探测气体密度小于空气密度时，探测器与燃具的水平距离不得大于 8m，安装高度距顶棚不得大于 0.3m，且不得设置在集成厨房燃具上方。

2）当探测气体密度大于或等于空气密度时，探测器与集成厨房燃具的水平距离不得大于 4m，安装高度距地面不得大于 0.3m。

（3）火灾自动报警系统的电源负荷应符合现行国家标准《城市消防远程监控系统技术规范》GB 50440 的有关规定，消防系统的服务器、工作站的备用电源的正常工作时间不应小于 8h。

（4）消防系统宜建立社会单位安全智慧消防系统平台，与消防救援部门的消防监督信息系统实现数据共享，各子系统互联互通、区域信息系统互联共享，形成具有可扩展性的信息管理系统。

9. 防雷与接地施工要求

（1）电子设备接地宜与防雷接地系统共用接地网，防雷引下线和共用接地装置应充分利用钢结构自身作为防雷接地装置。

（2）防雷引下线、防侧击雷等电位联结施工应与钢构件安装做好施工配合。

（3）需设置局部等电位联结的场所应设接地端子，该接地端子应与建筑物本身的钢结构金属物联结。

（4）建筑外墙上的金属管道、栏杆、门窗等金属物需要与防雷装置连接时，应与相关预制构件内部的金属件连接成电气通路。

（5）钢结构基础宜作为自然接地体，在其不满足要求时，应设人工接地体，并应满足接地电阻的要求。

（6）当装配式建筑接地电阻不满足设计要求时，应采取如下措施：

1）装配式建筑应在地平面以上预留接地电阻值测试点；

2）当采用降阻剂时，降阻剂应为同一品牌的产品，应用清洁水调制降阻剂，均匀灌注在垂直接地极周围；

3）当采用换土或将人工接地体外延至土壤电阻率较低处时，应获取置换土壤周围的地质勘察报告和地下土壤电阻率的分布资料；

4）当采用接地模块时，接地模块的顶部埋深不应小于0.6m，接地模块间距不应小于模块长度的3～5倍，接地模块应水平埋设在基坑中，并与覆盖土壤接触良好；

5）接地电阻测试点不应被外墙饰面遮挡，并应有明显标识。

（7）建筑物的防雷引下线、等电位联结预制加工，应与预制混凝土构件工厂化生产同步进行；接地装置与防雷引下线、防雷引下线与接闪带之间应做可靠的电气连接，其接地装置材料的规格型号、接地电阻均应符合设计要求。

（8）火灾自动报警系统的电气防雷与接地除应符合现行国家标准《智能建筑工程质量验收规范》GB 50339的有关规定外，尚应符合下列规定：

1）保护接地导线应采用铜导线，接地端了处应标识清晰，接地电阻值应符合设计要求；

2）系统的供电电源线路、信号传输线路、天线馈线以及进入监控室的电缆入室端均应采取防雷电感应过电压、过电流的保护措施；

3）浪涌保护器接地端和防雷接地装置应做等电位联结，等电位联结线应采用铜导线，其截面不应小于16mm^2；

4）监控中心内应设置接地汇流排，汇流排宜采用裸铜排，其截面不应小于35mm^2。

5.4.5 设备及管线装配一体化

1. 施工工艺流程

施工准备→深化设计→设备及管线预制模块划分→加工图绘制→工厂预制→进场验收→大型设备就位安装→设备及管线预制模块装配施工→相关试验及调试→验收竣工。

2. 施工要求

（1）设备及管线预制模块在生产、运输和装配过程中，应制定专项生产、运输和装配方案。

（2）预制模块加工所需机电设备、管道、阀门、配件等材料必须具有质量合格证明文件，规格、型号、技术参数等应符合设计要求。

（3）在生产、运输、保管和装配过程中，应采取防止预制模块损坏或腐蚀的措施。

（4）预制模块在吊装、运输、装配前应进行重量计算，吊运装置应安全可靠，吊运捆扎应稳固，主要承力点应高于预制模块重心，并应采取措施防止预制模块扭曲或变形。

3. 深化设计

设备及管线装配一体化深化设计应符合下列规定。

（1）深化设计时应综合考虑设备及管线装配施工区域内的建筑、结构、装饰等相关专业的情况。主要设备及预制模块必须预留出检修通道；墙、柱、梁、顶及设备之间应有合理的检修距离。

（2）应依据相关设计规范要求，结合施工区域内的管线综合布置情况和运输吊装条件，进行合理的设备及管线预制模块划分。设备及管线预制模块，主要包含预制循环泵组模块、预制管组模块、预制管段模块、预制支吊架模块等。

（3）深化设计前应确定加工生产所需的设备及材料的规格、型号、技术参数等，并应编制专项设备及材料样本要求细则，由生产厂家提供翔实的产品样本。严格按照设备及材料厂家提供的样本进行深化设计，宜采用 BIM 技术进行模型搭建。

（4）深化设计图纸包括设备基础及排水沟布置图、机电设备布置图、机电管线综合布置图、设备及管线预制模块加工图和装配图等。

（5）设备及管线预制模块分组划分后，进行各预制模块全过程的可行性分析及验算，应满足运输、吊装、装配的相关要求。

4. 设备及管线预制模块工厂生产要求

（1）生产厂家应具备保证设备及管线预制模块符合质量要求的生产工艺设施、试验检测条件。

（2）生产前，应由施工单位组织深化设计人员对生产厂家进行深化设计文件的交底。

（3）加工生产宜分为工厂预制和现场预制，对于装配式施工中的关键线路、关键节点可采取现场预制的方式。

（4）预制模块中水泵与电动机同心度的调测应符合相关技术要求；预制模块上的阀门、压力表、温度计、泄水管等安装应符合产品使用书的要求。

（5）设备及管线预制模块的生产宜建立首件验收制度，由施工单位组织相关人员验收合格后方可进行后续预制模块的批量生产。

（6）出厂前，宜采用追踪二维码或无线射频识别芯片的方式对其进行唯一编码标识。

（7）出厂时，应出具相关质量证明文件。

5. 设备及管线预制模块配送运输要求

（1）现场运输道路和设备及管线预制模块的堆放场地应平整坚实，并有排水措施。运输车辆进入施工现场的道路应满足预制模块的运输要求。

（2）所有设备及管线预制模块在进场时应作检查验收，并经监理工程师核查确认。包装应完好，表面无划痕及破损，预制模块的规格、型号、尺寸等符合设计要求。

（3）对于机房内的大型设备及管线预制模块的水平运输，宜在设备基础之间搭建型钢轨道，通过专用搬运工具承载、卷扬机牵引的方式进行水平运输，牵引过程中运输应平稳缓慢。

（4）水平运输前应根据设备及管线预制模块的最终位置及方向合理规划运输起始点的朝向和运输路线；运输路线不宜多次转向，运输过程中设备及管线预制模块不宜调整朝向。

6. 设备及管线预制模块装配施工要求

（1）装配前应对设备基础进行预检，合格后方可进行安装。基础混凝土强度、坐标、标高、尺寸和螺栓孔位置必须符合设计或厂家技术要求，表面平整，不得有蜂窝、麻面、裂纹、孔洞、露筋等缺陷。

（2）对不宜进行整体设备及管线预制的大型机电设备，应提前按照设备布置图进行就位，并采取措施进行成品保护。

（3）应按照装配施工方案的装配顺序提前编号，严格按照编号顺序装配，宜遵循先主后次、先大后小、先里后外的原则进行装配。

（4）安装的位置、标高和管口方向必须符合设计要求。当设计无要求时，平面位移和标高位移误差不大于 10mm。

（5）设备及管线预制模块，其纵向、横向水平度的允许偏差为 1‰，并应符合相关技术文件的规定。

（6）对于预制模块成排或密集的装配施工区域，在条件允许的情况下，宜采用地面拼装、整体提升或顶升的装配方法。

（7）预制支吊架模块的装配应符合各机电系统的相关要求，关键部位应适当加强，必要部位应设置固定支架。

（8）装配就位后应校准定位，并应及时设置临时支撑或采取临时固定措施。

（9）整体装配完成后，应进行质量检查、试验及验收。

5.4.6 设备与管线系统安装质量检验与验收

装配式钢结构建筑中涉及的建筑给水排水及供暖、通风与空调、建筑电气、智能建筑、建筑节能、电梯等安装的施工质量验收应按其对应的分部工程进行验收。

给水排水及供暖工程的分部工程、分项工程、检验批质量验收等应符合现行国家标准《建筑给水排水及供暖工程施工质量验收规范》GB 50242 的要求。

电气工程的分部工程、分项工程、检验批质量验收等应符合现行国家标准《建筑电气工程施工质量验收规范》GB 50303 的要求。

通风与空调工程的分部工程、分项工程、检验批质量验收等应符合现行国家标准《通风与空调工程施工质量验收规范》GB 50243 的要求。

消防给水系统及室内消火栓系统的施工质量要求和验收标准应按现行国家标准《消防给水及消火栓系统技术规范》GB 50974 的规定执行。

火灾自动报警系统的施工质量要求和验收标准应按现行国家标准《火灾自动报警系统施工及验收标准》GB 50166 的规定执行。

自动喷水灭火系统的施工质量要求和验收标准应按现行国家标准《自动喷水灭火系统施工及验收规范》GB 50261 的规定执行。

智能建筑的分部工程、分项工程、检验批质量验收等应符合现行国家标准《智能建筑工程质量验收规范》GB 50339 的要求。

5.5 本章小结

本章介绍了屋面与墙面金属结构施工技术；蒸压加气混凝土板材安装、轻质空心墙板安装、轻钢龙骨石膏板隔墙安装、SP 预应力墙板安装以及轻质复合节能墙板安装等技术；内装装配式墙面和顶面及地面、装配式集成厨房和卫生间等技术；设备管线系统安装一般要求、给水排水及供暖工程施工、通风和空调及燃气工程施工、电气和智能化工程施工、设备及管线装配一体化、设备与管线系统安装质量检验与验收等。列举了各种操作案例。

第六章 质量检验与验收

本章结合我国有关钢结构施工质量验收标准及装配式部品部件安装质量控制要求，系统介绍了装配式钢结构建筑制作安装的质量检验与验收内容，主要内容包括测量与校正，施工控制技术，主体结构质量检验与验收，围护结构安装质量检验与验收，防腐与防火施工检验与验收，设备与管线系统安装质量检验与验收，内装系统安装质量检验与验收，竣工验收等。

6.1 测量与校正

装配式钢结构建筑整体精度要求较高，不但要重视其空间绝对位置，更需精确控制各施工环节的相对精度，应合理设置测量基准网，包括场内和场外两部分，平面和高程相结合，组成系统，定期复测，校核合格后方可使用；选择适用的高精度测量仪器（全站仪、激光准直仪和水准仪等）；采用合理的测量工艺和手段，提高数值传递的精度；在保证良好通视条件下，合理布置构件上的测点及提高测点的设置精度；在测量基准网的建立和基准网竖向传递时，用 GPS 全球定位系统进行复核；组建高素质的测量专业队伍，保证多项措施的执行。

6.1.1 测量工艺要求及工艺流程

钢结构高层、超高层建筑整体精度要求较高，需充分考虑结构变形、环境温度的变化及日照对安装精度的影响，妥善处理。高空架设仪器及棱镜困难，且稳定性差，需设计和制作适用于该工程的测量辅助装置和设施，以满足测量操作及精度控制需要。

超高层建筑中核心筒内的结构与外框筒及钢梁钢结构之间存在一定的高差和施工时差，需考虑用于核心筒施工的土建控制点与钢结构控制时的控制网的衔接问题。需在充分考虑构件工厂制作误差、工艺检验数据、测量及安装误差、各类变形数据（如日照、温度、沉降、焊接等）的基础上制定钢结构安装控制方案，并根据施工中实时反馈的实际监测数据，及时调整和制定阶段性控制方案。

1. 测量技术实施原则和要求

在测量控制过程中应注重中间过程的控制，当各个施工过程控制精度均在误差要求范围内并通过验收时，才能保证结构安装后整个结构安装的最终精度。

为确保安装过程及最终结果的控制精度，在测量工作中应注意以下几点：选择合适的控制点，确保通视；充分考虑安装过程中的结构位移，加强复测；钢结构对阳光照射及温度变化敏感，在控制测量过程中必须考虑并消除其影响。

2. 工程测量工艺

（1）工程测量步骤

现场踏勘→控制点交接和复测→测量控制网布设→场区测量控制网及底板处投影点布设→构件安装测量→焊接时的变形监测→逐段结构复测→过程监测→竣工测量。

（2）钢结构测量工艺（图 6-1）

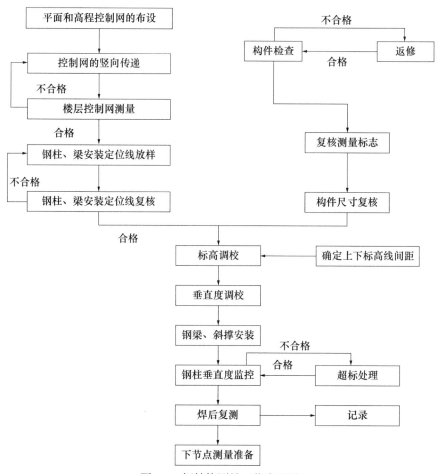

图 6-1　钢结构测量工艺流程图

6.1.2　测量仪器选用

为保证装配式钢结构测量精度，应使用高精度自动导向全站仪、激光准直仪和电子水准仪进行测量，辅以 GPS 及其他测量设备作为校核和辅助引测（图 6-2～图 6-5）。所用仪器均应按规定在年检有效期内。为保证工程质量，主要电子仪器在到达现场后，应按仪器内置程序进行自检，并在使用过一段时间后，按阶段进行自检，以保证仪器始终处于良好状态。

图 6-2　全站仪　图 6-3　经纬仪（J2）　图 6-4　激光垂直仪　图 6-5　水准仪（DS1）

必要时，在施工测量及施工监测过程中，需使用各类辅助设备，以保证观测精度，包括各类辅助测点转换装置、强制归心支架等。

6.1.3　测量控制网

控制网的作用主要是满足施工放样精度，将设计的建筑物转移到平面上，还可以作为竣工检查验收建筑物位置和编测竣工总平面图的控制依据。一般高层建筑施工场区控制网分两级测设，Ⅰ级场区控制网、Ⅱ级建筑物外围控制网和建筑物内部控制网，以此保证工程施工精度。控制网建立前，首先需核实确定项目的高级基准点，并对控制点进行整体复测，测量点位之间的边长距离和夹角，计算点位误差。

1. Ⅰ级控制网

（1）场区控制网

首先校核业主给定的高级点，校核合格后，将 GPS 架设在 2 个高级点上和场区平面基准点上同时接收卫星信号，进行连续 48h 的静态观测，将结果数据用专用的 GPS 处理软件处理，得到平面基准点的三维坐标。为了保证精度，通常利用 TCA2003 全站仪测设精密导线，进行严密平差，对观测结果进行校核，将校核结果作为场区的平面控制网。

（2）场区高程控制网

高程控制网的建立是根据业主提供的水准基点（至少应提供 3 个），采用水准仪对所提供的水准基点按二等水准精度进行复测检查，校测结果合格后，按照国家二等水准的要求测设一条附合水准路线，将经平差计算后的结果，作为场区高程控制点。

2. Ⅱ级控制网

（1）Ⅱ级建筑物平面控制网

采用全站仪以极坐标和直角坐标定位的方法测设轴线控制网，经角度、距离校测符合点位限差要求后，作为该建筑的轴线控制网。

（2）Ⅱ级建筑物内部控制网

内控点的布设及选型应结合建筑物的平面几何形状，组成相应图形，为保证轴线投测点的精度，内控点应形成闭合几何图形，以提高边角关系，作为测量内控点。

（3）Ⅱ级标高控制网测设

联测场区高程基准点，选用电子水准仪，按三等水准测量精度，采用附合水准的方法进行测设。各级控制点关系如图6-6所示。

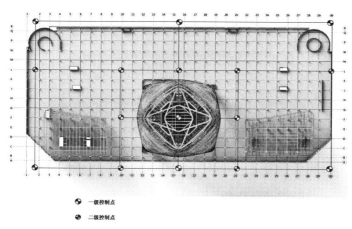

图6-6　一、二级控制点关系

3. 平面控制网的建立

（1）平面控制网的布设原则

因多高层钢结构建筑施工测量精度受结构风振、日照的影响比较大，因此平面控制网的布设经常会分阶段实施，通常进行平面测量控制基准点的竖向传递转换，减少投测高度过高的影响。地上部分平面控制基准点的竖向传递仪器一般采用高精度激光准直仪（如徕卡 ZL 型，精度为 1/20 万，该仪器在 200m 范围内接收到的光斑直径≤8mm，受大气折射率变化的影响小，夜间作业时效果更好）。在传递时，利用制作的激光捕捉辅助工具，可以提高点位捕捉的精度，减少分阶段引测误差累积。平面控制点接收流程见表6-1。

平面控制点接收流程　　　　　　　　　　　表6-1

序号	流程	示意图
1	透明塑料薄片，中间空洞便于点位标示。雕刻环形刻度	

序号	流程	示意图
2	第一次接收激光点	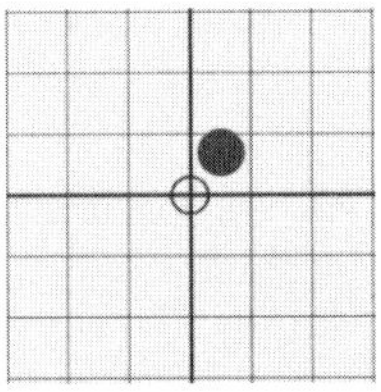
3	蒙上薄片使环形刻度与光斑吻合	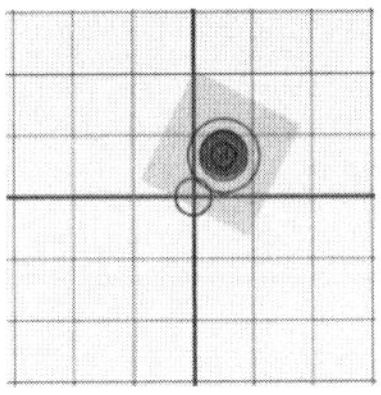
4	通过塑料薄片中间空洞捕捉第一个激光点在激光接收靶上	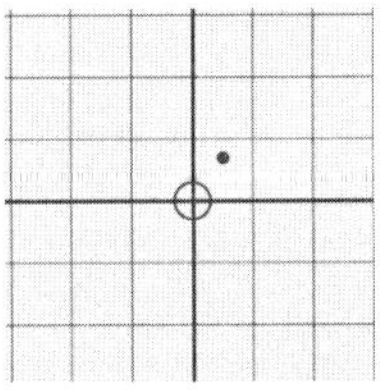
5	分别旋转激光准直仪 90°、180°、270°，用上述同样的方法捕捉到另外 3 个激光点	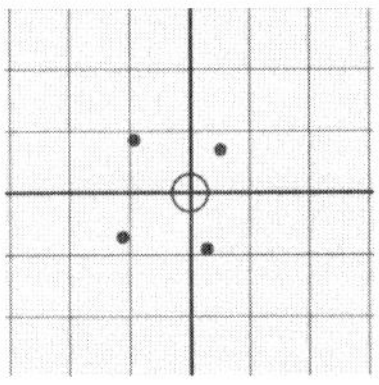
6	取 4 次激光点的几何中心，该中心即为本次投测的真正点位位置	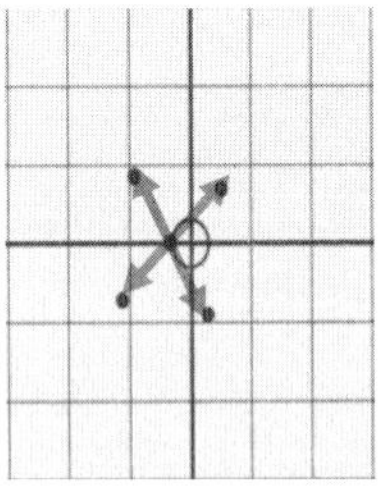

（2）地下部分平面控制网的布设

地下室施工前，根据测量控制基准点的坐标及设计图纸提供的建筑物坐标，经换算后运用高精度全站仪，宜按照现行国家标准《工程测量标准》GB 50026 所规定的四等导线控制网的要求，在基坑边稳定位置布设地下部分钢结构安装平面控制网。

（3）地上部分平面控制网的布设

在地下室施工完成后，依据基坑边布设的平面控制网，运用全站仪，按照现行国家标准《工程测量标准》GB 50026 中所规定的四等导线控制网的精度要求，一般在首层楼面布设地上部分平面控制基准网，即内控网。另外，由于首层楼面人员走动较频繁，必须对布设的平面控制点加以保护。平面布设点如图6-7、图6-8所示。

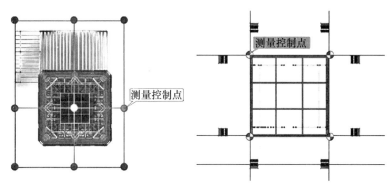

图6-7　平面布设点示意图

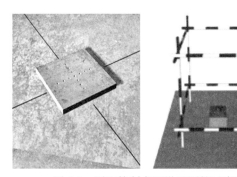

图6-8　平面控制点埋设及围护示意图

（4）平面控制网的竖向传递

平面控制网的竖向传递一般采用内控法，投点仪器选用常采用激光准直仪。楼板施工时，在控制点的正上方开设20cm×20cm方形孔洞。先在需要传递控制网的楼面水平固定好激光靶，然后在控制点上架设激光准直仪，经严密对中、整平之后，从0°、90°、180°、270°四个角度分别向光靶投点，取四点对角线的交点作为平面控制点的传递点。投测的平面控制网必须进行角度和距离检测，并进行经典自由网平差，对平差的结果进行投测点的归化改正。平面控制网竖向传递如图6-9～图6-11所示。

4. 高程控制网的建立

（1）高程控制点布设

首级高程控制点应设在不受施工情况影响的场外，并加以保护。以精密电子水准仪检测首级高程控制网，用闭合水准的方式将高程控制点引入场内，并设定固定点作为高程点。场内地面高程点经复核无误后，分别引测到各个层面上，每个层面引测4～6个标高控制点，控制点应引测到稳固的构件上，在每一层上对引测点校核，误差应在精度要求范围内。

图 6-9　穿越楼层做法示意图　　图 6-10　测量平台进行激光点位接收示意

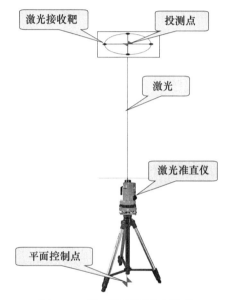

图 6-11　平面控制网投递示意

高程引测时可使用水准仪以水准路线引测，高程基准网的传递以悬挂钢尺或全站仪天顶测距法进行，并相互校核。

（2）高程控制网的传递

高程控制网的传递是在底层平面控制点预留孔正下方架设好全站仪，先精确测定仪器高，再转动全站仪进行竖向垂直测距，最后通过计算整理求得反射片的高程，然后按现行国家标准《工程测量标准》GB 50026 所规定的二等水准测量的要求把反射片的高程传递到上部结构。高程控制网的传递点不得少于 3 个。传递的控制点组成闭合水准网，并进行二等水准测量，且平差改正。高程的传递不得从下个楼层丈量上来，以防误差累积（图 6-12）。

5. GPS 全球卫星定位系统测量控制和校核

GPS 全球卫星定位系统不受天气影响，可全天候、24h 连续进行高采样率（10Hz）观测，并实时计算显示三维位移，可以直接获取观测点三维绝对位置，不需要通视，即可实现对原有测量控制系统进行独立检核。

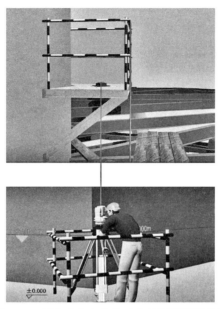

图 6-12　标高垂直向上传递全站仪测距示意图

　　应用 GPS 全球卫星定位系统采用载波相位定位和静态定位技术对每次传递的高程、平面控制点进行检查复测（图 6-13）。

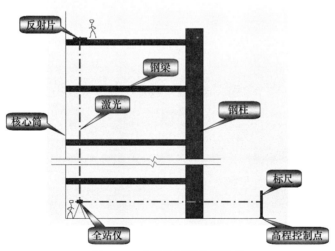

图 6-13　高程控制网传递示意

6.1.4　钢结构安装测量

1. 地下室底板施工测量控制点布设

在地下室底板处设置结构安装基准线，可作为垂准仪垂直投点的基准点。地下室底板处施工测量控制点通常利用平面控制网，采用强制归心形式的布置方式，如图6-14、图6-15所示。

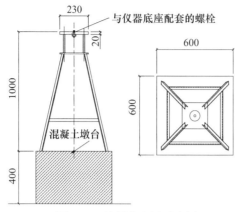

图6-14 控制点布置示意图   图6-15 控制点布置实物照片

2. 投影控制点的选择依据及测量平台的形式

应尽量保证能够直接看到钢结构标高的最高处，即尽量保证垂直传递的视线通视，防止因转点而引起误差，布设位置应考虑安装测量平台的可行性（譬如有核心筒时，可考虑布设在核心筒外侧）。选取施工控制点时，还必须保证每根立柱测量时能和至少2个控制点通视，以保证控制精度。

施工超出地面后，应能保证至少4个投影控制点同场外首级控制网能够通视，以方便传递后的校核及观测时将场外控制点作为后视。建立与土建统一的二级控制网，并设置测量操作平台，用于钢结构的测量定位（图6-16、图6-17）。

图6-16 投影控制点   图6-17 测量操作平台

3. 各分段层面施工控制点传递

在施工至某一层面时，由平面控制点垂直传递到该层，如图6-18中 A、C 点，获得各层上的 A_i、C_i 等控制点，以此为基准，对该层内各结构特征点进行放样，以进行施工控制。高程控制依此类推。

原点转点后投设的点，应每次从底层对地面基准点进行校核。检查投影至施工层面上的各点相对尺寸，作为投点精度的检验。层内构件高程控制时，使用水准仪进行观测，对个别无法观测的点或超出尺长的位置，使用钢尺进行传递。使用悬挂钢尺进行高程传递时，将钢尺一端固定在临时支架上，钢尺下端坠标准重物，以保持尺身铅垂。使用两台水准仪上下同时读数。观测值需加尺长改正、温度改正、拉力改正等（图6-19）。

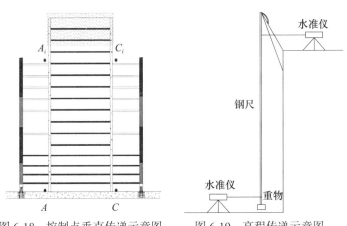

图6-18　控制点垂直传递示意图　　　图6-19　高程传递示意图

4. 钢构件安装测量的总体思路

因核心筒一般先施工，外框筒、组合楼板后施工，且核心筒一般比外框筒与组合楼板先施工6～10层左右，故核心筒的三级平面控制网宜布置在核心筒周边，形成通视，在核心筒施工完成后，其周边搭设测量平台进行水平和垂直测量，同时作为钢结构外框测量的基准点，用以测量钢梁、钢柱、桁架等结构，定位点可根据核心筒墙体的变化分阶段布置（图6-20、图6-21）。

图6-20　测量平台布置位置示意图

图6-21　钢结构安装测量示意图

5. 立柱的测量定位

钢骨混凝土柱和钢柱等立柱的测量是框架钢结构测量的重点，基础上的立柱根部在做施工控制网时同时控制，控制时平面坐标由垂准仪垂直向上传递，在层内以全站仪校核相对关系并在间隔一定高度的层面，与内筒内的土建控制传递点进行相互校核。高程采用全站仪天顶测距法直接测距，并对周边其他控制点，以钢尺垂直传递及三角高程测量的方式进行校核。使用垂准仪垂直投点的方式进行测量控制，能有效地避免结构变形影响，减少累积误差的存在。测量时间一般定在早上太阳出来前后，可以减少温度变形的误差。利用 GPS 定位系统及场外空导网（全站仪）对该层平面控制网进行一次双重校核。

（1）立柱根部测量控制

首节柱测校方法与上部柱相同。其根部以基础轴线为准，其顶部中心设测点，用垂准仪测定，保证其垂直度符合要求（图 6-22、图 6-23）。

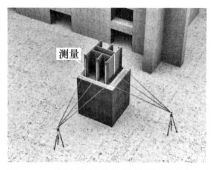

图 6-22　立柱根部定位测量示意图（一）　图 6-23　立柱根部定位测量示意图（二）

（2）立柱顶部的测量控制

由于立柱底端控制已在前期完成，因此主要是控制立柱顶端的位置，以激光垂准仪控制为主。以另一控制点及后视检查进行复核，复核无误后，固定立柱，即完成立柱的定位。

立柱安装到位后需检查其相对精度，确保放样准确。因高空无法使用钢尺量距且因钢尺的悬荡对精度有影响，因此对相对距离使用手持测距仪进行检测。

有些工程结构为满足建筑功能及造型需要，部分立柱局部呈不同程度的倾斜状，考虑到钢结构平面布置相对比较规则，可采取简化的测量定位方法，将控制点从立柱转换为与之相连的钢梁上。事先在地面根据理论位置在钢梁上弹出基准线，该线与测量控制点位置一致。立柱安装后，随即安装相连钢梁。钢梁与立柱连接一端固定，与内筒一端连接可调节，通过控制钢梁上基准线就可将钢柱准确定位，可大大加快构件定位速度（图 6-24、图 6-25）。

6. 钢梁的测量定位

钢梁的测量与定位一般采用标高控制法进行，使用全站仪进行控制，然后用水准仪对钢梁的标高进行复核（图 6-26、图 6-27）。

7. 核心筒剪力墙与桁架的测量

核心筒剪力墙与桁架的测量方法同立柱的测量，其根部以基础轴线为准，其顶部中心设测点，用垂准仪测定，保证其垂直度符合要求。不过核心筒的测量放线一般采用"内控法"，在平面控制点上架设激光垂准仪，精确对中整平后，将平面控制点引测至正在施工的顶模钢平台上，在已经安装的强制对中架上架设全站仪，经过角度闭合检查、边长距离复核，采用坐标法放线，放出核心筒剪力墙的细部轴线（图6-28～图6-33）。

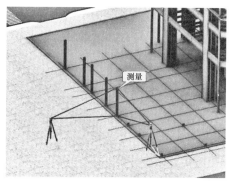

图6-24　立柱底部测量示意图

图6-25　立柱顶部测量示意图

图6-26　钢梁定位测量示意图

图6-27　钢梁校口焊接前位置复测

图6-28　核心筒内控放线示意图（一）

图6-29　核心筒内控放线示意图（二）

图 6-30 核心筒剪力墙测量示意图（一）

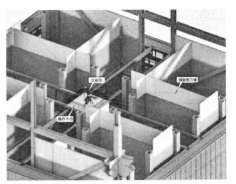
图 6-31 核心筒剪力墙测量示意图（二）

图 6-32 钢桁架测量示意图（一）

图 6-33 钢桁架测量示意图（二）

6.1.5 校正定位技术

1. 垂直度安装偏差控制

建筑钢结构安装精度要求高，允许偏差见表 6-2，为防止误差累积，削弱施工环境（日照、风力、摇摆、塔式起重机运转等）的影响，一般对垂直控制网的传递采取分段控制、分段锁定、分段投测。

钢结构安装允许偏差 　　　　　　　　　　　　　　　　表 6-2

项目	允许偏差	图例
钢结构定位轴线	$L/20000$	
柱定位轴线	1.0mm	
地脚螺栓位移	2.0mm	

项目	允许偏差		图例
柱底座位移	3.0mm		
上柱和下柱扭转	3.0mm		
柱底标高	±2.0mm		
单节柱的垂直度	$H/1000$		
同一层的柱顶标高	±5.0mm		
同一根梁两端的水平度	$L/1000 \pm 3.0mm$		
建筑物的平面弯曲	$L/2500$		
建筑物的整体垂直度	$H/2500$ 且不大于 40mm		
建筑物总高度	按相对标高安装	$\sum\limits_{i}^{n}(a_h + a_w)$	
	按设计标高安装	±30mm	

图 6-34 为某 94 层超高层建筑钢结构垂直控制网传递设置，安装过程中将塔楼 94 层分为 6 个投测段，即在 F18、F33、F50、F66、F85 层核心筒外墙设置悬挑测量钢平台，作为垂直控制网的传递层。为了提高测量精度，减少各种不利因素的影响，采用了 JZC-G20A 激光自动安平垂准仪（精度为 1/20 万）进行垂直控制网的传递。并在 F9、F25、F41、F57、F76 层上，采用徕卡 GPS1200 静态跟踪测量法对垂直控制网的点位精度进行复测，数台 GPS 接收机的观测结果经过软件处理后，其精度可以达到 3mm。

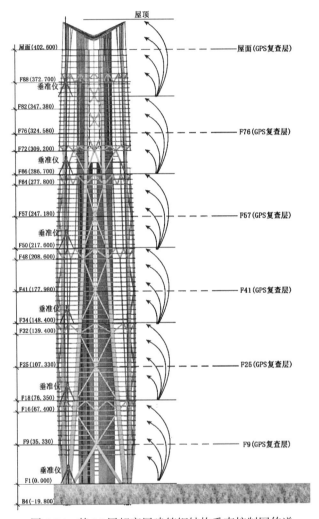

图 6-34　某 94 层超高层建筑钢结构垂直控制网传递

测量工艺：采用全站仪外控法测量，在每个监测层的四角布设监测点，埋设棱镜，按极坐标法进行测量，控制核心筒及外框巨柱垂直度。

另外由于钢材热胀冷缩的特性，工程施工周期较长，温差对钢结构的平面结构尺寸有一定的影响。选择阴天、日出前进行激光控制点的垂直向上投测，避免建筑物阴阳面温差的影响，尽量选在外界环境比较一致的情况下作业，避开四级以上大风和恶劣气候环境下作业。电子设备应实时调整内部温度参数，普通设备如钢尺必须进行温差改正，同时控制每次测量作业的时间，减少环境变化对测量过程的影响，一般对 15 层及以上位移监测每次测量时间控制在 2h 以内。

随着结构施工高度的增加，附着在结构上的大型塔式起重机在施工作业时的晃动，混凝土楼板施工的晃动都会给现场测量产生一定的影响。应根据结构自身特点及安装设备的起重能力，考虑钢结构安装的对称性和整体稳定性，采取时间上避开塔式起重机等大型设备作业高峰进行测量作业，可减少现场作业对测量精度的影响。

随着结构施工高度的增加，结构的柔性摆动可能对平面控制点的向上引测精度造成影响。采用多测回法求取平均值，可以大大消除结构柔性摆动对控制点向上投递的影响。同时采用 GPS 卫星定位技术对平面控制网的竖向传递进行校核，采用全站仪对高程控制网的竖向传递进行校核，可提高控制网传递精度，利用分段传递控制网，有效减少误差累积。

2. 测量刻画线的工厂制作

为了保证最终的安装质量，除了要在工厂制作时刻画各拼装连接处的对接标志外，还需专门制作测量控制刻画线（图 6-35、图 6-36）。测量刻画线应在构件加工完成并检验合格后制作，制作精度为 ±1mm。

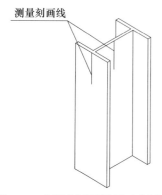

图 6-35　钢梁刻画线设置示意图

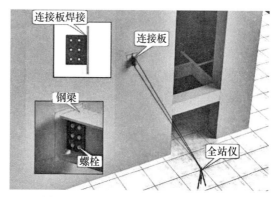

图 6-36　预埋板件刻画线设置示意图

3. 安装校正固定

测量精度仅仅是结构安装精度的一个基础条件，结构构件的安装精度还必须采用有效的校正手段和固定措施来实现。构件的校正一般采用千斤顶、捯链等装置，如图 6-37、图 6-38 所示，一旦校正结束，各连接节点处用临时定位板进行固定。

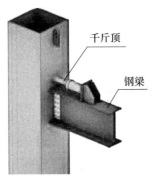
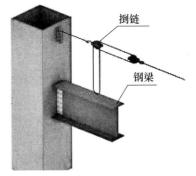

图 6-37　千斤顶校正钢柱示意图　　图 6-38　捯链校正钢柱示意图

6.1.6　测量精度质量保证措施

高层测量应采用分级布网、逐级控制的方式进行，保证一定的多余观测条件，对观测结果进行严密平差，以保证观测精度；采用的方法与仪器应能控制达到规定的精度；所有仪器进入项目现场，应进行检测标定，且经检测标定后应由专人保管使用，测量定位过程中加强复核（可利用场外控制点直接复核），防止累积误差的出现；另外应将测量时间设定在早上日出前，严格按公式进行观测值的各项改正，建立现场测量管理机构，层层把关。

1. 标高层高控制措施

为保证建筑绝对和相对标高达到设计要求，应在施工过程中采取必要的层高控制措施。

（1）制定科学的测量技术路线

应从测量控制网的建立、测量时机的选取、测量方式的选择、竖向分段传递的高度和精度控制等方面考虑，制定最佳的测量技术路线，确保楼层标高测量精度要求。

竖向标高传递工艺：高程控制采用悬吊钢尺法，将标高基准点用红油漆标注在基坑侧面上；测量过程中钢尺下段悬挂重锤，以保证钢尺的垂直度，为减少摆动，将重锤放入阻尼液桶中；每次用钢尺与水准尺联合测量法传递标高时，应改变钢尺悬挂位置，进行重复测量，以便校核。

（2）进行必要的变形补偿计算

对规模大、高度高、荷载重的超高层建筑，因塔楼或核心筒的存在，结构自身的压缩变形、混凝土收缩和徐变将会对结构标高产生一定的影响。在安装过程中应通过对竖向荷载下结构的竖向变形进行计算分析，对主塔楼外框及核心筒内部结构进行高程补偿。

竖向变形补偿工艺：对于需要进行高程补偿的竖向结构，应综合考虑其可实施性及钢结构施工的特点，结合钢结构深化设计钢柱分节情况，在钢结构柱加工前给出钢柱加工预调值，在钢柱吊装时给出现场安装预调值；在加工和安装环节共同调整，对整体结构的竖向变形作出合理有效的调整。

水平标高补偿工艺：一般超高层钢结构建筑，在装修荷载结束时，主塔楼内筒与外柱结构间会产生同一层间不同的变形量，导致结构楼板或者梁体倾斜，为了满足设计要求，减少找平施工过程中的难度，减少由于楼板水平差异产生的不安全隐患，宜在结构施工中考虑进行部分水平结构的标高差修正。

（3）变形监测保障

及时有效的变形监测是层高控制的保障。通过监测，可以为工程施工提供准确、及时的反馈信息，指导施工，判断施工工序的合理性，适时调整施工方案，实现信息化施工；同时可以为竖向补偿计算分析的修正完善工作提供大量必要的现场实践数据，使补偿计算分析更加符合现场实际；另外还可对测量工作进行必要的复核。

2. 核心筒垂直度控制措施

一般因核心筒的施工先于外框柱施工，核心筒垂直度直接影响到后续外框柱施工，而核心筒内设备标准要求高，特别是高速电梯的安装等，对施工测量精度要求更高。因此核心筒的测量控制尤其重要。

核心筒的测量平面控制一般采用内控方法进行，即在核心筒外四角设立控制点，利用激光铅直仪将控制点向上传递，在作业层形成控制网。核心筒采用爬模施工，为防止测量受施工过程影响，设计出专用测量支架，将此支架架设在核心筒角柱外伸牛腿上（图6-39）。

图6-39　附着在核心筒钢柱上支架示意图

3. 核心筒外围巨型钢柱垂直度控制措施

一般核心筒领先外框架2～3节柱，甚至更多，外框筒钢柱校正时的激光传递时，外框只有钢框架，没有混凝土楼板，而压型钢板不够稳定，晃动太大，根本无法架设仪器，同样受到悬空无测量作业面、控制点无辅助面的影响，因此宜在测量作业层核心筒四角架设测量平台（图6-40）。

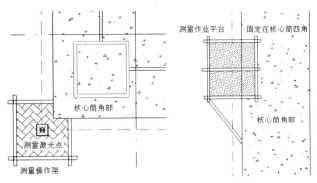

图 6-40　外框柱校核激光点接收平台示意图

6.2　施工控制技术

6.2.1　高层、超高层建筑安装变形分析与控制

1. 问题的提出

高层、超高层建筑在开工到竣工的整个过程中，会受到许多确定性或者非确定性因素的影响，包括设计计算、材料性能、施工方法、施工荷载、温度荷载、基础不均匀沉降等。这些因素都或多或少导致结构实际状态和理想状态之间的差异。施工中如何全面评价这些因素的影响，对施工状态进行预测（P）、实施（D）、监测（C）、调整（A），对实现设计目标是至关重要的。采用现代控制理论处理和解决上述问题，就称为施工控制（图 6-41）。

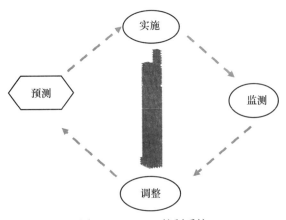

图 6-41　PDCA 控制系统

钢结构超高层建筑结构形体一般都比较复杂、施工周期长、影响结构施工质量的因素多，如结构分析模型和计算参数的准确性、结构分析方法、施工方法、施工流程、施工控制技术和结构状态监测方法等都会对结构最终状态产生影响。因此必

须采用先进的工程控制方法和系统才能确保总体控制目标的顺利实现。而要对整个施工过程进行有效的控制，施工过程关键问题的计算分析至关重要。

2. 安装变形及压缩变形控制重点、难点分析

高层钢结构建筑整体沉降、主塔核心筒及外框差异沉降、塔楼之间沉降、后浇带两侧沉降对结构垂直度的影响不容忽视。同时塔楼在自重、外加恒载影响下，压缩变形不仅影响塔楼的总高，而且内外筒不同的变形，容易造成结构施工完成后楼面的倾斜，从而影响到结构的安全性。当塔楼内外筒差异沉降明显时，如何进行竖向变形的补偿是超高层钢结构安装的难点。

控制措施：根据结构图纸和施工部署情况，从实际工况出发，对外框柱及核心筒内部结构进行高程补偿计算，根据计算结果，对结构竖向变形值以及层间变形差值进行分析，确定其高程补偿值；并结合钢柱分节情况，给出钢柱加工预调值、现场安装预调值，在安装过程中进行监测，迭代修正各个预调值，采取全过程高程补偿控制措施。

3. 施工测量重点、难点分析

高层钢结构必须充分考虑结构变形、环境温度的变化及日照对安装精度的影响，并妥善合理处理。需根据施工中实时反馈的实际监测数据，及时调整和制定阶段性控制方案。

控制措施：对累积误差的处理，采用在每一节立柱安装时在立柱接缝处进行调整的办法，逐节消除，防止因累积量过大一次性消除而对结构产生影响；对测量数据，应在设计值的基础上加上预变形值后使用，并根据施工同步监测数据，及时调整预变形值；由于环境温度变化及日照影响，测量定位十分困难，在精确定位时，必须监测结构温度的分布规律，规避日照效应，通过计算机模拟计算结构变形并进行调整。

4. 总体对策和目标

结构施工控制的目的在于确保结构施工过程中和完成后结构内力在设计许可的范围内，确保施工过程中结构的几何形态，为后续工种施工创造良好条件，确保建筑完成并承受设计荷载后，其几何形态符合设计要求，建筑功能能够正常发挥。因此结构施工目标包括以下几个方面：（1）几何（变形）控制；（2）应力控制；（3）稳定控制；（4）安全控制。

几何控制和应力控制是最基本的两个方面，稳定控制和安全控制可以通过几何控制和应力控制来得到保证。结构施工完成并承受设计荷载以后，其实际状态与理想状态的差异性限度，就是施工控制的总体控制目标。结构施工控制总体目标的确定是一项系统工程，涉及建筑功能的发挥和社会经济技术发展水平。

施工控制的总体目标主要包括两个方面：几何形态，锁定内力。对几何形态实施有效控制能够保证建筑外形实现设计的要求；对锁定内力和结构稳定实施有效控

制则是为了保证结构在建成时达到健康状态，满足长期使用的要求。简而言之，施工控制的目标是：几何变形不超差，结构内力不超限。

保证成型后结构的几何形态是施工控制的首要目标，结构内力随结构施工的变化分析，也是保证结构安全的重要内容，需通过详细全面的计算分析，对施工过程的各个关键问题进行分析和控制，确保内力的变化处于设计要求的目标范围之内。

施工控制系统的组成和流程顺序如下：

（1）预测（结构计算分析），包括建立目标控制模型，选择最优施工方法，确定结构理想预变形及其实用简化方法；

（2）实施（详见钢结构和钢筋混凝土结构施工方案）；

（3）监测（施工监测）；

（4）调整（施工调整的措施和手段）。

6.2.2 分析的关键问题和计算手段

1. 分析的关键问题

结构的施工过程中，边界、质量、物理、几何、荷载条件都在不断地发生着变化，这使得结构的施工过程中，结构构件的内力和变形不断累积变化，需要对每个阶段的内力和变形进行跟踪计算，找到施工过程中最危险的阶段进行准确控制，才能确保结构施工的安全。

由于安装过程中，结构或构件已经产生了变形，这会影响到后续构件的加工尺寸，因此必须跟踪计算，才能得到与结构施工过程相一致的内力和变形。但通常的结构施工过程中，结构变化过程都比较缓慢，是标准的慢速时变过程，因此可以采用时间冻结法进行计算和分析。

2. 计算手段

在进行施工力学数值分析时，由于结构变化过程在施工过程中可以处理为慢速时变过程，如前所述，可以采用时间冻结法进行分析。对于结构的安装过程而言，可以将结构的安装状态改变分为四种基本的情况：边界约束条件的变化，荷载变化，拆除、增加构件及构件几何特性的变化。

按照结构施工的顺序，对各个阶段进行连续计算是施工过程计算的基本要求。同时为了保证结构施工过程的安全，需要按照不同阶段下施工荷载的具体情况对结构的变形、内力和稳定进行验算，验算的对象包括永久结构和临时结构。对结构施工状态内力和变形进行计算时，需考虑前一阶段结构内力和变形对后一阶段内力和变形的影响，以准确评价结构安装时期的内力和稳定状态。

对安装期的各个阶段进行稳定计算时，刚性结构的部分结构体系和结构构件必须满足结构稳定要求，结构施工状态稳定性和临时支撑可以通过有限元方法求解，结构构件可按照现行国家标准《钢结构设计标准》GB 50017 的公式计算。对安装期永久结构和临时结构进行验算时，可依据现行国家标准《建筑结构荷载规范》GB 50009 对施工期荷载进行组合。结构的施工力学计算需采用两种以上经过国家权威机构认定的软件完成，以确保计算结果的可靠性。

3. 施工全过程荷载分析

结构安装的施工力学计算需要考虑的荷载有恒载（结构自重）、施工活荷载、温度荷载、风荷载、地震作用等。通常情况下不考虑地震作用的影响，对于永久结构的施工阶段的力学分析，风荷载的取值可以依据现行国家标准《建筑结构荷载规范》GB 50009 确定；对于临时支撑体系，一般情况下可以依据当地的具体情况，制定一般使用状态下的取值，但按照极限状态计算时，需按照规范进行取值。

6.2.3　施工全过程仿真分析

1. 评价内容

施工全过程仿真分析的主要内容是进行在不同施工阶段恒载条件下的结构分析，以便确定结构的变形和内应力的累积变化规律。该规律用于指导制定合理的施工工艺，使最终形成的结构满足设计文件及相关规范的要求。

首先，结构受力体系是在结构终态的基础上进行分析，而在结构施工过程中，结构处于非完整体系状态，此时结构受力系统与终态受力系统存在较大差异，故需要对施工过程中结构的受力进行详细的分析，以保证结构施工过程中及后期使用的安全性。

其次，结构建成后的建筑效果是否能很好地体现其关键在于施工控制质量的好坏。因此，必须在整个结构建造过程中，详细了解每一工况下结构的变形情况，为现场的施工控制提供前期性的控制理论依据。与此同时，为保证结构建成后的构件残余应力最小，必须对结构施工过程中的内力分布及变化进行分析。

2. 恒载作用下结构变形与内力跟踪分析和评价

随着钢结构构件安装的进行，需要进行施工全过程分析，以预测竖向构件之间的变形差异值，预先采取措施，减小变形差异，使之达到变形协调。施工跟踪模拟分析一般采用时间冻结法，图 6-42 为对南京某超高层建筑施工过程各阶段中劲性混凝土柱进行有限元分析时选取的劲性混凝土柱位置，在结构验算过程中，假定钢柱的每一分段均以设计理论坐标定位，以消除前道工序的累积误差，图 6-43 为采用 MIDAS/Gen 2018 时间冻结法仿真分析得到的柱 4 的压缩变形值。

计算结果表明，在后道工序的影响下，钢柱节点的最大竖向压缩累积变形仍达63mm 左右，不符合安装精度要求，考虑到安装误差及温差的影响，不采取措施，亦难以符合结构安装精度要求。

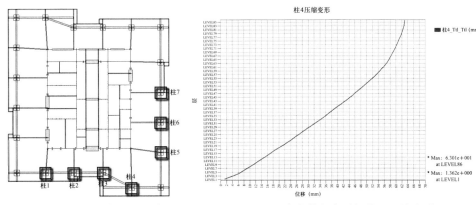

图 6-42 南京某超高层钢柱编号　　　　图 6-43 南京某超高层钢柱 4 压缩变形

3. 压缩变形补偿值确定

根据施工全过程分析，通过竖向构件在"找平"基础上的竖向位移比较与位移差预测，综合考虑实际施工过程中压缩变形随时间不断变化和发展的因素，在施工过程中考虑利用压缩变形补偿值进行修正，保证实际施工过程中，各楼层标高、建筑物总高度以及内筒外框之间的变形差得到控制。

对于结构进行高程补偿，最为合理的办法是在钢结构构件加工过程中，通过对构件长度进行补偿修正（通常是加大构件长度尺寸），对竖向结构构件进行竖向变形补偿。在施工阶段分析中，应提取每个阶段当前步骤的位移，可以计算出累积变形，绘制外框柱与核心筒剪力墙累积压缩变形曲线。结合钢结构深化设计外框钢柱分节情况，初步设定钢柱加工理论分析竖向预调值。

例如图 6-42 所示工程在塔楼施工结束时，计算出的核心筒累积压缩变形最大为 63mm。以此变形值为初步依据可计算得出相应的补偿值，控制施工过程中各个楼层主要钢结构竖向构件的加工补偿量和安装预调标高，达到对整个主体结构进行高程补偿的目的。该工程钢柱共划分为 28 个分段，根据施工计算可对每节钢柱加放约 2.2mm 的收缩余量。同时在现场安装时对于四道桁架下节钢柱分段处进行测量，将现场测量的结果反馈给加工厂以预留加工预调值。

6.2.4 超高层建筑安装变形分析与控制案例

1. 项目概述

某工程塔楼建筑高 428m，主结构高 402.6m，采用巨型支撑框架核心筒－伸臂桁架抗侧结构体系。该工程塔楼结构为一混合结构，塔楼内、外筒施工不同步，筒体先行，框架跟进。内筒竖向结构施工往往先于外筒 7～9 层，内筒先于外筒变形。内筒主要以混凝土结构为主，含钢率较低，外筒则由钢框架组成，在施工过程中，受结构自重、施工荷载、混凝土收缩、徐变等的影响，不同构件之间的竖向变形差将导致建筑标高、层高与结构设计值存在一定的差异，产生附加内力。另外，施工速度、施工时间差、施工方案等的不同也会导致结构在施工过程中的受力状态不同，产生的竖向变形也就不同。

2. 塔楼整体施工过程分析

目前国内的大部分结构设计软件在进行结构设计时，都是采用一次加载的方法，即将结构使用荷载加载到全结构上，进行一次分析。但是建筑在实际施工过程中是逐层逐渐成形的，是一个慢速时变结构力学问题。传统的一次加载的方法未考虑施工过程的影响，与建筑的实际建造过程不相符。另外，对于超高层建筑而言，其结构刚度、材料强度、荷载以及边界条件都是随着时间发生变化的，一次加载的方法计算结果就不够精确，因此只有对施工全过程进行精确模拟，才能得到与实际结构状态一致的分析结果。

进行施工精确模拟确定结构在施工中的受力及变形状态通常采用以下假定：

（1）结构逐段或逐层施工，混凝土达到一定强度后再拆除模板，结构自身承力；

（2）下部已施工楼层的荷载对上部未施工楼层受力没有影响，上部楼层变形作为荷载施加在下部楼层上，结构变形是叠加的；

（3）结构基础整体性良好，结构地基基础的沉降是均匀的，结构构件的竖向变形不受基础沉降的影响；

（4）分析时考虑结构施工过程中按阶段逐段找平。

MIDAS/Gen可以进行施工全过程模拟分析，本项目根据施工流程，采用MIDAS/Gen分析了14个典型工况（表6-3），各工况连续进行，每个工况中，核心筒施工领先于外框筒7～9层，计算荷载主要为恒载（包括核心筒混凝土自重及外框结构自重）、施工活荷载、塔式起重机支反力等，计算分析考虑了模型的累积效应，MIDAS程序可将"死"单元（不参与当前工况分析的构件）逐次激活，模拟结构在整个施工阶段过程中的刚度和重力荷载变化。在建立模型时，包括全部结构的节点和单元。将整个施工过程分为若干各主要阶段，进行第 n 阶段结构在重力荷载作用下的受力分析时，将在其后阶段安装的单元指定为"死"单元，这些"死"单元不具有刚度和重力荷载作用。在进行 $n + 1$ 阶段施工的受力分析时，在该阶段施工的"死"单元被激活，恢复应有的刚度和自重效应，在其后阶段施工的单元仍保持为"死"单元。

选定的 14 个典型的分析工况对应的施工阶段   表 6-3

施工阶段	核心筒层数	外框柱层数	施工时间（持续天数）
Stage1	1F	1F	155
Stage2	10F	1F	50
Stage3	18F	10F	50
Stage4	26F	18F	40

施工阶段	核心筒层数	外框柱层数	施工时间（持续天数）
Stage5	34F	26F	40
Stage6	43F	35F	55
Stage7	50F	42F	40
Stage8	59F	51F	61
Stage9	66F	58F	40
Stage10	77F	67F	55
Stage11	82	74F	40
Stage12	90F	83F	40
Stage13	核心筒顶层	90F	40
Stage14	核心筒顶层	塔冠	55

MIDAS/Gen 在分析中，通过考虑混凝土构件弹性模量随龄期的变化，来反映强度发展的效果。可以根据规范 ACI、CEB-FIP 或者混凝土设计规范定义混凝土强度发展函数，也可以用户直接输入。MIDAS/Gen 参照已经定义了的强度发展函数，来计算各个阶段随时间变化的混凝土强度。单元的时间依存特性（徐变、收缩、强度发展）是通过与一般材料性质相连接而实现的。图 6-44～图 6-47 为该项目 C60 混凝土在 MIDAS 软件中的徐变、收缩及抗压强度随时间变化参数的相关定义。

图 6-44　混凝土材料参数定义

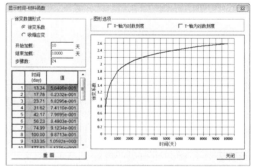

图 6-45　混凝土徐变参数定义

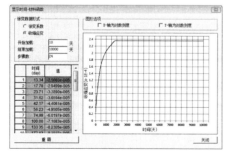

图 6-46　混凝土收缩参数定义

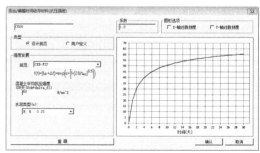

图 6-47　混凝土抗压强度参数定义

经计算分析，全过程施工分析的结果见表 6-4，表中包括核心筒剪力墙与外框柱的竖向变形及应力分布情况。

全过程施工分析结果 　　　　　　　表 6-4

施工阶段	核心筒剪力墙竖向位移（mm）	核心筒剪力墙最大应力（N/mm²）	外框柱竖向位移（mm）	外框柱最大应力（N/mm²）
Stage1	2.5	6.1	0.4	6.9
Stage2	5.6	6.5	0.4	6.9
Stage3	10.0	7.4	4.1	36.1
Stage4	14.1	8.1	4.8	40.0
Stage5	19.7	8.7	5.9	43.2
Stage6	26.9	9.4	8.3	46.8
Stage7	33.2	9.8	9.8	50.4
Stage8	41.6	10.3	13.9	63.7
Stage9	48.0	10.7	17.4	72.2
Stage10	55.9	11.0	22.5	84.3
Stage11	60.0	11.2	25.2	90.7
Stage12	64.6	11.4	29.9	98.3
Stage13	68.7	11.5	34.5	105.3
Stage14	71.7	11.5	37.5	109.9

从上述计算结果可以看出，在施工全过程中，核心筒剪力墙和外框柱的应力满足施工要求，其变形呈现出底部和顶部竖向变形小，中段竖向变形大的规律。

3. 塔楼外框巨柱与核心筒压缩变形分析

当结构施工结束时，整个塔楼的竖向位移达到最大值，而内外筒之间的位移差也进一步增大，为此，下面列出塔楼结构施工结束时，内外筒对应位置的位移以及位移差，由于结构呈对称布置，选取了其中一根巨柱及其对应的核心筒部位作为计算取值参考点，选取的参考点如图 6-48 所示，在施工完成之后，绘制外框柱、核心筒在施工过程中的竖向位移曲线如图 6-49 所示。

由图 6-49 看出，塔楼结构施工过程中存在明显的压缩变形产生的位移，该位移随着结构层数的增加不断增长，至结构施工完成时内筒最大位移为 69.9mm，出现在 43 层，塔楼外框巨柱最大位移约 37.4mm，出现在 51 层。

塔楼竖向位移值较大部位处于结构中部附近，结构底部与顶部压缩变形均较小。这与竖向位移上大下小的分布规律不符，产生这种结果的原因如下：首先，塔楼每次施工过程均进行找平，本层因下部结构压缩产生的位移会进行补偿；其次，上部楼层施工结束后，其进一步增加的荷载较下部楼层明显减小，这就导致上部楼层因压缩产生的变形较小；再者，塔楼底部结构虽然承受较大的设计荷载，但其位移主要来自压缩变形而整体位移较小，这就导致下部楼层整体位移同样较小。

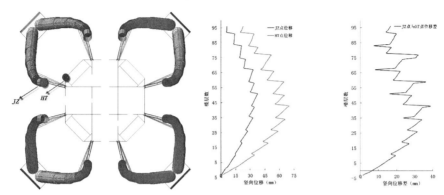

图 6-48　巨柱与核心筒参考点选取　　图 6-49　巨柱与核心筒竖向变形曲线

塔楼核心筒剪力墙与外框柱间最大位移差约 38.5mm，出现在 43 层。

4. 纠偏措施、按层标高调平方案分析

由前述分析可知，结构的内筒和外框架之间存在竖向变形差，同时外框架柱之间也存在变形差，这对结构的承载能力和正常使用都有一定的不利影响，据本项目的特点采取如下措施。

核心筒超前外框架施工，能使核心筒的收缩徐变变形提前发生，从而减小剪力墙和外框巨柱的竖向变形差。一般而言，对于普通的高层混合结构建筑（20～30层），核心筒可超前外钢框架施工 4～8 层，对于超高层混合结构建筑（40层以上），核心筒可超前外钢框架施工 6～12 层。该工程考虑各方面因素，制定核心筒先于外框架 8～9 层的施工计划，达到了减小核心筒和外框柱竖向变形差的效果。

在实际施工中严格进行找平施工可以有效地控制结构竖向变形差。施工找平就是把施工的楼层实时调整到设计标高，这样也就相当于对已建部分结构发生的竖向变形进行了补偿，可以显著减小竖向变形，但这种补偿的方式对此后施工的楼层的竖向变形没有补偿效果。施工找平对结构竖向变形的控制有着非常明显的作用，因此在施工过程中需要加强对施工找平工作的重视程度。

根据施工全过程模拟分析得到的各个构件在整个施工过程中的竖向变形情况，将钢柱的下料长度调整为设计长度加变形长度，以补偿框架柱的变形差。由于对每层每个框架柱分别进行补偿会给实际构件的下料和加工增加很大的工作量，所以这种通过调整钢柱下料长度的补偿可以隔一定数量的楼层进行定长补偿，以达到方便施工的目的。对于核心筒，可以调整其与钢梁连接的预埋件埋设位置或者增大埋件尺寸，既便于与钢结构构件连接，同时也能达到减小竖向变形差的目的。

为减小由于竖向变形差引起的附加应力，可以在结构的恰当位置设置特殊节点。这些节点可以具有一定的变形能力，以释放结构中由于竖向变形差引起的附加内力和附加应力。同时结构中的受力构件和非受力附属构件之间也可以采用柔性连接，以避免受力构件将附加内力传递至非受力构件，引起非受力构件的破坏，如可以在框架与填充墙、幕墙之间采用柔性连接。

在施工过程中，应进行结构变形监测。通过对施工过程结构变形状态的实时监测可以得到结构变形的实时数据，对这些数据进行分析并与理论计算相比较，可以得到在当前施工情况下结构所处的受力及变形状态。同时也可以通过本阶段的变形数据得出下一个施工阶段所需注意的事项及变形控制的措施。这样通过"监测—施工调整—监测—再调整"的过程，不断纠正施工中出现的竖向变形差，使结构竖向变形差保持在较小的水平，使结构尽可能与设计状态相近，保证结构在施工过程及正常使用中的安全可靠。

5. 压缩变形补偿值确定

根据前述塔楼施工全过程分析，可以得知外框柱与核心筒剪力墙在"找平"基础上的竖向位移与位移差。而实际施工过程中压缩变形是随时间不断变化和发展的，需对施工过程中的外框柱与核心筒剪力墙的累积压缩变形进行预测、修正。在MIDAS/Gen 施工阶段分析中，提取每个阶段当前步骤的位移可以计算出累积变形，绘制的外框柱与核心筒剪力墙累积压缩变形曲线如图 6-50、图 6-51 所示。

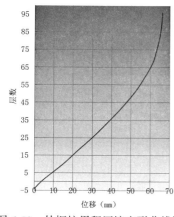

图 6-50　外框柱累积压缩变形曲线图

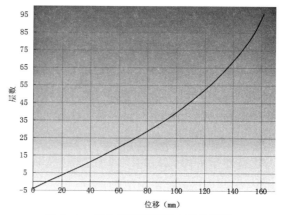

图 6-51　核心筒累积压缩变形曲线图

由图 6-50、图 6-51 变形曲线可知，在塔楼施工结束时，计算出的核心筒剪力墙累积压缩变形为 161.5mm，外框巨柱的累积压缩变形达到 66mm。以此变形值为初步依据可计算得出相应的补偿值，控制施工过程中各个楼层主要钢结构竖向构件的加工补偿量和安装预调标高，达到对整个主体结构进行高程补偿的目的。

对于结构进行高程补偿，最为合理和经济的办法是在钢结构构件加工过程中，通过对构件长度进行补偿修正（通常是加长构件长度尺寸），对竖向结构构件进行竖向变形补偿。该工程各外框巨柱截面一致，受力比较均匀，拟设定统一的压缩变形预调值，结合目前钢结构外框巨柱分节情况，初步分为 20 次对外框巨柱的压缩变形进行补偿，设定的钢柱加工预调值见表 6-5。

钢柱加工预调值确定 表 6-5

钢柱分节	第 1 节	第 2 节	第 3～7 节					第 8～10 节		
预调值（mm）	2	2	3	3	3	3	3	4	4	4
钢柱分节	第 11～16 节						第 17～19 节			第 20 节
预调值（mm）	4	4	4	4	4	4	3	3	3	2

表 6-4 中的加工预调值是根据投标时外框钢柱初步分节计算所得的，若施工过程中钢柱分节有所变化，则表中数值应作相应调整。

6. 伸臂桁架安装时机的选择

为更有效发挥周边框架的抗侧作用，提高风荷载和地震作用下结构整体抗侧刚度，超高层框架-核心筒结构一般利用设备层和避难层空间设置刚度较大的水平加强层，加强核心筒和周边框架的联系，使之形成刚臂调动周边框架柱轴力形成抵抗倾覆力矩的力偶，构成抗侧效率更高的带水平加强层的框架-核心筒结构体系。该工程共设置两道伸臂桁架，分别在 48 层与 64 层。

一般超高层建筑伸臂桁架的腹杆在安装时有两种选择：（1）先进行临时固定，只在初固螺栓孔安装销子，不安装高强度螺栓，通过销子在初固螺栓孔中的转动或滑动释放剪力墙和外框柱之间的竖向变形差，待主体结构封顶后再最终连接；（2）下层伸臂桁架先临时固定，待施工至上一伸臂桁架层时再固定下一层的伸臂桁架，以消除施工阶段重力荷载下由竖向变形差异引起的初始内力。

根据钢结构设计说明，为保证外框巨柱、巨型支撑在施工阶段的稳定性，伸臂桁架不后装。图 6-52～图 6-55 为塔楼施工阶段完成，伸臂桁架不后装情况下，伸臂桁架层及对应核心筒部位的位移与应力分布情况。

由上述分析可知，48～50 层外框巨柱与核心筒间最大变形差异为 30mm，64～66 层外框巨柱与核心筒间最大变形差异为 25mm，沉降差值均较大；在伸臂桁架不后装的情况下，伸臂桁架杆件应力均满足要求。

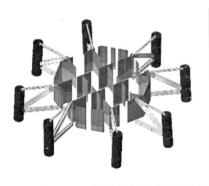

图 6-52 48 层伸臂桁架及核心筒位移

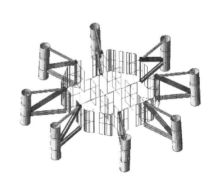

图 6-53 48 层伸臂桁架应力

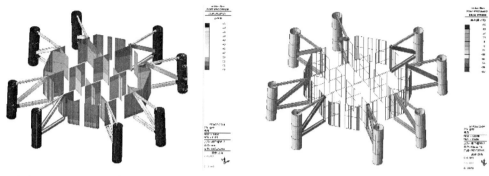

图 6-54　64 层伸臂桁架及核心筒位移　　　　　图 6-55　64 层伸臂桁架应力

由于设置伸臂桁架，水平构件产生较大的轴向应力，需对伸臂桁架与核心筒之间水平连接杆件的应力进行控制，各层伸臂桁架水平杆件应力如图 6-56、图 6-57 所示。

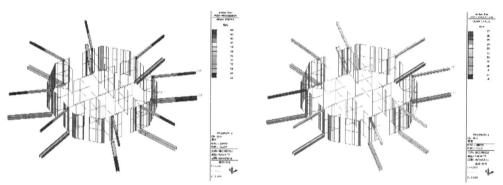

图 6-56　48 层伸臂桁架水平杆应力　　　　　图 6-57　64 层伸臂桁架水平杆应力

可见，由于设置伸臂桁架，水平构件产生较大的轴向应力，最大达到 52MPa，混凝土楼板面内应力较大，可能产生开裂现象。为保证外框巨柱、巨型支撑在施工阶段的稳定性，该工程伸臂桁架腹杆先进行临时固定，待结构封顶，外框巨柱与核心筒变形较为稳定后，再进行伸臂桁架腹杆的焊接固定，这样也可以同时降低伸臂桁架层所在楼层混凝土楼板的面内应力，减小了楼板开裂的可能性。

6.2.5　钢结构安装控制技术

1. 钢柱安装控制技术

钢柱节点一般采用吊耳吊装，安装时在临时连接板上设置千斤顶调节钢柱节点的标高，水平位移通过侧向的千斤顶调节（图 6-58）。构件吊装时先对准临时连接板，粗检位置正确后松钩，采用全站仪配合千斤顶进行位置微调。焊接完成后对钢柱再次进行精度测量（图 6-59）。

2. 桁架安装控制技术

（1）桁架弦杆的安装控制

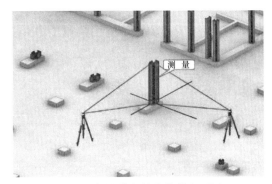

图 6-58　柱标高控制与水平位置调节　　　图 6-59　钢柱分段的安装精度测量

桁架下弦杆在上翼缘处设置吊装耳板，由于桁架处节点较复杂，每个牛腿的角度均需进行复核，尽量减少各接口的错边误差，每个接口均采用临时连接板定位固定（图 6-60、图 6-61）。

图 6-60　桁架下弦杆安装调节　　　　　　图 6-61　桁架上弦杆安装调节

（2）桁架腹杆吊装控制

腹杆由于其自身为倾斜构件，吊装时需要通过捯链调节倾斜状态，与就位状态一致后进行临时固定，桁架杆件安装过程采用全站仪对其位置和标高进行监测（图 6-62、图 6-63）。

图 6-62　桁架斜腹杆安装调节　　　　　　图 6-63　桁架直腹杆安装调节

3. 钢梁安装控制技术

钢梁的安装顺序为先主梁后次梁，先下层后上层。即平面上先安装主框架钢梁，再安装次梁，立面上由下至上安装。钢梁工厂加工时应按设计要求进行起拱（图6-64）。

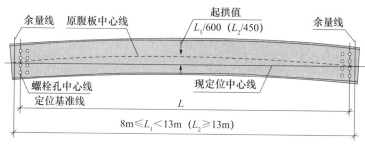

图6-64　钢梁安装质量控制技术

（1）钢梁吊装。先在钢梁两端拴棕绳作溜绳。这样有利于保持钢梁空中平衡，以提高安装效率。钢梁的吊装钢丝绳绑好后，先在地面试吊2次，离地5cm左右，观察其是否水平，是否歪斜，如果不合格应落地重绑吊点。对较长的构件，应由专业工程师事先计算好吊点位置，经试吊平衡后方可正式起吊。

（2）钢梁吊装就位、临时固定。当钢梁徐徐下落到接近安装部位时，起重工方可伸手触及梁，并用带圆头的撬棍穿眼、对位，先用普通的安装螺栓进行临时固定。次梁穿高强度螺栓时，必须用过眼样冲将高强度螺栓孔调整到最佳位置，而后穿入高强度螺栓，不得将高强度螺栓强行打入，以防损坏高强度螺栓，影响结构安装质量。严禁发生梁不到位，起重工就用手生拉硬拽强行就位现象发生。

（3）校正。钢梁的轴线控制：吊装前对每根钢梁标出钢梁中心线，钢梁就位时确保钢梁中心线对齐钢柱牛腿上的轴线。主次梁、牛腿与主梁的高低差用精密水平仪测量，并使用校梁器进行校正。

（4）高强度螺栓连接或焊接。调整好钢梁的轴线及标高后，用高强度螺栓换掉用来进行临时固定的安装螺栓。一个接头上的高强度螺栓应从螺栓群中部开始安装，逐个拧紧。初拧、复拧、终拧都应从螺栓群中部向四周扩展逐个拧紧，每拧一遍均用不同颜色的油漆作上标记，防止漏拧。终拧1h后48h内进行终拧扭矩检查。

4. 压缩变形的补偿

通过施工全过程分析，根据外框柱与核心筒剪力墙在"找平"基础上的竖向位移与位移差，提取每个阶段当前步骤的位移计算出累积变形，在安装施工前确定压缩变形的补偿方案，保证安装精度（图6-65）。

5. 超重、超大截面巨柱安装技术

超高层建筑中外框构件重量巨大，有的巨型钢柱沿竖向折线倾斜向上布置，结构高空安装定位难度大，安装精度要求高（图 6-66）。需从施工难度、施工质量和施工进度等多方面进行对比分析，选择出最佳的巨柱分节方案，并根据构件截面和构件重量设计出吊耳（包含截面分段和不分段）和柱连接板（包含纵向和横向连接板），保证吊装质量和安全。

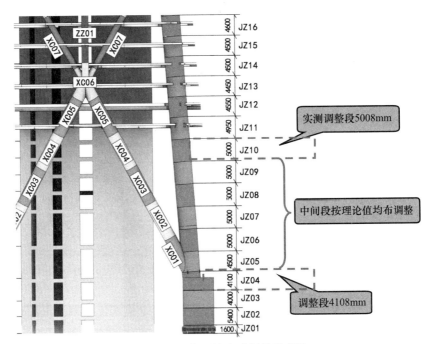

图 6-65　局部压缩变形调整示意图

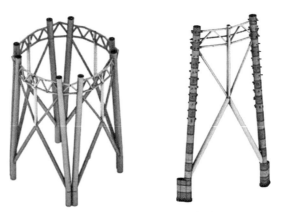

图 6-66　巨型钢柱分段示意图

6. 典型倾斜巨柱安装控制技术

倾斜巨柱结构中沿竖向双向倾斜的巨柱吊装，需根据巨柱重心位置调节巨柱安装空中姿态。巨柱吊装至脱离地面状态后，通过双向调节捯链调整巨柱吊装过程中的空中姿态。巨柱吊装就位时，在巨柱下部四个方位设置临时缆风绳，通过缆风绳稳定巨柱吊装过程中的安装姿态，保证与巨柱下端钢柱准确对接。巨柱校正主要采用千斤顶，当巨柱构件安装有错位时，需采用构件错位调节措施进行校正，主要工具包括调节固定托架和千斤顶（图6-67）。

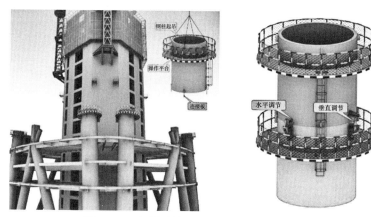

图 6-67　巨型倾斜钢柱安装控制技术示意图

6.2.6　施工过程的状态监测

1. 状态监测的目的与任务

（1）监测目的

在多高层装配式钢结构施工过程中，必须对形成中的建筑物的实时状态进行监测，预测其发展趋势，指导合理的施工，进行过程监控。为永久结构和临时结构的施工过程提供安全保障，保证结构内力处于合理的状态，使永久结构在施工完成后，处于健康状态。检测过程通常采用 GeoMoS 实时动态变形监测软件，以及相应的平差处理软件，进行数据处理分析。

（2）监测任务

一般高层建筑测量监测项目包括：基础沉降、建筑物结构的整体变形、基槽边坡变形的安全监测等。为能精确地反映出被监测实体在不断变化情况下的变形情况，在相对变形、局部地基变形的观测中，误差均不应超过变形允许值的 1/20；在建筑物整体性变形的观测中，误差应不超过允许垂直偏差的 1/10；在结构阶段变形的观测中，误差应不超过变形允许值的 1/6。

2. 观测点位的布控

（1）基准点的布控

基准点是变形观测的依据，一般高层建筑施工时间长，经常借用场区施工测量定位控制桩点替代，采用深埋钻孔桩用套管桩与周围土体隔开的方式直入地下持力层，或者在沉降已确认稳定的永久性建筑物结构上设置，并设明显标识，基准点应确保在整个施工期间点位稳定性可靠，并且对其每半年检测一次。

（2）工作基点的布控

工作基点是变形观测中使用的控制点，应沿建筑物基础四周布设在变形影响范围以外，或者在场区周围沉降已确认稳定的永久建筑物结构上，便于长期保存和联测的稳定位置。通过场区测量基准点定期或不定期地对其进行检测，从而保证在进行变形观测前控制点的可靠性，要求对其每季度检测一次。

（3）结构整体变形观测点的布控

变形观测点是直接反映建筑物变形的参照点，应与变形体固结为一体，并结合实际情况，布设在能敏感反映变形的位置。出于通视条件的考虑，通常在结构外轮廓线上的测点用棱镜制作并固定，用全站仪监测。在每节点外框架钢结构完成时需进行监测，还应结合施工中的特殊要求，增加观测次数。

3. 基础沉降观测

（1）沉降观测点的布设

为了能够反映出建（构）筑物变形特征和准确的沉降情况，沉降观测点要埋设在变形明显且便于观测的位置。建筑物上设置的沉降观测点纵横向要对称，且相邻点之间间距以 10～15m 为宜，均匀地分布在建筑物的周围、高低跨两侧、后浇带两侧及特殊部位。埋设的沉降观测点要符合各施工阶段的观测要求，特别要考虑到避免装修装饰阶段因墙或柱饰面施工而破坏或掩盖住观测点，不能连续观测而失去观测意义。基础沉降观测工作程序如图 6-68 所示，基础沉降观测技术要求见表 6-6。

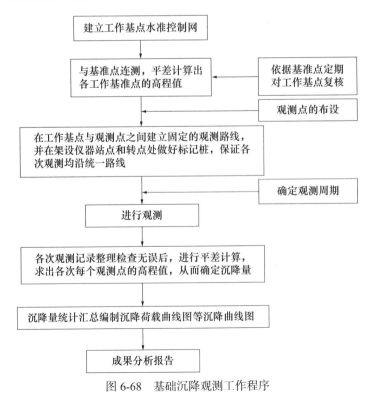

图 6-68　基础沉降观测工作程序

基础沉降观测技术要求 表 6-6

变形测量等级	相邻基准点高差中误差（mm）	测站高差中误差（mm）	往返较差及附和或环线闭合差	检测已测测段高差之差
二等	±1.0	±0.30	$\leqslant 0.6\sqrt{n}$	$\leqslant 0.8\sqrt{n}$

注：n 为测站数。

（2）观测频次

观测频次应根据编制的沉降观测方案及确定的观测周期进行确定。建筑物的沉降观测对时间有严格的限制条件，特别是首次观测必须按时进行，否则沉降观测得不到原始数据，而使整个观测失去完整的观测意义。其他各阶段的复测，根据工程进展情况必须定时进行，不得漏测或补测。

首次观测应自基础开始，在基础上按设计好的位置埋设临时沉降观测点，等临时观测点稳固好，进行首次观测。首次观测的沉降观测点高程值是以后各次观测用以比较的基础，其精度要求非常高，施测时要求每个观测点首次高程应在同期观测两次后决定。

随着结构每升高一层，临时观测点移上一层并进行观测，直到 ±0.000 层再按规定埋设永久观测点（为便于观测将永久观测点一般设于 +500mm 处）。然后每施工一个节点钢结构以及一个节点钢结构段的混凝土复测一次，直至竣工。

当建筑物突然发生大量沉降、不均匀沉降或严重裂缝时应立即进行逐日或几天一次的连续观测。周期性观测中，如与上次相比出现异常应及时复测，当复测成果或检测成果出现异常，或测区受到如地震、洪水、爆破等外界因素影响时，应及时进行复测。

（3）观测方法及要点

应采用独立高程体系，闭合几何水准测量。沉降观测自始至终要遵循"五定"原则。所谓"五定"，即通常所说的沉降观测依据的基准点、工作基点和被观测物上的沉降观测点，点位要稳定；所用仪器、设备要稳定；观测人员要固定；观测时的环境条件基本一致；观测路线、镜位、程序和方法要固定。

在观测过程中，操作人员要相互配合，工作协调一致，认真仔细，做到步步有校核。要严格按测量规范的要求施测，前后视观测最好用同一水平尺，各次观测必须按照固定的观测路线进行，在同一测站上观测时，不得两次调焦。

（4）数据处理与分析

沉降观测一般采用数字水准测量仪器进行，数据采集和分析将实现数字化和程序化。每次观测结束后，应通过软件处理后，将观测数据、观测结果和根据已有成果分析得出的变形规律及发展变化趋势等信息，以电子和书面两种形式及时反馈给相关部门。当建筑物 24h 连续沉降量超过 1mm 时应停止施工，会同有关部门采取应急措施。

6.2.7 其他变形影响的监测

1. 日照变形观测

由于受强阳光照射或辐射时，钢构件会产生变形，为了能够正确指导施工安装，应测定建筑物上部由于向阳面与背阳面温差引起的偏移及其变化规律。宜采用从建筑物外部观测的方法，观测点选在受热面的不同高度处与底部适中位置，并设置照准标志，对于单根柱可直接照准顶部与底部中心线位置。

日照变形的观测时间，宜选在夏季的高温天气进行，一般的项目，可在白天段观测，从日出前开始，日落后停止，每隔约 1h 观测一次，或根据情况而调整。在每次观测的同时，应测出建筑物向阳面与背阳面的温度，并测定风速与风向。用高精度全站仪进行三维坐标观测，所测得的顶部的水平变形量与变形方向，应以首次测得的观测点坐标值或顶部观测点相对底部观测点的水平变形值作为初始值，与其他各次观测的结果相比较后计算求取。

观测工作结束后，应提交日照变形观测点位布置图、观测成果表、日照变形曲线图及相应分析说明等。

2. 风振观测

高层尤其超高层钢结构建筑风荷载的影响很大。风振的观测，应在建筑物受强风作用的时间段内同步测定建筑物的顶部风速、风向和墙面风压以及顶部水平变形，以获得风压分布、风压系数及风振系数。

风速、风向的观测，宜在建筑物顶部专设桅杆上安置风速仪（考虑电动风速仪或文氏管风速仪），分别记录脉动风速、平均风速及风向，并在建筑物 100～200m 距离处的一定高度（10～20m）安置风速仪记录平均风速，以与建筑物顶部风速比较观测风力沿高度的变化。

风压观测应在建筑物不同高度的迎风面与背风面外墙面上，对应设置适当数量的风压盒作传感器，或采用激光光纤压力计与自动记录系统，以测定风压分布和风压系数。

顶部水平变形观测可采用激光变形计自动测记法。观测工作结束后，应提交风速、风压、变形的观测位置布置图，各项观测成果表，风速、风压、变形、振幅等曲线图，以及成果分析说明等。

6.3 主体结构质量检验与验收

6.3.1 基本规定

钢结构制作和安装除应执行现行国家标准《钢结构工程施工质量验收标准》

GB 50205 外，尚应补充部分质量验收项目。钢结构工程制作与安装施工质量验收，必须采用经统一计量检定、校准合格的计量器具。

1. 一般要求

（1）采用的原材料及成品应进行进场验收。凡涉及安全、功能的原材料及成品，应按相关规定进行复验，并应经监理工程师（建设单位技术负责人）见证取样、送样；验收和复验合格的原材料及成品，方可在工程中应用。

（2）各工序均应按施工技术标准进行质量控制，每道工序完成后，均应进行检查、记录和验收。

（3）各相关专业工种各工序之间，应进行交接检验，并经监理工程师检查认可。

（4）带筒体的超高层或结构复杂的钢结构主体结构安装，应采用仿真模拟计算指导施工。

2. 质量验收

（1）钢结构工程施工质量验收应在施工单位自检基础上，按照检验批、分项工程、分部（子分部）工程进行。钢结构分部（子分部）工程中分项工程划分应按照现行国家标准《建筑工程施工质量验收统一标准》GB 50300 的规定执行，钢结构分项工程应有一个或若干检验批组成，各分项工程检验批应按该标准的规定进行划分。

（2）分项工程检验批合格质量标准，应符合下列规定：主控项目必须符合现行国家标准《钢结构工程施工质量验收标准》GB 50205 合格质量标准的要求；一般项目其检验结果应有 80% 及以上的检查点（值）符合现行国家标准《钢结构工程施工质量验收标准》GB 50205 合格质量标准的要求，且允许偏差项目中最大超偏差值不应超过其允许偏差值的 1.2 倍。质量检查记录、质量证明文件等资料应完整。

（3）分项工程合格质量标准，应符合下列规定：分项工程所含的各检验批，均应符合现行国家标准《钢结构工程施工质量验收标准》GB 50205 的合格质量标准；分项工程所含的各检验批质量验收记录应完整。

（4）当钢结构工程施工质量不符合规范标准要求时，应按下列规定进行处理：经返工重作或更换构（配）件的检验批，应重新进行验收；经有资质的检测单位检测鉴定能够达到设计要求的检验批，应予以验收；经有资质的检测单位检测鉴定达不到设计要求，但经原设计单位核算认可能够满足结构安全和使用功能的检验批，可予以验收；经返修或加固处理的分项、分部工程，虽然改变外形尺寸但仍能满足安全使用要求，可按处理技术方案和协商文件进行验收。

（5）通过返修或加固处理仍不能满足安全使用要求的钢结构分部工程，严禁验收。

6.3.2 材料

原材料进场验收的检验批原则上应与各分项工程检验批一致，也可以根据工程规模及进料实际情况划分检验批。

1. 钢材

（1）钢材、钢铸件、钢锻件的品种、规格、性能等应符合国家产品标准和设计要求。进口钢材产品的质量应符合设计和合同规定标准的要求。当设计对钢板厚度方向性能有要求时，厚度 40mm $\leqslant t \leqslant$ 60mm 时，其沿板厚方向截面收缩率应符合现行国家标准《厚度方向性能钢板》GB/T 5313 的规定值。检查数量：全数检查。检验方法：检查质量合格证明文件、中文标志及检验报告等。

（2）焊接结构中铸钢节点的铸件材料，可采用现行国家标准《焊接结构用铸钢件》GB/T 7659 规定的 ZG230-450H 铸钢。当节点受力复杂，且处于 7 度及以上抗震设防烈度区时，宜选用日本标准《焊接结构用铸钢件》JIS G 5102 中规定的 SCW410、SCW450、SCW480、SCW550 低合金铸钢或德国标准《焊接结构用低合金铸钢》DIN 17182 中规定的 GS-16Mn5V、GS-20Mn5V 铸钢（调制）。

铸钢节点的铸件材料应具有屈服强度、抗拉强度、伸长率、断面收缩率、冲击功、表面硬度和碳、锰、硅、磷、硫等含量的保证，焊接铸钢还应有碳当量合格的保证。

（3）结构关节节点的锻件材料，可采用现行国家标准《锻件用结构钢牌号和力学性能》GB/T 17107 中规定的碳素结构钢锻件和合金结构钢锻件要求，其化学成分、力学性能、碳当量等项目指标应符合标准要求。

（4）钢材应成批验收，复验时的取样和复验内容应按有关国家标准执行，对有厚度方向性能要求的钢板，钢厂和钢结构制作厂应逐张进行超声波检验，检验方法按现行国家标准《厚钢板超声检测方法》GB/T 2970 的规定执行，应对 Q355GJC 按Ⅲ级，对 Q390GJC 和 Q460GJC 按Ⅱ级质量等级执行。厚度方向断面收缩率的复验，仍按批号进行检验。30mm 以上厚板的焊接，为防止在厚度方向出现层状撕裂，宜在下料后和焊接前，对母材焊道中心线两侧各 2 倍板厚加 30mm 的区域内进行超声波探伤检查，母材中不得有裂纹、夹层及分层等缺陷存在。检查数量：全数检查。检验方法：检查复验报告及超声波检查报告。

（5）热轧钢板的尺寸、外形等允许偏差符合现行国家标准《热轧钢板和钢带的尺寸、外形、重量及允许偏差》GB/T 709 和《建筑结构用钢板》GB/T 19879 的规定。检查数量：每一品种、规格的钢板抽查 5 处。检验方法：用游标卡尺、测厚仪测量和米尺等测量。

（6）方钢管与矩形钢管规格尺寸、外形允许偏差符合现行国家标准《结构用冷弯空心型钢》GB/T 6728 的规定。检查数量：每一品种、规格的方钢管与矩形钢管抽查 5 处。检验方法：用游标卡尺、角尺和钢尺等测量。

（7）钢材表面的锈蚀等级，应符合现行国家标准《涂覆涂料前钢材表面处理　表面清洁度的目视评定　第 1 部分：未涂覆过的钢材表面和全面清除原有涂层后的钢材表面的锈蚀等级和处理等级》GB/T 8923.1 规定的 B 级及 B 级以上等级；钢材端边或断口处不应有分层、夹渣等缺陷。检查数量：全数检查。检验方法：观察检查。

2. 焊接材料

（1）焊接材料的品种、规格、性能等应符合国家产品标准和设计要求。检查数量：全数检查。检验方法：检查焊接材料质量合格证明文件、中文标志及检验报告等。

（2）焊接材料的匹配宜符合表 6-7 要求，但应根据焊接工艺评定结果最后确定。不同牌号钢材的焊接，应按强度等级低的钢材选用焊接材料。焊接结构中的铸钢节点和锻钢关节零件与构件母材焊接的焊接材料，在碳当量与母材基本相同的条件下，可按与构件母材相同的技术要求选用焊接材料。

焊接材料的匹配表（推荐）　　　　　　　　　　　　　　　　表 6-7

钢材牌号	等级	手工焊条	二氧化碳气体保护焊丝		埋弧焊
			实芯	药芯	
Q355C、Q355GJC	C	E5015、E5016	ER50-2	E501T1、E501T5	F48A2-H08MnA、F48A2-H10Mn2
Q390	C	E5016、E5016	ER50-2、ER50-3	E501T1、E501T5	F48A2-H10Mn2、F48A2-H08MnMoA
Q460	C	E5516-C3、E5518-C3	ER55-2	E551T1-Ni1	F55A2-H08MnMoA

（3）手工焊接用的焊条，应符合现行国家标准《非合金钢及细晶粒钢焊条》GB/T 5117 及《热强钢焊条》GB/T 5118 的规定，选用焊条应与焊接构件的金属相匹配。焊条外观不应有药皮脱落、焊芯生锈等缺陷；焊剂不应受潮结块。检查数量：按量抽查 1%，且 ≥ 10 包。检验方法：观察检查。

（4）自动焊和半自动焊的焊丝和焊剂，应符合下列要求。

焊剂应符合现行国家标准《埋弧焊用非合金钢及细晶粒钢实心焊丝、药芯焊丝和焊丝－焊剂组合分类要求》GB/T 5293 及《埋弧焊用热强钢实心焊丝、药芯焊丝和焊丝－焊剂组合分类要求》GB/T 12470 的规定。焊丝应符合现行国家标准《熔化焊用钢丝》GB/T 14957 和《熔化极气体保护电弧焊用非合金钢及细晶粒钢实心焊丝》GB/T 8110 的规定。

二氧化碳气体保护焊应优先选用药芯焊丝，并应符合现行国家标准《非合金钢及细晶粒钢药芯焊丝》GB/T 10045 和《热强钢药芯焊丝》GB/T 17493 的规定。

3. 连接用紧固件

（1）钢结构连接用高强度大六角头螺栓连接副、扭剪型高强度螺栓连接副、钢网架用高强度螺栓、普通螺栓、铆钉、自攻螺钉、拉铆钉、射钉、锚栓（机械型和化学试剂型）、地脚锚栓等紧固标准件及螺母、垫圈等标准配件，其品种、规格、性能等应符合国家产品标准和设计要求。高强度大六角头螺栓连接副和扭剪型高强度螺栓连接副出厂时应分别随箱带有扭矩系数和紧固轴力（预拉力）的检验报告。检查数量：全数检查。检验方法：检查产品质量合格证明文件、中文标志及检验报告等。

（2）高强度螺栓连接副，应按包装箱配套供货，包装箱上应标明批号、规格、数量及生产日期。螺栓、螺母、垫圈外观表面应涂油保护，不应出现生锈和沾染脏物，螺纹不应损伤。高强度螺栓的保管期限及使用应按产品标准执行，超期时应重新检查和复验。检查数量：按包装箱数抽查 5%，且≥3 箱。检验方法：观察检查。

（3）高强度螺栓采用钢号及螺母、垫圈的使用组合应符合现行国家标准《钢结构用高强度大六角头螺栓、大六角螺母、垫圈技术条件》GB/T 1231 或《钢结构用扭剪型高强度螺栓连接副》GB/T 3632 的规定，高强度螺栓的设计预拉力值按现行国家标准《钢结构设计标准》GB 50017 的规定采用，高强度螺栓连接钢材的摩擦面应进行喷砂处理，抗滑移系数值应达到设计规定的要求。连接板的材料与强度较高的母材相同。高强度螺栓连接的施工及验收应按现行行业标准《钢结构高强度螺栓连接技术规程》JGJ 82 的规定执行。

（4）扭剪型高强度螺栓连接副预拉力复验用的螺栓应在施工现场待安装的螺栓批中随机抽取，每批应抽取 8 套连接副进行复验。每套连接副只应作一次试验，不得重复使用。在紧固中垫圈发生转动时，应更换连接副，重新试验。

（5）高强度螺栓连接副扭矩检验含初拧、复拧、终拧扭矩的现场无损检验。检验所用的扭矩扳手其扭矩精度误差，不应大于 3%。高强度螺栓连接副扭矩检验可分扭矩法检验和转角法检验两种，原则上检验法与施工法应相同。扭矩检验应在施拧 1h 后、48h 内完成。

扭矩法检验方法：在螺尾端头和螺母相对位置划线，将螺母退回 60° 左右，用扭矩扳手测定拧回至原来位置时的扭矩值，该扭矩值与施工扭矩值的偏差在 10% 以内为合格。

转角法检验方法：检查初拧后在螺母与相对位置所划的终拧起始线和终止线所夹的角度是否达到规定值；在螺尾端头和螺母相对位置划线，然后全部卸松螺母，再按规定的初拧扭矩和终拧角度重新拧紧螺栓，观察与原划线是否重合，终拧转角偏差在 10° 以内为合格；终拧转角与螺栓的直径、长度等因素有关，应由试验确定。

（6）扭剪型高强度螺栓施工扭矩检验方法：观察尾部梅花头拧掉情况，尾部梅花头被拧掉者视同其终拧扭矩达到合格质量标准；尾部梅花头未被拧掉者应按上述扭矩法或转角法检验。

（7）高强度大六角头螺栓连接副扭矩系数复验时，每批应抽取 8 套连接副进行复验。连接副扭矩系数复验用的计量器具应在试验前进行标定，误差不得超过 2%。每套连接副只应做一次试验，不得重复使用。在紧固中垫圈发生转动时，应更换连接副，重新试验。

（8）制造厂和安装单位应分别以钢结构制造批为单位进行抗滑移系数试验。制造批可按分部（子分部）工程划分规定的工程量每 2000t 为一批，不足 2000t 的可视为一批。选用两种及两种以上表面处理工艺时，每种处理工艺应单独检验。每批三组试件。抗滑移系数试验应采用双摩擦面的二栓拼接的拉力试件。试验方法应符合现行国家标准《钢结构工程施工质量验收标准》GB 50205 的规定。

4. 金属压型板

（1）金属压型板及制造金属压型板所采用的原材料，其品种、规格、性能等，应符合国家产品标准和设计要求。检查数量：全数检查。检验方法：检查产品质量合格证明文件、中文标志及检验报告等。

（2）压型金属板的规格尺寸及允许偏差、表面质量、涂层质量等，应符合设计要求和相关标准的规定。检查数量：每种规格抽查 5%，且≥ 3 件。检验方法：观察和用 10 倍放大镜检查及尺量。

5. 涂装材料

（1）防腐涂料进场使用前应进行抽样复验，其结果应符合产品标准的规定。钢结构防腐涂料、稀释剂和固化剂等材料的品种、规格、性能等，应符合国家产品标准和设计要求。检查数量：全数检查。检验方法：检查产品质量合格证明文件、中文标志及检验报告等。

（2）钢结构的防火涂料中不应含有石棉成分，不应采用含苯超标溶剂，干燥后不应释放有害气体，不应对钢材有腐蚀性。钢结构防火涂料的品种、型号、耐火时效等技术性能及与基面的相容性，应符合设计要求和现行国家标准《钢结构防火涂料》GB 14907 的规定，并应具有政府主管部门认可的专业监测机构的检测报告和政府主管部门签发的产品认证合格文件。检查数量：全数检查。检验方法：检查产品的质量合格证明文件、中文标志及检验报告、产品型式认证书等。

（3）防腐涂料和防火涂料的型号、名称、颜色及有效期，应与其质量证明文件相符。开启后，不应存在结皮、结块、凝胶等现象。检查数量：按桶数抽查 5%，且≥ 3 桶。检验方法：观察检查。

6. 其他

（1）钢结构用橡胶垫的品种、规格、性能等，应符合国家产品标准和设计要求。检查数量：全数检查。检验方法：检查产品质量合格证明文件、中文标志及检验报告等。

（2）钢结构工程所涉及的其他特殊材料，其品种、规格、性能等，应符合现行国家产品标准和设计要求。检查数量：全数检查。检验方法：检查产品质量合格证明文件、中文标志及检验报告等。

6.3.3 钢结构焊接工程

钢结构焊接工程，可按相应的钢结构制作或安装工程检验批的划分原则划分为一个或若干个检验批。碳素结构钢应在焊缝冷却到环境温度、低合金结构钢应在完成焊接24h以后，进行焊缝探伤检验。焊缝施焊后，应在工艺规定的焊缝及部位打上焊工编号钢印或采用其他标记或记录。

1. 主控项目

（1）焊条、焊丝、焊剂、电渣焊熔嘴等焊接材料与母材的匹配，应符合设计及相关标准要求。焊条、焊剂、药芯焊丝、熔嘴等在使用前，应按其产品说明书及焊接工艺文件的规定进行烘焙和存放。检查数量：全数检查。检验方法：检查质量证明书和烘焙记录。

（2）焊工必须经考试合格并取得合格证书。持证焊工必须在其考试合格项目及其认可范围内施焊。对管—管相贯线焊接、管—管对接焊接的工厂制作焊工和高空焊接的安装焊工，应进行专门的附加考试，考试合格后方可上岗。检查数量：全数检查。检验方法：检查焊工合格证及其认可范围、有效期。

（3）施工单位对其首次采用的钢材（包括铸件、锻件材料）、焊接材料、焊接方法、焊后热处理等，应按现行国家标准《钢结构焊接规范》GB 50661的规定进行焊接工艺评定，并应根据评定报告确定焊接工艺。检查数量：全数检查。检验方法：检查焊接工艺评定报告。

（4）设计要求全焊透的一、二级焊缝应采用超声波探伤进行内部缺陷的检验，超声波探伤不能对缺陷作出判断时，应采用射线探伤，其内部缺陷分级及探伤方法应符合现行国家标准《焊缝无损检测 超声检测 技术、检测等级和评定》GB/T 11345 或现行国家标准《焊缝无损检测 射线检测》GB/T 3323.1、3323.2 的规定。

工厂制作和工地安装焊缝为一、二级焊缝的应按相关要求进行超声波探伤检验，并应由制作或安装单位委托具有计量认证资格的检测单位对施工单位已检验合格的焊缝按5%的比例进行见证随机抽检。如业主认为有必要，可委托有相应资质的检测单位，对制作、安装焊缝按适当比例进行复验性抽检。如地方主管部门另有规定，则应按地方主管部门的规定执行。

圆管T、K、Y节点相贯焊缝内部缺陷分级及超声波探伤方法应符合现行国家标准《钢结构焊接规范》GB 50661的规定。一级、二级焊缝的质量等级及缺陷分级，应符合表6-8规定。

检查数量：全数检查。检验方法：检查超声波或射线探伤记录。

一、二级焊缝质量等级及缺陷分级   表 6-8

焊缝质量等级		一级	二级
内部缺陷超声波探伤	评定等级	Ⅱ	Ⅲ
	检验等级	B 级	B 级
	探伤比例	100%	20%
内部缺陷射线探伤	评定等级	Ⅱ	Ⅲ
	检验等级	AB 级	AB 级
	探伤比例	100%	20%

注：探伤比例的计数方法应按以下原则确定：（1）对工厂制作焊缝，应按每条焊缝计算百分比，且探伤
长度应不小于 200mm，当焊缝长度不足 200mm 时，应对整条焊缝进行探伤；（2）对现场安装焊缝，
应按同一类型、同一施焊条件的焊缝条数计算百分比，探伤长度应不小于 200mm，并应不少于 1 条
焊缝。

（5）T 形接头、十字接头、角接接头等要求熔透的对接和角对接组合焊缝，其焊脚尺寸不应小于 $t/4$［图 6-69（a）、（b）、（c）］；设计有疲劳验算要求的起重机梁或类似构件的腹板与上翼缘连接焊缝的焊脚尺寸为 $t/2$［图 6-69（d）］，且 ≤ 10mm。焊脚尺寸的允许偏差为 0～4mm。检查数量：资料全数检查；同类焊缝抽查 10%，且 ≤ 3 条。检验方法：观察检查，用焊缝量规抽查测量。

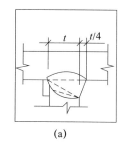 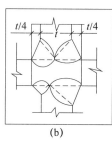 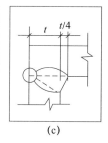 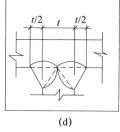

（a）　　　　　　（b）　　　　　　（c）　　　　　　（d）

图 6-69　焊脚尺寸

（6）焊缝表面不得有裂纹、焊瘤等缺陷。一级、二级焊缝不得有表面气孔、夹渣、弧坑裂纹、电弧擦伤等缺陷，且一级焊缝不得有咬边、未焊满、根部收缩等缺陷。检查数量：每批同类构件抽查 10%，且 ≥ 3 件；被抽查构件中，每一类型焊缝按条数抽查 5%，且 ≥ 1 条；每条检查 1 处，总抽查数 ≥ 10 处。检验方法：观察检查或使用放大镜、焊缝量规和钢尺检查，当存在疑义时，采用渗透或磁粉探伤检查。

2. 一般项目

（1）对于需要进行焊前预热或焊后热处理的焊缝，其预热温度或后热温度应符合国家现行有关标准的规定或通过工艺试验确定。预热区在焊道两侧每侧宽度均应

大于焊件厚度的1.5倍以上，且不应小于100mm；后热处理应在焊后立即进行，保温时间应根据板厚按每25mm板厚1h确定。检查数量：全数检查。检验方法：检查预、后热施工记录和工艺试验报告。

（2）二级、三级焊缝外观质量标准、焊缝尺寸允许偏差应进行检查。三级对接焊缝应按二级焊缝标准进行外观质量检验。检查数量：每批同类构件抽查10%，且≥3件；被抽查构件中，每一类型焊缝按条数抽查5%，且≥1条；每条检查1处，总抽查数≥10处。检验方法：观察检查或使用放大镜、焊缝量规和钢尺检查。

（3）焊成凹形的角焊缝，焊缝金属与母材间应平缓过渡；加工成凹形的角焊缝，不得在其表面留下切痕。检查数量：每批同类构件抽查10%，且≥3件。检验方法：观察检查。

（4）焊缝感观应达到：外形均匀、成型较好，焊道与焊道、焊道与基本金属间过渡较平滑，焊渣和飞溅物基本清除干净；对焊缝磨平或磨光的具体要求由业主单位、设计单位、总包单位、监理单位和加工单位根据首批构件加工效果共同确认。打磨后的焊缝余高的允许偏差，应符合国家标准的规定。检查数量：每批同类构件抽查10%，且≥3件；被抽查构件中，每种焊缝按数量各抽查5%，总抽查处≥5处。检验方法：观察检查和焊缝量规检查。

3. 焊钉（栓钉）焊接工程

（1）对其采用的焊钉和钢材焊接应进行焊接工艺评定，其结果应符合设计要求和国家现行有关标准的规定。瓷环应按其产品说明书进行烘焙。检查数量：全数检查。检验方法：检查焊接工艺评定报告和烘焙记录。

（2）焊钉焊接后应进行弯曲试验检查，其焊缝和热影响区不应有肉眼可见的裂纹。检查数量：每批同类构件抽查10%，且≥10件；被抽查构件中，每件检查焊钉数量的1%，且≥1个。检验方法：焊钉弯曲30°后用角尺检查和观察检查。

（3）焊钉根部焊脚应均匀，焊脚立面的局部未熔合或不足360°的焊脚应进行修补。检查数量：按总焊钉数量抽查1%，且≥10个。检验方法：观察检查。

6.3.4 紧固件连接工程

紧固件连接工程可按相应的钢结构制作或安装工程检验批的划分原则划分为一个或若干个检验批。

1. 普通紧固件连接

（1）普通螺栓作为永久性连接，当设计有要求或对其质量有疑义时，应进行螺栓实物最小拉力荷载复验，其结果应符合现行国家标准《紧固件机械性能 螺栓、螺钉和螺柱》GB/T 3098.1的规定。检查数量：每一规格螺栓抽查8个。检验方法：检查螺栓实物复验报告。

（2）连接薄钢板采用的自攻螺钉、拉铆钉、射钉等，其规格尺寸应与被连接钢板相匹配，其间距、边距等应符合设计要求。检查数量：按连接节点数抽查1%，且≥3个。检验方法：观察和尺量检查。

（3）永久性普通螺栓紧固应牢固、可靠，外露丝扣不应少于2扣。检查数量：按连接节点数抽查10%，且≥3个。检验方法：观察和用小锤敲击检查。

（4）自攻螺钉、钢拉铆钉、射钉等与连接钢板应紧固密贴，外观排列整齐。检查数量：按连接节点数抽查10%，且≥3个。检验方法：观察或用小锤敲击检查。

2. 高强度螺栓连接

（1）钢结构制作和安装单位应分别进行高强度螺栓连接摩擦面的抗滑移系数试验和复验，现场处理的构件摩擦面应单独进行摩擦面抗滑移系数试验，其结果应符合设计要求。

（2）高强度大六角头螺栓连接副终拧完成1h后、48h内应进行终拧扭矩检查。扭剪型高强度螺栓连接副终拧后，除因构造原因无法使用专用扳手终拧掉梅花头者外，未在终拧中拧掉梅花头的螺栓数应≤该节点螺栓数的5%。对所有梅花头未拧掉的扭剪型高强度螺栓连接副，应采用扭矩法或转角法进行终拧并作标记，且并进行终拧扭矩检查。检查数量：按节点数抽查10%，且≥10个节点，被抽查节点中梅花头未拧掉的扭剪型高强度螺栓连接副全数进行终拧扭矩检查。检验方法：观察检查。

（3）高强度螺栓连接副的施拧顺序和初拧、复拧扭矩，应符合设计要求和现行行业标准《钢结构高强度螺栓连接技术规程》JGJ 82的规定。检查数量：全数检查资料。检验方法：检查扭矩扳手标定记录和螺栓施工记录。

（4）高强度螺栓连接副终拧后，螺栓丝扣外露应为2～3扣，其中允许有10%的螺栓丝扣外露1扣或4扣。检查数量：按节点数抽查5%，且≥10个。检验方法：观察检查。

（5）高强度螺栓连接摩擦面应保持干燥、整洁，不应有飞边、毛刺、焊接飞溅物、焊疤、氧化铁皮、污垢等，除设计要求外摩擦面不应涂漆。检查数量：全数检查。检验方法：观察检查。

（6）高强度螺栓应自由穿入螺栓孔。高强度螺栓孔不得采用气割扩孔。如需扩孔，应按专项方案执行，并经监理工程师认可，扩孔后的孔径不应超过1.2d（d为螺栓直径）。检查数量：被扩螺栓孔全数检查。检验方法：观察检查及用卡尺检查。

（7）高强度螺栓连接的接头，当对结构进行校正时，应采用临时螺栓和冲钉作临时连接，每个节点所需用的临时螺栓和冲钉数量应按安装时可能产生的荷载计算确定，并应符合下列规定：所用临时螺栓与冲钉之和不应少于节点螺栓总数的1/3；临时螺栓不应少于2颗；所用冲钉数不宜多于临时螺栓的30%。检查数量：被查节点全数检查。检验方法：观察检查。

6.3.5　钢构件组装工程

钢构件组装工程可按钢结构制作工程检验批的划分原则划分为一个或若干个检验批。

1. 焊接连接制作组装的允许偏差，应符合表 6-9 的规定。检查数量：按构件数抽查 20%，且 ≥ 6 个。检验方法：用钢尺检验。

焊接连接制作组装的允许偏差 表 6-9

项目		允许偏差	图例
T 形连接的间隙	$t < 16mm$	1.0mm	
	$t \geq 16mm$	2.0mm	
对接接头底板错位	$t \leq 16mm$	1.5mm	
	$16 < t < 30mm$	$t/10$	
	$t \geq 30mm$	3.0mm	
对接接头间隙偏差	手工电弧焊	+ 4.00mm	
	埋弧自动焊和气体保护焊	+ 1.00mm	
对接接头直线度偏差		2.0mm	
根部开口间隙偏差（背部加衬板）		±2.0mm	
水平隔板电渣焊间隙偏差		±2.0mm	
隔板与梁翼缘的错位量	$t_1 \geq t_2$ 且 $t_1 \leq 20mm$	$t_2/4$	
	$t_1 \geq t_2$ 且 $t_1 > 20mm$	4.0mm	
	$t_1 < t_2$ 且 $t_1 \leq 20mm$	$t_1/4$	
	$t_1 < t_2$ 且 $t_1 > 20mm$	5.0mm	
焊接组装构件端部偏差		3.0mm	

项目		允许偏差	图例
加劲板或隔板倾斜偏差		2.0mm	
连接板、加劲板间距或位置偏差		2.0mm	
搭接接头长度		±5.0mm	
搭接接头长度		1.0mm	
矩形截面宽度	高度宽度	±2.0mm	
	垂直度	$b/300$，且≤ 3.0mm	
	对角线差	3.0mm	

2. 顶紧接触面，应有 75% 以上的面积紧贴。检查数量：按接触面的数量抽查 10%，且≥ 10 个。检验方法：用 0.3mm 塞尺检查，其塞入面积应< 25%，边缘间隙≤ 0.8mm。

3. 柱、斜撑、环梁、天线和桁架结构杆件轴线交点错位的允许偏差≤ 3.0mm。检查数量：全数检查。检验方法：尺量检查。

4. 钢构件外形尺寸主控项目的允许偏差，应符合表 6-10 的规定。检查数量：全数检查。检验方法：用钢尺检查。

钢构件外形尺寸主控项目的允许偏差　　　　表 6-10

项目	允许偏差
柱、梁、桁架受力支托（支承面）表面至第一个安装孔距离	±1.0mm
多节柱铣平面至第一个安装孔距离	±1.0mm
实腹梁两端最外侧安装孔距离	±3.0mm
构件连接处的截面几何尺寸	±3.0mm
柱、梁连接处的腹板中心线偏移	2.0mm
受压构件（杆件）弯曲矢高	$l/1000$，且≤ 10.0mm

5. 平直段构件外形尺寸一般项目的允许偏差，应符合表 6-11 的规定。检查数量：按构件数量抽查 20%，且 ≥ 6 件。

平直段构件外形尺寸一般项目的允许偏差　　　　　　　　表 6-11

项目		允许偏差		检验方法	图例
一节构件高度（H）		±3.0mm		用钢尺检查	
构件弯曲度（Δ_2）		$L/1500$，且 ≤ 5.0mm		用拉线和钢尺检查	
构件的扭曲（Δ）		$h/250$，且 ≤ 5.0mm		用拉线、吊线和钢尺检查	
牛腿	端面到柱轴线距离	±3.0mm		用拉线、直角尺和钢尺检查	
	端面平整度	$h/500$，且 ≤ 2.0mm			
	端面对角线差	3mm			
	端面宽、高尺寸	±2.0mm			
	翘曲或扭曲（Δ_1）（$l_2 ≤ 1000mm$）	2.0mm			
	翘曲或扭曲（Δ_1）（$l_2 > 1000mm$）	3.0mm			
构件截面尺寸	连接处	±3.0mm		用钢尺检查	
	非连接处	±4.0mm			
柱脚	底板平面度	5.0mm		用 1m 直尺和塞尺检查	
矩形管截面连接处对角线差		±3.0mm		用钢尺检查	
矩形管构件四角垂直度		$b/300$，且 ≤ 5.0mm		用直角尺和钢尺检查	
矩形管构件板件局部平整度（f）		$t < 14mm$	$b/300$，且 ≤ 1.5mm	用直角尺和钢尺检查	
		$t ≥ 14mm$	$b/300$，且 ≤ 1.0mm		

6. 格构式钢管柱、桁架外形尺寸一般项目的允许偏差，应符合表 6-12 的规定。桁架和构架可包括弦杆为圆管、箱形截面或 H 型钢，腹杆为方管或圆管的桁架，以及钢管格构式天线。检查数量：按构件数量抽查 20%，且 ≥ 6 件。

桁架和构架组装（现场拼装）外形尺寸的允许偏差　　　　表 6-12

项目	允许偏差	检验方法	图例
上下弦杆两端轴心线高度（H）（桁架高度）	±2.0mm	用钢尺检查	
节间长度（L）	±2.0mm	用钢尺检查	
旁弯（f）	≤$S/5000$（S 为试拼段长度）	用钢尺检查	
挠度（f 为设计要求起拱值）	设计要求起拱时，±$l/5000$	用钢尺检查	
	设计不要求起拱时，+10.0mm		
节间对角线长度（l）	±3.0mm	用钢尺检查	
桁架宽度（b）	±2.0mm	用钢尺检查	
主桁架中心矩（B）	±3.0mm	用钢尺检查	
拼装单元长度（S）	$S≤24m$，+3.0mm，−7.0mm	用钢尺检查	
	$S>24m$，+5.0mm，−10.0mm		
管肢组合误差	$\dfrac{\delta_1}{b}≤\dfrac{1}{1000}$，$\dfrac{\delta_2}{h}≤\dfrac{1}{1000}$	用钢尺检查	
腹杆组合误差	$\dfrac{\delta_3}{l_1}≤\dfrac{1}{1000}$，$\dfrac{\delta_4}{l_2}≤\dfrac{1}{1000}$	用钢尺检查	
	$-0.55mm≤\dfrac{l}{h}\left(或\dfrac{e}{d}\right)≤0.25mm$	用钢尺检查	
桁架节段面扭转偏差（Δ）	$\Delta≤1.0mm/m$，且≤5.0mm	用钢尺检查	

弦杆为钢管或矩形管，设计及深化设计允许节点偏心

7. 钢管柱及斜撑外形尺寸一般项目的允许偏差，应符合表 6-13 的规定。检查数量：按构件数量抽查 20%，且≥6 件。

钢管柱组装（现场拼装）外形尺寸的允许偏差　　　　表 6-13

项目	允许偏差	检验方法	图例
柱段（节点段）高度（H）（桁架高度）	±3.0mm	用钢尺检查	
柱段弯曲矢高（f）	<$H/1500$，且≤5.0mm	用钢尺检查	
上斜撑端面至下斜撑端面的距离（H_1+H_2）	±2.0mm	用钢尺检查	
上斜撑端面、下斜撑端面至柱顶端面的距离（L_2，L_1）	±2.0mm	用钢尺检查	
斜撑轴线与柱轴线交点间的距离（S）	±3.0mm	用钢尺检查	
上斜撑端面、下斜撑端面与柱轴线的距离（b_1、b_2）	±4.0mm	用钢尺检查	
上斜撑端面、下斜撑端面与柱轴线的偏差（Δ_1、Δ_2）	±3.0mm	用钢尺检查	
上斜撑、下斜撑轴线与柱轴线的交角（θ_1、θ_2）	±5′	样板、卡尺	
上斜撑与下斜撑轴线的交角（θ_3）	±10′	样板、卡尺	

6.3.6 钢结构安装工程

1. 一般规定

（1）钢结构制作和安装单位应分别进行高强度螺栓连接摩擦面的抗滑移系数试验。

（2）钢结构安装工程，可按楼层或施工段等划分成一个或若干个检验批。地下钢结构安装工程，可按不同地下层划分检验批。钢结构安装检验批，应在进场验收和焊接连接、紧固件连接、制作等分项工程验收合格的基础上进行验收。

（3）柱、环梁、斜撑、转换桁架（梁）等构件的长度尺寸，应包括焊接收缩余量等变形值。安装柱和天线时，应采用仿真模拟计算确定构件端面控制点的三维坐标值，采用双全站仪测校构件顶面控制点的三维坐标值。二者三维坐标值的允许偏差不应大于3.0mm。

（4）在各功能层面上，尚应通过从底层地面的基准控制点或通过竖向传递后层面上的二次基准控制点，对安装构件的安装偏差进行校核，不得从下节构件的中心线（轴线）引测。

（5）结构（或楼层）的标高，应采用以相对标高控制为主，以阶段性（各功能层处）设计标高复核为辅的方法测控。钢结构的安装标高测控，应与RC核心筒标高协调一致。

（6）安装的测量校正、焊接残余应力消减、负温度下施工及焊接工艺等，应在安装前进行工艺试验或评定，并应在此基础上制定相应的施工工艺或方案。

（7）安装偏差的检测，应在结构形成空间刚性单元并连接固定后，支撑、支承塔架卸载前进行。

2. 基础和支承面

（1）建筑物的定位轴线、基础上柱的定位轴线和标高、地脚螺栓（锚栓）的规格和位置、地脚螺栓（锚栓）紧固，应符合设计要求，当设计无要求时，应符合表6-14的规定。柱脚支承面的预埋钢板，其允许偏差应符合表6-15的规定。当采用坐浆垫板时，坐浆垫板的允许偏差应符合表6-16的规定。检查数量：全数检查。检验方法：用水准仪、全站仪、水平尺和钢尺现场实测。

建筑物定位轴线、标高、地脚螺栓（锚栓）的允许偏差　　　表6-14

项目	允许偏差	图例
建筑物定位轴线	$L/20000$，且 $\leqslant 3.0$mm	

项目	允许偏差	图例
基础上柱的定位轴线	1.0mm	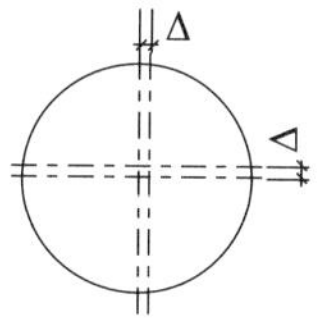
基础上柱底标高	±2.0mm	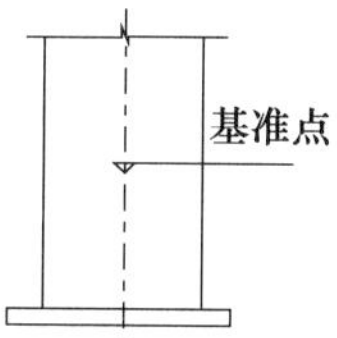 基准点
地脚螺栓（锚栓）位移	2.0mm	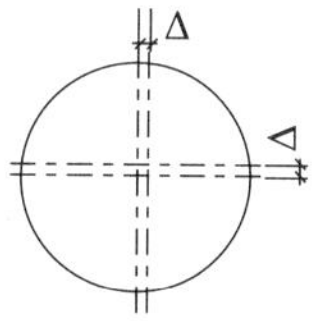

支承面、地脚螺栓（锚栓）位置的允许偏差　　　　表 6-15

项目		允许偏差
支承面	标高	±3.0mm
	水平度	$l/1000$
地脚螺栓（锚拴）	螺栓中心偏移	5.0mm
预留孔	中心偏移	10.0mm

坐浆垫板的允许偏差　　　　表 6-16

项目	允许偏差
顶面标高	−3.0mm
水平度	$l/1000$
位置	20.0mm

（2）地脚螺栓（锚栓）尺寸的偏差，应符合表 6-17 的规定。地脚螺栓（锚栓）的螺纹应受到保护。

地脚螺栓（锚栓）尺寸的允许偏差　　　　表 6-17

项目	允许偏差	检查方法
螺栓（锚栓）露出长度	＋30.0mm	用钢尺检查
螺纹长度	＋30.0mm	用钢尺检查

3. 主体钢构件安装和校正

（1）钢构件应符合设计和相关标准的规定。运输、堆放和吊装等造成的钢构件变形及涂层脱落时，应进行矫正和修补。检查数量：按构件数抽查 50%。检验方法：用拉线、钢尺现场实测或观察。

（2）柱子安装的允许偏差，应符合表 6-18 的规定。检查数量：全数检查。检验方法：用全站仪或激光经纬仪和钢尺实测。

柱子安装的允许偏差　　　　　　　　　　表 6-18

项目		允许偏差	图例
底层柱柱底轴线对定位轴线偏移		3.0mm	
柱子定位轴线		1.0mm	
单节柱的双向倾斜度	外筒钢管柱	$h/2000$，且 $\leqslant 8.0$mm	
	核心筒	$h/1000$，且 $\leqslant 10.0$mm	

（3）设计要求顶紧的节点，接触面不应少于 70% 紧贴，且边缘最大间隙 $\geqslant 0.8$mm。检查数量：按节点数抽查 50%。检验方法：用钢尺及 0.3mm 和 0.8mm 厚的塞尺现场实测。

（4）钢结构主体结构（$-10\sim454$m）中心偏移（垂直度）不应大于 50mm，天线桅杆（$454\sim610$m）中心偏移（垂直度）不应大于 80mm。检查数量：全数检查。检验方法：采用全站仪或经纬仪测量。

（5）柱等主要构件的中心线及标高基准点等标记应齐全。检查数量：按同类构件数抽查 50%。检验方法：观察检查。

（6）现场焊缝组对间隙的允许偏差，无垫板间隙允许偏差为 $0\sim+3.0$mm，有垫板间隙允许偏差为 $-2.0\sim+3.0$mm。检查数量：按同类节点数抽查 20%。检验方法：尺量检查。

（7）外筒管结构安装的允许偏差应符合表 6-19 的规定，功能层和核心筒钢结构构件安装的允许偏差应符合表 6-20 的规定。检查数量：按同类构件或节点数抽查 20%，其中柱和梁各 ≥ 6 件，主梁与次梁连接节点 ≥ 6 个，支承压型金属板的钢梁长度 ≥ 5m。

外筒管结构构件安装的允许偏差　　　　　　　　表 6-19

项目	允许偏差	检验方法
外筒中心坐标水平位移（Δ）	$\Delta \leqslant 10mm$	用全站仪、经纬仪检查
管柱中心坐标水平位移（Δ_1）	$\Delta_1 \leqslant 8mm$	用全站仪、经纬仪检查
管柱中心顶部标高	±3mm	用水准仪、钢尺检查
管柱弯曲矢高（f）	$f \leqslant 1/1500$，且 ≤ 10mm	用钢尺、直尺、经纬仪、全站仪检查
支撑管节间弯曲矢高（f_1）	$f_1 \leqslant 1/1000$，且 ≤ 10mm	用钢尺、直尺检查
环梁整体平面度（椭圆平面度）	≤ 30mm	用经纬仪、全站仪检查
上下柱管口错边	$t/10$，且 ≤ 3mm	用直尺检查
坡口间隙	有衬垫　−1.5～＋6mm	用直尺、焊缝卡尺检查
	无衬垫　0～＋2mm	

功能层和核心筒钢结构构件安装的允许偏差　　　　　　　　表 6-20

项目	允许偏差	图例	检验方法
上、下柱连接处的对口错边	$t/10$，且 ≤ 3.0mm		用钢尺检查
同一层柱的各柱顶高度差	5.0mm		用水准仪检查
同一根梁两端顶面的高差	$L/1000$，且 ≤ 10.0mm		用水准仪检查
主梁与次梁表面的高差	±2.0mm		用直尺和钢尺检查
压型金属板在钢梁上相邻列的错位	15.00mm		用直尺和钢尺检查

4. RC 核心筒芯柱构件

（1）钢构件应符合设计要求和相关验收标准的规定。构件在运输、堆放和拼装过程中造成超过规定的允许变形时，应进行矫正。检查数量：按构件数抽查 50%。检验方法：用拉线、钢尺现场实测或观察。

（2）芯柱第一节柱柱底轴线对定位轴线偏移，不应大于 3.0mm；各节芯柱的垂直度允许偏差不应大于 $H/1000$，且不应大于 8mm。检查数量：全数检查。检验方法：用全站仪和钢尺实测。

（3）芯柱上下节连接处的错边 $\leqslant t/10$，且 $\leqslant 3.0$mm，同时要求焊缝平滑过渡。检查数量：全数检查。检验方法：用钢尺、塞尺现场实测。

（4）各节芯柱的中心线和标高基准点等标记应齐全。检查数量：按同类构件数抽查 50%。检验方法：观察检查。

5. 钢桁架

（1）钢桁架构件应符合设计要求和制作规范的规定。运输、堆放和吊装等造成的钢构件变形及涂层脱落，应进行矫正和修补。检查数量：按构件数抽查 20%，且 $\geqslant 6$ 件。检验方法：用拉线、钢尺现场实测或观察。

（2）转换桁架、桁架、梁及受压杆件的垂直度和侧向弯曲矢高的允许偏差，应符合表 6-21 的规定。检查数量：按同类构件数抽查 50%。检验方法：用吊线、拉线、经纬仪和钢尺现场实测。

转换桁架、桁架、梁及受压杆件垂直度和侧向弯曲矢高的允许偏差　　表 6-21

项目	允许偏差		图例
跨中的垂直度	$h/250$，且 $\leqslant 15.0$mm		
侧向弯曲矢高（f）	$l \leqslant 30$m	$l/1000$，且 $\leqslant 10.0$mm	
	30m $< l \leqslant 60$m	$l/1000$，且 $\leqslant 30.0$mm	
	$l > 60$m	$l/1000$，且 $\leqslant 50.0$	
拱度	设计要求起拱	$\pm l/5000$	—
	设计未要求起拱	$l/20000$	

（3）桁架对接处的焊口错边 $\leqslant t/10$，且 $\leqslant 3.0$mm，同时要求焊缝平滑过渡。检查数量：全数检查。检验方法：用焊缝量规实测。

（4）桁架上下弦中心线、标高控制点等标记应齐全。检查数量：按构件数抽查 50%。检验方法：观察检查。

（5）桁架跨度允许偏差，不应超过 +5mm、-10mm。检查数量：全数检查。检验方法：观察检查。

6.3.7 主体钢结构外形尺寸控制

钢结构安装过程的各功能层和顶层结构，其水平面上的长轴、短轴长度允许偏差不应超过 ±L/2000（L 为长轴内直径或短轴内直径），且≤ 30.0mm。检查数量：各功能层和顶层标高平面全数检查。检验方法：用钢尺、全站仪或经纬仪检查。

6.3.8 压型金属板工程

压型金属板的制作和安装工程可按变形缝、楼层、施工段或屋面、墙面、楼面等划分为一个或若干个检验批，安装应在钢结构安装工程检验批质量验收合格后进行。

1. 压型金属板制作

（1）压型金属板成型后，其基板不应有裂纹。检查数量：按计件数抽查 5%，且≥ 10 件。检验方法：观察和用 10 倍放大镜检查。

（2）有涂层、镀层压型金属板成型后，涂、镀层不应有肉眼可见的裂纹、剥落和擦痕等缺陷。检查数量：按计件数抽查 5%，且≥ 10 件。检验方法：观察检查。

（3）压型金属板的尺寸允许偏差，应符合表 6-22 的规定。检查数量：按计件数抽查 5%，且≥ 10 件。检验方法：用拉线和钢尺检查。

压型金属板的尺寸允许偏差 表 6-22

项目			允许偏差
波距			±2.0mm
波高	压型钢板	截面高度≤ 70mm	±1.5mm
		截面高度＞ 70mm	±2.0mm
侧向弯曲		在测量长度 l_1 的范围内	20.0mm

注：l_1 为测量长度，指板长扣除两端各 0.5m 后的实际长度（＜ 10m）或扣除后任选的 10m 长度。

（4）压型金属板成型后，表面应干净，不应有明显凹凸和皱折。检查数量：按计件数抽查 5%，且≥ 10 件。检验方法：观察检查。

（5）压型金属板施工现场制作的允许偏差，应符合表 6-23 的规定。检查数量：按计件数抽查 5%，且≥ 10 件。检验方法：用钢尺、角尺检查。

压型金属板施工现场制作的允许偏差 表 6-23

项目		允许偏差
压型金属板的覆盖宽度	截面高度≤ 70mm	＋ 10.0mm，−2.0mm
	截面高度＞ 70mm	＋ 6.0mm，−2.0mm
板长		±9.0mm

项目	允许偏差
横向剪切偏差	6.0mm

	项目	允许偏差
泛水板、包角板尺寸	板长	±6.0mm
	折弯面宽度	±3.0mm
	折弯面夹角	2°

2. 压型金属板安装

（1）压型金属板、泛水板和包角板等应固定可靠、牢固，防腐涂料涂刷和密封材料敷设应完好，连接件数量、间距应符合设计要求和国家现行有关标准规定。检查数量：全数检查。检验方法：观察检查及尺量。

（2）压型金属板应在支承构件上可靠搭接，搭接长度应符合设计要求且不应小于表 6-24 所规定的数值。检查数量：按搭接部位总长度抽查 10%，且≥10m。检验方法：观察和用钢尺检查。

压型金属板在支承构件上的搭接长度　　　表 6-24

项目		搭接长度
截面高度＞70mm		375mm
截面高度≤70mm	屋面坡度＜1/10	250mm
	屋面坡度≥1/10	200mm
墙面		120mm

（3）组合楼板中压型钢板与主体结构（梁）的锚固支承长度，应符合设计要求，且不应小于 50mm；端部锚固件连接应可靠，设置位置应符合设计要求。检查数量：沿连接纵向长度抽查 10%，且≥10m。检验方法：观察和用钢尺检查。

（4）压型金属板安装应平整、顺直，板面不应有施工残留物和污物。檐口和墙面下端应呈直线，不应有未经处理的错钻孔洞。检查数量：按面积抽查 10%，且≥10m²。检验方法：观察检查。

（5）压型金属板安装的允许偏差，应符合表 6-25 的规定。检查数量：檐口与屋脊的平行度按长度抽查 10%，且≥10m；其他项目每 20m 长度应抽查 1 处，且≥2 处。检验方法：用拉线、吊线和钢尺检查。

压型金属板安装的允许偏差　　　表 6-25

项目		允许偏差
屋面	檐口与屋脊的平行度	12.0mm
	压型金属板波纹线对屋脊的垂直度	$L/800$，且≤25.0mm

続表

	项目	允许偏差
屋面	檐口相邻两块压型金属板端部错位	6.0mm
	压型金属板卷边板件最大波浪高	4.0mm
墙面	墙板波纹线的垂直度	$H/800$，且≤25.0mm
	墙板包角板的垂直度	$H/800$，且≤25.0mm
	相邻两块压型金属板的下端错位	6.0

注：L 为屋面半坡或单坡长度；H 为墙面高度。

6.3.9 钢结构涂装工程

（1）钢结构涂装工程，可按钢结构制作或钢结构安装工程检验批的划分原则划分成一个或若干个检验批。

（2）钢结构普通涂料涂装工程，应在钢结构构件组装、预拼装或钢结构安装工程检验批的施工质量验收合格后进行。钢结构防火涂料涂装工程，应在钢结构安装工程检验批和钢结构普通涂料涂装检验批的施工质量验收合格后进行。

（3）涂装时的环境温度和相对湿度应符合涂料产品说明书的要求，当产品说明书无要求时，环境温度宜在5~38℃之间，相对湿度不应大于85%。涂装时构件表面不应有结露；涂装后4h内应保护免受雨淋。

1. 钢结构防腐涂装

（1）涂装前钢材表面除锈，应符合设计要求和国家现行有关标准的规定。处理后的钢材表面，不应有焊渣、焊疤、灰尘、油污、水和毛刺等。检查数量：按构件数抽查20%，且同类构件≥6件。检验方法：用铲刀检查。

（2）涂料、涂装遍数、涂层厚度均应符合设计要求。检查数量：按构件数抽查20%，且同类构件≥6件。检验方法：用干漆膜测厚仪检查，每个构件检测5处，每处的数值为3个相距50mm测点涂层干漆膜厚度的平均值。

（3）构件表面不应误涂、漏涂，涂层不应脱皮和返锈等。涂层应均匀、无明显皱皮、流坠、针眼和气泡等。检查数量：全数检查。检验方法：观察检查。

（4）当钢结构处在有腐蚀介质环境或外露且设计有要求时，应进行涂层附着力测试，在检测处范围内，当涂层完整程度达到70%以上时，涂层附着力达到合格质量标准的要求。检查数量：按构件数抽查1%，且≥3件，每件测3处。检验方法：按照现行国家标准《漆膜划圈试验》GB/T 1720或《色漆和清漆 划格试验》GB/T 9286的规定执行。

（5）涂装完成后，构件的标识、标记和编号应清晰完整。检查数量：全数检查。检验方法：观察检查。

2. 钢结构防火涂料涂装

（1）防火涂料涂装前钢材表面除锈及防锈底漆涂装，应符合设计要求和国家现行有关标准的规定。检查数量：按构件数抽查 20%，且同类构件≥6 件。检验方法：表面除锈用铲刀检查；底漆涂装用干漆膜测厚仪检查，每个构件检测 5 处，每处的数值为 3 个相距 50mm 测点涂层干漆膜厚度的平均值。

（2）钢结构防火涂料的粘结强度、抗压强度，应符合现行标准《钢结构防火涂料应用技术规程》T/CECS 24 的规定。检查数量：每使用 100t 或＜100t 薄涂型防火涂料，应抽检一次粘结强度；每使用 500t 或＜500t 厚涂型防火涂料，应抽检一次粘结强度和抗压强度。检验方法：检查复检报告。

（3）薄涂型防火涂料的涂层厚度应符合有关耐火极限的设计要求。厚涂型防火涂料涂层的厚度，80% 及以上面积应符合有关耐火极限的设计要求，且最薄处厚度≥设计要求的 85%。检查数量：按同类构件数抽查 20%，且均≥6 件。检验方法：用涂层厚度测量仪、测针和钢尺检查，测量方法应符合现行标准《钢结构防火涂料应用技术规程》T/CECS 24 的规定。

（4）薄涂型防火涂料涂层表面裂纹宽度，应≤ 0.5mm；厚涂型防火涂料涂层表面裂纹宽度，应≤ 1mm。检查数量：按同类构件数抽查 20%，但均≥6 件。检验方法：观察和用尺量检查。

（5）防火涂料涂装基层，不应有油污、灰尘和泥砂等污垢。检查数量：全数检查。检验方法：观察检查。

（6）防火涂料不应有误涂、漏涂，涂层应闭合无脱层、空鼓、明显凹陷、粉化松散和浮浆等外观缺陷，乳突已剔除。检查数量：全数检查。检验方法：观察检查。

6.3.10 钢结构分部工程竣工验收

1. 根据现行国家标准《建筑工程施工质量验收统一标准》GB 50300 的规定，当钢结构作为主体结构之一时，应按子分部工程竣工验收；当主体结构均为钢结构时，应按分部工程竣工验收。大型钢结构工程，可划分成若干个子分部工程进行竣工验收。

2. 钢结构分部工程有关安全及功能的检验和见证检测项目，应按现行国家标准《钢结构工程施工质量验收标准》GB 50205 附录 F 的规定执行，检验应在其分项工程验收合格后进行。

3. 钢结构分部工程有关观感质量检查项目，应按现行国家标准《钢结构工程施工质量验收标准》GB 50205 附录 G 的规定执行。

4. 钢结构分部工程合格质量标准，应符合下列规定：

各分项工程质量均应符合合格质量标准；质量控制资料和文件应完整；有关安

全及功能的检验、见证检测结果以及观感质量，应符合相应合格质量标准的要求。

5. 钢结构分部工程竣工验收时，应提供下列文件和记录：

钢结构工程竣工图纸及相关设计文件；施工现场质量管理检查记录；有关安全及功能的检验和见证检测项目检查记录；有关观感质量检验项目检查记录；分部工程所含各分项工程质量验收记录；分项工程所含各检验批质量验收记录；强制性条文检验项目检查记录及证明文件；隐蔽工程检验项目检查验收记录；原材料、成品质量合格证明文件、中文标志及性能检测报告；不合格项的处理记录及验收记录；重大质量、技术问题实施方案及验收记录；其他有关文件和记录。

6. 钢结构工程质量验收记录，应符合下列规定：

施工现场质量管理检查记录，按现行国家标准《建筑工程施工质量验收统一标准》GB 50300 附录 A 进行；分项工程检验批验收记录按现行国家标准《钢结构工程施工质量验收标准》GB 50205 统一编制；分项工程验收记录，按现行国家标准《建筑工程施工质量验收统一标准》GB 50300 附录 F 进行；分部（子分部）工程验收记录，按现行国家标准《建筑工程施工质量验收统一标准》GB 50300 附录 G进行。

6.4　围护结构安装质量检验与验收

6.4.1　一般规定

1. 当建筑金属围护系统分项工程施工质量验收时，应提供下列文件和资料：

（1）设计文件；

（2）原材料产品质量证明、性能检测报告、进场验收记录、构配件出厂合格证；

（3）金属屋面板抗风揭性能检测报告；

（4）屋面以及变形缝、排烟（气）窗、天窗等节点部位的雨后或淋水试验记录；

（5）检验批的质量验收记录；

（6）其他必要的文件和记录。

2. 建筑金属围护系统工程施工质量控制应符合下列规定：

（1）各工序应按施工技术标准进行质量控制，每道工序完成后应进行检查；

（2）相关各专业工种之间，应进行交接检验，并应经检查验收合格。

3. 检验批、分项工程的质量验收记录应按现行行业标准《建筑金属围护系统工程技术标准》JGJ/T 473 的要求填写。

4. 建筑金属围护系统分项工程的检验批划分应符合下列规定：

（1）建筑金属围护系统可按变形缝、施工段或屋面、墙面、底面等划分为一个或若干个检验批，相同设计、材料、工艺和施工条件的建筑金属围护系统工程应以1000m²的面积为一个检验批，不足1000m²的应划分为一个检验批；

（2）同一单位工程的不连续的建筑金属围护系统工程应单独划分检验批；

（3）对异形或有特殊要求的建筑金属围护系统工程，检验批的划分应根据建筑金属围护系统的结构、工艺特点及建筑金属围护系统工程规模确定；

（4）检验批的划分不应影响隐蔽项目验收工作的开展，可在安装施工的不同阶段划分不同大小的检验批并根据质量验收情况动态调整。

5. 围护结构的品种、规格、性能应符合设计要求。检查数量：全数检查。检验方法：观察检查，检查出厂质量证明文件、型式检验报告。

6. 围护结构、隔墙板应在明显部位标注生产厂家、工程名称、规格、尺寸、生产日期等必要信息。检查数量：全数检查。检验方法：观察检查。

7. 围护结构、隔墙板的配筋应符合设计要求。检查数量：每种规格抽1块板材。检验方法：检查现场抽样钢筋扫描检测报告。

8. 用于外围护结构板材的热工性能应符合设计要求。检查数量：每一品种抽一块板材。检查方法：检查现场抽样检测报告。

9. 围护结构、隔墙板固定方法应符合设计要求，固定应牢固。当采用锚钉悬挂固定时，其锚固力应大于板重的3.5倍，检测方法符合现行行业标准《混凝土结构后锚固技术规程》JGJ 145的规定。检查数量：每规格抽查1件。检查方法：检查锚固力检测报告。

10. 外墙严禁渗水。检查数量：抽样5%且每层≥3处。检查方法：雨后观察或检查淋水试验记录。

11. 围护结构墙板板缝应顺直均匀，竖缝垂直，上下对正；横缝水平，左右对齐。板缝密封胶应适量连续均匀，刮胶应一次刮通，不应中断。胶缝宜为凹缝，不宜打平，禁止使用其他材料将缝填平。

6.4.2 原材料及成品进场验收

1. 原材料及成品进场验收应符合下列规定。

（1）建筑金属围护系统工程现场所用的主要材料、零（部）件、成品件、标准件等产品应提供产品质量合格证明文件、出厂合格证。

（2）进场验收的检验批原则上应与各分项工程检验批一致；有特殊要求时，也可根据工程规模及进料实际情况划分检验批。

（3）绝热材料应按国家现行防火规范规定提供防火测试报告。

2. 压型金属板材的验收应符合下列规定。

（1）压型金属板及制造压型金属板所采用的原材料的材质、牌号、规格、性能等应符合国家现行相关标准和设计要求。检查数量：全数检查。检验方法：产品的质量合格证明文件、中文标志及检验报告等。

（2）泛水板及制造泛水板所采用的原材料的品种、规格、性能等应符合国家现行相关标准和设计要求。检查数量：全数检查。检验方法：产品的质量合格证明文件、中文标志及检验报告等。

（3）压型金属板、泛水板板面平整、无变形、色泽均匀，涂层、镀层不应有可见的裂纹、起皮、剥落和擦痕等缺陷。检查数量和检验方法按现行国家标准《压型金属板工程应用技术规范》GB 50896 的规定执行。

（4）压型金属板、泛水板的规格尺寸及允许偏差应符合现行行业标准《建筑金属围护系统工程技术标准》JGJ/T 473 的规定。检查数量：每种规格抽查 5%，且 ≥ 10 件。检验方法：观察检查及尺量。

（5）压型金属板、泛水板成品表面应干净，不应有明显凹凸和褶皱。检查数量：按计件数抽查 5%，且 ≥ 10 件。检验方法：观察检查。

3. 支承结构构件的验收应符合下列规定。

（1）支承结构构件的材质、性能、规格应符合设计要求。检查数量：按进场批次逐批检查。检验方法：检查质量证明书。

（2）支承结构构件表面处理应符合设计要求。检查数量：按进场批次逐批检查。检验方法：检查质量证明书、性能检验报告。

（3）支承结构构件表面应平整无变形、清洁无污染，色泽应均匀、无裂纹、损伤，端部应进行防腐处理。检查数量：按每批进场数量抽取 10% 检查。检验方法：观察检查。

4. 绝热材料的验收应符合下列规定。

（1）绝热材料的品种、规格、密度、导热系数、燃烧性能应符合设计要求。检查数量：按进场批次逐批检查。检验方法：检查质量证明书。

（2）当绝热材料采用岩棉、泡沫玻璃时，其抗压强度或压缩强度应符合设计要求及国家现行标准《建筑用岩棉绝热制品》GB/T 19686 和《泡沫玻璃绝热制品》JC/T647 的要求。检查数量：按进场批次逐批检查。检验方法：检查质量证明书。

（3）绝热材料的吸水率应符合设计要求。检查数量：按进场批次逐批检查。检验方法：检查现场。

（4）绝热材料的厚度应符合设计要求，松散绝热材料厚度允许偏差应符合原材料标准要求。检查数量：按每批进场数量抽取 10% 检查。检验方法：用钢针插入和尺量检查。

5. 隔声材料、吸声材料的验收应符合下列规定。

（1）隔声材料、吸声材料的品种、规格、性能应符合设计要求。检查数量：按进场批次逐批检查。检验方法：检查质量证明书、性能检验报告。

（2）隔声块材表面应平整，无翘曲变形、裂纹和磕碰损伤。检查数量：按每批进场数量抽取 10 块检查。检验方法：观察检查。

6. 防水层、防水垫层、透汽层材料及隔汽材料的验收应符合下列规定。

（1）防水层、防水垫层、透汽层材料和隔汽材料的品种、规格、耐热老化、抗撕裂和抗拉伸等性能应符合设计要求。检查数量：按进场批次逐批检查。检验方法：检查质量证明书。

（2）防水层、防水垫层、透汽层材料的厚度及外观应符合设计要求，不得有裂口、划伤、孔洞等缺陷。检查数量：按相关标准检查。检验方法：观察、尺量检查。

（3）隔汽材料外观应符合设计要求，不得有裂口、皱褶、划伤、孔洞等缺陷。检查数量：按每批进场数量抽取 10% 检查。检验方法：观察检查。

7. 天（檐）沟板材的验收应符合下列规定。

（1）天（檐）沟板材的品种、规格、性能应符合设计要求。检查数量：按进场批次逐批检查。检验方法：检查质量证明书。

（2）天（檐）沟板材表面应平整，无翘曲变形和明显划痕。检查数量：按每批进场数量抽取 10% 检查。检验方法：观察检查。

（3）涂层应均匀、无明显划痕。检查数量：按每批进厂数量抽取 10% 检查。检验方法：观察、用干漆膜测厚仪检查。

8. 固定支架的验收应符合下列规定。

（1）固定支架的材质、规格、性能及外观质量应符合设计要求。检查数量：按进场批次逐批检查。检验方法：检查质量证明书或合格证。

（2）固定支架表面应平整光滑，表面无裂纹、损伤、锈蚀。检查数量：按每批进场数量抽取 10% 检查。检验方法：观察检查。

9. 焊接材料的验收应符合下列规定。

（1）焊接材料的品种、规格、性能应符合国家现行相关标准的规定。检查数量：按进场批次逐批检查。检验方法：检查质量证明书。

（2）焊条应保持干燥，不应有药皮脱落、焊芯生锈等缺陷。检查数量：按每批进场数量抽取 10% 检查。检验方法：观察检查。

10. 涂装材料的验收应符合下列规定。

（1）涂装材料的品种、规格、性能等应符合设计要求。检查数量：按进场批次逐批检查。检验方法：检查质量证明书。

（2）涂装材料的型号、名称、颜色及有效期应与其质量证明文件相符。检查数量：按每批进场数量抽 10% 检查。检验方法：观察检查。

11. 紧固件的验收应符合下列规定。

（1）建筑金属围护系统用紧固件的材质、性能应符合设计要求。检查数量：按进场批次逐批检查。检验方法：检查质量证明书、中文标志。

（2）建筑金属围护系统用紧固件表面应无损伤、锈蚀。检查数量：按每批进场数量抽取 3% 检查。检验方法：观察检查。

12. 密封材料的验收应符合下列规定。

（1）密封材料的材质、性能应符合设计要求。检查数量：按进场批次逐批检查。检验方法：检查质量证明书。

（2）密封材料有效期应符合厂商提供的使用期证明。检查数量：按进场批次逐批检查。检验方法：检查质量证明书。

（3）密封材料外观质量应符合国家现行相关标准要求，包装应完好。检查数量：按每批进场数量抽取 10% 检查。检验方法：观察检查。

6.4.3 加工制作验收

1. 压型金属板、金属面夹芯板的验收应符合下列规定。

（1）压型金属板成型后，其基板不应有裂纹，表面的涂、镀层不得有肉眼可见的裂纹、剥落和擦痕等缺陷。检查数量：按计件数抽查 5%，且 ≥ 10 件。检验方法：观察检查。

（2）压型金属板加工尺寸及偏差应符合设计及排板的要求。

压型金属板加工尺寸偏差应符合现行行业标准《建筑金属围护系统工程技术标准》JGJ/T 473 的规定。检查数量：按计件数抽查 5%，且 ≥ 10 件。检验方法：尺量检查。

（3）金属面夹芯板加工尺寸允许偏差应符合现行行业标准《建筑金属围护系统工程技术标准》JGJ/T 473 的规定。检查数量：按计件数抽查 5%，且 ≥ 10 件。检验方法：尺量检查。

2. 金属板天沟、泛水板的验收应符合下列规定。

（1）金属板天沟、泛水板压制成型后，不得有裂纹，无明显凹凸和褶皱。表面的涂、镀层不得有肉眼可见的裂纹、剥落和擦痕等缺陷。检查数量：按计件数抽查 5%，且 ≥ 10 件。检验方法：用 10 倍放大镜检查。

（2）金属板天沟分段拼接处，应采用焊接方式连接，焊缝质量应符合焊接标准要求，焊缝应连续、饱满，不得有漏焊或裂纹。不锈钢、铝合金天沟分段拼接处，应采用氩弧焊焊接工艺连接。检查数量：按对接焊缝条数抽查 10%，且 ≥ 3 条。检验方法：用 10 倍放大镜检查、用焊缝量规检查、观测检查。

（3）金属板天沟分段加工尺寸允许偏差应符合现行行业标准《建筑金属围护系统工程技术标准》JGJ/T 473 的规定。检查数量：按计件数抽查 5%，且 ≥ 10 件。检验方法：尺量检查。

（4）泛水板加工尺寸允许偏差应符合现行行业标准《建筑金属围护系统工程技术标准》JGJ/T 473 的规定。检查数量：按计件数抽查 5%，且 ≥ 10 件。检验方法：

尺量检查。

3. 支承结构构件的验收应符合下列规定。

（1）型材切割面不得因加工而变形，应无裂纹、毛刺和大于 1mm 的缺棱。检查数量：按进场批次逐批检查。检验方法：观察或用百分尺检查。

（2）切割面应打磨平整。切割的允许偏差应符合表 6-26 的规定。检查数量：按切割面抽查 10%，且 ≥ 3 个。检验方法：观察、用钢尺检查。

支承结构型材切割允许偏差

表 6-26

序号	项目	允许偏差
1	构件长度	±3.0mm
2	切割平面度	$0.05t$，且 ≤ 2.0mm
3	割纹深度	0.3mm
4	局部缺口深度	1.0mm

注：t 为切割面厚度。

（3）矫正后的钢材表面，不应有明显的凹面或损伤，划痕深度 ≤ 0.5mm，且 ≤ 该钢材厚度负允许偏差的 1/2。检查数量：全数检查。检验方法：观察检查。

（4）构件矫正后允许偏差应符合表 6-27 的规定。检查数量：每种规格抽查 10%，且 ≥ 5 个。检验方法：观察检查。

支承结构钢构件矫正后允许偏差

表 6-27

序号	项目	允许偏差
1	角钢肢的垂直度	±3.0mm
2	型钢翼缘对腹板的垂直度	$b/80$mm
3	型钢弯曲矢高	$L/100$mm，且 ≤ 5.0mm

注：b 为翼缘宽度；L 为构件长度。

6.4.4　支承结构构件安装验收

1. 支承结构构件与主结构间的连接螺栓应无漏装，现场焊缝应合格。检查数量：按节点数抽查 10%，且 ≥ 10 个。检验方法：观察检查及用量规检查。

2. 支承结构构件安装允许偏差，应符合现行行业标准《建筑金属围护系统工程技术标准》JGJ/T 473 的规定。检查数量：抽查 10%，且 ≥ 10 件。检验方法：用拉线和钢尺检查。

6.4.5　持力板、金属内板安装验收

1. 持力板、金属内板紧固件固定数量、间距应符合设计要求和现行行业标准

《建筑金属围护系统工程技术标准》JGJ/T 473 的规定，并应固定牢固、稳定。当无相关规定时，纵向在支承结构构件（檩条）部位、横向每波均应有固定。检查数量：全数检查。检验方法：观察检查及尺量。

2. 持力板、金属内板应在支承结构构件上可靠搭接，搭接长度应符合现行行业标准《建筑金属围护系统工程技术标准》JGJ/T 473 的规定。检查数量：按搭接部位总长度抽查 10%，且 ≥ 10m。检验方法：观察及用钢尺检查。

3. 与穿透持力板、金属内板的构件相接处开口应准确，应采用内泛水板封堵，外形应完好。检查数量：全数检查。检验方法：观察检查。

4. 持力板、金属内板间接缝应严密、平整、顺直。板面应平整干净、无污迹及施工残留物、无明显的凹凸和皱褶。检查数量：按面积抽查 10%，且 ≥ 10m^2。检验方法：观察检查。

5. 持力板、金属内板安装允许偏差应符合现行行业标准《建筑金属围护系统工程技术标准》JGJ/T 473 的规定。检查数量：檐口与屋脊平行度按长度抽查，且 ≥ 10m；其他项目每 20m 长度抽查 1 处，且 ≥ 3 处。检验方法：拉线、吊线和钢尺检查。

6.4.6 隔汽层、透汽层安装验收

1. 隔汽层、透汽层铺设应连续，搭接缝应采用密封材料紧密连接，洞口边沿处应密封。检查数量：按面积抽查 10%，且 ≥ 10m^2。检验方法：观察及尺量检查。

2. 隔汽层、透汽层材料纵横方向搭接长度 ≥ 100mm。检查数量：按面积抽查 10%，且 ≥ 10m^2。检验方法：尺量检查。

3. 隔汽层、透汽层铺设后应表面平整、严密，不得扭曲、皱褶。外观应良好，表面应清洁无污染。检查数量：按面积抽查 10%，且 ≥ 10m^2。检验方法：观察检查。

6.4.7 绝热层及吸声、隔声层安装验收

1. 绝热层的验收应符合下列规定。

（1）绝热层材料吸水率应符合设计和现行行业标准《建筑金属围护系统工程技术标准》JGJ/T 473 的要求，严禁使用雨雪淋湿的绝热材料。检查数量：全数检查。检验方法：观察检查。

（2）绝热材料的铺设应连续，相邻材料之间的接缝应拼接严密，外观应良好。检查数量：按面积抽查 10%，且 ≥ 10m^2。检验方法：观察检查。

（3）承托绝热材料的钢丝网外观应良好、平直，与檩条的固定应牢固可靠。检查数量：按面积抽查 10%，且 ≥ 10m^2。检验方法：观察检查。

（4）钢丝网铺设挠度允许偏差应小于 30mm。检查数量：跨中每 20m 长度应抽查 1 处，且 ≥ 3 处。检验方法：观察、拉线尺量检查。

（5）钢丝网搭接长度不应小于 50mm，并应采用细钢丝进行绑扎。检查数量：搭接部位每 20m 长度应抽查 1 处，且 ≥ 3 处。检验方法：观察及尺量检查。

（6）绝热材料在边角及节点部位铺设应完好整齐、填充密实。检查数量：边角部位全数检查，其他部位按面积抽查 10%，且 ≥ 10m^2。检验方法：观察检查。

2. 吸声、隔声层的验收应符合下列规定。

（1）吸声材料铺设应平整、无扭曲、起皱和鼓包，接缝应紧密无缝隙，外观应良好。检查数量：全数检查。检验方法：观察检查。

（2）隔声材料铺设时，拼缝应密实，不应有通缝。检查数量：全数检查。检验方法：观察检查。

（3）吸声层隔离材料纵向搭接长度不应小于 100mm，横向搭接长度不应小于 80mm。检查数量：按面积抽查 3%，且 ≥ 10m^2。检验方法：观察及尺量检查。

（4）隔声材料铺设应无通缝，与构件交界处开口应准确、接缝严密。检查数量：按面积抽查 3%，且 ≥ 10m^2；开口数抽查 10%，且 ≥ 10 个。检验方法：观察检查。

6.4.8　粘结基板安装验收

（1）粘结基板相邻板材之间的接缝拼接应严密，边角处铺设应无遗漏。检查数量：按面积抽查 10%，且 ≥ 10m^2。检验方法：观察检查。

（2）粘结基板与持力板间应按设计连接，紧固件应均匀布置。检查数量：按面积抽查 10%，且 ≥ 10m^2。检验方法：观察检查。

6.4.9　防水（垫）层安装验收

1. 防水层和防水垫层的铺设应平整、顺直、严密、无鼓包，不得扭曲。检查数量：按面积抽查 10%，且 ≥ 10m^2。检验方法：观察检查。

2. 防水层和防水垫层应按顺流水方向搭接，长短边搭接宽度应符合现行行业标准《单层防水卷材屋面工程技术规程》JGJ/T 316 的相关要求。检查数量：搭接部位每 20m 长度抽查 1 处，且 ≥ 3 处。检验方法：观察及尺量检查。

3. 防水层搭接部位应连接严密，不得有缝隙。检查数量：搭接部位每 20m 长度抽查 1 处，且 ≥ 3 处。检验方法：观察检查。

4. 节点部位防水层和防水垫层做法应符合设计要求。检查数量：不规则部位全数检查。检验方法：观察及尺量检查。

5. 防水层和防水垫层在与天窗、女儿墙、天沟等交界的转角部位均应做成圆弧，圆弧半径应 > 20mm。检查数量：转角部位每 10m 长度抽查 1 处，且 ≥ 3 处。

检验方法：尺量检查。

6. 女儿墙、山墙、天窗等部位，防水层和防水垫层的泛水卷边高度应符合设计要求，且不应小于250mm。检查数量：按节点部位每20m长度抽查1处，且≥3处。检验方法：尺量检查。

6.4.10 固定支架安装验收

1. 固定支架数量、间距应符合设计要求，紧固件固定应牢固可靠。检查数量：按固定支架数抽查5%，且≥20处。检验方法：观察检查。

2. 固定支架安装偏差应符合现行行业标准《建筑金属围护系统工程技术标准》JGJ/T 473的要求。检查数量：按固定支架数抽查5%，且≥20处。检验方法：观察检查，拉线、尺量检查。

6.4.11 墙板安装验收

1. 金属面板、金属面夹芯板铺设完成后应无起拱、褶皱等变形现象，完成面表皮效果应符合设计要求。检查数量：全数检查。检验方法：观察检查。

2. 金属面板侧向搭接连接应严密、连续平整，不得出现扭曲和裂口等现象。检查数量：侧向搭接部位每10m长度抽查1处，且≥3处。检验方法：观察检查。

3. 金属面板、金属面夹芯板端与天沟板连接处，应有可靠的密封措施，并应符合设计要求。检查数量：连接部位每10m长度抽查1处，且≥3处。检验方法：尺量检查。

4. 泛水板连接节点应符合设计要求，固定应牢固可靠，密封材料敷设应完好。检查数量：连接节点每10m长度抽查1处，且≥3处。检验方法：观察检查。

5. 屋脊波谷处应安装堵头，且板波谷端头宜向上弯折；檐口处屋面板波谷端头宜向下弯折。检查数量：全数检查。检验方法：观察检查。

6. 固定支架数量、间距应符合设计要求，紧固件应固定牢固、可靠。检查数量：按固定支架数抽查10%，且≥10个。检验方法：观察检查。

7. 当金属面板在长度方向搭接时，上下搭接方向应按顺水流方向，搭接长度应符合现行行业标准《建筑金属围护系统工程技术标准》JGJ/T 473的规定。检查数量：搭接部位每10m长度抽查1处，且≥3处。检验方法：观察及尺量检查。

8. 金属面板的焊接连接应符合设计要求，不得有裂纹、气孔等缺陷。检查数量：焊接部位每10m长度抽查1处，且≥3处。检验方法：观察检查。

9. 泛水板应平直、洁净，接口应严密。检查数量：按收边部位每10m长度抽查1处，且≥3处。检验方法：观察及手扳检查。

10. 安装后的金属面板、金属面夹芯板表面应平整、洁净，外观色泽应均匀一致，不得有污染和破损。质量要求和检验方法应符合表6-28的规定。

项次	项目	质量要求（每平方米）	检验方法	检查数量
1	明显划伤和长度＞100mm 的轻微划伤	不允许	观察和尺量检查	按面积抽查 10%，且≥10m²
2	长度≤100mm 的轻微划伤（条）	≤10	观察和尺量检查	
3	擦伤总面积（mm²）	≤500	用钢尺检查	

11. 金属面板安装的允许偏差应符合现行行业标准《建筑金属围护系统工程技术标准》JGJ/T 473 的规定。检查数量：每 20m 长度抽查 1 处，且≥3 处。检验方法：拉线、吊线和钢尺检查。

12. 金属面夹芯板安装的允许偏差应符合现行行业标准《建筑金属围护系统工程技术标准》JGJ/T 473 的规定。检查数量：每 20m 长度抽查 1 处，且≥3 处。检验方法：尺量、拉线、水准仪或经纬仪测量。

13. 竖向墙板的外观质量应满足表 6-29 的规定。检查数量：全数检查。

竖向墙板的外观质量要求　表 6-29

序号	项目	质量要求	检验方法
1	横向裂缝	不允许	观察，尺量检查
2	纵向裂缝	宽度＜0.2mm，数量≤3 条，总长≤$L/10$	
3	掉角	每一端板宽方向≤150mm，板厚方向≤$4D/5$，板长方向≤300mm。每块板≤1 处	
4	侧面损伤或缺棱	≤3m 的板少于 2 处，＞3m 的板少于 3 处，每处长≤300mm，深度≤50mm。每侧≤1 处	

注：L 为板的长度（mm）；D 为板的厚度（mm）。

14. 围护结构墙板板缝应顺直均匀，竖缝垂直，上下对正；横缝水平，左右对齐。板缝密封胶应适量连续均匀，刮胶应一次刮通，不应中断。胶缝宜为凹缝，不宜打平，禁止使用其他材料将缝填平。

15. 墙板安装后的尺寸偏差和检查方法应符合表 6-30 的规定。检查数量：抽查 10%。

墙板安装允许偏差　表 6-30

序号	项目	允许偏差（mm）	检验方法
1	轴线位置	3	经纬仪、拉线、尺量检查
2	墙面垂直度	3	2m 托线板、吊线检查
3	板缝垂直度	3	
4	板缝水平度	3	拉线、尺量检查
5	表面平整度	3	2m 靠尺、塞尺检查
6	拼缝高差	1	尺量检查
7	洞口偏移	8	

6.5　防腐与防火施工检验与验收

6.5.1　概述

防火、防腐对装配式钢结构建筑来说是非常重要的性能，除必须满足国家现行标准中的相关规定外，在装配式钢结构的设计、生产运输、施工安装以及使用维护过程中均要考虑可靠性、安全性和耐久性的要求。装配式钢结构建筑的防腐和防火施工检验按现行国家标准《钢结构工程施工质量验收标准》GB 50205 的规定进行，满足现行国家标准《钢结构工程施工规范》GB 50755、《装配式钢结构建筑技术标准》GB/T 51232、《建筑防腐蚀工程施工规范》GB 50212 等相关标准的要求，采用防火防腐一体化体系（含防火防腐双功能涂料）时，防腐涂装和防火涂装可以合并验收。

钢结构的防锈、涂装（包括重新涂装）施工质量应按现行国家标准《建筑防腐蚀工程施工规范》GB 50212、《钢结构工程施工质量验收标准》GB 50205 和《钢结构工程施工规范》GB 50755 的规定检查验收。防火涂料和其他防火材料的选用及质量要求应符合现行国家标准《钢结构防火涂料》GB 14907 的规定，防火涂装层的检测应符合现行国家标准《钢结构现场检测技术标准》GB/T 50621 的规定。

涂装工程的验收应包括在中间检查和竣工验收中。钢结构现场涂装应符合下列规定：

1. 构件在运输、存放和安装过程中损坏的涂层以及安装连接部位的涂层应进行现场补漆，并应符合原涂装工艺要求；

2. 构件表面的涂装系统应相互兼容；

3. 防火涂料应符合国家现行有关标准的规定；

4. 现场防腐和防火涂装应符合现行国家标准《钢结构工程施工规范》GB 50755 和《钢结构工程施工质量验收标准》GB 50205 的规定。

装配式钢结构涂装检测通常是常规性检测，检测抽样部位应有代表性，在整个结构上应均匀布点。对每个结构单元应采用全数普查、重点抽查的原则。装配式钢结构构件涂装层检测方法和要求见表 6-31。厚涂涂装层的检测还应包括外观质量、涂层附着力、涂层厚度、涂层老化，并应符合相关规定。防腐涂装层的检测应符合现行国家标准《钢结构现场检测技术标准》GB/T 50621 的规定。

装配式钢结构构件涂装层检测项目、方法和要求　　　　表 6-31

序号	检测项目	检测要求	检测方法
1	表面涂层	无脱皮和返锈，涂层应均匀、无明显皱皮、气泡	目测
2	薄涂型防火涂料涂层	表面裂纹宽度不应大于 0.5mm	目测、尺量检测

序号	检测项目		检测要求	检测方法
3	厚涂型防火涂料涂层		表面裂纹宽度不应大于 1mm	目测、尺量检测
4	涂层附着力		涂层完整程度达到 70% 以上	《漆膜划圈试验》GB/T 1720、《色漆和清漆 划格试验》GB/T 9286
5	涂层厚度	室外	应为 150μm，允许偏差 −25μm	用涂层测厚仪。每个构件检测 5 处，每处的数值是 3 个相距 50mm 测点涂层干膜厚度的平均值
6		室内	应为 125μm，允许偏差 −25μm	
7	厚涂型防火涂料厚度		80% 以上面积应符合有关耐火极限的设计要求，且最薄处厚度不应小于设计要求的 85%	涂层厚度测量仪、测针和钢尺检测；《钢结构工程施工及验收标准》GB 50205
8	涂层老化程度		符合相关标准要求	《色漆和清漆 涂层老化的评级方法》GB/T 1766

6.5.2 材料验收

装配式钢结构建筑的防护和防火涂料的进场验收除检查资料文件外，还要开桶抽查。开桶抽查除检查涂料结皮、结块、凝胶等现象外，还要与质量证明文件对照涂料的型号、名称、颜色及有效期等。

材料验收主控项目如下。

1. 钢结构防腐涂料、稀释剂和固化剂等材料的品种、规格、性能等应符合国家标准的规定并满足设计要求。检查数量：全数检查。检验方法：检查产品的质量合格证明文件、中文产品标志及检验报告等。

2. 钢结构防火涂料的品种和技术性能应满足设计要求，并应经法定的检测机构检测，检测结果应符合国家现行标准的规定。检查数量：全数检查。检验方法：检查产品的质量合格证明文件、中文产品标志及检验报告等。

材料验收的一般项目如下：防腐涂料和防火涂料的型号、名称、颜色及有效期应与其质量证明文件相符。开启后，不应存在结皮、结块、凝胶等现象。检查数量：应按桶数抽查 5%，且 ≥ 3 桶。检验方法：观察检查。

6.5.3 表面处理

在防腐施工前，应对钢材或构件表面进行除锈处理，经处理的钢材或构件表面不应有焊渣、焊疤、灰尘、油污、水和毛刺等；对镀锌构件应采用酸洗除锈，处理后的表面应露出金属色泽，并应无污渍、锈迹和残留酸液。

装配式钢结构的防腐和防火涂装工序中，建筑构件的表面除锈多在钢结构厂区完成，宜在室内进行，除锈方法及等级应符合设计要求。当设计无要求时，应参照现行国家标准《涂覆涂料前钢材表面处理 表面清洁度的目视评定 第 1 部分：未涂覆过的钢材表面和全面清除原有涂层后的钢材表面的锈蚀等级和处理等级》GB/T 8923.1、《涂覆涂料前钢材表面处理 表面清洁度的目视评定 第 2 部分：已涂覆过的钢材表面局部清除原有涂层后的处理等级》GB/T 8923.2、《涂覆涂料前钢材表面处理 表面清洁度的目视评定 第 3 部分：焊缝、边缘和其他区域的表面缺陷的处理等级》GB/T 8923.3 和《涂覆涂料前钢材表面处理 表面清洁度的目视评定 第 4 部分：与高压水喷射处理有关的初始表面状态、处理等级和闪锈等级》GB/T 8923.4 等相关标准中的要求，宜选用喷砂或抛丸除锈方法，除锈等级应不低于 Sa2½ 级，不同涂料表面最低除锈等级应符合表 6-32 的规定。

不同涂料表面最低除锈等级　　　　　　　　　　　表 6-32

项目	最低除锈等级
富锌底涂料	Sa2½
乙烯磷化底涂料	
环氧或乙烯基酯玻璃鳞片底涂料	Sa2
氯化橡胶、聚氨酯、环氧、聚氯乙烯萤丹、高氯化聚乙烯、氯磺化聚乙烯、醇酸、丙烯酸环氧、丙烯酸聚氨酯等底涂料	Sa2 或 St3
环氧沥青、聚氨酯沥青底涂料	St2
喷铝及其合金	Sa3
喷锌及其合金	Sa2½

注：1. 新建工程重要构件的除锈等级不应低于 Sa2½；
　　2. 喷射或抛射除锈后的表面粗糙度宜为 40~75μm，且不应大于涂层厚度的 1/3。

6.5.4 防腐涂装

钢结构防腐涂装工程应按国家现行标准《钢结构工程施工质量验收标准》GB 50205、《建筑防腐蚀工程施工规范》GB 50212、《建筑防腐蚀工程施工质量验收标准》GB/T 50224 和《建筑钢结构防腐蚀技术规程》JGJ/T 251 的规定进行验收；金属热喷涂防腐和热镀锌防腐工程，应按现行国家标准《热喷涂金属和其他无机覆盖层锌、铝及其合金》GB/T 9793 和《热喷涂 金属零部件表面的预处理》GB/T 11373 等有关规定进行质量验收。

1. 钢结构除锈应采用喷射除锈作为首选的除锈方法，而手工和动力工具除锈仅作为喷射除锈的补充手段。经喷射除锈后，对一般涂装要求的构件，可采用 2 道底漆、2 道面漆的做法，干漆膜总厚度不小于 120μm；对涂装要求较高的构件，应采用 2 道底漆、1~2 道中间漆和 2 道面漆，干漆膜总厚度不小于 150μm，并宜采用长效涂料防护。需加重防腐的部位，可适当增加厚度 20~60μm。

钢结构涂装工程，可按钢结构制作或钢结构安装工程检验批的划分原则划分成一个或若干个检验批。

（1）对大面施工区域，相关主控项目要求如下。

① 涂装前钢材表面除锈等级应满足设计要求并符合国家现行标准的规定，应采用喷射除锈作为首选的除锈方法，而手工和动力工具除锈仅作为喷射除锈的补充手段。处理后的钢材表面不应有焊渣、焊疤、灰尘、油污、水和毛刺等。检查数量：按构件数抽查10%，且同类构件不应少于3件。检验方法：用铲刀检查和用现行国家标准《涂覆涂料前钢材表面处理　表面清洁度的目视评定　第1部分：未涂覆过的钢材表面和全面清除原有涂层后的钢材表面的锈蚀等级和处理等级》GB/T 8923.1规定的图片对照观察检查。

② 当设计要求或施工单位首次采用某涂料和涂装工艺时，应按现行国家标准《钢结构工程施工质量验收标准》GB 50205附录D的规定进行涂装工艺评定，评定结果应满足设计要求并符合国家现行标准的要求。检查数量：全数检查。检验方法：检查涂装工艺评定报告。

③ 防腐涂料、涂装遍数、涂装间隔、涂层厚度均应满足设计文件、涂料产品标准的要求。当设计对涂层厚度无要求时，涂层干漆膜总厚度：室外 $\geqslant 150\mu m$，室内 $\geqslant 125\mu m$。检查数量：按照构件数抽查10%，且同类构件 $\geqslant 3$ 件。检验方法：用干漆膜测厚仪检查；每个构件检测5处，每处的数值为3个相距50mm测点涂层干漆膜厚度的平均值；漆膜厚度的允许偏差应为 $-25\mu m$。

④ 金属热喷涂涂层厚度应满足设计要求。检查数量：平整的表面每 $10m^2$ 表面上的测量基准面数量 $\geqslant 3$ 个，不规则的表面可适当增加基准面数量。检验方法：按现行国家标准《热喷涂涂层厚度的无损测量方法》GB/T 11374的有关规定执行。

⑤ 金属热喷涂涂层结合强度应符合现行国家标准《热喷涂　金属和其他无机覆盖层　锌、铝及其合金》GB/T 9793的有关规定。检查数量：每 $500m^2$ 检测数量 $\geqslant 1$ 次，且总检测数量 $\geqslant 3$ 次。检查方法：按现行国家标准《热喷涂　金属和其他无机覆盖层　锌、铝及其合金》GB/T 9793的有关规定执行。

⑥ 当钢结构处于有腐蚀介质环境、外露或设计有要求时，应进行涂层附着力测试。在检测范围内，当涂层完整程度达到70%以上时，涂层附着力可认定为质量合格。检查数量：按构件数抽查1%，且 $\geqslant 3$ 件，每件测3处。检验方法：按现行国家标准《漆膜划圈试验》GB/T 1720 或《色漆和清漆　划格试验》GB/T 9286执行。

（2）对大面施工区域，相关一般项目要求如下。

① 涂层应均匀，无明显皱皮、流坠、针眼和气泡等。检查数量：全数检查。检验方法：观察检查。

② 金属热喷涂涂层的外观应均匀一致，涂层不得有气孔、裸露母材的斑点、

附着不牢的金属熔融颗粒、裂纹或影响使用寿命的其他缺陷。检查数量：全数检查。检验方法：观察检查。

③ 涂装完成后，构件的标志、标记和编号应清晰完整。检查数量：全数检查。检验方法：观察检查。

2. 对于钢结构现场连接焊缝、紧固件及其连接节点部位，以及因施工过程中构件涂层被损伤部位的防腐作业不同于加工制作过程中的防腐作业，同时连接节点区域的防腐可以有效提高钢结构的耐久性。

（1）相关连接部位涂装主控项目要求如下。

① 在施工过程中，钢结构连接焊缝、紧固件及其连接节点的构件涂层被损伤的部位，应编制专项涂装修补工艺方案，且应满足设计和涂装工艺评定的要求。检查数量：全数检查。检验方法：检查专项涂装修补工艺方案、涂装工艺评定和施工记录。

② 钢结构工程连接焊缝或临时焊缝、补焊部位，涂装前应清理焊渣、焊疤等污垢，钢材表面处理应满足设计要求。当设计无要求时，宜采用人工打磨处理，除锈等级不低于 St3。检查数量：全数检查。检验方法：用现行国家标准《涂覆涂料前钢材表面处理　表面清洁度的目视评定　第 1 部分：未涂覆过的钢材表面和全面清除原有涂层后的钢材表面的锈蚀等级和处理等级》GB/T 8923.1 规定的图片对照观察检查。

③ 高强度螺栓连接部位，涂装前应按设计要求除锈、清理，当设计无要求时，宜采用人工除锈、清理，除锈等级不低于 St3。检查数量：全数检查。检验方法：用现行国家标准《涂覆涂料前钢材表面处理　表面清洁度的目视评定　第 1 部分：未涂覆过的钢材表面和全面清除原有涂层后的钢材表面的锈蚀等级和处理等级》GB/T 8923.1 规定的图片对照观察检查。

④ 构件涂层受损伤部位，修补前应清除已失效和损伤的涂层材料，根据损伤程度按照专项修补工艺进行涂层缺陷修补，修补后涂层质量应满足设计要求并符合相关标准的规定。检查数量：全数检查。检验方法：漆膜测厚仪和观察检查。

（2）相关连接部位涂装一般项目要求如下。

钢结构工程连接焊缝、紧固件及其连接节点，以及施工过程中构件涂层被损伤的部位，涂装或修补后的涂层外观质量应满足设计要求并符合相关标准的规定。检查数量：全数检查。检验方法：观察检查。

6.5.5　防火涂装

钢结构防火涂料的粘结强度、抗压强度应符合现行国家标准《钢结构工程施工质量验收标准》GB 50205 的规定，试验方法应符合现行国家标准《建筑构件耐火试验方法》GB/T 9978 的规定；防火板及其他防火包覆材料的厚度应符合现行国家标准《建筑设计防火规范》GB 50016 关于耐火极限的设计要求。

1. 防火涂料涂装主控项目如下：

（1）防火涂料涂装前先检查结构主体施工是否满足设计和相关标准的要求，隐蔽验收资料是否齐全，钢材表面防腐涂装质量应满足设计要求。检查数量：全数检查。检验方法：检查防腐涂装验收记录。

（2）防火涂料粘结强度、抗压强度应符合现行国家标准《钢结构防火涂料》GB 14907 的规定。检查数量：每使用 100t 或不足 100t 薄涂型防火涂料应抽检一次粘结强度；每使用 500t 或不足 500t 厚涂型防火涂料应抽检一次粘结强度和抗压强度。检验方法：检查复检报告。

（3）膨胀型（超薄型、薄涂型）防火涂料、厚涂型防火涂料的涂层厚度及隔热性能应满足国家标准有关耐火极限的要求，且 ≥ 200μm。当采用厚涂型防火涂料涂装时，80% 及以上涂层面积应满足国家现行标准有关耐火极限的要求，且最薄处厚度 ≥ 设计要求的 85%。检查数量：按照构件数抽查 10%，且同类构件 ≥ 3 件。检验方法：膨胀型（超薄型、薄涂型）防火涂料采用涂层厚度测量仪，涂层厚度允许偏差应为 −5%。

（4）超薄型防火涂料涂层表面不应出现裂纹；薄涂型防火涂料涂层表面裂纹宽度 ≤ 0.5mm；厚涂型防火涂料涂层表面裂纹宽度 ≤ 1.0mm。检查数量：按同类构件数抽查 10%，且 ≥ 3 件。检验方法：观察和用尺量检查。

2. 防火涂料涂装一般项目如下：

（1）防火涂料涂装基层不应有油污、灰尘和泥砂等污垢。检查数量：全数检查。检验方法：观察检查。

（2）防火涂料不应有误涂、漏涂，涂层应闭合，无脱层、空鼓、明显凹陷、粉化松散和浮浆、乳突等缺陷。检查数量：全数检查。验方法：观察检查。

6.6 设备与管线系统安装质量检验与验收

设备和管线施工及质量控制应符合设计文件和国家现行标准《建筑给水排水及采暖工程施工质量验收规范》GB 50242、《通风与空调工程施工质量验收规范》GB 50243、《智能建筑工程施工规范》GB 50606、《智能建筑工程质量验收规范》GB 50339、《建筑电气工程施工质量验收规范》GB 50303、《火灾自动报警系统施工及验收标准》GB 50166 和《辐射供暖供冷技术规程》JGJ 142 的规定。

1. 设备和管线等隐蔽工程的施工不允许破坏结构构件。检验方法：观察检查，检查现场原记录和影像记录检查。

2. 给水管线验收。

（1）室内给水管道、热水管道和中水管道水压测试符合设计要求。用水器具安装前，各用水点应进行通水试验。检验方法：核查测试记录，观察检查和放水检查。

（2）给水系统试压合格后，应按规定在竣工验收前进行冲洗和消毒。检验方法：查看试验记录和有关部门的检测报告。

3. 排水管线验收。

（1）排水主立管及水平干管均应做通球试验。检验方法：观察检查和查看试验记录。

（2）同层排水系统隐蔽安装的排水管道在隐蔽前应做灌水试验。检验方法：观察检查和查看试验记录。

4. 暗敷排水立管的检查口应设置检修门。检验方法：核对设计文件设置位置，观察检查。

5. 高层明敷排水塑料管应按设计要求设置阻火圈或防火套管，排水洞口封堵应使用耐火材料。检验方法：观察检查。

6. 明敷室内塑料给水排水立管距离灶台边缘应有可靠的隔热间距或保护措施，防止管道受热软化。检验方法：观察检查。

7. 给水排水配件应完好无损伤，接口严密，角阀、龙头启闭灵活，无渗漏，且便于检修。检验方法：观察检查，手扳检查，通水检查。

8. 敷设于装配式楼地面内的供暖加热管不应有接头。检验方法：观察检查。

9. 采用同层排水技术时，排水立管与横管接口之间宜在本层套内设置专用水封，且不宜采用带检修口的水封，采用的支管管径应≥ϕ50mm。检验方法：观察检查，手扳检查。

10. 冷、热水管安装应左热右冷、上热下冷，中心间距应≥200mm，管道与管件连接处应采用管卡固定。检验方法：观察检查，手扳检查。

11. 套内线缆沿架空夹层敷设时，应穿管或线槽保护，严禁直接敷设；线缆敷设中间不应有接头，并在内隔墙内预留套管，以便于安装和更换各类电气线路。复杂工程中，宜设置管线盒。检验方法：检查隐蔽工程验收记录。

12. 水平管线应安装于架空地板或吊顶内，竖向管线应安装于架空墙面内或轻质隔墙内。排水管线与其他管线交叉时，应先铺设排水管线，保证排水通畅。检验方法：观察检查。

13. 设备和管线需要与建筑结构构件连接固定时，宜采用预留埋件的连接方式。排水管道敷设应牢固，无松动，管卡和支架位置应正确、牢固，固定方式未破坏建筑防水层。检验方法：观察检查。

14. 室内供暖管、控制阀门、散热器片安装位置应符合设计要求；连接应紧密、无渗漏。检验方法：手试检查，观察检查。

15. 对于有检修需求的成品设备和集成管道交错区域，应设置检修口。检验方法：观察检查。

16. 给水管道、热水管道、中水管道和阀门安装的允许偏差符合设计要求。检验方法：观察检查和尺量检查。

17. 热水管道应采取保温措施，保温厚度应符合设计要求。检验方法：观察检查和尺量检查。

18. 管道支、吊架安装应平整牢固。检验方法：观察检查，尺量检查和手扳检查。

19. 供暖加热管管径、间距和长度应符合设计要求，间距允许偏差为 ±10mm。检验方法：尺量检查。

20. 供暖分集水器的型号、规格及公称压力应符合设计要求，分集水器中心距地面不小于 300mm。检验方法：查看检测报告，尺量检查。

21. 设备和管线穿越楼板和墙体时，应采取防水、防火、隔声、密封等措施，防火封堵应符合现行国家标准《建筑设计防火规范》GB 50016 的规定。检验方法：观察检查。

22. 敷设在吊顶或楼地面架空层内的给水排水设备、管线应采取防腐蚀、隔声减噪和防结露等措施。检验方法：观察检查。

23. 设备和管线施工完成后，应对系统进行试验和调试，并做好记录。检验方法：记录检查。

6.7 内装系统安装质量检验与验收

传统的内装系统涵盖的范围比较广泛，质量检验与验收可以参考现行国家标准《建筑装饰装修工程质量验收标准》GB 50210，本手册仅针对一些与钢结构装配式建筑相关的内装系统，介绍内装装配式墙面、内装装配式顶面、内装装配式地面以及集成厨卫系统的检验与验收所需要注意的事项。

装配式内装修工程的质量验收应按现行国家标准《建筑工程施工质量验收统一标准》GB 50300 规定的原则进行。装配式内装修工程具备穿插施工条件时可提前进行主体工程验收。装配式内装修工程所用材料、部品进场时应进行验收。装配式内装修工程质量验收应按下列规定划分检验单元：

1. 以 1 个单元或楼层作为分部工程的检验单元；

2. 隔墙与墙面系统、吊顶系统、楼地面系统等作为组成分部工程的分项；

3. 通风与空调、建筑电气、智能化等系统独立作为设备管线分部工程下的子分部工程，其系统安装工序作为检验分项；

4. 户箱以后的强电、弱电管线及设备，水表以后的给水管线及设备，主立管之前的排水管道及设备，宜作为设备管线系统的子分部工程进行验收。

隐蔽工程验收应有记录，记录应包含隐蔽部位照片和隐蔽部位施工过程影像记录；检验批验收应有现场检查原始记录。隐蔽工程施工过程影像记录应包括隐蔽工程每一道工序施工前状态、施工进行过程（关键步骤）和施工完成三个阶段的照片或录像文件，并与隐蔽工程记录共同归档；如有条件，可上传至工程所在地工程监管平台服务器。

装配式内装修工程验收中所有检验文件应汇总并汇入总体工程验收报告，并将相关资料提供给房屋使用方和物业管理方作为运营维护的基本资料。

6.7.1 装配式墙面施工质量检验与验收

1. 内装装配式墙面所用的龙骨、固定件、连接件、墙面板材的使用规格、质量、性能要符合国家规范和相关要求。有保温、防水、防潮、耐热、耐磨、隔声、抗静电等特殊要求的材料需要有相关的检测报告。通过观察实物产品、查看产品的质量合格证书、性能检测报告、验收报告、复检报告等完成装配前的产品检验。

2. 固定在钢结构建筑墙面的龙骨、连接件与装配墙体安装牢固，使装配墙面位置安装正确、墙面平整、垂直，安装时用手扳、2～5m垂直尺、靠尺、钢直尺进行实际检测，允许偏差，其立面垂直度的偏差值在 3～4mm，表面平整度的偏差值在 3mm，阴阳角方正偏差值在 3mm，并检查隐蔽工程验收记录。

3. 墙体龙骨材料、安装距离和连接方式要求符合国家规范及设计要求。对于设备管线的安装、门洞、窗洞等位置要加强龙骨的牢固度，要求位置正确。通过隐蔽工程验收记录来检查验收。

4. 装配墙面安装牢固、墙面板平整、无断裂、无损伤、无裂缝。墙板拼接方法符合设计要求，墙面板通过观察、手扳检查完成验收。

5. 装配好的墙面外观平整、一致、干净整洁、无破损裂缝，板面之间的连接均匀、平直，通过观察、手扳检查完成验收。

6. 装配墙面上的孔、洞、盒安装位置准确，边缘平齐，允许接缝直线度偏差值在 3mm 以内，接缝高低差偏差值在 1mm 以内，通过钢直尺、塞尺、手扳、观察检查完成验收。

7. 墙内填充材料保持干燥，填充物填充均匀无下坠，通过轻敲、隐蔽工程验收记录来检查验收。

8. 同一类型的装配式隔墙与墙面工程每层或每 40 间应划分为一个检验批，不足 40 间也应划分为一个检验批，大面积房间和走廊可按装配式隔墙 40m² 计为 1 间。

9. 装配式隔墙与墙面工程每个检验批应至少抽查 10%，并 ≥ 4 间，不足 4 间时应全数检查。

10. 装配式隔墙与墙面系统的外观、规格、性能和燃烧等级、甲醛释放量、放射性等应符合设计要求和现行国家标准的规定。检验方法：观察，检查产品合格证书、进场验收记录和性能检测报告。

11. 燃烧等级应符合现行国家标准《建筑材料及制品燃烧性能分级》GB 8624的规定，甲醛释放量应符合现行国家标准《室内装饰装修材料 人造板及其制品中甲醛释放限量》GB 18580的规定，放射性应符合现行国家标准《建筑材料放射性核素限量》GB 6566的规定。

12. 装配式隔墙与墙面系统的管线接口位置应符合设计要求。检验方法：查阅设计文件，观察检查，尺量检查。

13. 装配式隔墙与墙面系统的饰面板应连接牢固，龙骨间距、数量、规格应符合设计要求，龙骨和构件应符合防腐、防潮及防火要求，墙面板块之间的接缝工艺应密闭，材料应防潮、防霉变。检验方法：手扳检查，检查进场验收记录、后置埋件现场拉拔检测报告、隐蔽工程验收记录和施工记录。

14. 装配式龙骨隔墙所用龙骨、配件、墙面板、填充材料及嵌缝材料的品种、规格、性能和木材的含水率应符合设计要求。有隔声、隔热、阻燃、防潮等特殊要求的工程，材料应有相应性能等级的检测报告。检验方法：观察检查，检查产品合格证书、进场验收记录、性能检测报告和复验报告。

15. 装配式龙骨隔墙天地龙骨必须与基层构造连接牢固，并应平整、垂直、位置正确。检验方法：手扳检查，尺量检查，检查隐蔽工程验收记录。

16. 装配式条板隔墙的预埋件、连接件的位置、规格、数量和连接方法应符合设计要求。检验方法：观察检查，尺量检查，检查隐蔽工程验收记录。

17. 装配式条板隔墙的条板之间、条板与建筑主体结构的结合应牢固、稳定，连接方法应符合设计要求。检验方法：观察检查，手扳检查。

18. 装配式隔墙的允许偏差和检验方法应符合表6-33的规定。

装配式隔墙的允许偏差和检验方法 表6-33

项次	项目	允许偏差（mm）		检验方法
		龙骨隔墙	条板隔墙	
1	立面垂直度	3.0	3.0	用2m垂直检测尺检查
2	表面平整度	3.0	3.0	用2m靠尺和塞尺检查
3	阴阳角方正	3.0	3.0	用直角检测尺检查
4	接缝高低差	1.0	1.0	用钢直尺和塞尺检查拉
5	接缝直线度	2.0	2.0	5m线，不足5m拉通线，用钢直尺检查
6	压条直线度	2.0	2.0	5m线，不足5m拉通线，用钢直尺检查

19. 装配式墙面的允许偏差和检验方法应符合表6-34的规定。

装配式墙面安装的允许偏差和检验方法　　　　表 6-34

项次	项目	允许偏差（mm）	检验方法
1	立面垂直度	2.0	用 2m 垂直检测尺检查
2	表面平整度	1.5	用 2m 靠尺和塞尺检查
3	阴阳角方正	2.0	用直角检测尺检查
4	接缝直线度	2.0	拉 5m 线，不足 5m 拉通线，用钢直尺检查
5	接缝高低差	1.0	用钢直尺和塞尺检查
6	接缝宽度	1.0	用钢直尺检查

20. 装配式墙面表面应平整、洁净、色泽均匀，带纹理饰面板朝向应一致，不应有裂痕、磨痕、翘曲、裂缝和缺损，墙面造型、图案颜色、排布形式和外形尺寸应符合设计要求。检验方法：观察检查，查阅设计文件，尺量检查。

21. 装配式墙面饰面板嵌缝应密实、平直，宽度和深度应符合设计要求，嵌填材料色泽应一致。检验方法：观察检查，尺量检查。

22. 装配式龙骨隔墙上的孔洞、槽、盒应位置正确、套割方正，边缘整齐。检验方法：观察检查。

23. 装配式龙骨隔墙内的填充材料应干燥、填充应密实、均匀、无下坠。检验方法：轻敲检查，检查隐蔽工程验收记录。

6.7.2 装配式顶面施工质量检验与验收

1. 内装装配式吊顶所用的龙骨、固定件、连接件、顶面板材的使用规格、质量、性能要符合国家规范和相关要求。有防水、防潮、耐热、耐磨、隔声、抗静电等特殊要求的材料需要有相关的检测报告。通过观察实物产品、查看产品的质量合格证书、性能检测报告、验收报告、复检报告等完成装配前的产品检验。

2. 固定在钢结构建筑顶面的龙骨、连接件与装配式吊顶安装牢固，使装配吊顶位置安装正确，顶面光洁、平整，安装时用水平仪、塞尺、2m 靠尺、钢直尺、拉线尺进行实际检测，允许偏差，其龙骨间距用钢尺检测允许偏差值为 2mm，用 2m 靠尺和塞尺检查龙骨平直度，允许偏差值为 2mm，用拉线尺量检查起拱高度，允许偏差为 ±10mm，用尺量或水平仪检查骨架四周允许偏差为 ±5mm，并检查隐蔽工程验收记录。

3. 吊顶龙骨材料、安装距离和连接方式要求符合国家规范及设计要求。对于设备管线的安装要加强龙骨的牢固度，要求位置正确。通过隐蔽工程验收记录来检查验收。

4. 装配吊顶安装牢固、顶面板平整、无断裂、无损伤、无裂缝。顶面板拼接方法符合设计要求，顶面板通过观察、手扳检查完成验收。

5. 装配好的吊顶板面外观平整、一致、干净整洁、无破损裂缝，用 2m 靠尺和楔形塞尺检查其表面平整度，允许 3mm 的偏差，用钢直尺和塞尺检查接缝高低差，允许 1mm 的偏差，用水平仪和量尺检查顶棚四周，允许偏差 ±5mm，最后通过观察、手扳检查完成验收。

6. 装配顶面上的检修口、灯口安装位置准确，边缘平齐，允许接缝直线度偏差值在 3mm 以内，接缝高低差偏差值在 1mm 以内，通过钢直尺、塞尺、手扳、观察检查完成验收。

7. 吊顶内填充的材料有隔热、保温、吸声要求的需要符合现行国家标准《民用建筑工程室内环境污染控制标准》GB 50325 的相关要求。对于有防火要求的材料应根据现行国家标准《建筑内部装修设计防火规范》GB 50222 的要求来检查验收。

8. 同一品种的装配式吊顶工程每层或每 40 间应划分为一个检验批，不足 40 间也应划分为一个检验批，大面积房间和走廊可按装配式吊顶 40m² 计为 1 间。

9. 装配式吊顶工程每个检验批应至少抽查 10%，且 ≥ 4 间，不足 4 间时应全数检查。

10. 吊顶标高、尺寸、造型应符合设计要求。检验方法：观察检查，尺量检查。

11. 吊顶工程所用吊杆、龙骨、连接构件的质量、规格、安装间距、连接方式及加强处理应符合设计要求，金属（吊杆、龙骨及连接件等）表面应采用防腐材料或防腐措施，材料应相互兼容，防止电化学腐蚀。检验方法：观察检查，尺量检查，检查产品合格证书、进场验收记录和隐蔽工程验收记录。

12. 吊顶工程所用饰面板的材质、品种、图案颜色、机械性能、燃烧性能等级及污染物浓度检测报告应符合设计要求及现行国家相关标准的规定。潮湿部位应采用防潮材料并有防结露、滴水、排放冷凝水等措施。饰面板、连接构件应有产品合格证书。检验方法：观察检查，检查产品合格证书、性能检测报告、进场验收记录和复验报告。

13. 吊顶饰面板的安装应稳固严密，当饰面板为易碎或重型部品时应有可靠的安全措施。检验方法：观察检查，手扳检查，尺量检查。

14. 重型设备和有振动荷载的设备严禁安装在装配式吊顶工程的连接构件上。检验方法：观察检查。

15. 饰面板表面应洁净、边缘应整齐、色泽一致，不得翘曲、裂缝及缺损。饰面板与连接构造应平整、吻合，压条应平直、宽窄一致。检验方法：观察检查，尺量检查。

16. 饰面板上的灯具、烟感、温感、喷淋头、风口箅子等相关设备的位置应符合设计要求，与饰面板的交接处应严密。检验方法：观察检查。

17. 装配式吊顶的允许偏差和检验方法应符合表 6-35 的规定。

装配式吊顶的允许偏差和检验方法 表 6-35

项次	项目	允许偏差（mm）	检验方法
1	表面平整度	3.0	用 2m 靠尺和塞尺检查
2	接缝直线度	3.0	拉 5m 线，不足 5m 拉通线，用钢直尺检查
3	接缝高低差	1.0	用钢直尺和塞尺检查

6.7.3 装配式地面施工质量检验与验收

1. 内装装配式地面所用的龙骨、固定支架、调平板、装饰地面板材的使用规格、质量、性能要符合国家规范和相关要求。通过观察产品、查看产品的质量合格证书、性能检测报告、验收报告、复检报告等完成装配前的产品检验。

2. 固定在钢结构建筑地面的龙骨、固定支架与装配地面板安装牢固，使装配地面平整、无断裂、无损伤、无裂缝。板面之间的连接均匀、平直，通过观察、手扳检查，并检查隐蔽工程验收记录。

3. 装配式地面龙骨材料、安装距离和支架连接方式要求符合国家规范及设计要求。对于设备管线的安装、地插等位置要加强龙骨的牢固度，通过隐蔽工程验收记录来检查验收。

4. 装配式地面调平板下的架空层根据需要安装地暖模块，安装要求符合国家的相关规定。地面内的材料有防水、防火、保温、要求的需要符合现行国家标准《民用建筑工程室内环境污染控制标准》GB 50325 的相关要求。对于防火要求的材料应根据现行国家标准《建筑内部装修设计防火规范》GB 50222 的要求来检查验收。

5. 同一类型的装配式楼地面工程每层或每 40 间应划分为一个检验批，不足 40 间也应划分为一个检验批，大面积房间和走廊可按装配式地面 40m² 计为 1 间。

6. 装配式楼地面工程每个检验批应至少抽查 15%，且 ≥ 6 间，不足 6 间时应全数检查。

7. 装配式楼地面所用可调节支撑、基层衬板、面层材料的品种、规格、性能应符合设计要求和现行国家标准《建筑地面工程施工质量验收规范》GB 50209 的要求。

8. 装配式楼地面可调节支撑的防腐性能和支撑强度，面层材料的耐磨、防潮、阻燃、耐污染及耐腐蚀等性能应符合设计要求和现行国家标准《建筑地面工程施工质量验收规范》GB 50209 的相关规定。检验方法：观察检查，检查产品合格证书、性能检测报告和进场验收记录。

9. 装配式地面面层应安装牢固，无裂纹、划痕、磨痕、掉角、缺棱等现象。检验方法：观察检查。

10. 装配式楼地面基层和构造层之间、分层施工的各层之间，应结合牢固、无裂缝。检验方法：观察检查，用小锤轻击检查。

11. 装配式楼地面面层的排列应符合设计要求，表面洁净、接缝均匀、缝格顺直。检验方法：观察检查。

12. 装配式楼地面与其他面层连接处、收口处和墙边、柱子周围应顺直、压紧。检验方法：观察检查。

13. 装配式楼地面面层与墙面或地面突出物周围套割应吻合，边缘应整齐。与踢脚板交接应紧密，缝隙应顺直。检验方法：观察检查，尺量检查。

14. 地面辐射供暖的安装应在辐射区与非辐射区、建筑物墙体、地面等结构交界处部位设置侧面绝热层，防止热量渗出。地面辐射供暖管线的安装应符合现行行业标准《辐射供暖供冷技术规程》JGJ 142 的相关规定。检验方法：观察检查，尺量检查。

15. 架空地板的铺设、安装应符合现行国家标准《建筑地面工程施工质量验收规范》GB 50209 的相关规定。检验方法：观察检查，尺量检查。

16. 装配式楼地面的允许偏差和检验方法应符合表 6-36 的规定。

装配式楼地面安装的允许偏差和检验方法　　　　　　　表 6-36

项次	项目	允许偏差（mm）	检查方法
1	表面平整度	2.0	用 2m 靠尺和楔形塞尺检查
2	表面拼缝平直	2.0	拉 5m 线，不足 5m 拉通线，用钢直尺检查
3	踢脚线上口平直	2.0	
4	踢脚线与面层接缝	1.0	楔形塞尺检查

6.7.4　装配式厨房施工质量检验与验收

1. 家具的材料、加工制作、使用功能应符合设计要求和国家现行有关标准的规定，其材料进行防水、防腐、防霉处理。

2. 家具安装预埋件或后置埋件的品种、规格、数量、位置、防锈处理及埋设方式符合设计要求。厨房家具安装牢固，安装方式符合要求。

3. 户内燃气管道与燃气灶具连接采用软管连接，长度≤2m，中间不应有接口，不应有弯折、拉伸、龟裂、老化等现象。

4. 厨房设置的共用排气道与相应的抽油烟机相关接口及功能匹配。

5. 柜体间、柜体与台面板、柜体与底座间的配合精密、平整，结合处牢固。

6. 厨房家具与墙顶等处的交接、嵌合严密，交接线顺直、清晰、美观。

7. 厨房家具贴面严密、平整、无脱胶、胶迹和鼓泡现象，裁割部位进行封边处理。

8. 厨房家具内表面和外部可视表面应光洁平整，颜色均匀，无裂纹、毛刺、划痕和碰伤等缺陷。

9. 柜门安装应连接牢固，开关灵活，不应松动，且不应有阻滞现象。

10. 管线与厨房设施接口应满足厨房使用功能的要求。

11. 同一类型的集成式厨房工程每 10 间应划分为一个检验批，不足 10 间也应划分为一个检验批。

12. 集成式厨房工程每个检验批应至少抽查 30%，且 ≥ 3 间，不足 3 间时应全数检查。

13. 集成式厨房的功能、配置、布置形式、使用面积及空间尺寸、部件尺寸应符合设计要求和国家、行业现行标准的有关规定。厨房门窗位置、尺寸和开启方式不应妨碍厨房设施、设备和家具的安装与使用。检查数量：全数检查。检验方法：观察检查，尺量检查。

14. 集成式厨房工程所选用部品部件、橱柜、设施设备等的规格、型号、外观、颜色、性能、使用功能应符合设计要求和国家、行业现行标准的有关规定。检查数量：全数检查。检验方法：观察检查，手试检查，检查产品合格证书、进场验收记录和性能检验报告。

15. 进口产品应有出入境商品检验、检疫合格证明。性能包括燃烧性能、防水性能、耐擦洗性、耐酸碱油性、耐湿热性、抗冲击性能等。相关标准包括《建筑装饰装修工程质量验收标准》GB 50210、《装配式整体厨房应用技术标准》JGJ/T 477、《厨卫装配式墙板技术要求》JG/T 533、《住宅室内装饰装修工程质量验收规范》JGJ/T 304 等。

16. 集成式厨房的安装应牢固严密，不得松动。与轻质隔墙连接时应采取加强措施，满足厨房设施设备固定的荷载要求。检查数量：全数检查。检验方法：观察检查，手试检查，检查隐蔽工程验收记录和施工记录。

17. 集成式厨房的给水排水、燃气、排烟、电气等管道预留接口、孔洞的数量、位置、尺寸应符合设计要求。检查数量：全数检查。检验方法：观察检查，尺量检查，检查隐蔽工程验收记录和施工记录。

18. 集成式厨房给的排水、燃气、排烟等管道接口和涉水部位连接处的密封应符合要求，不得有渗漏现象。检查数量：全数检查。检验方法：观察检查，手试检查。

19. 集成式厨房的表面应平整、洁净，无变形、鼓包、毛刺、裂纹、划痕、锐角、污渍或损伤。检查数量：全数检查。检验方法：观察检查，手试检查。

20. 集成式厨房柜体的排列应合理、美观。检查数量：全数检查。检验方法：观察检查。

21. 集成式厨房的橱柜、台面、抽油烟机等部品、设备与墙面、顶面、地面处的交接、嵌合应严密，交接线应顺直、清晰、美观。检查数量：全数检查。检验方法：观察检查，手试检查。

22. 集成式厨房家具安装的允许偏差和检验方法应符合表 6-37 的规定。

集成式厨房家具安装的允许偏差和检验方法　　　　　表 6-37

项次	项目	允许偏差（mm）	检验方法
1	外形尺寸（长、宽、高）	±1.0	观察检查，尺量检查
2	对角线长度之差	3.0	观察检查，尺量检查
3	门与柜体缝隙宽度	2.0	用 1m 垂直检测尺检查

6.7.5　装配式卫生间施工质量检验与验收

1. 卫生间内部净尺寸应符合设计规定，龙头、花洒及坐便器等用水设备的连接部位应无渗漏，排水通畅，面层材料的材质、品种、规格、图案、颜色等符合设计要求，防水盘、壁板和顶板安装牢固，所用的金属材料应经防腐蚀处理。

2. 卫生间的面层材料表面应洁净、色泽一致，不得有翘曲、裂缝及缺损。压条应平直、宽窄一致；灯具、风口和检修口的设备设施位置应合理，与面板的交接应吻合、严密。

3. 安装允许偏差应符合下列要求：防水盘内外设计高差偏差 < 2mm，壁板阴阳角方正、立面垂直度偏差 < 3mm，壁板及顶板表面平整度偏差 < 3mm，壁板及顶板接缝高低差小于 1mm，壁板接缝宽度 < 1mm，顶板接缝宽度 < 2mm。

4. 同一类型的集成式卫生间工程每 10 间应划分为一个检验批，不足 10 间也应划分为一个检验批；非住宅类建筑中同一品种的集成式卫生间工程每 20 间应划分为一个检验批，不足 20 间也应划分为一个检验批。

5. 集成式卫生间工程每个检验批应至少抽查 30%，且 ≥ 3 间，不足 3 间时应全数检查；非住宅类建筑集成式卫生间工程每个检验批应至少抽查 15%，且 ≥ 3 间，不足 3 间时全数检查。

6. 集成式卫生间的功能、配置、布置形式及内部尺寸应符合设计要求和国家、行业现行标准的有关规定。检查数量：全数检查。检验方法：观察检查，尺量检查。

7. 集成式卫生间工程所选用部品部件、洁具、设施设备等的规格、型号、外观、颜色、性能等应符合设计要求和国家、行业现行标准的有关规定。检查数量：全数检查。检验方法：观察检查，手试检查，检查产品合格证书、形式检验报告、产品说明书、安装说明书、进场验收记录和性能检验报告。

8. 集成式卫生间的防水底盘安装位置应准确，与地漏孔、排污孔等预留孔洞位置对正，连接良好。检查数量：全数检查。检验方法：观察检查。

9. 集成式卫生间的连接构造应符合设计要求，安装应牢固严密，不得松动。设备设施与轻质隔墙连接时应采取加强措施，满足荷载要求。检查数量：全数检查。检验方法：观察检查，手试检查，检查隐蔽工程验收记录和施工记录。

10. 集成式卫生间安装完成后应作满水和通水试验，满水后各连接件不渗不漏，通水试验给水排水畅通；各涉水部位连接处的密封应符合要求，不得有渗漏现象；地面坡向、坡度正确，无积水。检查数量：全数检查。检验方法：观察检查，满水、通水、淋水、泼水试验。

11. 集成式卫生间给水排水、电气、通风等管道预留接口、孔洞的数量、位置、尺寸应符合设计要求，不偏位错位，不得现场开凿。检查数量：全数检查。检验方法：观察检查，尺量检查；检查隐蔽工程验收记录和施工记录。

12. 集成式卫生间板块拼缝处宜采用成品的密封条等进行密封处理，不宜采用填缝剂。检查数量：全数检查。检验方法：观察检查。

13. 集成式卫生间的卫生器具排水配件应设存水弯，不得重叠存水。检验方法：手试检查，观察检查。

14. 集成式卫生间的部品部件、设施设备表面应平整、光洁，无变形、毛刺、裂纹、划痕、锐角、污渍；金属的防腐措施和木器的防水措施到位。检查数量：全数检查。检验方法：观察检查，手试检查。

15. 集成式卫生间的洁具、灯具、风口等部件、设备安装位置应合理，与面板处的交接应严密、吻合，交接线应顺直、清晰、美观。检查数量：全数检查。检验方法：观察检查，手试检查。

16. 集成式卫生间板块面层的排列应合理、美观。检查数量：全数检查。检验方法：观察检查。

17. 集成式卫生间部品部件与设备安装的允许偏差和检验方法应符合表 6-38 的规定。

集成式卫生间部品部件与设备安装的允许偏差和检验方法　　表 6-38

项次	项目	允许偏差（mm）	检验方法
1	卫浴柜外形尺寸	3.0	用钢直尺检查
2	卫浴柜两端高低差	2.0	用水准线或尺量检查
3	卫浴柜立面垂直度	2.0	用 1m 垂直检测尺检查
4	卫浴柜上、下口平直度	2.0	用 1m 垂直检测尺检查
5	卫生器具坐标	10.0	拉线、吊线和尺量检查
6	卫生器具标高	±15.0	
7	卫生器具水平度	2.0	用水平尺和尺量检查
8	卫生器具垂直度	3.0	吊线和尺量检查

6.8 竣 工 验 收

1. 根据现行国家标准《建筑工程施工质量验收统一标准》GB 50300 的规定，钢结构作为主体结构之一应按子分部工程竣工验收，当主体结构均为钢结构时应按分部工程竣工验收。大型钢结构工程可划分成若干个子分部工程进行竣工验收。

2. 钢结构分部工程有关安全及功能的检验和见证检测项目按现行国家标准《钢结构工程施工质量验收标准》GB 50205 附录 F 的规定，检验应在其分项工程验收合格后进行。

3. 钢结构分部工程有关观感质量的检验，应按现行国家标准《钢结构工程施工质量验收标准》GB 50205 执行。

4. 钢结构分部工程合格质量标准，应符合下列规定：

（1）各分项工程质量均应符合合格质量标准；

（2）质量控制资料和文件应完整；

（3）有关安全及功能的检验、见证检测结果及观感质量，应符合相关标准相应合格质量标准的要求。

5. 钢结构分部工程竣工验收时，应提供下列文件和记录：

（1）钢结构工程竣工图纸及相关设计文件；

（2）施工现场质量管理检查记录；

（3）有关安全及功能的检验和见证检测项目检查记录；

（4）有关观感质量检验项目检查记录；

（5）分部工程所含各分项工程质量验收记录；

（6）分项工程所含各检验批质量验收记录；

（7）强制性条文检验项目检查记录及证明文件；

（8）隐蔽工程检验项目检查验收记录；

（9）原材料、成品质量合格证明文件、中文产品标志及性能检测报告；

（10）不合格项的处理记录及验收记录；

（11）重大质量、技术问题实施方案及验收记录；

（12）其他有关文件和记录。

6. 钢结构工程质量验收记录，应符合下列规定：

（1）施工现场质量管理检查记录，可按现行国家标准《建筑工程施工质量验收统一标准》GB 50300 进行；

（2）分项工程检验批验收记录，可参照现行国家标准《钢结构工程施工质量验收标准》GB 50205 统一编制；

（3）分项工程验收记录，可按现行国家标准《建筑工程施工质量验收统一标准》GB 50300 进行；

（4）分部（子分部）工程验收记录，可按现行国家标准《建筑工程施工质量验收统一标准》GB 50300 进行。

6.9 本 章 小 结

本章主要对装配式钢结构建筑施工质量验收程序、验收方法和检测手段进行了系统介绍，考虑到装配式钢结构自身特点，编制组进行了广泛的调查研究，总结了我国近年来钢结构工程施工验收实践经验，将装配式钢结构施工过程质量控制的重点环节——多高层钢结构安装测量与校正技术、施工控制技术单独在本章进行了重点阐述，本手册中列举的案例资料及采用的分析手段为我国重点工程项目积累的经验总结，可供相关工程人员直接参考借鉴。

附 录 图 表 统 计

续表

参 考 文 献

［1］建筑施工组织设计规范 GB/T 50502—2009［S］. 北京：中国建筑工业出版社，2009.

［2］钱昆润，建筑施工组织设计［M］. 南京：东南大学出版社，2000.

［3］绿色施工导则［J］. 施工技术，2007（11）：1-5.

［4］王玉玮. Q420 级耐候钢控轧控冷工艺及焊接性能的模拟研究［D］. 河北：燕山大学，2016.

［5］熊雄. 高性能耐候桥梁用钢 HPS70W 的生产实践［J］. 江西冶金，2014，34（5）：15-17.

［6］张文钺. 焊接冶金学（基本原理）［M］. 北京：机械工业出版社，2007.

［7］柯伟，董俊华. 有关耐候钢的那些事［J］. 中国公路. 2016（11）：29-32.

［8］陈晓，刘继雄等. 高性能耐火耐候建筑用钢力学性能研究［J］. 钢结构. 2002，3（17）：39.

［9］吴结才，龚庆华. 马钢 H 型钢生产线系列产品开发［A］. 2002 年全国轧钢生产技术会议论文集［C］. 冶金工业出版社，2002：65.

［10］李龙，孝云祯，丁桦等. 低屈强比高强度建筑用耐火钢的实验研究［A］. 全国轧钢生产技术会议论文集［C］. 冶金工业出版社，2002：434-437.

［11］方鸿生，刘东雨，徐平光等. 贝氏体钢的强韧化途径［J］. 机械工程材料. 2001，6（25）：1-6.

［12］雷旻，梁益龙，王海峰，等. 回火温度对 30CrMoSiA 钢复合组织强度的影响［J］. 贵州工业大学学报（自然科学版）. 2000，29（4）：28-31.

［13］赵捷，王志奇. 低碳粒状贝氏体钢强韧化机理的探讨［J］. 天津理工学院学报，2000，16（1）：11-15.

［14］中华人民共和国国家标准. 钢结构工程施工质量验收标准 GB 50205—2020［S］. 北京：中国标准出版社，2020.

［15］中华人民共和国国家标准. 钢结构工程施工规范 GB 50755—2012［S］. 北京：中国标准出版社，2012.

［16］中华人民共和国国家标准. 工业防护涂料中有害物质限量 GB 30981—2020［S］. 北京：中国标准出版社，2020.

［17］中华人民共和国国家标准. 涂装作业安全规程　涂漆工艺安全及其通风净化 GB 6514—2008［S］. 北京：中国标准出版社，2008.

［18］中华人民共和国国家标准. 涂覆涂料前钢材表面处理　表面清洁度的目视评

定 第 1 部分：未涂覆过的钢材表面和全面清除原有涂层后的钢材表面的锈蚀等级和处理 GB/T 8923.1—2011［S］. 北京：中国标准出版社，2011.

［19］中华人民共和国国家标准. 涂覆涂料前钢材表面处理 表面清洁度的目视评定 第 2 部分：已涂覆过的钢材表面局部清除原有涂层后的处理等级 GB/T 8923.2—2008［S］. 北京：中国标准出版社，2008.

［20］中华人民共和国国家标准. 涂覆涂料前钢材表面处理 表面清洁度的目视评定 第 3 部分：焊缝、边缘和其他区域的表面缺陷的处理等级 GB/T 8923.3—2009［S］. 北京：中国标准出版社，2009.

［21］中华人民共和国国家标准. 涂覆涂料前钢材表面处理 表面清洁度的目视评定 第 4 部分：与高压水喷射处理有关的初始表面状态、处理等级和闪锈等级 GB/T 8923.4—2013［S］北京：中国标准出版社，2013.

［22］中华人民共和国行业标准. 涂装作业安全规程涂漆前处理工艺安全及其通风净化 GB 7692—2012［S］北京：中国建筑工业出版社，2011.

［23］中华人民共和国国家标准涂漆作业安全规程安全管理通则 GB 7691—2003［S］北京：中国标准出版社，2003.

［24］中华人民共和国国家标准. 装配式钢结构建筑技术标准 GB/T 51232—2016［S］. 北京：中国标准出版社，2016.

［25］徐其功. 装配式混凝土结构设计［M］. 北京：中国建筑工业出版社，2017.11.

［26］中国建筑科学研究院. 建筑产业现代化混凝土结构技术指南［M］. 中国建筑科学研究院，2014.

［27］北京构力科技有限公司，上海中森建筑与工程设计顾问有限公司. 装配式剪力墙结构设计方法及实例应用［M］. 北京：中国建筑工业出版社，2018.4.

［28］中华人民共和国国家标准. 装配式钢结构建筑技术标准 GB/T 51232—2016. 北京：中国建筑工业出版社，2016.

［29］中华人民共和国国家标准. 装配式混凝土建筑技术标准 GB/T 51231—2016. 北京：中国建筑工业出版社，2016.

［30］中华人民共和国国家标准. 装配式建筑评价标准 GB/T 51129—2017［S］. 北京：中国建筑工业出版社. 2017.

［31］中华人民共和国行业标准. 聚氨酯硬泡复合保温板 JG/T 314—2012［S］. 北京：中国建筑工业出版社，2012.

［32］侯兆新，陈禄如. 钢结构工程施工教程［M］. 北京：中国计划出版社，2019.07.

［33］中华人民共和国国家标准. 钢结构工程施工质量验收标准 GB 50205—2020［S］. 北京：中国标准出版社，2020.

［34］中华人民共和国国家标准. 钢结构工程施工规范 GB 50755—2012［S］. 北京：中国标准出版社，2012.

［35］中华人民共和国国家标准. 装配式钢结构建筑技术标准 GB/T 51232—2016［S］.

北京：中国标准出版社，2016.

［36］中华人民共和国国家标准. 建筑防腐蚀工程施工规范 GB 50212—2014［S］. 北京：中国标准出版社，2014.

［37］中华人民共和国国家标准. 钢结构防火涂料 GB 14907—2018［S］. 北京：中国标准出版社，2018.

［38］中华人民共和国国家标准. 涂覆涂料前钢材表面处理　表面清洁度的目视评定　第 1 部分：未涂覆过的钢材表面和全面清除原有涂层后的钢材表面的锈蚀等级和处理 GB/T 8923.1—2011［S］. 北京：中国标准出版社，2011.

［39］中华人民共和国国家标准. 涂覆涂料前钢材表面处理　表面清洁度的目视评定　第 2 部分：已涂覆过的钢材表面局部清除原有涂层后的处理等级 GB/T 8923.2—2008［S］. 北京：中国标准出版社，2008.

［40］中华人民共和国国家标准. 涂覆涂料前钢材表面处理　表面清洁度的目视评定　第 3 部分：焊缝、边缘和其他区域的表面缺陷的处理等级 GB/T 8923.3—2009［S］. 北京：中国标准出版社，2009.

［41］中华人民共和国国家标准. 涂覆涂料前钢材表面处理　表面清洁度的目视评定　第 4 部分：与高压水喷射处理有关的初始表面状态、处理等级和闪锈等级 GB/T 8923.4—2013［S］北京：中国标准出版社，2013.

［42］中华人民共和国行业标准. 建筑钢结构防腐蚀技术规程 JGJ/T 251—2011［S］. 北京：中国建筑工业出版社，2011.

［43］中华人民共和国国家标准. 热喷涂金属和其他无机覆盖层锌、铝及其合金 GB/T 9793—2012［S］. 北京：中国标准出版社，2012.

［44］中华人民共和国国家标准. 热喷涂金属件表面预处理通则 GB 11373—2017［S］. 北京：中国标准出版社，2017.

［45］中华人民共和国国家标准. 建筑构件耐火试验方法 GB/T 9978—2008［S］. 北京：中国建筑工业出版社，2008.

［46］中华人民共和国国家标准. 建筑设计防火规范 GB 50016—2014（2018 版）［S］. 北京：中国标准出版社，2018.

［47］中华工程建设协会标准. 钢结构防火涂料应用技术规程 T/CECS 24—2020［S］. 北京：中国计划出版社，［S］. 北京：中国标准出版社，2020.